世界一やさしい Amazonせどりの教科書1年生

クラスター長谷川

ソーテック社

ご利用前に必ずお読みください

本書内に、せどりをしている人たちの間で日常的に使われている、日頃聞き慣れない用語が出てきます。たった4つですが、まずは言葉の意味を理解してから読み進めてください。

❶ せどらー	せどりをしている人
❷ せどる	仕入れる
❸ プレ値	プレミアム価格（定価よりも高い値段）
❹ 電脳せどり	ネットショップやショッピングサイト、オークションサイトから仕入れるせどり手法

本書に掲載した説明および情報に基づいて運用して得られた結果に関しましては、著者および株式会社ソーテック社はいかなる場合においても責任は負わないものとします。個人の責任の範囲で実行してください。

また、本書は2015年9月現在の情報をもとに作成しています。掲載されている情報につきましては、ご利用時には変更されている場合もありますので、あらかじめご了承ください。

以上の注意事項をご承諾いただいたうえで、本書をご利用願います。

※ 本文中で紹介している会社名、製品名は各メーカーが権利を有する商標登録または商標です。なお、本書では、©、®、TMマークは割愛しています。

Cover Design & Illustration...Yutaka Uetake

はじめに

この本を手に取って驚かないでください

「思考は現実化する」「7つの習慣」「金持ち父さん、貧乏父さん」「人を動かす」といった世界的に評価されているビジネス書の名著はたくさんあります。そしてその中にどれだけ素晴らしいモチベーションを上げる格言が書かれていたとしても、この本は負けません。

なぜならば、あなたにとって**「実質的に人生を変える本になるかもしれない」**からです。「こんな軽い感じの本が!?」と思われるかもしれませんが、**「今日から自分の力で現金を稼げる具体的なノウハウ」**がぎっしり詰まっています。だからといって特別なスキルは一切必要ありません。文字どおり誰でも稼げるように、世界一簡単な手法をたくさんお話しするので安心して読みはじめてください。

結局のところ、自分でお金を稼ぐ力を身につけること

経済的に豊かにならなければ人生は変わりません。余裕のあるお金がなければいつまでも不安な気持ちにかられ続け、心の底から100％幸せだったり、平穏な気持ちを感じられないのが現実です。私は、現在「せどり」というビジネスで生計を立てています。せどりとは、私たちが普段行くようなお店やネットショップで相場よりも安く売られている商品を仕入れて、自分のネッ

トショップで高く売るビジネスのことです。毎日、いろいろなお店に仕入れに行くので、宝探しのようで楽しいですよ。

たったこれだけの簡単なことでどれくらい稼げるのかというと、極めれば1人ですべての作業をしたとしても、月収100万円は可能です。私には無縁そう……、クラスターさんのような特殊な人だからできたんじゃないですか？　という声が聞こえてきそうですが、せどりをする前の私は、4年越しの冴えない極貧フリーターです。何の取り柄もなく、社会の底辺で這いずり回って生きていました。せどりと出会ったときも私はほぼ無一文で、せどりで数万円稼ぎはじめることができたときですら、月収100万円どころか月商100万円ですら達成できるわけがない、そんなのはネットの世界のおとぎ話だ！　と思っていました。そんな、ずっと普通以下だった私でもあたりまえのことをあたりまえにし続けたことで、約半年で月収100万円を達成できたので、あなたにできないわけがありません。この本の内容を順番にそっくりそのまま実践してもらえればあなたも結果を出すことができます。

本書を読み終えて実践すれば、「**1カ月目から数万円単位でお金が増えていくので、せどりビジネスが楽しくて楽しくてしかたなくなる**」はずです。「**副業の人は、せどりがしたくて会社から早く帰りたい病に**」なります。自分で稼げるってやっぱり最高にワクワクしますよ！

せどりをきっかけとして、あなたがあなたらしく生きていけるようになることを心より願っています。では、授業をはじめていきましょう！

クラスター長谷川

目次

はじめに …… 3

0時限目 そもそもせどりって何!?

01 「せどり」のことをちゃんと知りましょう …… 16
❶ 今日から稼げちゃう、「せどり」ビジネス ❷ なぜ価格差は生まれるのか?
❸ 今月から4、5万円は稼げるようになる!? 奇跡のビジネス
❹ ライバルだらけで儲からない? 地方だから儲からない?
❺ せどりは、物販なのにリスクがない?
Episode 1 クラスター長谷川は、せどりに出会うまで、何をしていたのだろう …… 21

02 なぜAmazonで販売すれば稼げるのか? …… 22
❶ Amazonで稼げる2つの理由

1時限目 Amazon出品サービスで稼げるしくみづくりと事前準備

01 Amazonでものが売れるお店づくり❶ 状態のいい商品を仕入れる……26
❶状態のいい商品を仕入れる

02 Amazonでものが売れるお店づくり❷ 信頼されるお店をつくる……30
❶信頼されるお店をつくる前に、考えてほしいこと
❷信頼されるお店をつくる⇓店舗名＋商品のコンディション説明
❸店舗名の考え方　❹商品のコンディション説明の考え方

03 Amazonでものが売れるお店づくり❸ 適切な価格で売る＋随時価格を見直す……36
❶価格設定が簡単なのも魅力のひとつ　❷適切な価格のつけ方
❸適切な価格の見直し方　❹1カ月経っても売れない商品だってあるさ

04 Amazonに出品するための事前準備……44
❶Amazonカスタマーサービスを覚えておこう
❷Amazon出品サービスはFBA小口出品からスタートしよう
❸出品する前に必要なものをそろえる
❹保管手数料も覚えておこう

05 「商品登録」と「出荷」をしてみよう。手はじめに、家にあるいらないものを出品してみる …… 48
❶ Amazon物販の醍醐味を味わうために、まずは小さな成功体験をしよう
❷ 13桁のバーコードがあれば、大丈夫
❸ 外箱がない中古でも問題なし
❹ 出品許可の申請がいる商品に注意
❺ いよいよ「商品登録」と「出荷」をしてみよう
Episode 2 完全に真似をする難しさ …… 52

2時限目 仕入れに行く準備をしよう

01 商品を仕入れる前にそろえておくもの …… 54
❶ 必要なものは6つだけ
Episode 3 せどりで成功していくために最も必要なもの …… 61
02 基本編 せどりの強い味方「モノレート」の使い方 …… 62
❶ リスクゼロの仕入れ基準を身につける！
❷ 「モノレート」の画面の見方
❸ 新品が売れているのか？ 中古が売れているのか？ 見分けるのがポイント
❹ 商品の仕入れ方 実践編

3時限目 まずは、家電せどりの達人になる

03 応用編 せどりの強い味方「モノレート」の使い方……72
❶ 仕入れ推奨 グラフが波打っていなくてもランキングがよければいい
❷ 仕入れ最小 大型量販店のセール品は出品者が急激に増える予感
❸ 仕入れ可能 高値になった途端売れなくなった
❹ 資金に余裕があれば仕入れ可 売れ行きが微妙な商品
❺ 資金に余裕があれば仕入れ可 最近になって売れなくなってきた
❻ 資金に余裕があれば仕入れ可 グラフの情報がまったくない場合
❼ 積極的に仕入れる モノレートの履歴取得期間が短い場合

04 いくらで仕入れたらいいのか「仕入れ価格」の基準を覚えよう……82
❶ 手数料は売上の20〜25％ ❷ 最低仕入れ価格一覧
❸ 1カ月以内に売れる商品を仕入れるべし

05 どうやって仕入れるのか？ シンプルな仕入れ術を知っておこう……88
❶ せどりの稼ぎ方はたった2種類 ❷「新品せどり」「中古せどり」どちらをやるべきか？
❸ 仕入れの基本の3つのキーワード ❹ 同じ系列店でも違う値段？
❺ ポイントや商品券で細かく儲ける！ ❻ せどれない商品について

目次

01 「家電せどり」の勧め …… 98
❶仕入れで得意分野をつくろう　❷初心者に「家電せどり」を勧める理由

02 めざせ「家電せどり」の達人！ …… 104
❶いつ、どこの家電量販店に行けばいいのか
❷展示処分品は慣れてくれば宝の山
❸キャラクターものは高値になりやすい！
❹商品の保証のしかたと保証書　❺プレミアム家電をゲットする

03 ズバリ「稼げる家電せどり」お勧めジャンルベスト5 …… 112
❶パソコン周辺機器ジャンル　❷カメラ＋関連グッズジャンル
❸スマホグッズ、タブレットPCグッズジャンル
❹スピーカージャンル　❺電話ジャンル
Episode 4 仲間に情報を出し切る大切さ …… 121

04 こんな家電もせどれる！ 十番勝負！ …… 122
❶マウス、Webカメラ、キーボードジャンル
❷増設メモリジャンル　❸USB、メモリーカードジャンル
❹ICレコーダージャンル　❺電子辞書ジャンル
❻計算機ジャンル　❼イヤホン、ヘッドホンジャンル
❽カー用品ジャンル　❾美容系ジャンル
❿大型家電ジャンル

4時限目 もっと、せどりの達人になる

01 めざせ「ゲームせどり」の達人！ …… 136
❶まずは普通に棚を検索する ❷4000円以下の商品をねらうだけ
❸ゲーム関連グッズもねらえる！

Episode 5 投資意識を持て！ …… 141

02 めざせ「CD・DVDせどり」の達人 …… 142
❶ワゴンだけでも1万円以上の利益が取れる！ ❷「予約キャンセル商品」をねらいまくる

03 めざせ「おもちゃ（ホビー）せどり」の達人 …… 148
❶まずは「子ども向けのおもちゃ」がねらいめ ❷次に「大人向けのおもちゃ」でさらに稼ぐ
❸もうひとつ「オタク系のおもちゃ」を極める
❹「アニメグッズ」はファン心理をくすぐるものをねらう
❺番外編 人気声優のライブDVDや店舗限定商品はプレ値になる

04 めざせ「リサイクルショップせどり」の達人 …… 158
❶なんといっても高利益率なのが魅力！ ❷リサイクルショップでのせどり方
❸利益率の高い中古商品もねらってみよう

05 めざせ「日常せどり」の達人 …… 164
❶ 日常的に行くお店をねらえ
❷ そのお店で、一般の人が買わないようなモノをせどれ！
❸ 日常せどりの鉄板商品は？

5時限目 効率よく稼ぐために、せどりのスーパーテクニックを覚えよう！

01「セール情報」を探せ！ …… 170
❶ セールなら、誰でも仕入れられる
❷ セール情報は「ヤフー・リアルタイム検索」で探せ！

02 各企業の決算月をねらえ！ …… 172
❶ まずはワゴンをチェック
❷ 初日だけでなく、決算セールが終わってもねらえる

03「イベントせどり」イベントで楽しくせどれ！ …… 174
❶ 神田の古書祭りはせどりの原点
❷ 古本祭りは古本以外のものもねらえる！

04「季節」をねらってせどれ！ …… 178
❶ 節目の前後に価格と需要が上がる可能性がある

05 仕入れ応用編❶ タイアップせどり …… 180

❶「タイアップせどり」は何が起爆剤になるかわからない
❷「タイアップせどり」はトレンドをねらえ！

06 仕入れ応用編❷ 専門ショップせどり……182
❶「ポケモンセンター」は「オリジナル」「限定」をねらえ！
❷「フライングタイガー」は「オリジナル」をねらえ！

07 仕入れ応用編❸ 登録販売せどり……186
❶売れている商品は色違いもドンドン出品する
❷商品の「新規登録」のしかた

08 仕入れ応用編❹ カテゴリー登録せどり……194
❶仕入れの幅を広げろ！
❷ここで少しだけ、頭を休めてコーヒーブレイク

09 仕入れ応用編❺ 地域限定せどり……200
❶地域限定グッズをねらえ！
❷売れている商品は仲間もねらえ！
❸「アマゾンでせどる」この違和感を忘れない

6時限目 電脳せどり（ネット仕入れ）の達人になる

01 Amazonでプレミアム価格になっている商品のリサーチ方法……206

❶ Amazonでプレミアム商品を見つけるためのキーワードを探す方法
❷ Amazonでプレミアム商品を抽出する方法

02 プレミアム商品の仕入れ方 …… 210
❶ プレミアム商品は「プライムマーク」に注意する　❷ プレミアム商品をGoogleで検索するだけ
❸ 利益が出るか「FBA料金シミュレーター」で確認する

03 類似商品の仕入れ方 …… 216
❶ 類似商品の探し方❶ Amazonで検索する　❷ 類似商品の探し方❷ 同じお店で検索する
❸ 類似商品の探し方❸「この商品を買った人はこんな商品も買っています」
❹ 横断検索する❶「リトルウェブ」の使い方　❺ 横断検索する❷「イエイズ」の使い方

04 Google Chromeの拡張機能で電脳せどりが加速する …… 222

05 めざせ「ヤフオク!せどり」の達人 新品編 …… 230
❶ 自分でワゴンセールをつくる方法　❷ ヤフオク!で検索するときのコツ

06 めざせ「ヤフオク!せどり」の達人 中古品編 …… 236
❶ 中古品をせどる場合の注意点　❷ 中古品は値づけに注意する。最安値はあくまでも目安

07 めざせ「ヤフオク!せどり」の達人 応用編 …… 238
❶ 落札は「Bid Machine」に任せて、どんどん入札しよう!
❷「feedly」（RSSリーダー）に登録すると仕入れが楽になる!

08 ネット仕入れ豆知識 …… 246
❶ネット仕入れで海賊版や模造品、酷似商品をつかまないコツ　❷ポイント倍取りでおいしくせどろう
❸Google Chromeの便利な拡張機能を入れてサクサクせどる　❹これで授業は終わりです

課外授業 知っておきたい「せどりのお金の話」と困ったときの「トラブル対応」のしかた

01 正しい利益計算と商品管理のしかたを覚えよう …… 258
❶意外と知らない!?　正しい「利益計算」のしかた　❷利益率は25%以上を目指す
❸正しい利益計算も「せど管理」でらくらく計算！
❹Excelも必要ないAmazonを快適に管理する「amanage」

02 せどりトラブル解決法 …… 272
❶3以下の悪い評価がついたときの対応のしかた　❷注文の保留・キャンセルへの対応のしかた
❸返品への対応のしかた　❹電話番号を公表するのが嫌な場合の対処方法
❺Amazon.co.jpが値下げ追従してきた場合の対処方法

あとがき …… 286

0時限目

そもそもせどりって何!?

「一般店舗で仕入れしてなぜ儲かるの？」「在庫を持ってリスクが高いのでは？」せどりのしくみを理解して、あらゆる疑問をスッキリさせましょう！

01 「せどり」のことをちゃんと知りましょう

1 今日から稼げちゃう、「せどり」ビジネス

せどり（背取り・競取り）とは、もともと古書店で相場よりも安く売られている本を買いつけ、ほかの古書店に高く売ることで利ざやを稼ぐ、江戸時代からある歴史のある商いのひとつです。今日では、あらゆる一般店舗、ネットショップ、オークションから仕入れて、オンラインで販売するのが主流のスタイルとなっています。

江戸時代、せどり業者は商品知識だけで稼いでいました。しかし21世紀に入って、「スマホの商品検索アプリ」や「価格相場サイト」などが開発されたことで、ど素人でも、せどりを知ったその日から稼げるようになりました。今では、副業で1番人気といってもいいほど盛んになっています。

仕入れ商品も、現代では古本だけでなく、CD、DVD、ゲーム、トレーディングカード、お

もちゃ、家電、キッチン用品、食品、ベビー用品、ペット用品など、ネットで売れないモノを見つけるのが難しいくらい何でも取り扱えます。ほぼすべてのお店が仕入れ対象になるので、宝探しゲームをしているうちに気がついたら稼げていたという不思議な感覚でとても楽しいですよ。販売先も、インターネット上の**Amazon**、楽天ショップ、ヤフーショッピングのようなネット店舗から、ヤフオク!、楽天オークション、イーベイなどのオークション形式のサイト、スマホアプリのラインモール、メルカリなど、販路も右肩上がりで拡大しています。

本書では、せどりの販路先として1番稼ぎやすい**Amazon**で販売する手法をお話ししていきます。

2 なぜ価格差は生まれるのか?

インターネットで各商品の相場がわかっているにも関わらず、一般店舗では相場より格安で商品を販売することがあります。これには、次頁のように大きく4つの理由があります。

せどりって何を売るんですか？　ってよく聞かれます。

家とか車とか、大きすぎるモノ以外、ネットで売っているモノは何でも売れます。売れないモノを見つけるのが難しいくらい、売るモノがあります！

❶ 販売スペースを確保するため
❷ キャッシュフローを少しでも円滑にするため
❸ すべての商品の価格相場に対応しきれないため
❹ プレミアム価格がついていても定価以上で売ることができないため

3 今月から4、5万円は稼げるようになる!? 奇跡のビジネス

せどりの「せ」の字を知らない人でも、知識を正しく身につけて、仕入金を10万円ほど用意できれば、今月から4～5万円稼ぐことが可能になります。初月から月商100万円を超える人もいるくらいです。本気でやれば、スタートしてから1年もしないで独立することも十分可能です。パソコンスキルも文字が打てる程度で十分ですし、「**現時点で何のスキルがなくても大丈夫なのが〝せどり〟のすごいところ**」なのです。

ちなみに仕入金が10万円なくても大丈夫なので、安心してください。1万円以下の少額からスタートしても、儲けたお金をすべて次回以降の仕入れに回していけば、雪だるま方式でお金は増えていきます。私も、せどりをはじめたときは、ほぼ無一文でした。「**行動しただけで稼げるようになるなんて、奇跡のビジネス**」だと思いませんか。

4 ライバルだらけで儲からない？　地方だから儲からない？

せどり業界では、常に「ライバルが増えてしまって稼げない」「せどりは、もう飽和してしまった」「地方だから儲からない」といったようなことが、ネット上にたくさん書き込まれています。本当にそうでしょうか。3年以上どっぷりこの業界にいる私の見解は、一度たりとも「稼ぐのが厳しくなってきた」と感じたことがありません。むしろ真逆に感じています。

現在は稼げる情報もツールも溢れかえっているので、昔とは比べものにならないくらい稼ぎやすくなっているはずです。こんな恵まれた状況で稼げないとなると、正直言い訳でしかないと思ってしまいます。せどり界の有名な成功者も、数年前までは覚えられるくらいの人数しかいませんでしたが、今では成功者が増えすぎて覚えきれないというより、全員を知ることすら不可能な状況です。

地方は稼げない？　そんなことはありません。地方で稼いでいる人に聞くと、「地方はライバルが少ないので美味しいですよ」なんて言っています。北海道でも沖縄でも、月商200万円くらい稼いでいる人はいます。**「正しくせどりをすれば、日本全国どこで稼ぐことも可能」**です。

稼げる人は、どれだけ粗悪な環境にいても稼げる理由を見つけます。稼げない人は、どんなに恵まれた状況でも言い訳を見つけます。あなたは稼ぐために本書を手に取ったんですよね。だとしたら、稼いでいる人の情報にだけ触れていってください。

5　せどりは、物販なのにリスクがない？

せどりで仕入れても、売れ残りの在庫リスクがあるのでは？と心配するかもしれませんが、まず問題ありません。なぜなら仕入れをするときに、「**〝モノレート〟というサイトで、仕入れようとしている商品がいつ、いくらで、どれだけ売れたかという販売履歴を細かく知ることができるから**」です。モノレートの詳しい見方は、2時限目でお話しします。

「**ほぼ確実に売れるものしか仕入れないので、正しくせどりをしていれば、損をするほうが難しい**」かもしれません。たとえると、結果を知っている出来レースに賭けをして稼いでいるようなものです。せどりは、物販なので不良在庫をゼロにするのは不可能ですが、本書に書いてあるとおりにしてもらえればトータルで黒字になります。「**せどりは、このトータルで勝つという考え方が非常に大事**」になってくるので、絶対に覚えておいてください。赤字で売ってしまう商品も一部ありますが、黒字で販売する商品のほうが圧倒的に多いので、ちゃんと儲かるようになっているのです。

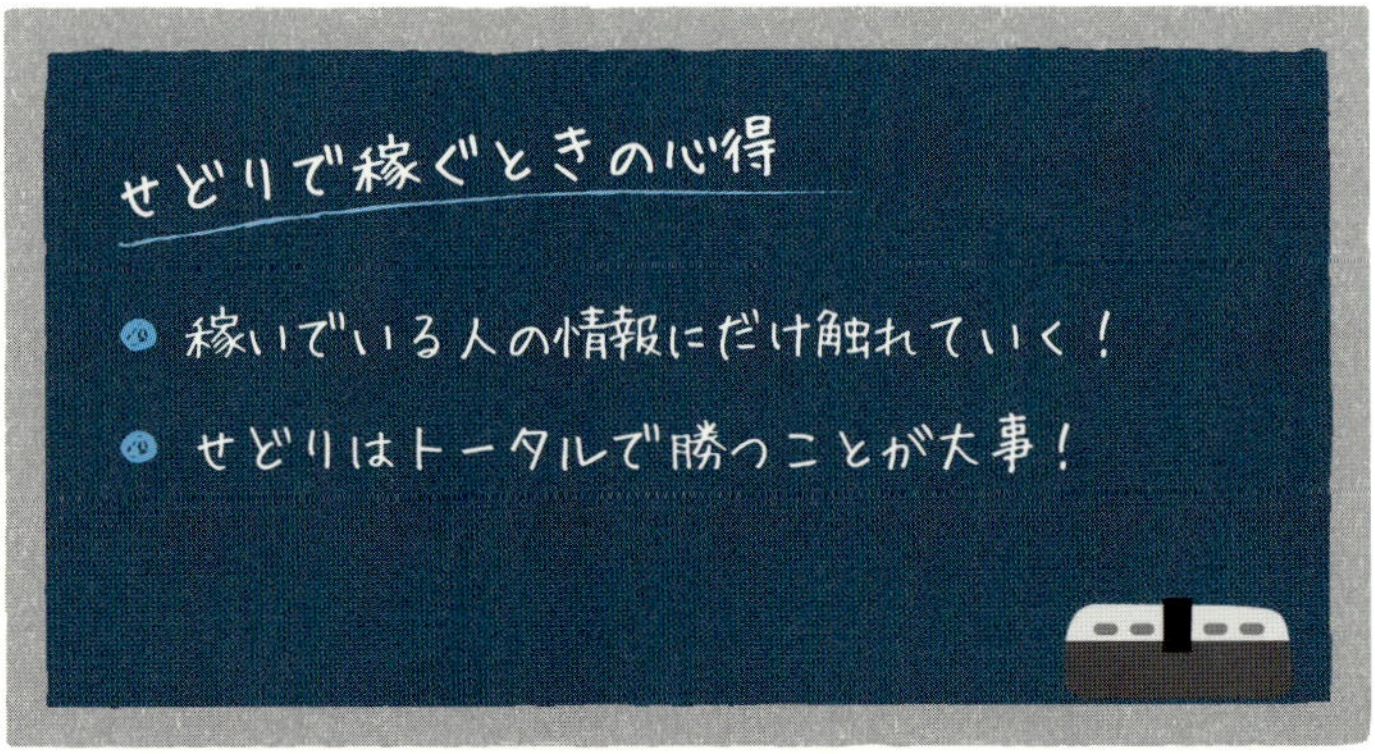
せどりで稼ぐときの心得
稼いでいる人の情報にだけ触れていく！
せどりはトータルで勝つことが大事！

Episode 1

クラスター長谷川は、せどりに出会うまで、何をしていたのだろう

私クラスター長谷川は、せどりに出会うまで、実は新進気鋭のデザイナー兼ブランドオーナーとして、大阪のとあるおしゃれな街でＴシャツ屋さんをやっていました。

店舗を借りて、自分のデザインしたＴシャツを並べて……というと聞こえはいいのですが、実際はただのフリーターでした。１カ月に２、３枚しか売れないＴシャツ屋さんだったので、毎月大赤字です。その赤字を埋めるために、早朝から深夜までアルバイトをし続ける毎日でした。バイト中に目を開けながら寝ていたこと、茶色い尿が出たことが何度もあったくらい身も心もボロボロでした。そんな生活を、「明日何かのメディアに取り上げられて、俺のＴシャツがブレイクするぞ！」と、何とか２年以上続けましたが、いよいよ資金も回らなくなりお店は閉店と相なりました。すべてを失ってしまいましたが、「もう一度ゼロから生きてみよう」と、希望だけは捨てていませんでした。

店の閉店から半年後……。

生きていくために、なぜか服だけカバンに詰め込んで、裸一貫で大阪から東京に行ってみよう！　と、自転車で上京することにしました。

５日間かけてたどり着いた東京で、はじめての夜をすごした宿は、せどりの聖地「秋葉原」にありました。今思えば、このときから私は不思議な縁に引き寄せられていたのかもしれません。とりあえず住む場所を見つけ、面接で受かったカフェで働きはじめました。そのカフェに来店してくれたお客様に「せどり」の存在を教えてもらったのです。そして、インターネットで「せどりツアーを開催しまーす」という先生を見つけました。私のせどりで稼ぎたいという命懸けにも近い覚悟を見せているうちに、その先生に可愛がってもらえるようになり、いろいろと手とり足とり熱く指導をしていただくことができました。

せどりと出会って２カ月間は副業でやっていましたが、１日で１万円は稼げると感じたので、ほぼ無一文のまま勢いでカフェを辞めて独立してしまいました。ここは、絶対に真似しないでください。

独立してから順風満帆で成功できたかというと決してそうではありません。はじめの１カ月は落ちている本を売っての生活、先生のコミュニティーの中でも、ずっと真ん中くらいの実績の生徒で、独立しているのに売上が１週間続けて 2,000 円みたいなときもありました。お金が底を尽きそうで気が狂いそうでしたが、正しい方向性の努力をしていると信じて行動し続けるしかありませんでした。そうこうしているうちに売上は回復し、何とか危機は乗り越えました。そんなドタバタな自転車操業をしながら、半年後にようやく自分の軸となる家電せどりに出会ったのです。

02 なぜAmazonで販売すれば稼げるのか？

1 Amazonで稼げる2つの理由

❶ Amazonを使うひとつ目の理由は、国内最大規模の集客力

Amazonでは多いときに1カ月で4800万人ものお客様がサイトに訪れるので、商品を出品すると驚くほど早く売れていきます。「**日本人の3人に1人以上が使っている**」と思うと、驚異的な数字ですよね。

❷ Amazonを使うもうひとつの理由は「FBA」というしくみ

Amazonを使う2つ目のメリットは、フルフィルメント by AmazonというFBAサービスを利

用するからです。「**フルフィルメントとは、注文を受けてから出荷するまでのすべての業務**」を指します。このフルフィルメントサービスを提供しているのはAmazonだけです。

仕入商品をAmazonの倉庫に送りさえすれば、あとはお客様がほしい商品を勝手に買っていってくれるので、あとは2週間ごとに売れた商品のお金が振り込まれるのを待つだけです。受注管理、在庫管理、商品仕分け、ピッキング、梱包、発送、代金請求、決済処理などすべてをAmazonがやってくれます。

このFBAを使わずにフルフィルメントの作業をすべて自分でやるとなると、発送作業に毎日追われて、売上、利益を生み出すための仕入れの時間がつくれなくなります。仕入れ商品を家に保管するには物理的に限界があるので、せどりで稼げる額はかなり限定されたものになってしまいます。

FBAを使う理由はまだあります。それは、販売率が飛躍的に伸びるうえに、商品を高値で売ることができるからです。

Amazonで買い物をするお客様は、今日にでも商品がほしいと思っている場合が多々あります。Amazonには「当日お急ぎ便」という注文した日に商品を受け取れる有料サービスがあるのです

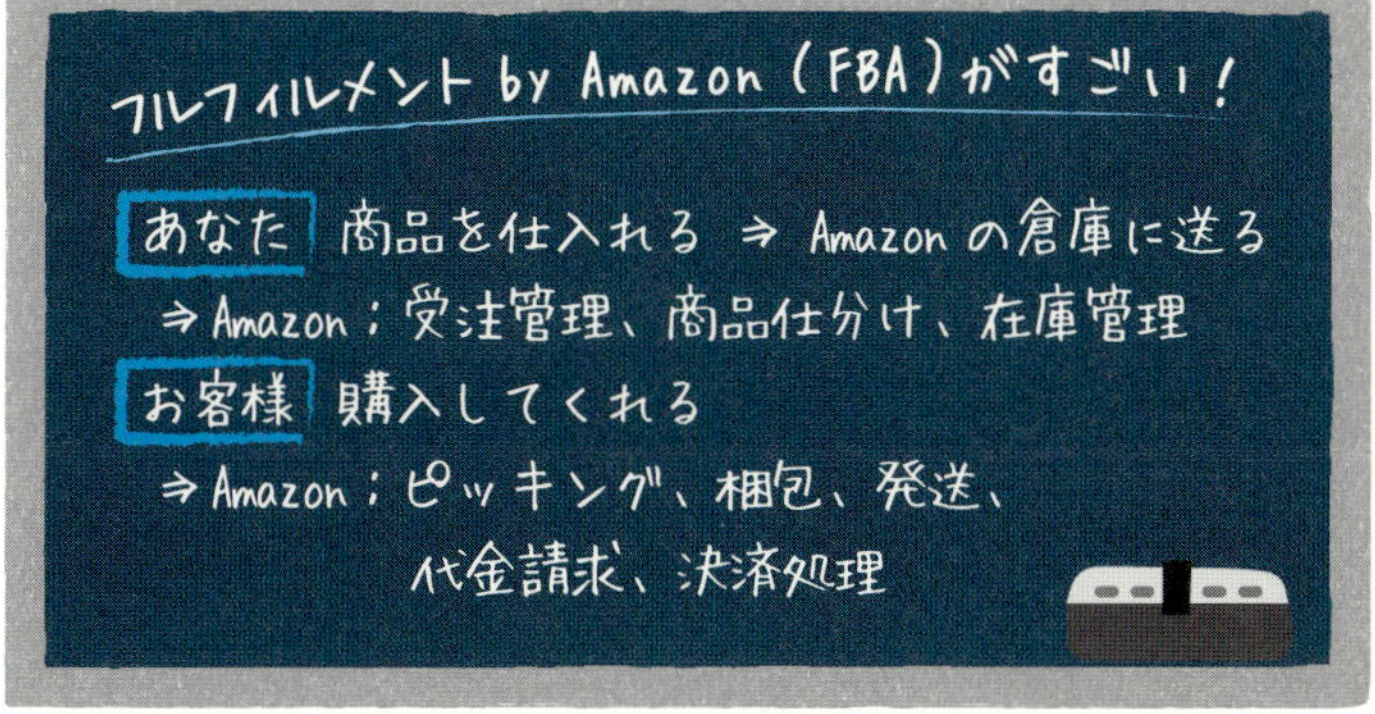

が、全注文の3分の1、多い日には半分近くもこのサービスが使われています。言い方を変えると、FBAを使わないと3分の1〜約半分の注文が入らないということになります。「**Amazon倉庫に商品を納品することによって、この〝お急ぎ便〟が適用されるようになり、購入率がアップする**」のです。どうしても急ぎで商品が必要なお客様は、自己発送で安く出品している業者より、高くても**Amazon**倉庫に納品しているFBA業者から商品を買います。

あと、単純に「**Amazon**倉庫から送られてくる＝**Amazon**の在庫から買っている」という、いい意味での勘違いをして商品を購入されているお客様もいます。このようにFBAサービスを使うと売値も高く設定できるので、仕入れができるようになる商品の幅が格段に広がります。

「**Amazonで販売する＝FBAを使うから稼げる**」といっても過言ではありません。FBAを使わないのは、チーズバーガーを注文しておきながら、チーズを抜いてハンバーガーを食べるようなものです。大きく稼いでいくためには、必ずFBAサービスを使ってください。

1時限目

Amazon出品サービスで稼げるしくみづくりと事前準備

Amazonで商品を売るなんて……簡単、楽ちんです！この章を読み終えるころには、たったこれだけで稼げちゃうの!?　と感じるはずです。

01

Amazonでものが売れるお店づくり①
状態のいい商品を仕入れる

次の3つのポイントを常に最大限のパフォーマンスで実行していけば、黙っていても**Amazon**で商品が売れていきます。

3つといっても**Amazon**倉庫に商品を送ってしまえば、あとは毎日価格を見直すだけです。**Amazon**で稼ぐのに、この3つ以外にすることは何もありません。

❷、❸については次節で順番にお話ししていきます。

❶ 状態のいい商品を仕入れる（新品と中古）
❷ 信頼されるお店をつくる（店舗の名称と商品コンディション説明）
❸ 適切な価格で売る

1 状態のいい商品を仕入れる

A 新品の場合

新品といっても、必ずしもピカピカである必要はありません。**「パッケージが破れて、中が見えているような破損状態でなければ大丈夫」**です。パッケージに強めのスレなどがあっても、パッケージは商品を取り出したら捨ててしまうので問題ありません。気にせず仕入れてください。ただ、**「ダメージについては、商品のコンディション説明にありのままを記入する」**必要があります。

コレクターアイテムだけは パッケージの汚れに注意する

唯一、フィギュアなどのコレクターが買うような商品は、パッケージが汚れていたり、傷がついてい

● パッケージの角がつぶれた例

箱の角がつぶれていても、これくらいまでなら新品コンディションで大丈夫

● パッケージの表面にスレがある例

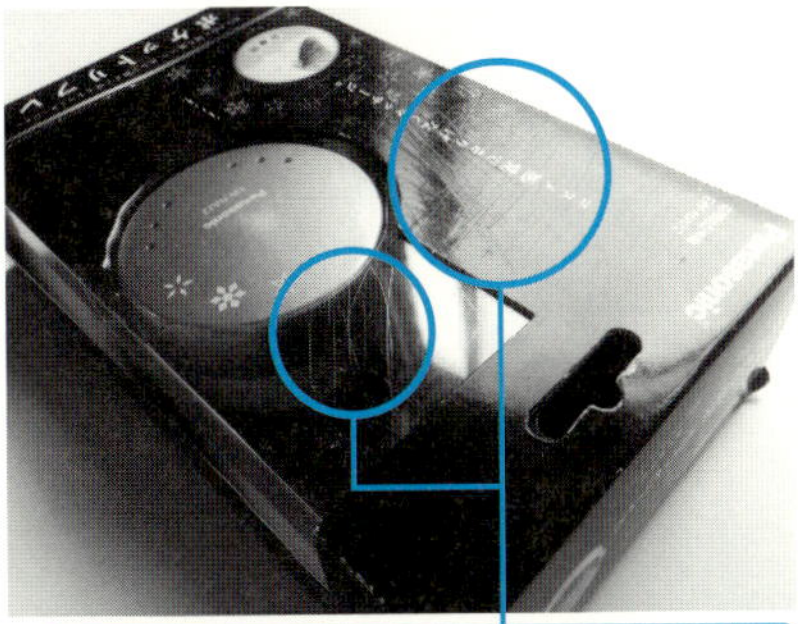

スレは、これくらいまでなら新品コンディションで大丈夫

たり、箱がつぶれていたりしたら返品されてしまう可能性があります。フィギュアを買う人たちは、パッケージのまま部屋に飾るので、箱の角がつぶれていたらクレームになることもあります。角がつぶれている商品を仕入れる場合には、新品ではなく中古として仕入れるようにしましょう。

B 中古の場合

自分が購入者の立場になって判断します。「**商品が届いたときに不快にならないレベルの状態のものを仕入れる**」ようにします。いくら中古で安く買えるとはいっても、汚れがひどいと誰でも嫌な気持ちになってしまいます。そして、外箱、帯、リーフレットなど、できるだけ付属物がある状態のものを仕入れましょう。

それでは中古商品の各カテゴリーの記入すべきポイントをお話ししておきます。

「**本は、カバー、帯の有無、本文の書き込み、スレ、折れ、ヨレ、シワ**」について記載します。「**CD・DVDは、ケース、帯、特典（ある場合）、リーフレット、盤面の状態**」について記載します。「**ゲームは、外箱、特典、説明書、盤面の状態**」について記載します。「**家電は、化粧箱、説明書、付属品、動作確認がすんでいるか**」を記入します。

中古出品の場合、新品よりも出品者の評価をつけてもらいやすくなります。中古は「ほぼ新品」「非常に良い」「良い」「可」の4つのコンディションがありますが、「**実際のコンディションよりもひとつ下げたコンディションで出品するのがポイント**」です。たとえば、実際の商品は「ほぼ新品」だとしても「非常に良い」で出品します。そうすると、お客様は「**中古なのにものすごく**

きれいな商品が届いたことに感動して評価をつけてくれる」傾向があります。ただ、「可」のコンディションでの出品は、イメージが悪くなってしまうので、やらないほうがいいでしょう。

Ⓒ コレクター商品の場合

新品、中古とは別にコレクター商品というコンディションもあります。これは、明らかにレア商品を仕入れた場合の出品コンディションになります。

Amazonの規定では、「コレクター商品として出品するには、サイン入り、絶版などの付加価値が必要です。どのような点がコレクター商品として特別な価値があるのか詳しく説明してください。コレクター商品は、新品の価格よりも高く設定することを推奨します」と記載されています。

私は、サインつきグラビアアイドルの写真集を100円で仕入れてコレクター出品として2980円で販売したことがあります。中古の販売価格が100円だったので、かなりの価格差をつけて販売できました。

コレクター出品はコンディションに新品がないので、新品かつ何らかの付加価値がついている場合は「ほぼ新品」で出品して、その旨をコンディション説明に記入してください。まれに、商品の状態がとてもキレイという理由だけでコレクター出品している人がいますが、**Amazon**の規定からは外れているので注意してください。

02

Amazonでものが売れるお店づくり②

信頼されるお店をつくる

1 信頼されるお店をつくる前に、考えてほしいこと

せっかく状態のいい商品を仕入れたにも関わらず、商品のコンディション説明を適当に入力したり、空欄のまま登録してしまう人がいます。**Amazon**で買い物をしているのはロボットではなく、生身の人です。それを常に鮮明にイメージしてください。

ネットで、お互いに顔が見えないから適当でいいのではなく、ネットショップだからこそ、リアルの店舗運営以上にお客様に信頼されるために、安心して買い物をしてもらうために、何を伝えればいいのか頭に汗をかいて考えるべきです。自分がお客様ならどういうお店から買いたくなるのか？　逆の視点から考えた私のお店づくりの方法をお話しします。またこれからは**Amazon**のショップオーナーとして、ネットで買い物をするたびに、お客様の立場になって、そのお店から商品を買った理由を分析して、自分のショップづくりに反映させていってください。

2 信頼されるお店をつくる⇓店舗名＋商品のコンディション説明

信頼されるお店にするためのポイントは、「**店舗名**」と「**商品のコンディション説明**」です。

Amazonでお客様が商品を購入する際に判断する材料は、この2つしかありません。

3 店舗名の考え方

店舗名の考え方のポイントは3つあります。

- Ⓐ 大きな会社組織とイメージされる店名
- Ⓑ どんなジャンルの商品でも扱えるような店名
- Ⓒ コンセプトが含まれている店名

Ⓐ 大きな会社組織とイメージされる店名

Amazonでショッピングするお客様にとって、商品やサービス

などでトラブルがあった場合、最後まで対応してくれるのか？　ここで商品を買って損はしないのか？　これが一番の心配事です。この心配を解消するためには個人商店ではなく、大きな会社だから安心とイメージしてもらうことです。そのために「**店舗名に○○本店**」と入れるようにします。そう書くことで、この店舗は少なくとも2、3店舗はあり、アフターケアーも丁寧にしてくれるとお客様に感じてもらえます。ほしい商品が同じ価格で売られていれば、路地裏にある怪しげなお店よりも、信頼できる百貨店で商品を購入しますよね。その雰囲気を店舗名で演出するようにします。

B どんなジャンルの商品でも扱えるような店名

せどりは最終的にいろいろなジャンルの商品を扱うことで、効率的に稼いでいけます。ですから、「ABCレコード」のような店名にしてしまうと、取り扱える商品群がかなり狭まってしまいます。実際は、そのような店舗名にしたからといって何を扱えないというわけではありませんが、店名と違いすぎる「工具」などを売ると、お客様は違和感を感じてしまいます。どんなジャンルの商品を売っても自然に感じる店名にしておきましょう。

もうひとつ店名のつけ方でちょっとしたポイントがあります。気の利いた店名にしようと悩むくらいなら、「**聞いたことがありそうなベタな店名**」のほうが親近感がわくかもしれません。**Amazon**では、見たことも聞いたこともないようなお店がたくさん並んでいるので、それなら何となくでも親近感がある店から買っちゃおうかなと思うのがお客様の心理です。

Ⓒ コンセプトが含まれている店名

必要とされているサービスを店名に記載することで、そのサービスを求めているお客様に購買を訴求できます。お急ぎ便が可能であることや返金保証があるという内容を、店名に入れておきましょう。

これはリアル店舗をイメージするとわかりやすいです。両隣にクリーニング店A、Bがあるとします。両方のお店とも「当日仕上げ」「返金保証」のサービスをしています。Aの店内に入ると、そのサービスについて書かれたボードが目立つように置かれています。Bは、お店の前に「当日仕上げ」と書かれたのぼりが立っています。もし、今日中にYシャツを仕上げないと明日着るものがないお客様がいたら、確実にBの店に入りますよね。

リアル店舗ではあたりまえのことですが、ネット店舗になると、多くの店舗がこの「**サービスの訴求をしていない**」状態なので、ここで差をつけるようにします。

これらのポイントを踏まえて店名を考えると、次頁のような感じになります。

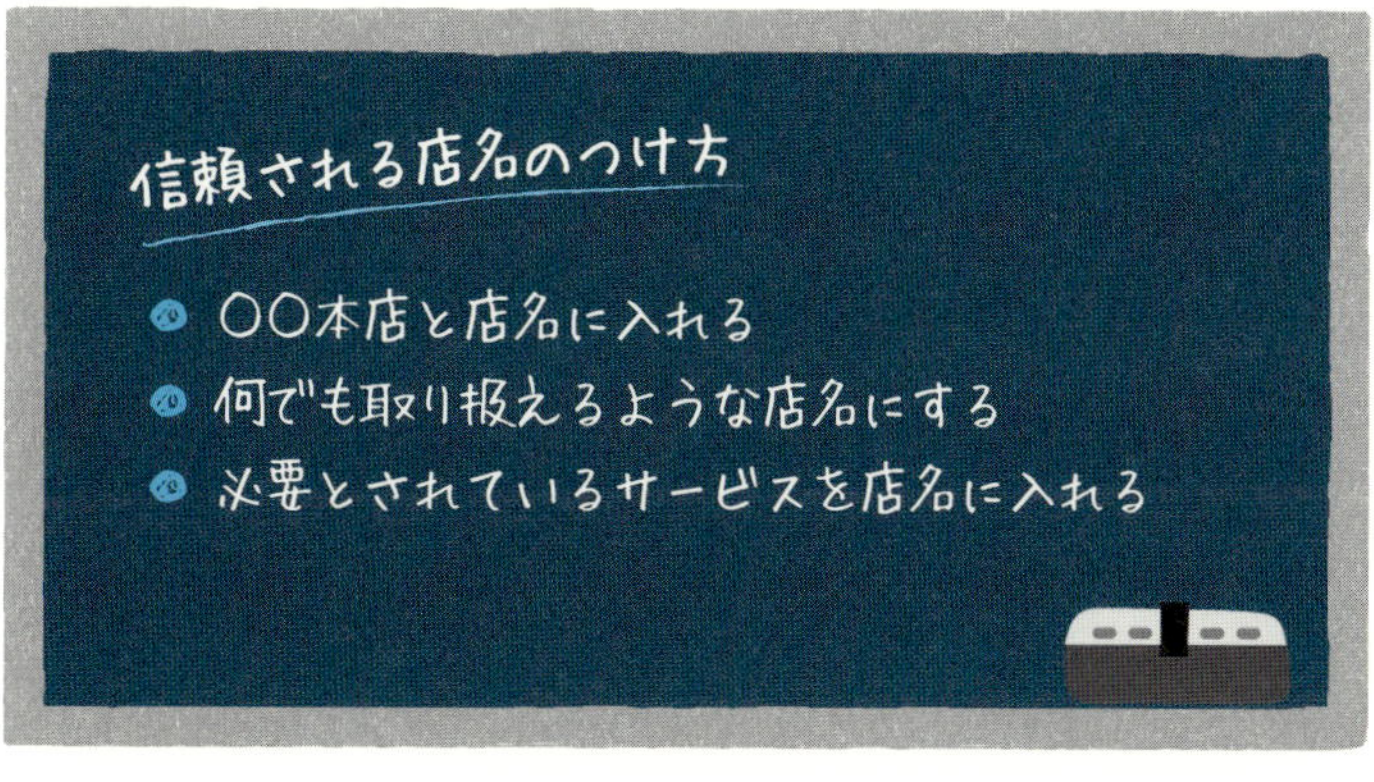
信頼される店名のつけ方
〇〇本店と店名に入れる
何でも取り扱えるような店名にする
必要とされているサービスを店名に入れる

- Tokyo Media Center 新宿本店【当日お急ぎ便可能】【安心返金保証】
- エクスプレス マーケット 大阪本店【当日お急ぎ便可能】【安心返金保証】

店名は何度でも気軽に変えられるので、考えすぎずにまずはつけてしまいましょう。いい店名が思いつくたびに変えていけばいいのです。

4 商品のコンディション説明の考え方

次にコンディション説明文の考え方ですが、ここでのポイントも3つあります。

Ⓐ お客様にメリットのある順番、知りたい順番で説明する
Ⓑ お客様が不安に感じることはひとつ残らず解決する内容にする
Ⓒ 商品やパッケージの状態が悪い場合は、マイナスのことを書いたあとにプラスのことを書くといい印象を与えられる

では、サンプルのコンディション説明文を読む前に、1度自分で考えてみましょう。何でもまずは自分で考えてみることが大切です。とはいっても、いきなり何を書いたらいいのかわからないと思うので、私のコンディション説明文を紹介します（次頁下参照）。こちらのFBA用のコンディション説明文は、そのまま使っていただいてかまいません。では、説明文について補足しておきます。「**当日お急ぎ便に対応している**」ことは店名にも盛り込まれていますが、**Amazon**のサイトをパソコンで見ると、出品者一覧のページでは「**店名よりもコンディション説明のほうが先に目に入ります**」。最もニーズのある内容を1番先に伝えて購入率を上げるようにします。新品未開封の記載については、開封品でも新品のコンディションで出品する人がいるので、「**正真正銘新品かつ正規品を出品していることをアピール**」します。お客様は注文後にお店側の在庫切れでキャンセルされることを嫌うので、「**在庫が確実にある**」ということも、急いでいるお客様にとっては重要です。中古商品や商品の状態によっては、「パッケージも良好です」の部分だけ変更して、「**パッケージの角にへこみがあります**」といったように、お客様が商品の状態を把握できるように書いておきます。また、「**女性の存在をアピールすることで、丁寧に商品を扱ってくれたり、きめ細やかな対応をしてくれそうなお店だというイメージを持ってもらう**」ことができます。

● コンディション説明文 例

当日お急ぎ便対応！
【商品について】『国内正規品 / 新品未開封』パッケージも良好です
◆ 在庫は確実にあります
◆ 本日、全国無料発送！　コンビニ受取可能
◆ Amazon 発送センターにて専門の女性スタッフが段ボール梱包します
◆ 発送事故保障！　追跡番号有！　完全防水発送！
◆ 商品管理ラベルはキレイにはがせます
◆ 当店へのお問いあわせは、24 時間年中無休でメールにて受けつけております。電話の場合は、Amazon カスタマーサポートにて対応いたします。安心してお買い求めください。
Tokyo Media Center 新宿本店カスタマーセンター担当　山下 彩

03

Amazonでものが売れるお店づくり③

適切な価格で売る＋随時価格を見直す

1 価格設定が簡単なのも魅力のひとつ

京セラ創業者の稲盛和夫さんが「**値決めは経営**」というほど、本来「**適切な価格決定は高度なもの**」ですが、**Amazon**物販では、これすらも、すごく簡単にできてしまいます。次項のルールに則って価格設定をすれば、ほぼ確実に商品は売れていきます。それでは、最後のポイントをマスターしていきましょう。

2 適切な価格のつけ方

Amazonに出品するときの適切な価格は、「**自分と同じ発送方法（ＦＢＡもしくは自己発送）で、同じコンディションの最安値**」です。

では、次のようなライバルがいる商品を出品しようとした場合、適切な価格はいくらになるでしょうか。

自己発送	**「中古－良い」**	**3500円＋送料500円**
FBA	**「中古－良い」**	**4300円**
自己発送	**「中古－非常に良い」**	**4000円＋送料500円**

あなたがFBAで出品する場合、中古で「良い」のコンディションなら4300円で販売するようにします。また、あなたが自己発送で出品するなら、中古で「非常に良い」のコンディションの場合、送料含めて4500円が最適な価格になります。

自己発送とFBAは、どれくらいの価格差まで問題なく売れるのか？

FBAの価格設定はどのくらいが妥当かというと、**「自己発送の値段の5～10％の上乗せ価格」**の範囲ならスムーズに売れていきます。ただし、**「価格差の上限は1000円くらいが妥当」**です。それ以上の価格でも売れますが、回転はだんだんと鈍っていきます。

仮に「ほぼ新品」で出品する際、**「価格をあわせる相手がいない場合には、自分より一段階だけ劣るコンディションの売値に5～10％上乗せした価格設定」**にします。中古のコンディションは、**「可」「良い」「非常に良い」「ほぼ新品」**の4種類になります。先ほどの例でいうと、「非常に良い」を基準として上乗せ金額を決めればいいので、４５００円に10％上乗せして４９５０円となります。

上乗せ価格で販売するときのテクニックを紹介します。**「売り値の1番頭の桁を変えないのがポイント」**です。たとえば、自己発送のライバルが４２００円＋送料５００円だとします。10％上乗せすると、５０００円を超えてしまいます。この頭の桁の数字が変わってしまうと、価格の印象が大きく変わってしまいます。商品を早く売るためには、あえて４９８０円で出品してください。

3 適切な価格の見直し方

最初につけた価格で商品がしばらく売れなかったり、ライバルが増えてくると、どうしても値下げ合戦がはじまってしまいます。そんなときは価格を見直す必要が出てきます。

価格改定の注意点ですが、**「該当するライバルたちの最安値と同じ価格にあわせる」**だけで大丈夫です。よく最安値より1円下げたり、少し下の価格に設定する人がいますが、その必要はありません。値下げ合戦になると自分たちで自分たちの首を締めること

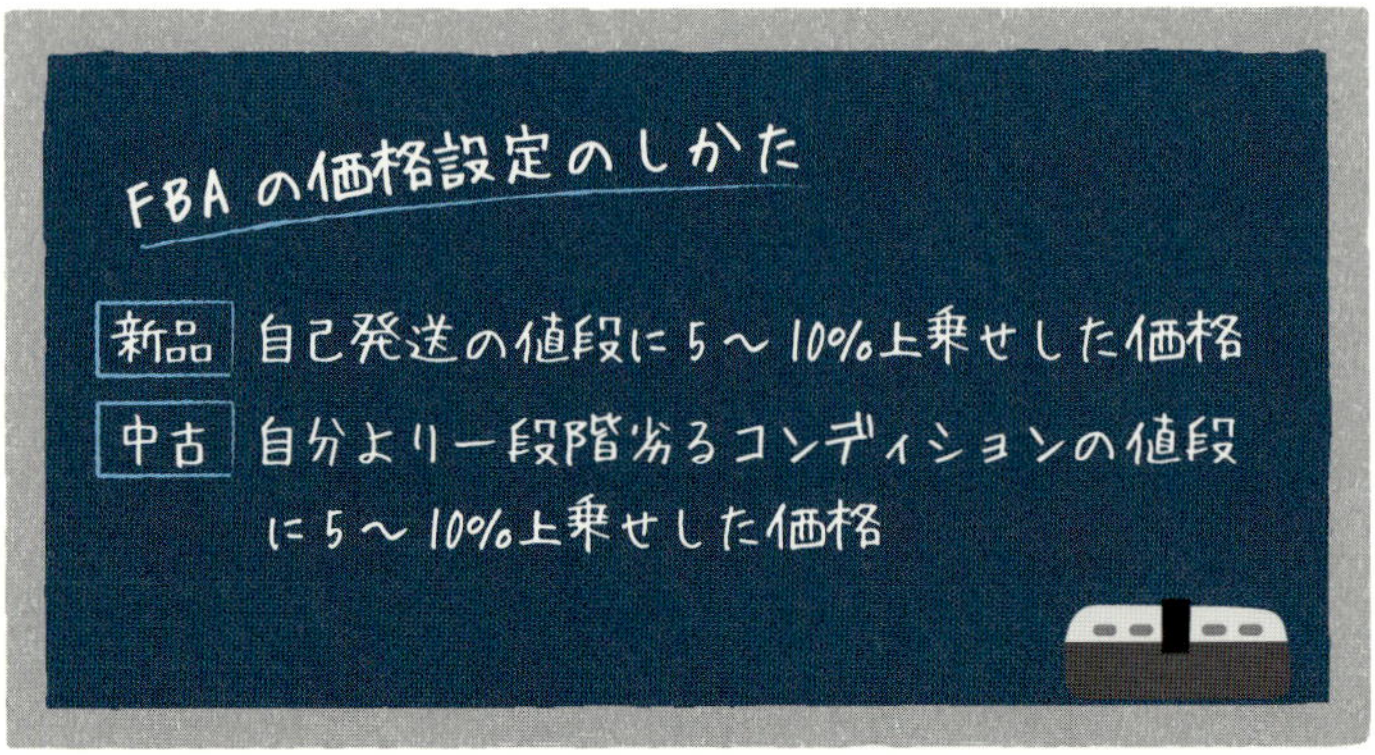

FBAの価格設定のしかた
新品 自己発送の値段に5〜10%上乗せした価格
中古 自分より一段階劣るコンディションの値段に5〜10%上乗せした価格

になってしまいます。

ライバルに**Amazon**がいる場合は、**Amazon**の価格よりも数十円～100円下げるだけで売れます。先ほどとは逆のテクニックで、売り値の頭の桁を下げると安い印象になります。たとえば、**Amazon**が1万200円で出品していたら、9980円で出品するようにします。

価格を見直すタイミング

Amazonの商品価格は、常に変動しています。ツールで価格改定している人もいるので、1時間ごとに価格が変わることもあります。1時間に1回価格を見直す必要はありませんが、「**最低でも1日1回は価格改定をする**」ようにしてください。

Amazonで、商品が購入される時間帯は、夕食が終わったあとの20時から伸びていき、22時台にピークを迎えます。日付が変わって午前1時くらいまでは売れていきますが、午前2時になると購入者はパタンと減ります。次に多いのがお昼休み中の12時～1時です。曜日では、週末の金、土、日曜日の売上が大きくなります。

ということは、「**毎日22時前に価格改定するのがベスト**」です。1日2回できる人は、昼の12時前にも価格改定ができると最適価格を維持できます。

価格を一括で見直すやり方

1、2分もあれば一括で価格改定できるシステムを、**Amazon**が準備してくれています。

STEP 1 「在庫一覧の表示方法」の設定画面を表示させる。

まず「セラーセントラル」にログインします。

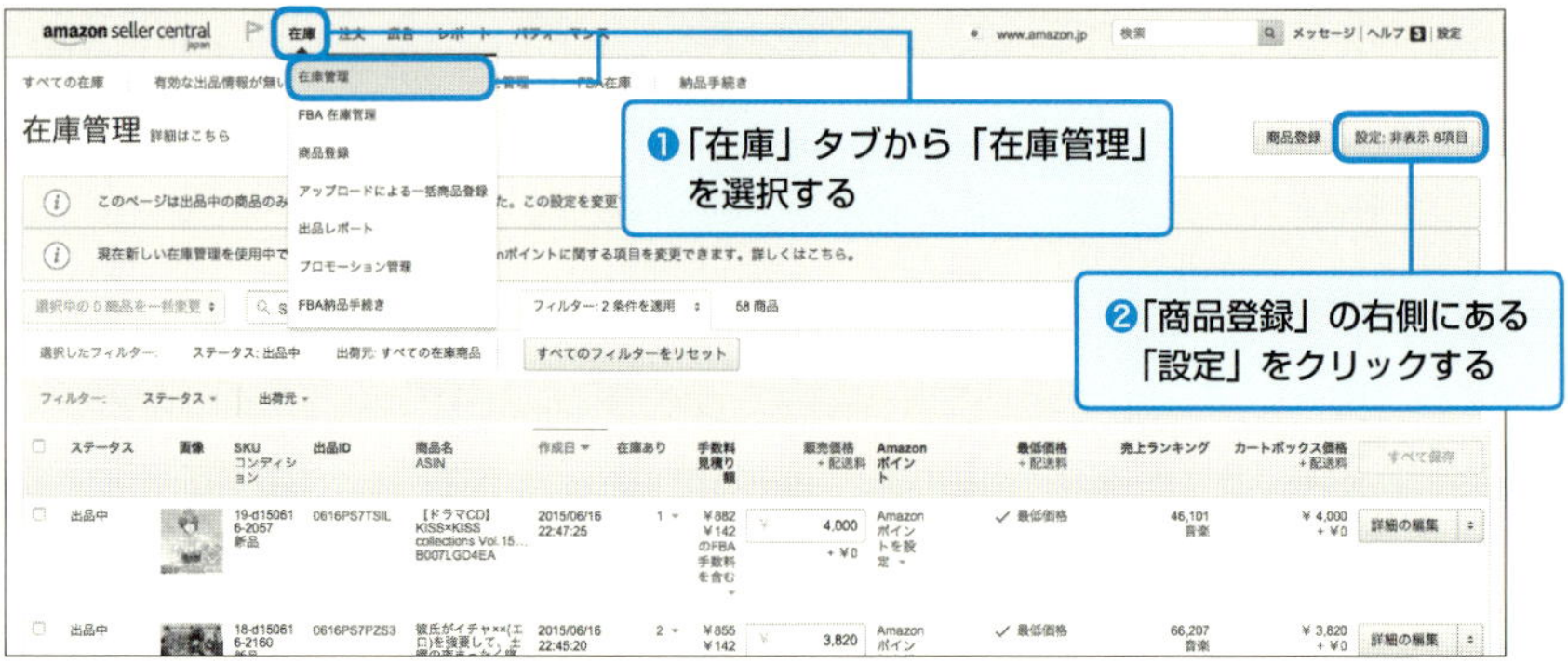
❶「在庫」タブから「在庫管理」を選択する
❷「商品登録」の右側にある「設定」をクリックする

STEP 2 「表示する商品の初期設定」の６項目を設定する。

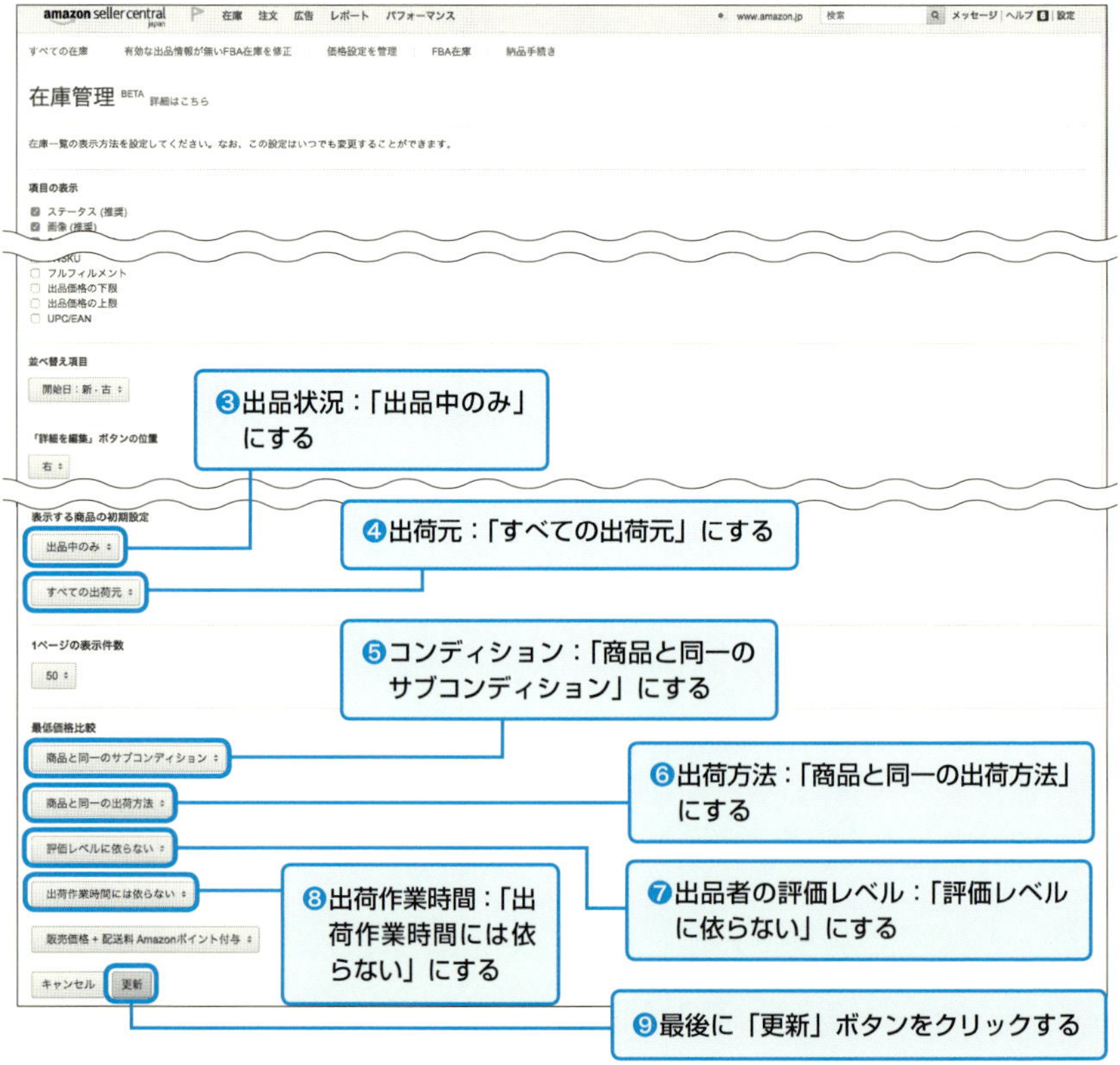
❸出品状況：「出品中のみ」にする
❹出荷元：「すべての出荷元」にする
❺コンディション：「商品と同一のサブコンディション」にする
❻出荷方法：「商品と同一の出荷方法」にする
❼出品者の評価レベル：「評価レベルに依らない」にする
❽出荷作業時間：「出荷作業時間には依らない」にする
❾最後に「更新」ボタンをクリックする

STEP 3 最低価格と一致させる。

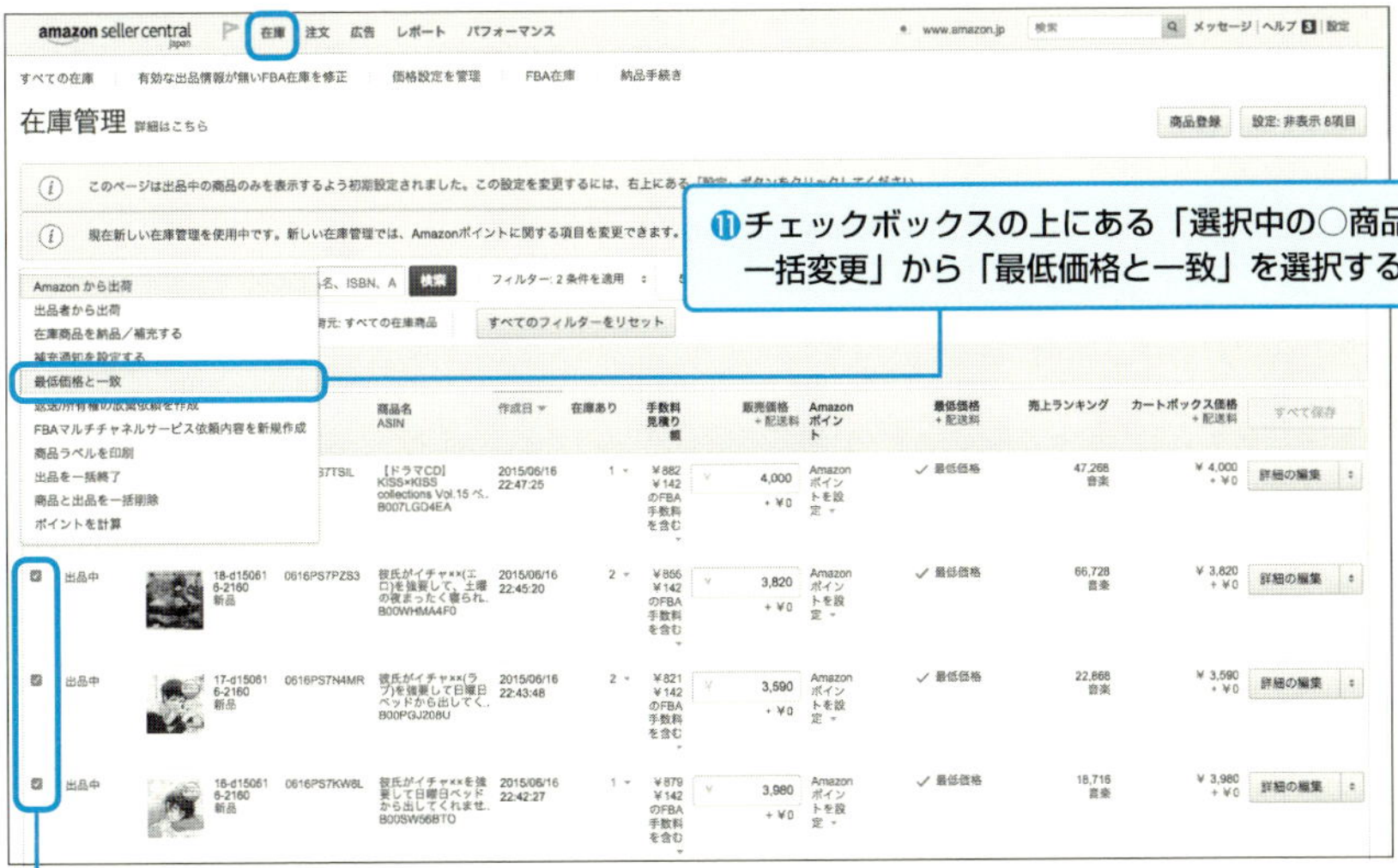

⑪チェックボックスの上にある「選択中の○商品を一括変更」から「最低価格と一致」を選択する

⑩「在庫管理」の画面に戻ったら、商品の左端にあるチェックボックスの一番上のチェックボックスにチェックを入れると、すべての商品のチェックボックスにチェックが入る

STEP 4 確認画面で、続行をする。

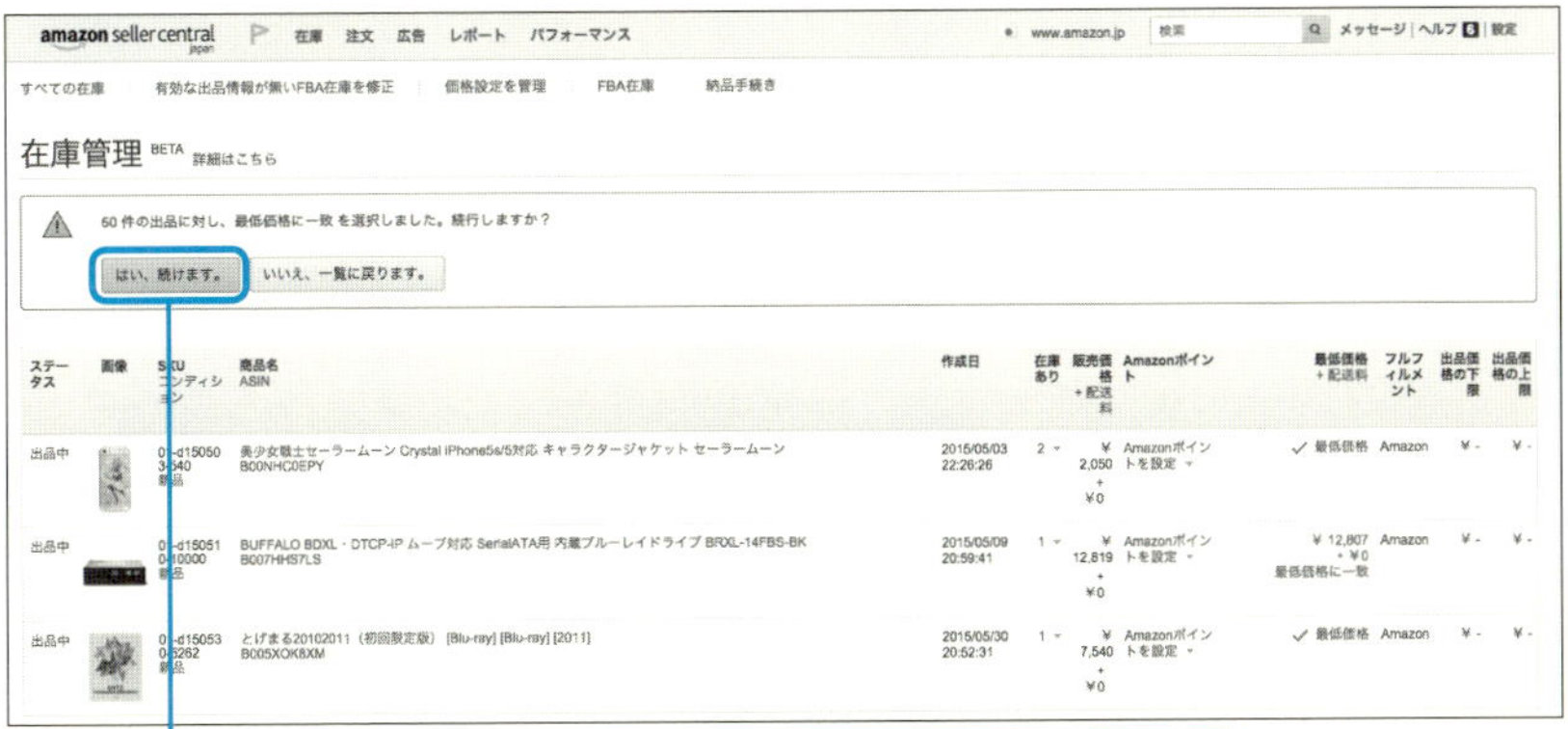

⑫「はい、続けます。」をクリックして、次の画面で「すべて保存」をクリックする

4 1カ月経っても売れない商品だってあるさ

日々正しく価格改訂をしても、1カ月経っても売れない商品はどうしたって出てきます。そういうときのために、自身の値下げルールをつくっておくようにします。参考までに私のルールをお話ししておきます。

★クラスター長谷川流値下げルール

❶ 1カ月経っても売れ残っている商品

「**自己発送のライバルより100円だけ高い値段**」にします。

❷ 2カ月以上経っても売れ残っている商品

「**自己発送がライバルであっても同額の最安値**」にします。ただし、商品の最安値がすでにFBAライバルの場合、それより値段を下げることはしません。

❸ 値崩れを起こして価格が高値に戻らないと判断した場合

「**数千円の赤字であっても、躊躇することなく最安値で売り切る**」ようにします。

赤字で売り切っても、トータルで黒字になることが大切

多くの人が、赤字で売り切ることを嫌がります。すべての商品で粗利を稼ごうとして不良在庫を抱えてしまうよりも、あるところで見切りをつけてロスカットしてしまったほうが、資金効率がよくなります。

何より大切なことは、トータルで黒字になっていることです。せどりの場合、**「全商品を黒字で売ろうという考え方を持つほうが、逆に損をする」**ことになります。損切りを躊躇すると値下げが進んでいき、最終的にさらに安値で売ることになりがちです。**「商品を見るたびにもう値下げしてしまおうか？　まだ粘ろうか？　と思うエネルギーもとても無駄」**です。そのエネルギーをどんどん次の仕入れに回していくほうがよほど健全な経営になります。

お伝えした価格改訂の方法は初心者～中級者向けで、1日でも早く売り切るために徹したルールです。**「仕入金の少ないはじめのうちは、薄利だろうと赤字だろうと、とにかく商品を回転させることを最重要項目に」**することを意識してください。**「資金に余裕が出てきたら、回転が多少遅くなっても、利益を多く取れる高値売りにシフト」**していってください。

これで、**Amazon**で稼いでいくためのしくみづくりがマスターできました。簡単すぎて驚いたのではないでしょうか。だから、**Amazon**物販は稼げる人が続出するのです。あなたにも必ずできます。それでは次節から、出品する準備をしていきましょう。

04 Amazonに出品するための事前準備

1 Amazonカスタマーサービスを覚えておこう

アカウント作成は、「**Amazon**出品（出店）サービス」で検索すれば、すぐに公式ページにたどり着けるので、そこから登録します。簡単にアカウントをつくれますが、もしわからないことがあったら**Amazon**カスタマーサービスに電話すると丁寧に教えてくれるので、遠慮なく聞いてみましょう。

私は今でも、販売した商品の返品についての問いあわせなど、何かあったらすぐに電話しています。とても便利なサービスなので、ぜひ電話帳に登録しておいてください。

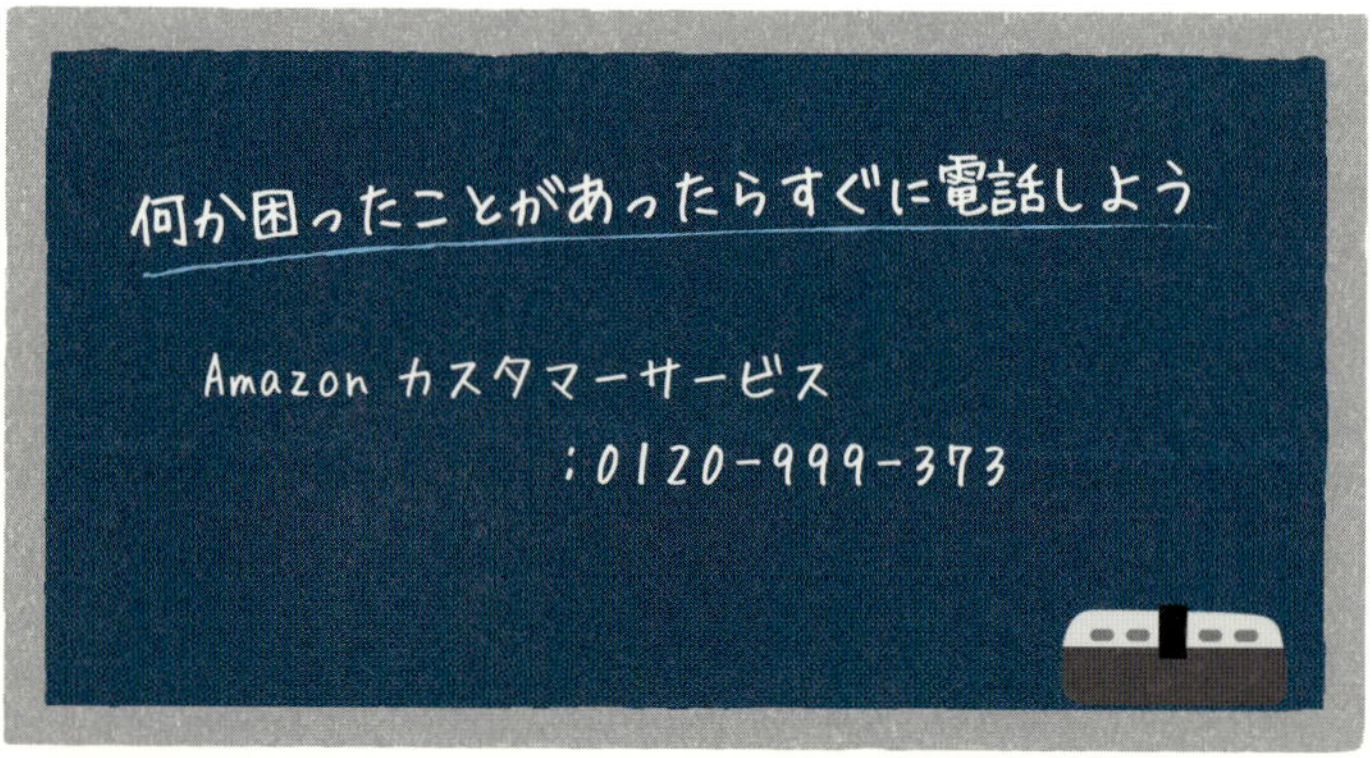
何か困ったことがあったらすぐに電話しよう
Amazon カスタマーサービス
:0120-999-373

2 Amazon出品サービスはFBA小口出品からスタートしよう

アカウントの種類は、「**大口出品**」か「**小口出品**」の2つです。大口出品だと月額登録料が4900円かかりますが、小口出品なら月額登録料がかからない分、商品を販売するたびに100円の成約料を**Amazon**が徴収することになります。

費用を計算してみると、「**小口出品からスタートして商品を1カ月以内に49個以上販売できそうになるタイミングで、大口出品に切り替えるのが理想**」です。50個以上売るなら、小口出品だと逆に損することになります。

3 出品する前に必要なものをそろえる

まず、次頁の表の8点を用意してください。このほかに、はさみ、カッターナイフ、ガムテープ、セロハンテープが必要になります。

● Amazon アカウントの契約形態

	小口出品	大口出品
成約料	1商品ごとに100円	かからない
月額登録料	かからない	毎月4,900円

出品する前に必要なもの

❶クレジットカード	Amazonで出品用アカウントを新規作成するために必要。デビットカードでも大丈夫
❷銀行口座	Amazonから売上を入金してもらうための口座
❸パソコン（＋インターネット環境）	Amazon内での店舗管理、出品作業などをするときに使う。Amazonがあなたの店舗で売れた商品のビジネスレポートなどをExcelで発行してくれるので、Windowsのほうが使い勝手がいいかも。もちろんMacにExcelを入れて使っても問題ない
❹プリンター	納品書やラベルシールを印刷するために必要。4,000円くらいの安いプリンターで十分
❺ラベルシール	Amazon倉庫に商品を送るときに、Amazonが発行する独自のバーコードをラベルシールに印刷して商品に貼るときに使う。ラベルはサイズが決まっているので注意 推薦 コクヨプリンター兼用ラベルシール 再はくり24面 20枚 KPC-HH124-20（実勢価格900円）
❻バーコードリーダー	商品登録をするときに、コンビニのレジのように赤外線をバーコードにピッと当てるだけで、商品を読み込む。出品作業時間が大幅に短縮できる 推薦 ビジコム バーコードリーダー ニアレンジ CCD USB BC-BR900L（実勢価格3,300円）
❼段ボール	仕入れた商品を自宅からAmazon倉庫に送るときに必要になる。スーパー、ドラッグストア、ホームセンターなどで、大きめの箱を無料でもらってくる。コンビニは小さいサイズの箱が多いので、あまり適していない。段ボールをもらいに行くのが面倒な場合は、Amazonで「メルアド便資材部」という店舗でまとめ買いするのがお勧め
❽値札はがし液	値札に値札はがし液をしみ込ませて、3分くらい経ってから剥がすと驚くほどスムーズに剥がせる 推薦 値札はがし MH-5（実勢価格400円）

4 保管手数料も覚えておこう

Amazonでは、小口出品でも大口出品でもFBA倉庫に商品を送ると、商品をお客様に発送するときの外寸の体積にあわせて在庫保管手数料がかかってきます。保管料といっても、普通に倉庫を借りるよりもはるかに格安料金で、せどりの経営の利益を大幅に圧迫することはありません。しかも、日割り計算で徴収してくれるので、無駄なお金を支払うこともありません。単行本くらいの大きさなら、1カ月に3～5円徴収されるだけです。ただしプリンターなどの大型商品になると、500円以上かかることもあるので、仕入れをするときは考慮して仕入れてください。

1年以上売れていない商品は長期保管手数料に注意する

1年以上保管している在庫で同じ商品を2つ以上保有していると、その2つ目以降の在庫すべてに長期保管手数料がかかります。**Amazon**が長期在庫をチェックする日は、2月15日と8月15日で半年ごとに課金されます。10センチ×10センチ×10センチの大きさで174円も課金されるので、利益をかなり圧迫します。商品を廃棄するか、手元に戻して再出品するか検討します。

Amazonのヘルプページ「**在庫保管手数料シミュレータ**」「**長期在庫保管手数料**」も参考にしてみてください。

05

「商品登録」と「出荷」をしてみよう。手はじめに、家にあるいらないものを出品してみる

1 Amazon物販の醍醐味を味わうために、まずは小さな成功体験をしよう

では、いよいよ出品をしてみましょう。

ここでの目的は稼ぐことではなく、実際に商品を販売して小さな成功体験を得ることです。1000個の知識を詰め込むより、実際に1個売ってみるほうがよほど価値があります。この章を読み終えたら1度本を置いて、必ず商品を登録して販売してみてください。30商品も出品すれば1週間以内に何か売れるでしょう。とにかくAmazon物販の無限の可能性を味わってください。

2 13桁のバーコードがあれば、大丈夫

Amazonに出品する商品は、13桁のバーコードで登録されている商品であればほぼ何でもすぐ

に出品できます。バーコードがない商品でも、型番、商品名で**Amazon**に登録されていれば出品できます。さらに本とCD以外は自分で商品の新規登録も可能です。

3 外箱がない中古でも問題なし

家にある、本、CD、DVD、ゲーム、おもちゃ、家電などはすべて出品できるはずです。最初の資金づくりも含めて、使わなくなったものをすべて出品してみましょう。ちなみに「**家電やおもちゃなどは、もとの外箱がないかもしれませんが、プチプチ（エアキャップ）でくるんでコンディション説明にその旨を記載すれば問題ない**」ので、チャレンジしてみましょう。

4 出品許可の申請がいる商品に注意

例外として、「時計」「ヘルス&ビューティ」「アパレル」「シューズ」「バッグ」「コスメ」「ジュエリー」「食品&飲料」「ペット用品」などは、出品許可の申請が必要です（194頁参照）。特に難

● バーコード見本

9784800720160

バーコードリーダーがあれば読み込んでみよう。なければ、下の13桁の数字を入力してみよう。

しい審査があるわけではないので、申請さえすれば簡単に出品できるようになります。

5 いよいよ「商品登録」と「出荷」をしてみよう

Amazonでものを売るしくみがわかったところで、「商品登録」「出荷」をしていきましょう。

はじめて出品する場合、出荷作業時に注意点があります。「混合在庫」を取り扱うか質問されるので、「**必ず〝混合在庫は取り扱わない。〟を選択**」してください。「商品ラベルが不要な混合在庫として取り扱うことに同意する」を選んでしまうと、自分の商品とほかの出品者の商品が混ぜられてしまいます。そうなると、あなたの店に注文が入っても、ほかの出品者の商品が出荷されることになります。もしその商品の状態が悪かったりしたら、クレームや返金の可能性が高まるのです。

● 「混合在庫は取り扱わない」を選択する

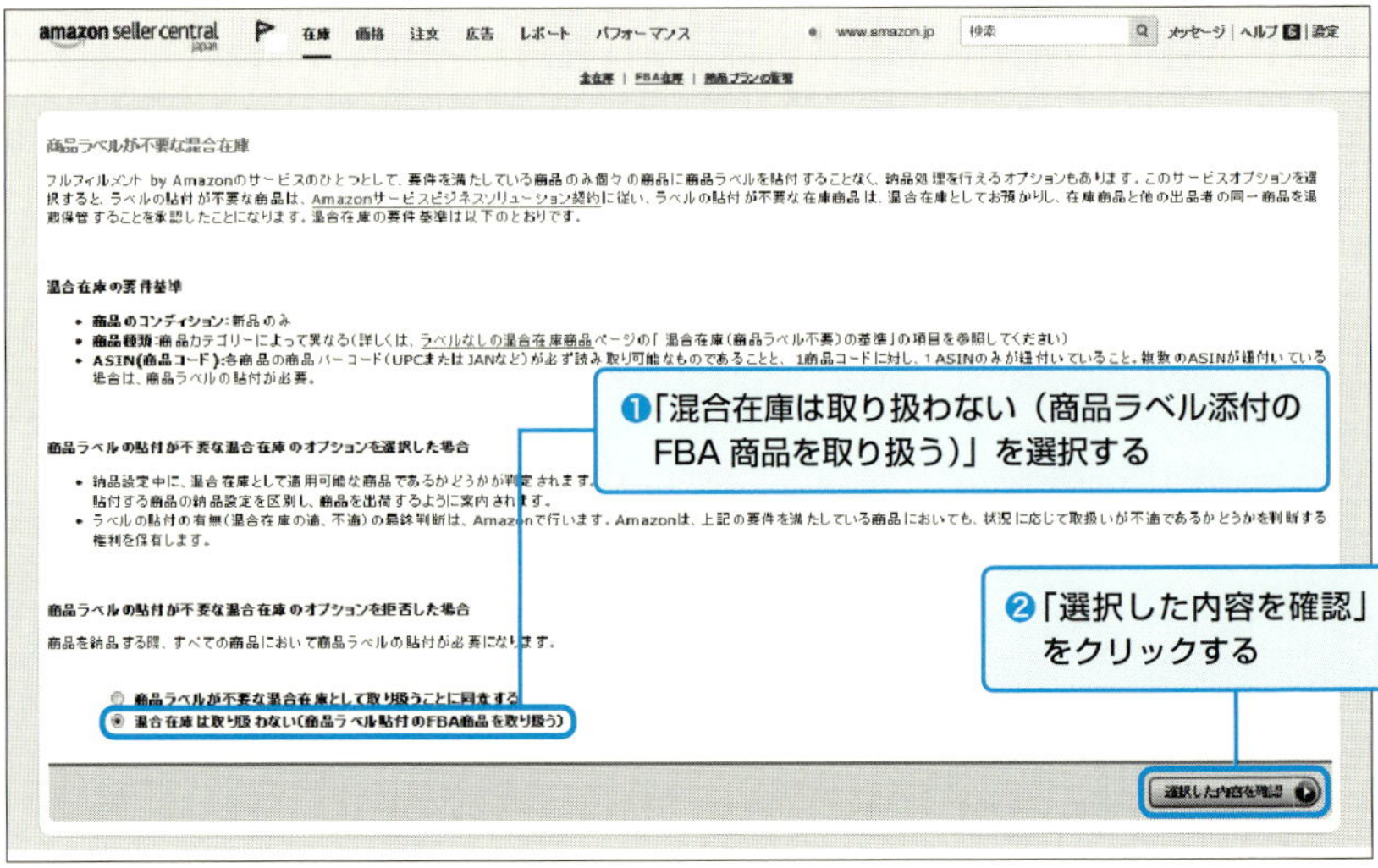
❶「混合在庫は取り扱わない（商品ラベル添付のFBA商品を取り扱う）」を選択する
❷「選択した内容を確認」をクリックする

商品登録の流れをわかりやすくまとめたＰＤＦを用意したので、ぜひ参考にしてください。

http://sedori-biz.jp/wp-content/uploads/2015/09/Amazon-how-to-registrate.pdf

また出荷作業の最後のほうで、下記の配送ラベルを印刷します。このときラベルの右上に「混合」と表記される場合がありますが、これは気にしないでください。

出荷作業の流れをわかりやすくまとめたＰＤＦを用意したので、ぜひ参考にしてください。

http://sedori-biz.jp/wp-content/uploads/2015/07/amazon-how-to-exhibit2.pdf

● 配送ラベル

このラベルは隠れないようにしてください
FBA
納品元:
日本
納品先:
Amazon.co.jp FSZ1 FBA入庫係
250-8560
神奈川県
小田原市
扇町4-5-1
日本
FBA:
FBA (15/06/16 16:49) - 1
FBACGNXC7U001
混在したSKU

Episode 2

完全に真似をする難しさ

成功したかったら、徹底的に成功者の真似をしろ！

成功哲学の本が好きな人なら聞いたことがある言葉だと思います。

一見簡単に聞こえますが、成功者の真似ができる人は意外と少ないものです。実際は、真似をしているつもりだと思うのですが、「**徹底的に**」ができていないのです。

「徹底的に」真似しないなら、真似しないほうがまし

ほとんどの人が、自分にとって都合のいい部分だけを解釈し、したいことしかしないので実際に真似ができている部分は、本当に一部分にすぎません。徹底的に真似ができていたら、先生と同じ結果、いやそれ以上の結果が出るはずです。

「稼げていません」と相談してくる人にかぎって、マニュアルを読んだの？　と耳を疑うような質問をしてきたり、「**稼げていないうちから、何人も先生をつくったりします**」。

私は先生が行く同じ系列店の同じコーナーで、ずっと仕入れをしましたし、お金はほとんどありませんでしたが、それでもせどりで使うスマホ、バーコードリーダー、ブルートゥースイヤホン、スマホの充電器まで、新たに先生と同じ機種を買い足しました。スマホツール、ツールの設定まで先生とまったく一緒にしました。先生が発言することは、全部録音して（もちろん許可は取っています）、家に帰って復習してまとめなおしていました。

あたりまえですが、先生のプロフィール、ブログ、メルマガなどは徹底的に何度も何度も読んで、先生がせどりしている姿、日常生活、先生が考えていることを常に想像していました。ここまでくるとストーカーレベルです。ただ、先生を超えるくらい成功したかったら、完全にその人になりきるような勢いが必要だと私は思います。

これが「徹底的に真似をする」ということです。

クラスター長谷川を超えたかったら、まずはアフロヘアーに戦隊もののスーツを着てみろー！
あっ、西部警察・大門さん愛用のティアドロップのサングラスも忘れちゃいけねー。もちろんレイバンだぜ！

2時限目
仕入れに行く準備をしよう

流行や最新の売れていそうな商品を仕入れても、稼げません。
商品の仕入れ方をしっかりマスターして不良在庫をなるべくゼロにすること、これがポイントです！

01 商品を仕入れる前にそろえておくもの

1 必要なものは6つだけ

❶ スマートフォン（スマホ）

商品検索をするために、スマホは必須です。文字検索でせどりをすることが多い人は、タブレットPCを活用しましょう。あとでお話しするアプリの使い勝手が多少違いますが、**iPhone**でも**Android**でも問題ありません。

❷ 仕入れ金⇓クレジットカード

仕入れ資金は多ければ多いほど稼げるのは事実ですが、用意する額は少なくても問題ありません。「**あなたが現在用意できる額が、最適のスタート金額**」だと認識してください。ただし、仕入れ金が10万円未満の場合、動かせる金額がかぎられてしまうので、元金と儲かった利益は全額次の仕入れに回すようにしてください。そうすれば、雪だるま方式でお金が増えていくので1年以内に月商数百万円も達成可能です。

1円も用意する現金がありません！ そんな人でも大丈夫です。実は、仕入れのための現金は0円でも大丈夫です。現金の代わりにクレジットカードを使います。クレジットカードなら、引き落としまでのタイムラグで売り切ってしまえば資金ゼロでも利益を発生させることができます。

必ず2回払いで買う

クレジットカードで仕入れをしたときは、「**資金繰りに余裕を持たせるために、必ず2回払いで決済**」してください。ほとんどのクレジットカード会社は2回払いであれば無利息です。資金繰りがよくなるからといって、3回以上の分割にしてしまうと分割払手数料がかかるので注意してください。

たとえば、セゾンカードは締め日が毎月末日です。初回引き落とし日が翌々月の4日です。1月1日に1万円の仕入れをして2回払いにすれば、3月4日に5000円、4月4日に残りの5000円が引き落とさ

● 2枚のクレジットカードの上手な使い方

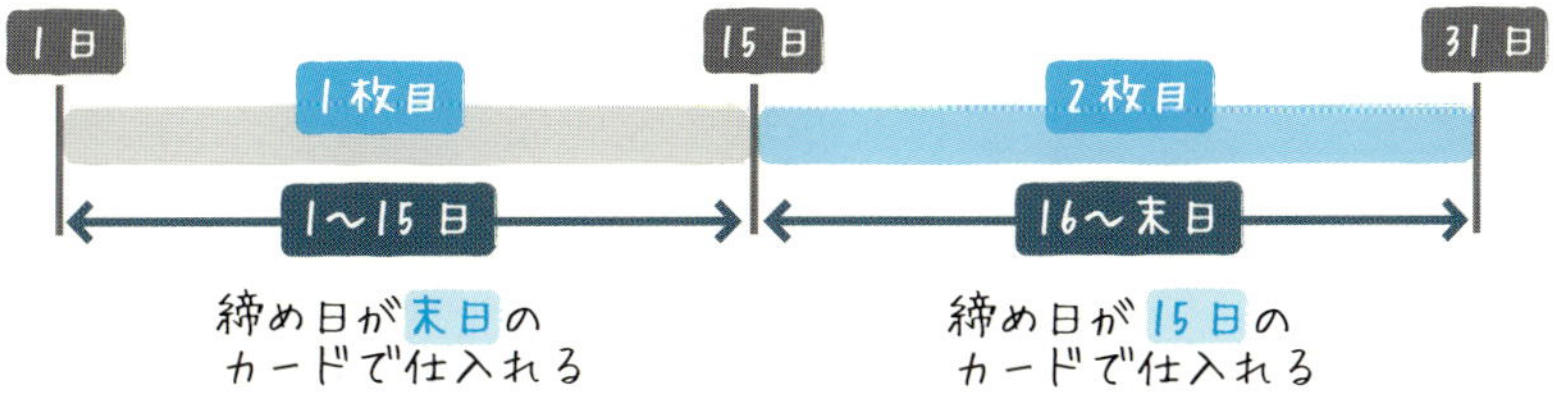
1日
15日
31日
1枚目
2枚目
1〜15日
16〜末日
締め日が末日のカードで仕入れる
締め日が15日のカードで仕入れる

れます。仕入れ金額を全額返済するまで3カ月以上あるので、正しく仕入れをしていればキャッシュがショートすることはあり得ません。

さらに、合理的に支払いを遅らせるために、15日が締め日のクレジットカードもつくってください。締め日が15日の場合、初回引き落とし日は翌月10日のカード会社が多いです。

この2種類の締め日のカードを持っておくと、仕入れてから初回引き落とし日までが常に1カ月半以上先になります。毎月1〜15日までは、締め日が末日のカードで仕入れて、16〜末日までは、締め日が15日のカードで仕入れるようにします。いきなり、仕入れすぎると支払いが怖いと思うので、精神的負担を背負わずに少しずつ仕入れを増やしていくようにしてください。

③ 利益計算アプリ Amazon Seller

iPhone、**Android**ともにインストールできる**Amazon**出品者用の公式アプリです。このアプリでは、「売上チェック」「商品検索」「納品状況チェック」「在庫確認」「注文確認」などができます。仕入れをしているときには、商品検索の中にある手数料計算機能がとても便利です。

Amazonでは、商品を販売するたびに手数料を徴収されます。手数料は、商品や販売価格ごとに違いますが、この機能を使えば瞬時に把握することができます。

ちなみに、「FBA料金シュミレーター」（**https://sellercentral.amazon.co.jp/hz/fba/profitability calculator/index?lang=ja_JP**）という**Amazon**公式の手数料計算ページもありますが、「**Amazon Seller**」が一番正確に手数料を算出してくれます。

STEP 1 「Amazon Seller」の商品検索画面を表示する。

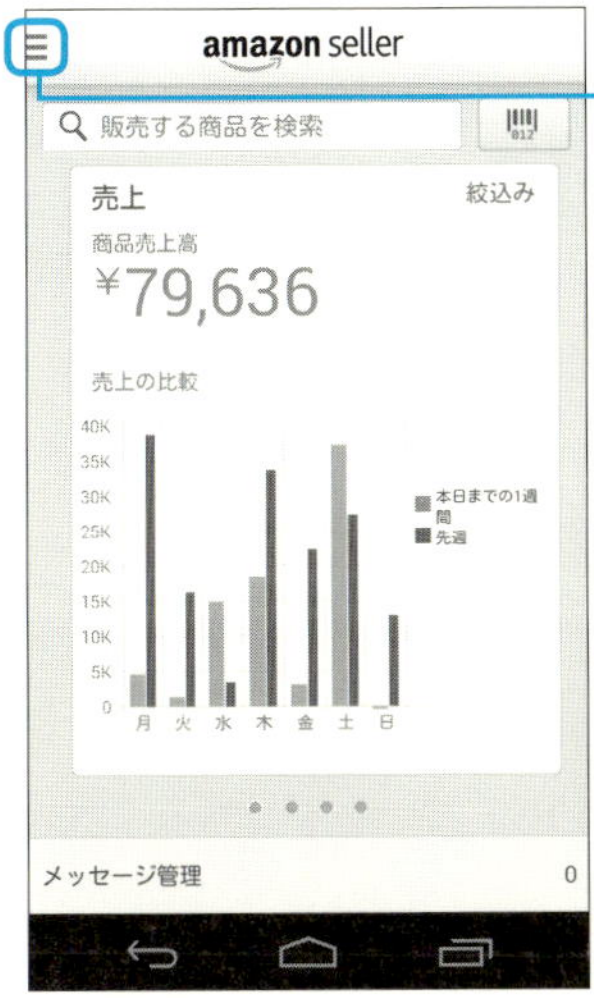

❶左上の３本線のアイコンをタッチしてメニュー一覧を表示させる

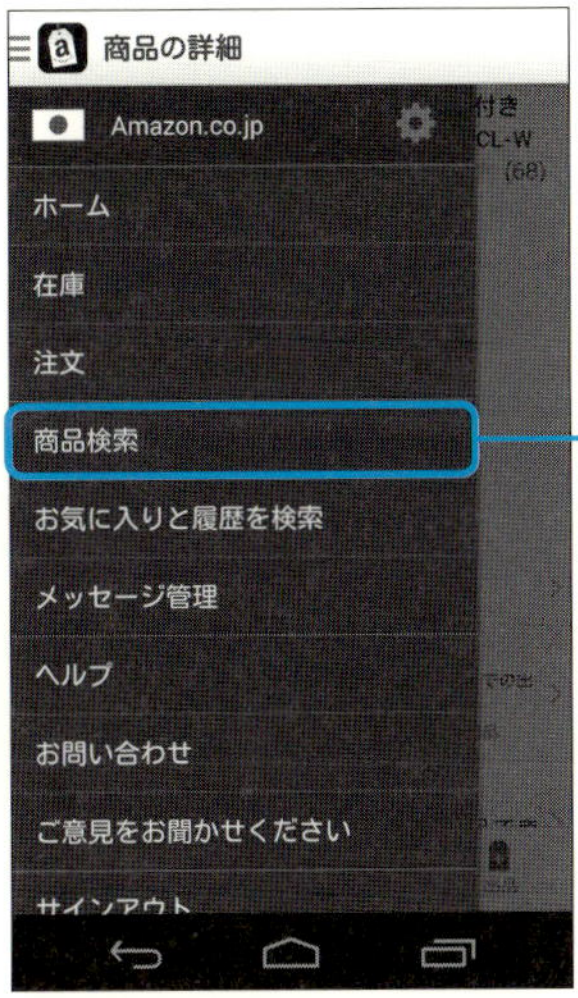

❷「商品検索」をタッチする

STEP 2 仕入れようとする商品を検索する。

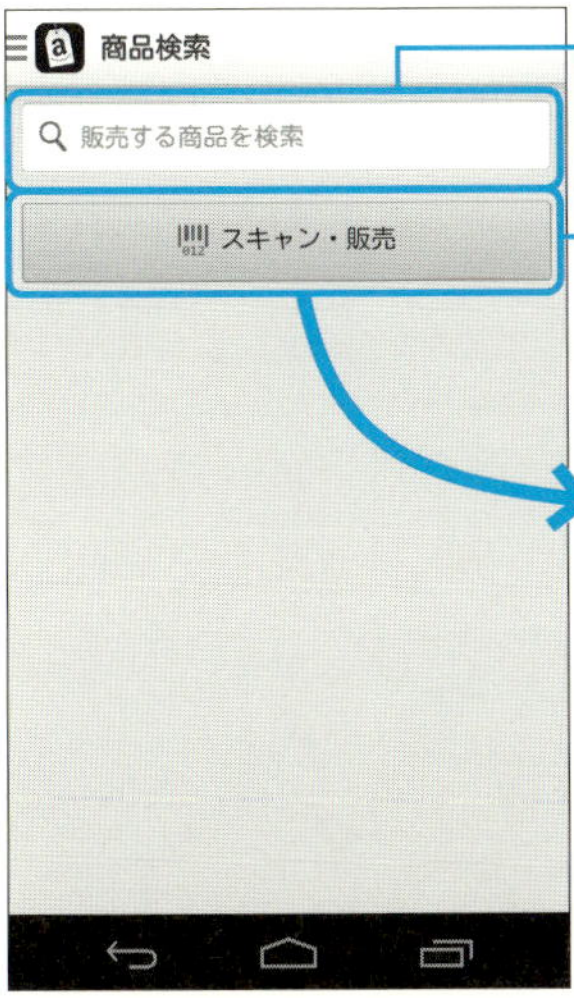

❸１番上の検索枠に商品情報を入力するか、枠の下にある「スキャン・販売」をタッチして、バーコードをスキャンする

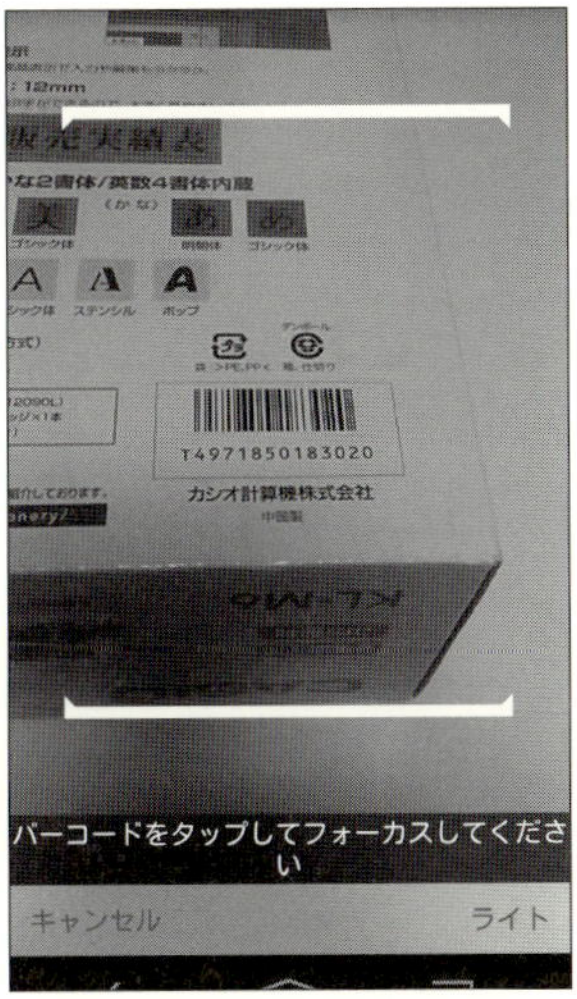

（次頁に続く）

❹ 商品検索アプリ

せどりすと・せどろいど

商品検索アプリは、**iPhone**なら「せどりすと」、**Android**なら「せどろいど」をダウンロードしてください。ダウンロードできたら、まずはじめに設定でAPI情報を、**Sedolist Project**のサイト（**http://www.sedolist.info/api-mode/**）を参考にしながら設定してください。設定しておかないと、検索しても商品が表示されないことがあります。

「せどりすと」はとても便利なアプリですが、注意しないといけないことが2つあります。

ひとつ目は、手数料を差し引いて計算される「粗利」の数字に誤差があるということです。たまにプラス、マイナスの誤差が数百円単位で出ることがあります。本来は仕入れができるのに、できなくなる場合もあるので、あくまで目安だ

STEP 3 純利益の計算をする。

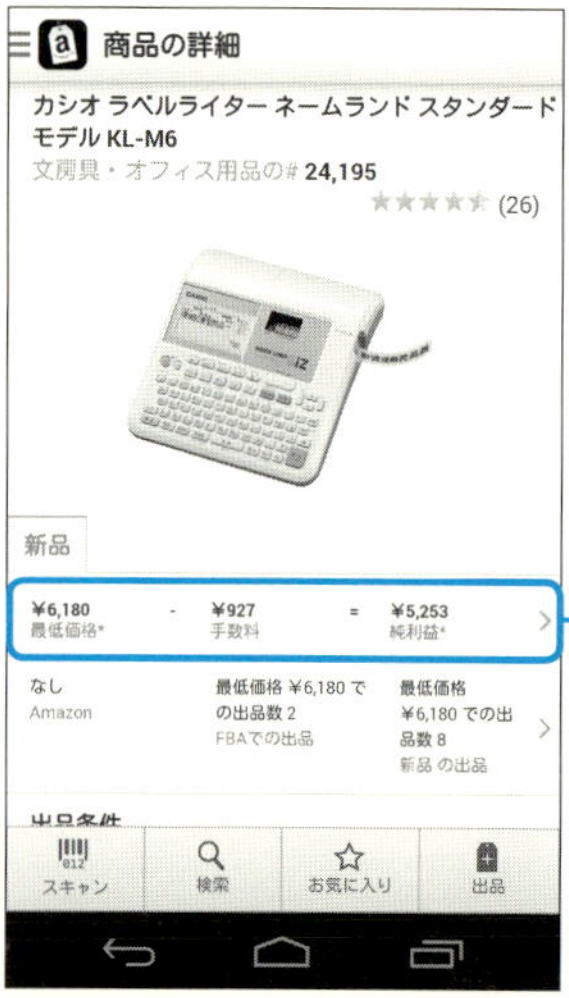

❹商品が表示されたら、「最低価格 − 手数料 ＝ 純利益」のバーをタップする

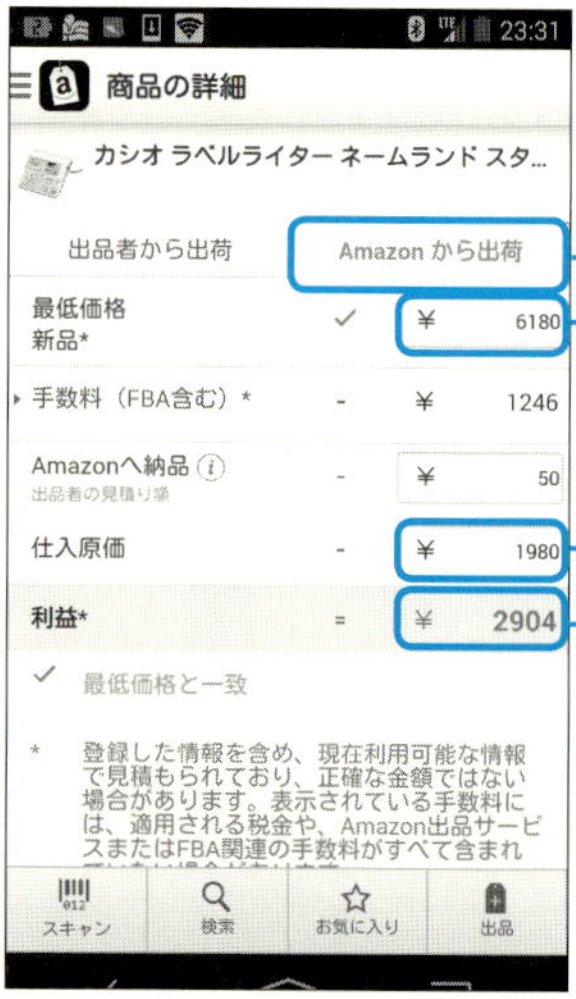

❺「手数料計算ができる画面に移動したら、FBA で販売する場合は、「Amazon から出荷」タブをタップする

❻「最低価格」に「売値」を入力、「仕入原価」に「仕入値」を入力すれば、その商品の「粗利益」を自動計算してくれる

ということを覚えておいてください。

２つ目は、自己発送が最安値の場合、その値段で表示されてしまうことです。自己発送最安値なら仕入れができないけれど、ＦＢＡ最安値なら仕入れができることがよくあります。無料版は**Amazon**の出品者一覧ページにジャンプしないとＦＢＡの最安値が確認できないので、時間がかかってしまいます。有料版にするとＦＢＡ最安値が検索時に表示されるようになります。有料版の入会は、不定期で期間限定になっているので、募集再開までお待ちください。「せどりすと」「せどろいど」ともに有料版があります。

STEP 1 「せどりすと」で商品を検索してみる。

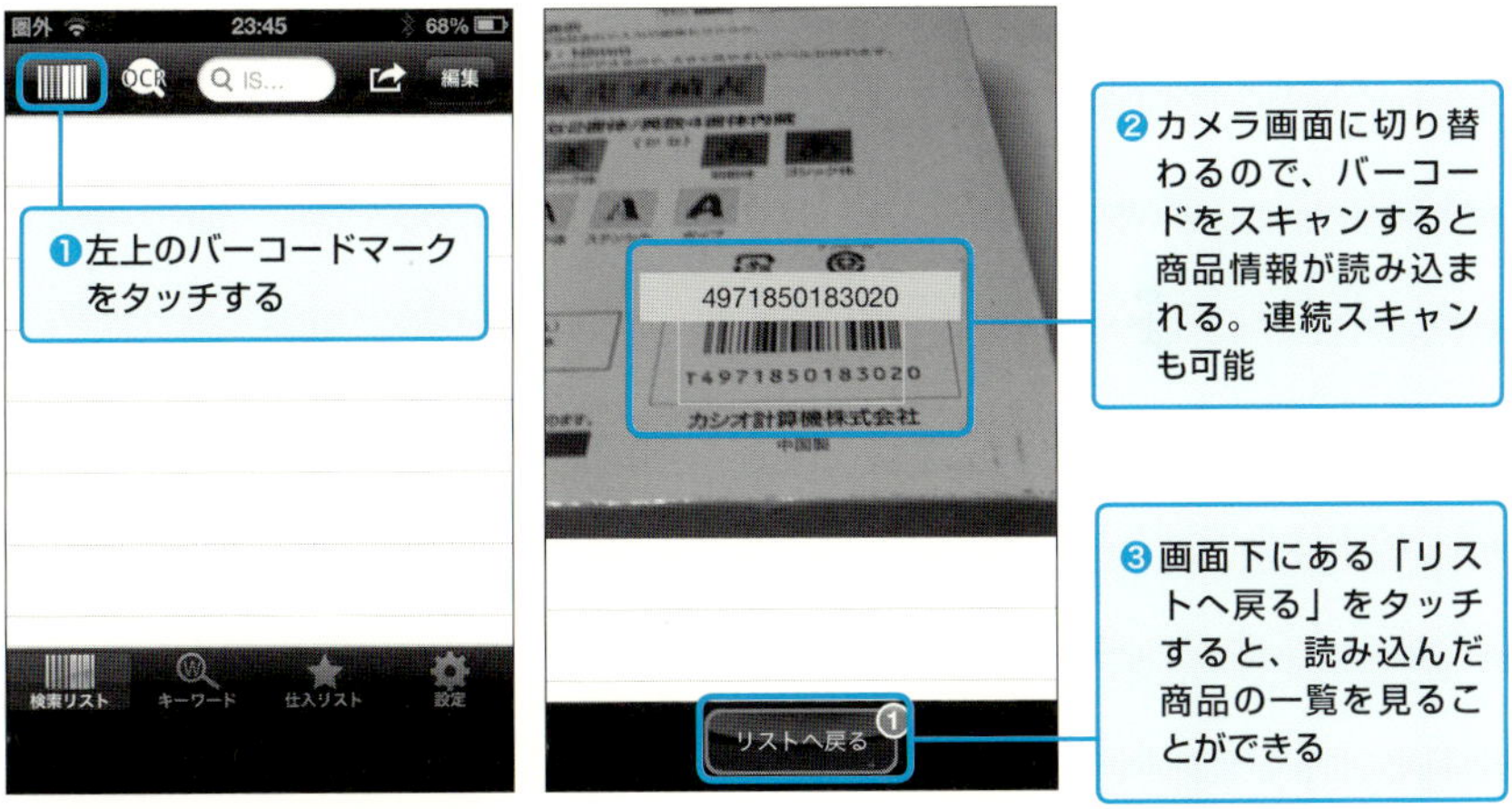
❶左上のバーコードマークをタッチする
❷カメラ画面に切り替わるので、バーコードをスキャンすると商品情報が読み込まれる。連続スキャンも可能
❸画面下にある「リストへ戻る」をタッチすると、読み込んだ商品の一覧を見ることができる
検索リスト
キーワード
仕入リスト
設定
リストへ戻る
4971850183020

STEP 2 Amazon 上の最安値とランキング、販売履歴を確認する。

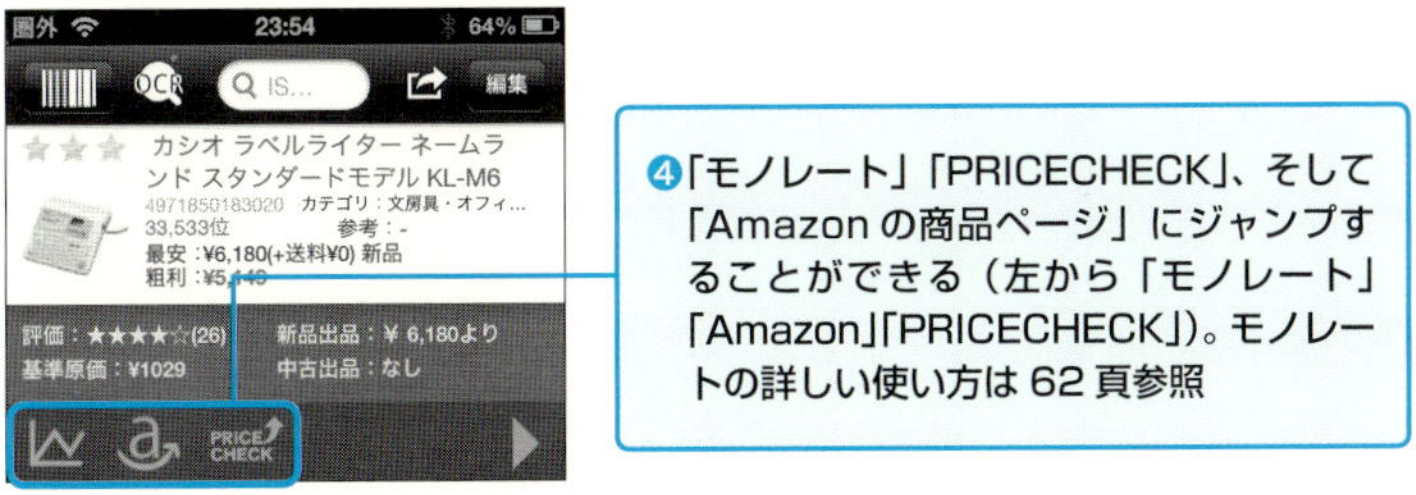
カシオ ラベルライター ネームランド スタンダードモデル KL-M6
33,533位
最安：¥6,180(+送料¥0) 新品
評価：★★★★☆(26)
基準原価：¥1029
新品出品：¥ 6,180より
中古出品：なし
❹「モノレート」「PRICECHECK」、そして「Amazon の商品ページ」にジャンプすることができる（左から「モノレート」「Amazon」「PRICECHECK」）。モノレートの詳しい使い方は 62 頁参照

⑤ バーコードリーダー

商品のバーコードをレーザーで商品検索アプリに読み込んでくれる小型機器のことです。これを使うことで5〜10倍以上検索が速くなるので、必須アイテムとして導入を強くお勧めします。ＭＳ９１０（約１万５０００円）とＫＤＣ２００（約３万７０００円）の２種類があり、両方ともAmazonで購入することができます。バーコードリーダーを使ったほうが売上、利益ともに圧倒的に伸びます。「**商品知識がない人にとって、稼げるか稼げないかの分かれ目は、バーコードリーダーを導入するかどうか**」といっても過言ではありません。

⑥ せどりマップアプリ せどりナビ・せどりランド

「せどりナビ」と「せどりランド」（Android版のみ）「ロケスマ」をダウンロードしておきましょう。

● せどりをするときに入れておきたいマップアプリ

	● せどりナビ 今いる場所の近辺のせどりができるお店を素早く表示してくれる
	● せどりランド（Android版のみ） 今いる場所の近辺のせどりができるお店を素早く表示してくれる
	● ロケスマ 今いる場所の近辺のほぼすべてのジャンルのお店を素早く表示してくれる

Episode 3

せどりで成功していくために最も必要なもの

あなたが一番知りたいことは、このお話かもしれませんね。

正解は「**いい人との出会い**」です。

「は !?」と思った人も多いと思います。

商品を仕入れて売るだけなのに、なぜ出会いがいるの？

せどりは１人で稼げちゃうんじゃないの？　って思いましたよね。

もちろん多少は、稼げるようになります。ただ、すぐに頭打ちがやってきます。ほかのことで考えてみましょう。

たとえば、あなたがボクサーとして強くなりたいとします。家の庭でひたすら１人でサンドバッグでパンチの練習をして試合で勝てると思いますか？　勝てたとしてもまぐれの１試合だけで、本当に強い選手と試合したらボコボコにされて、ノックダウンさせられてしまうのがオチです。自分のパンチは最強だと思い込んでいたとしても、自分のパンチのフォームを客観的に把握できていません。

コーチがいれば、脇をもっとしめて真っ直ぐ打て！　腰の回転が甘い！　手を伸ばしたときの距離感が遠い！　など、あなたが勝つために必要なこと、あなたが勝つために足りないことを的確に教えてくれます。

さらに練習仲間がいれば、スパーリングの練習で実践の感覚が養えます。いい意味でライバル心が燃え、成長しあうことができるのです。

こうやって、ボクサーは強くなっていきますよね。せどりも、これとまったく同じです。１人でやっていると、正しい視点で店舗を見られているのか？ 正しい仕入れ基準を持てているのか？ などと不安になってきますし、同じ目標を持つ仲間がいることでモチベーションを保つことができます。インターネットで検索すれば、せどりの情報発信者で、塾やチームなどを募集している人はたくさんいるので、自分にあいそうなコミュニティーをぜひ見つけてください。

「**素晴らしい師匠と仲間との出会い**」を心より祈っております。

「せどらーの知りあい ＝ ライバル」ではありません。
「せどらーの知りあい ＝ 仲間」です。
切磋琢磨できる仲間をたくさんつくりましょう！
もちろん、よき師匠が１番大切ですよ！

02 基本編 せどりの強い味方「モノレート」の使い方

1 リスクゼロの仕入れ基準を身につける！

このサイトがなかったら、安心してせどりができないかもしれないという絶対的な武器になるのが「**モノレート**」(**http://mnrate.com/**) です。

「モノレート」を利用すれば、「**Amazonで売られている商品の販売履歴の〝いつ〟〝いくらで〟〝何個売れたか〟を高い精度で知ることができる**」のです。これは何を意味するかというと、「**在庫リスクがほぼゼロで仕入れをすることができる**」ということです。

2 「モノレート」の画面の見方

では、さっそくモノレートの画面(次頁参照)を見ていきましょう。

1番上のグラフは、「新品商品」（実際には緑色）と「中古商品」（実際にはオレンジ色）の最安値相場の推移を表しています。真ん中のグラフは、新品商品（実際には緑色）と中古商品（実際にはオレンジ色）の出品者数の変動を表しています。1番下のグラフでは、「商品のランキング」の変動を表しています。この折れ線グラフが**「カクカク波打っている回数が多ければ多いほど商品が売れている」**ということです。これがポイントです。

ここで絶対に覚えてほしいことがあります。「**ランキングを見て上位にいることが大切なのではなく、ランキングの変動を表している折**

● モノレートの見方

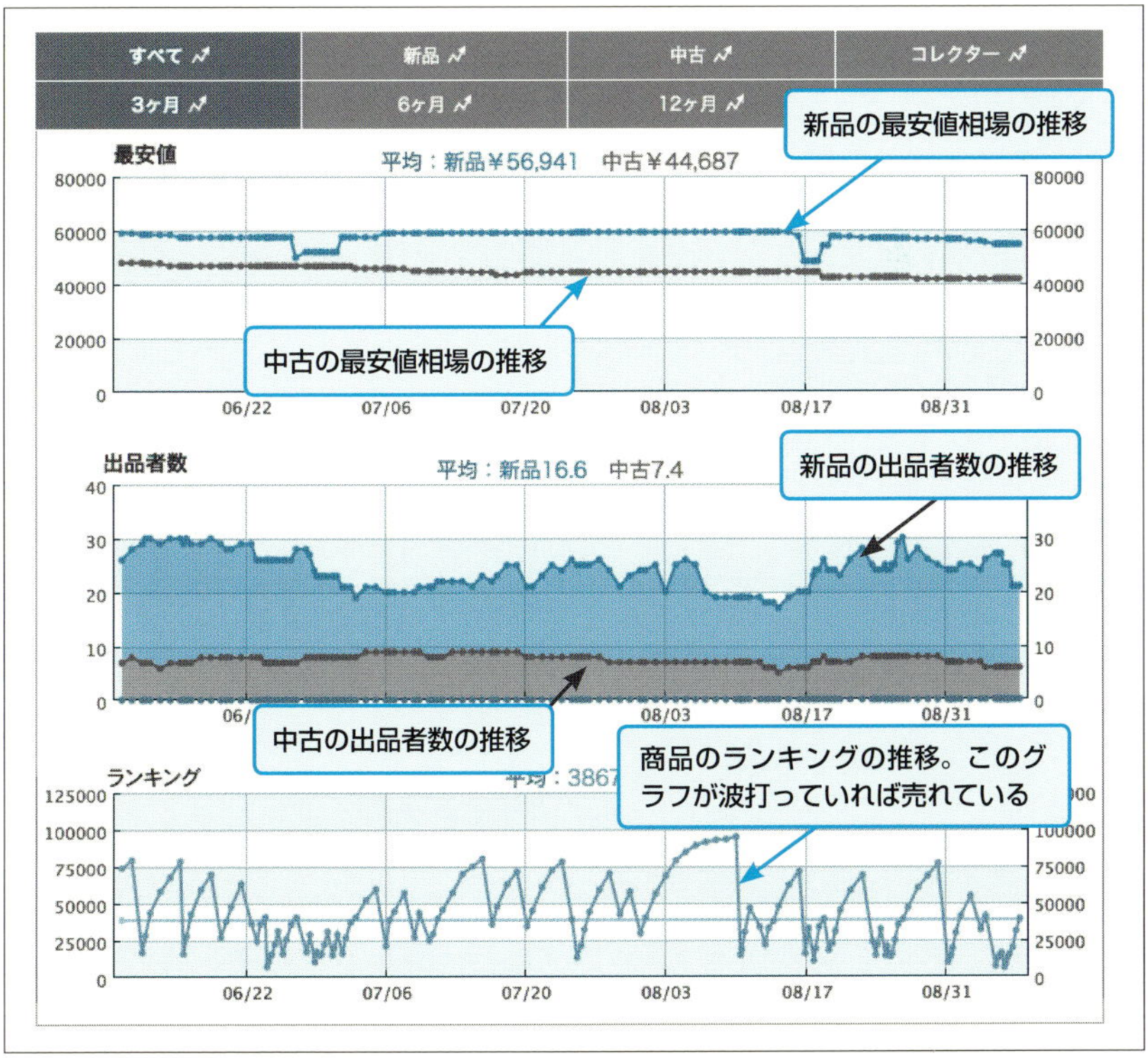

れ線グラフがいかに波打っているかのほうが大切」だということです。

次の2つ以外のときは、必ずモノレートでグラフをチェックするようにしてください。

> **❶ランキングの数字がない場合**
> **❷100万位以下と極端に悪い場合**

ちなみに、モノレートでチェックしたとき、次の2つのケースは「売れていない」と判断します。

> **❶ランキングが1000番台で数字としてはいいにも関**

● ランキングは 1,000 番台なのに、ほとんど売れていない例

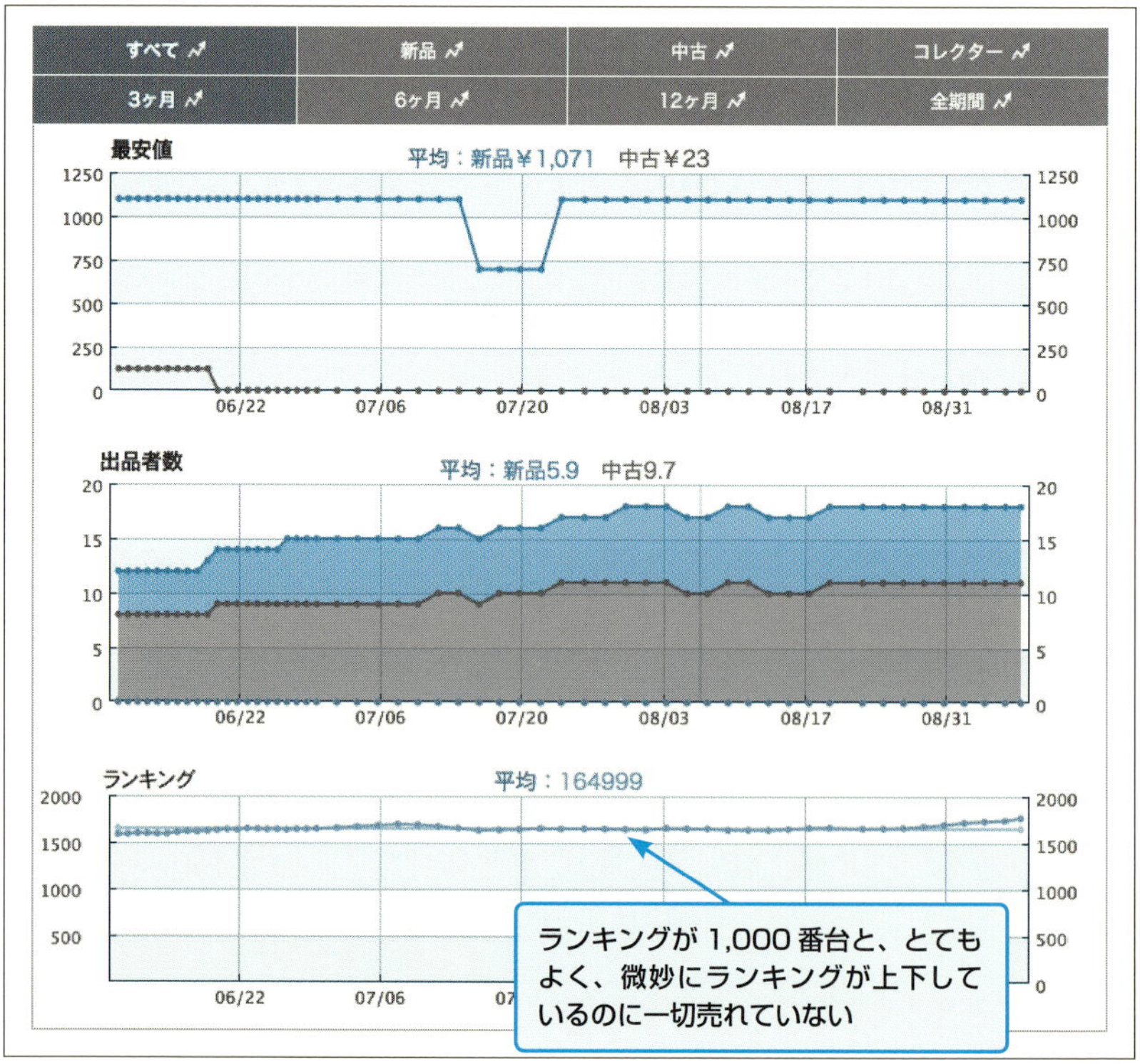

すべて
新品
中古
コレクター
3ヶ月
6ヶ月
12ヶ月
全期間
最安値
平均：新品￥1,071　中古￥23
出品者数
平均：新品5.9　中古9.7
ランキング
平均：164999
ランキングが 1,000 番台と、とてもよく、微妙にランキングが上下しているのに一切売れていない

> わらず、商品のランキングの変動のグラフが全然波打っていない
> ❷ 数カ月振りに商品が売れて、たまたまランキングが上がった

❶ ランキングの数字がない場合、100万位以下と極端に悪い場合は、商品の売れ行きが1年に1回売れるかどうかの頻度になってきます。そのような商品でライバルが1人でもいた場合、また自分が出品したあとにライバルが出品してきた場合、不良在庫を抱えてしまう確率がかなり高まります。

ですから、この商品ははじめから仕入れ対象にならないということ

● 数カ月振りに商品が売れて、たまたまランキングが上がった例

> 数カ月振りにたまたま売れて、ランキングが上がった

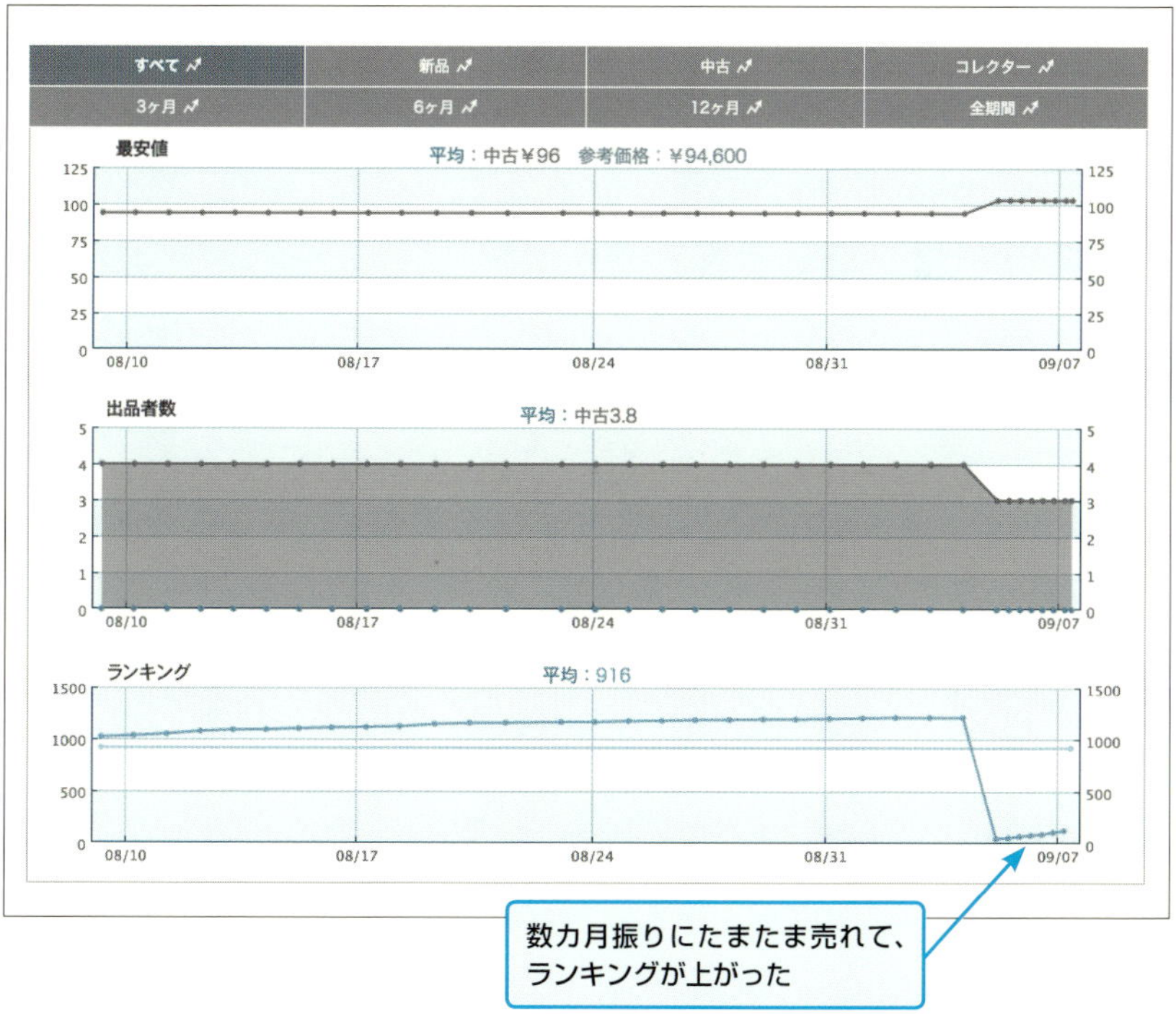

とです。

3 新品が売れているのか？　中古が売れているのか？見分けるのがポイント

「商品のランキング」のグラフは、新品と中古が混ざったランキングだということも頭に入れておいてください。新品が売れたとしても、中古が売れたとしても、ランキングは上がります。

「**もしも中古だけしか売れていないのに、新品を仕入れてしまったら、不良在庫を抱えてしまいかねないので注意が必要**」です。

モノレートの３つのグラフは、デフォルト設定で直近3カ月のデータになります。これらのグラフを具体的に数字にしているのが「**データの一覧**」です。「データの一覧」は、スマホ版なら３つのグラフの上にある「データの一覧」ボタンをタップすると表示されます（次頁下図参照）。ＰＣ版なら３つのグラフの下に表示されています。「**ランキングが上がったとき（売れたとき）は数字が斜体文字に**」なり、「**出品者数が減ったときは数字が太字に**」なります。

「**ランキングが上がってなおかつ出品者数が減ったときは、商品が少なくとも1個は売れたと予想することができます**」。ただ、ランキングが上がっているにもかかわらず、中古も新品も出品者数が変わらない場合はどちらが売れたのか判断できません。

またランキングの変動がないのに出品者数だけが減った場合は、単純に出品を取りやめた場合もあるので注意しましょう。

PC版のモノレートは、日別ランキングだけでなく、その日の時間別ランキングまで見ることができます。見方はスマホ版と一緒ですが日にちの横の「＋」ボタンをクリックすれば2時間おきのランキングの変動がわかります。これでさらに詳しくデータを分析することができます。

たとえば、日別のランキングの数字が高くなっている（売れなくなっている）にも関わらず、出品者数が減っている場合があります。そういうときは、時間別ランキングを確認しましょう。その日の最終データではランキングが悪くなっていても、昼間に一度ランキングが上がっていたなんてことがありますから、仕入

●「データの一覧」から新品が売れたのか中古が売れたのかわかる（スマホ版）

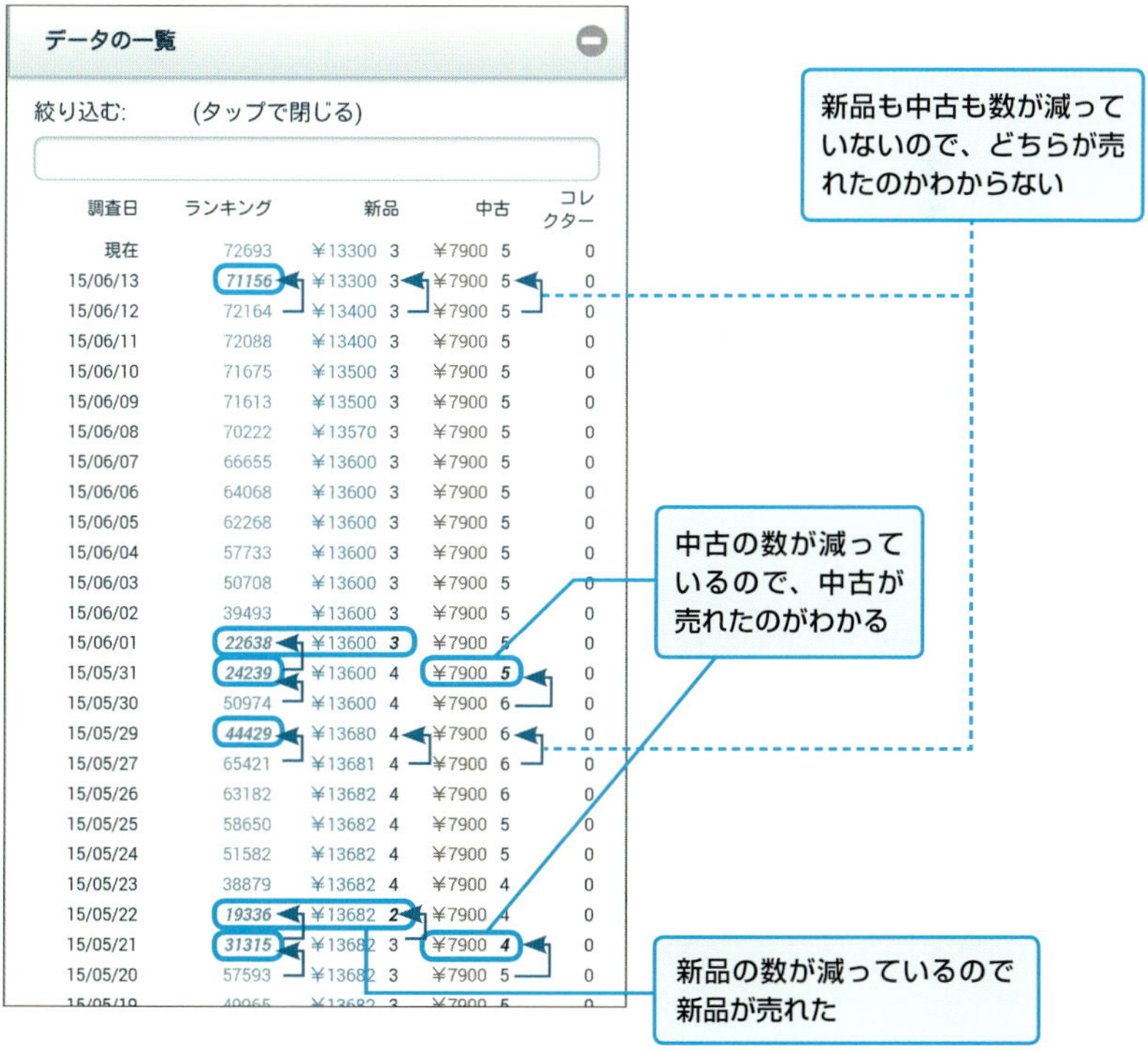
データの一覧
絞り込む:　(タップで閉じる)
新品も中古も数が減っていないので、どちらが売れたのかわからない
中古の数が減っているので、中古が売れたのがわかる
新品の数が減っているので新品が売れた

調査日	ランキング	新品		中古		コレクター
現在	72693	¥13300	3	¥7900	5	0
15/06/13	71156	¥13300	3	¥7900	5	0
15/06/12	72164	¥13400	3	¥7900	5	0
15/06/11	72088	¥13400	3	¥7900	5	0
15/06/10	71675	¥13500	3	¥7900	5	0
15/06/09	71613	¥13500	3	¥7900	5	0
15/06/08	70222	¥13570	3	¥7900	5	0
15/06/07	66655	¥13600	3	¥7900	5	0
15/06/06	64068	¥13600	3	¥7900	5	0
15/06/05	62268	¥13600	3	¥7900	5	0
15/06/04	57733	¥13600	3	¥7900	5	0
15/06/03	50708	¥13600	3	¥7900	5	0
15/06/02	39493	¥13600	3	¥7900	5	0
15/06/01	22638	¥13600	3	¥7900	5	0
15/05/31	24239	¥13600	4	¥7900	5	0
15/05/30	50974	¥13600	4	¥7900	6	0
15/05/29	44429	¥13680	4	¥7900	6	0
15/05/27	65421	¥13681	4	¥7900	6	0
15/05/26	63182	¥13682	4	¥7900	6	0
15/05/25	58650	¥13682	4	¥7900	5	0
15/05/24	51582	¥13682	4	¥7900	5	0
15/05/23	38879	¥13682	4	¥7900	4	0
15/05/22	19336	¥13682	2	¥7900	4	0
15/05/21	31315	¥13682	3	¥7900	4	0
15/05/20	57593	¥13682	3	¥7900	5	0

れるかどうか迷ったら、この時間別ランキングも活用してみてください。

4 商品の仕入れ方 実践編

では、モノレートの基本的な見方がわかったところで、まずはリスクゼロの仕入れ方法のしくみを理解してください。

まず、次の手順で商品の売上とライバルの数をチェックします。

❶その商品が直近3カ月でどのくらい売れているのか、モノレートで波の回数を数える
❷次に、FBAで出品するならFBA最安値近辺で売ろうとしている出品者たち（ライバル）をチェックする

ここで注意しなくてはいけないのが、FBA最安値よりも1～2割以上高い値段で販売している出品者は、ライバルとしてカウントしないということです。

最安値近辺で出品している出品者がわかったら、「出品者一覧」

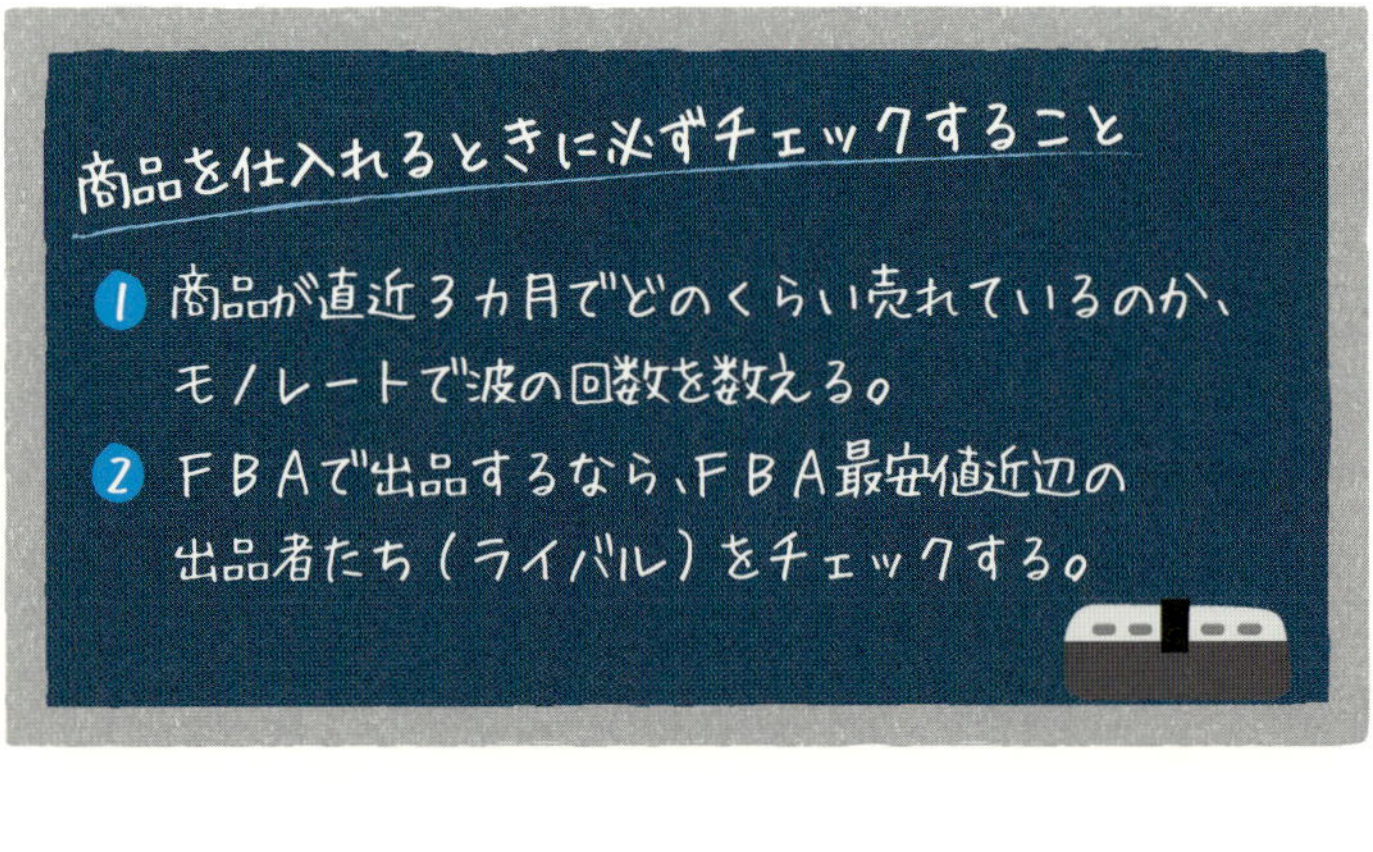
商品を仕入れるときに必ずチェックすること
1 商品が直近3カ月でどのくらい売れているのか、モノレートで波の回数を数える。
2 FBAで出品するなら、FBA最安値近辺の出品者たち（ライバル）をチェックする。

ページの各店の右端にある「カートに入れる」をクリックします。ライバルたちを全員カートに入れたら、自分のお買い物「カート」を編集します。そうすると、ライバルたちが持っている在庫が「○点在庫あり」と表示され、一目瞭然となります。これで、ライバルたちが何個ずつ在庫を持っているのかカウントできます。

「ランキングの波の回数とライバルたちの在庫の総合計から、自分が出品した場合、おおよそ○番目に売れるから、遅くとも○カ月くらいで売れるだろう」と予測を立てることができます。

たとえば、ランキングのグラフが3カ月で15回波打っていて、ライバルたちの在庫合計が6個、あなたが仕入れ可能な商品数が2個だとします。これを下の式に当てはめて計算していきます。

「15÷3＝5」で1カ月に5個売れているという計算になります。次にライバルたちの在庫の総合計に自分が仕入れようとしている商品数の2個を追加して、1カ月で売れている回数で割ります。「(6＋2)÷5＝1・6」となります。

要するに、1・6カ月後には、ライバルの在庫も自分が仕入れようとしている商品もすべて売り切れると予測できます。ですから、早ければ1カ月以内、ライバルが少し増えてしまったとして

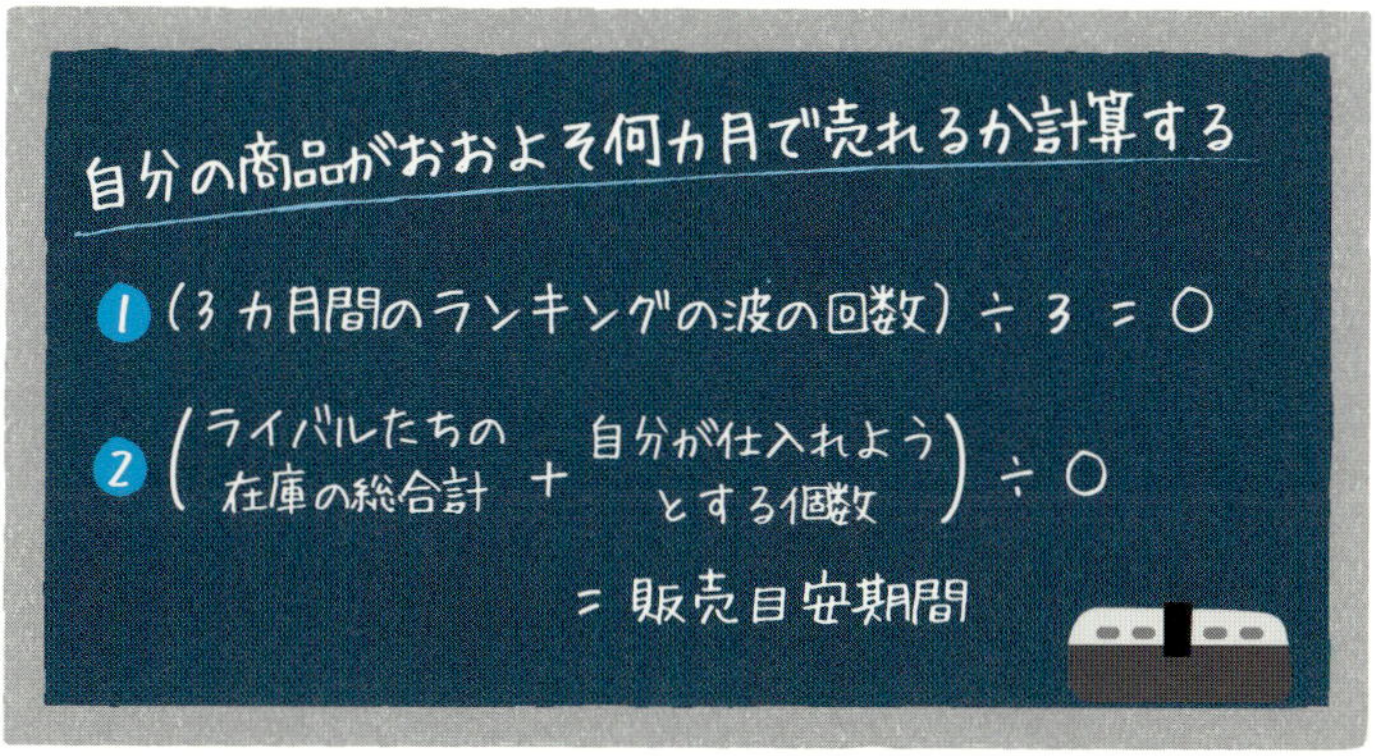
自分の商品がおおよそ何カ月で売れるか計算する
1 (3カ月間のランキングの波の回数) ÷ 3 = ○
2 (ライバルたちの在庫の総合計 + 自分が仕入れようとする個数) ÷ ○
= 販売目安期間

も、遅くとも2カ月以内にはほぼ確実に自分の商品が売れる順番が回ってくると予測できます。

このように仕入れをすれば、確実に儲けを出し続けていくことができるのです。

> これなら確実に稼げそうですよね！
> 慣れるまでは少し大変かもしれませんが、慣れてしまったら、こんなに簡単なことないです。

STEP 1 モノレートのランキングのグラフが直近3カ月で何回波打っているかを数える。

❶波の回数を数える

STEP 2 ライバルたちが何個在庫を所有しているかを数える。

❷「出品者一覧」ページにジャンプする（「新品」をクリック）

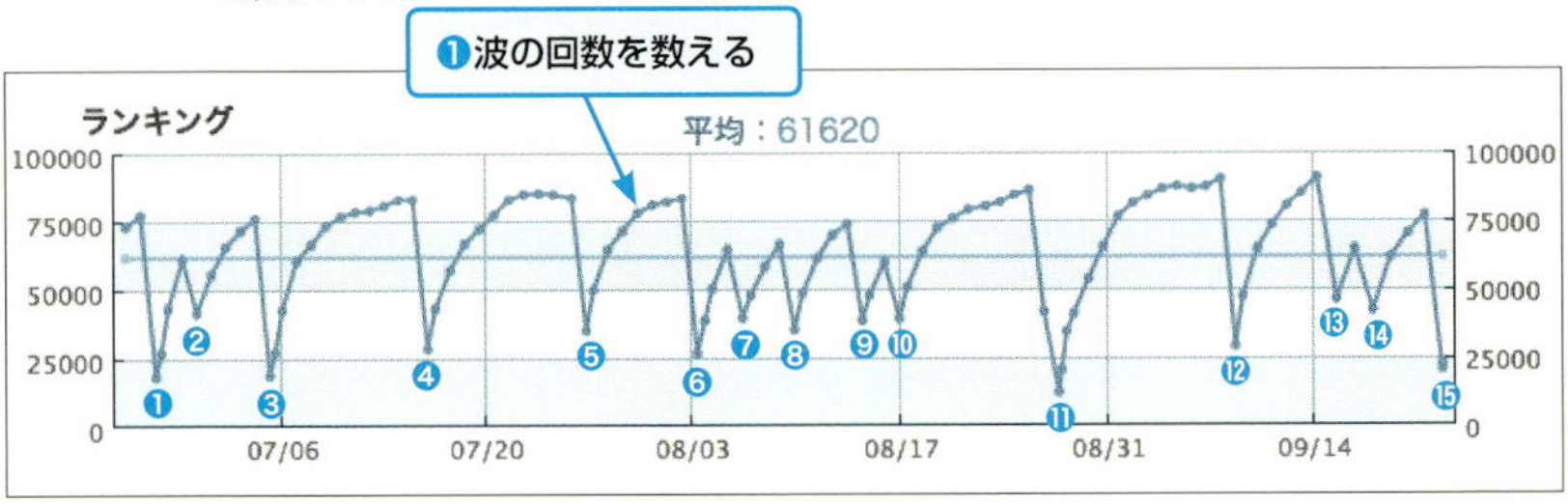

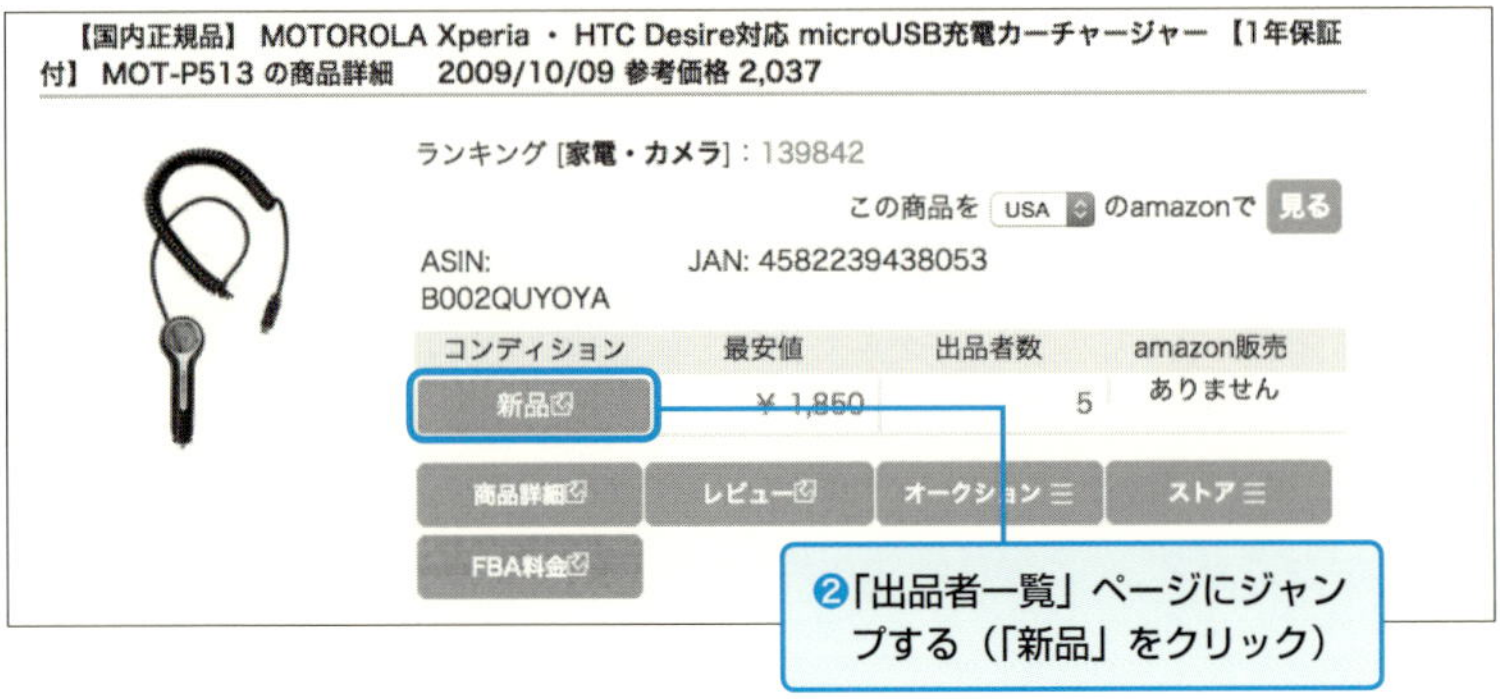

STEP 3 FBA最安値で出品しているライバルたちの在庫を確認する。

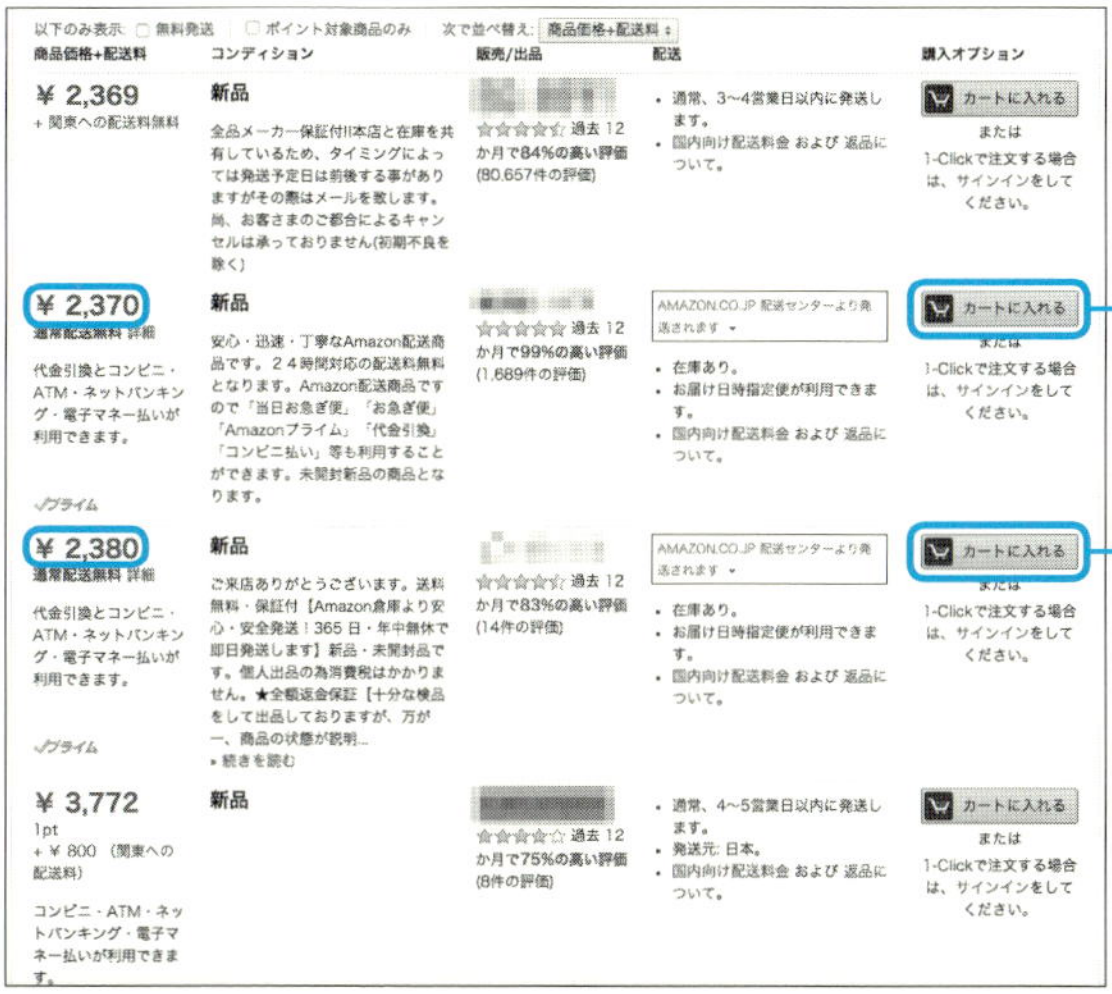

❸FBA最安値近辺で出品しているライバルたちの「カートに入れる」をクリックする

STEP 4 ライバルの在庫数を数える。

❹「カートの編集」をクリックする

❺在庫数を合計する

03 応用編 せどりの強い味方「モノレート」の使い方

応用編では、基礎編のノウハウを生かしながら、さまざまなパターンのモノレートグラフから、販売状況を読み解いて、仕入れに活用していきましょう。

1 仕入れ推奨 グラフが波打っていなくてもランキングがよければいい

「**ランキングのグラフが一切波打っていない＝売れていない**」基本的にはこの図式が成り立ちますが、唯一の例外がこのパターンです。本来、「**グラフが波打っていないものは、どんなに利益が出ようとも仕入れ候補から外すのが鉄則**」です。

ところが次頁下の例のように、ランキングが100位以内とよすぎる場合も、グラフの1番下で一直線になります。こういった場合には、例外的に波がなくても爆発的に売れている状況なので、価格差さえあればどんどん仕入れましょう。

2 仕入れ最小 大型量販店のセール品は出品者が急激に増える予感

これは、大型量販店でセール品や赤札商品を見つけたら、やった！と喜んで仕入れますよね。ただし大型量販店の場合、そのお店だけでセールをやっていない場合が多々あります。つまり、多くの出品者が一斉に全国であなたが喜んで買った商品を、安くなった金額で出品してくるということです。「全国展開している大型量販店の場合、たくさん在庫を持っているので、大特価になっても、日本中で同じ値段で売られている可能性がある」ということを理解しておきましょう。

競合が突然増えすぎて、価格の暴落がよく起こります。仕入れはできるかぎり、「その店

● グラフの波はないけれど、ものすごくいい順位にいる

ランキングがよすぎて波がない

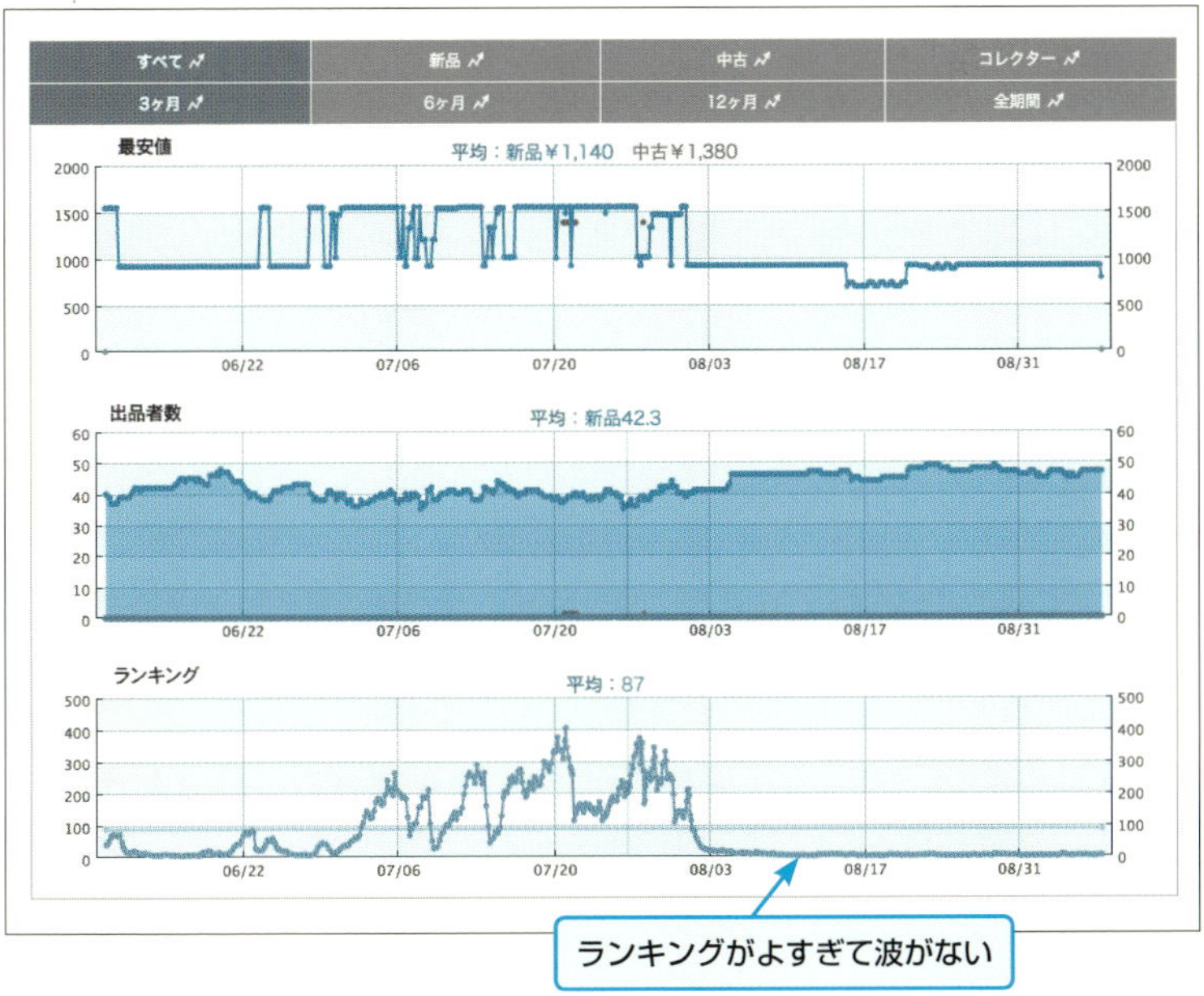

だけの特価品、タイムセール品をねらう」ようにします。いつでも行ける店であれば、価格差のあるおいしい商品であっても、「**1回目に仕入れるのは多くても2個までにしておき、出品後も値下がりが起きなさそうだったら再度複数仕入れるというように、2段階で大量購入する**」ようにします。

3 仕入れ可能 高値になった途端売れなくなった

以前は順調に売れていましたが、値段が高くなった途端、売れ行きが止まってしまうことがよくあります。

これは単純に相場よりも現在価格が高すぎるので、お客様は**Amazon**以外で商品を買っているということになります。

次頁下のランキングのグラフを見てみると、

● 出品者が急激に増えている

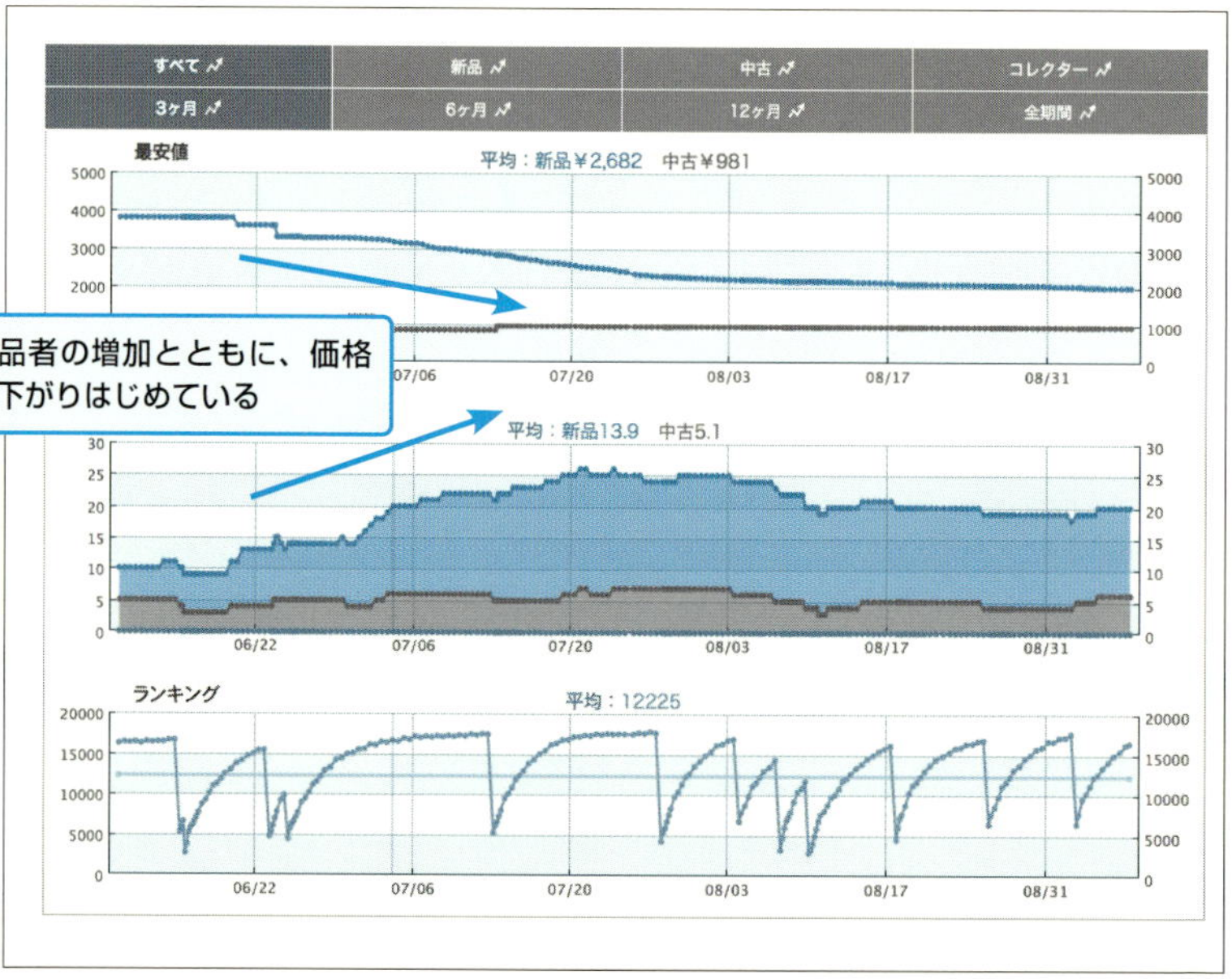

すべて
新品
中古
コレクター
3ヶ月
6ヶ月
12ヶ月
全期間
最安値
平均：新品¥2,682　中古¥981
出品者の増加とともに、価格が下がりはじめている
平均：新品13.9　中古5.1
ランキング
平均：12225
06/22
07/06
07/20
08/03
08/17
08/31

月に1、2個は売れているので、**「高値ではなく、商品が売れていたときの相場で利益が出るようだったら、仕入れましょう」**。

4 資金に余裕があれば仕入れ可 売れ行きが微妙な商品

3カ月のランキングのグラフを見て、カクンとなっているのが1度か2度しかない商品だと、利益が出るとしても仕入れるかどうかとても迷ってしまいます。それでも利益が出るので、仕入れたいところです。

そういった悩みどころを解決するためには、6カ月とか12カ月といった長期間のグラフで見てみてください。**「❶商品が出品されているときの相場がずっと安定していること」「❷コンスタントにほぼ毎月1回は売れ続けていること」「❸ライバルたちの在庫数が少ないこ**

● 高値になってから売れなくなった

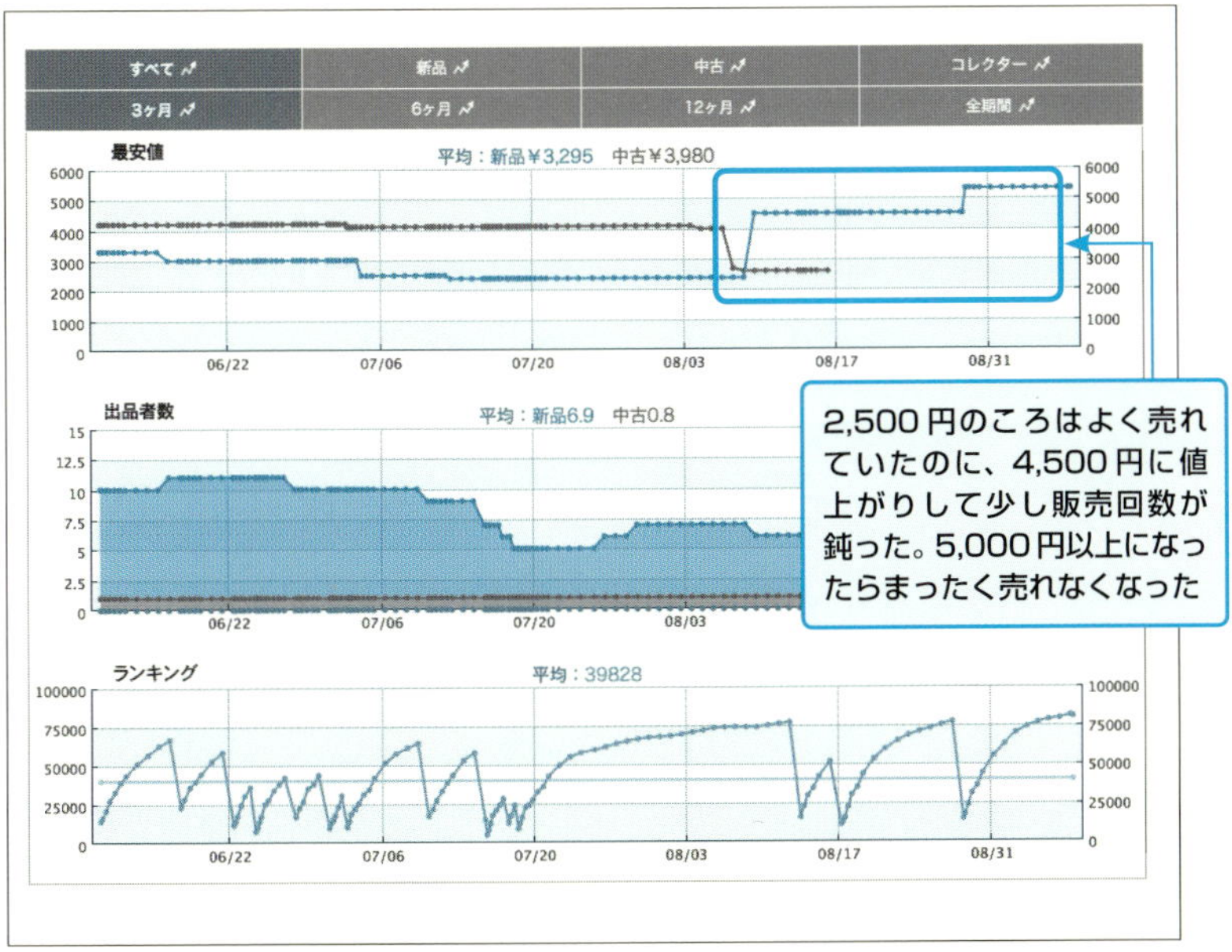
すべて
新品
中古
コレクター
3ヶ月
6ヶ月
12ヶ月
全期間
最安値
平均：新品￥3,295　中古￥3,980
出品者数
平均：新品6.9　中古0.8
ランキング
平均：39828
06/22
07/06
07/20
08/03
08/17
08/31
2,500円のころはよく売れていたのに、4,500円に値上がりして少し販売回数が鈍った。5,000円以上になったらまったく売れなくなった

と」、この3つを考慮して売れていきそうだと判断できるなら仕入れます。

もし「自己出品者」しかいなければラッキーです。FBAで出品して最安値にあわせておけば、次はあなたから売れるでしょう。資金に余裕がなければ仕入れるのは見送りましょう。

● 売れ行きが微妙な商品は長期で見る

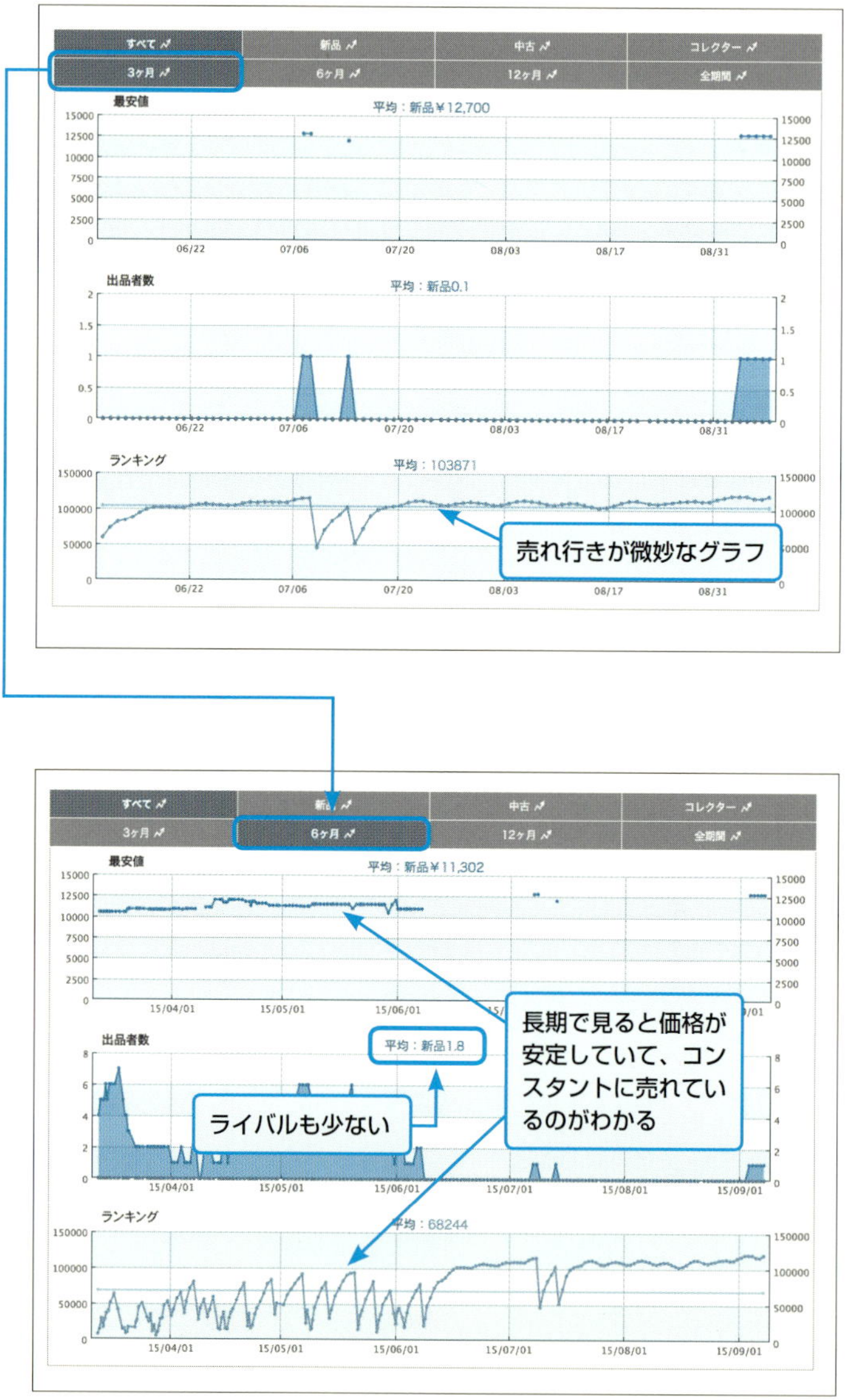

すべて
新品
中古
コレクター
3ヶ月
6ヶ月
12ヶ月
全期間
最安値
平均：新品¥12,700
出品者数
平均：新品0.1
ランキング
平均：103871
売れ行きが微妙なグラフ
最安値
平均：新品¥11,302
出品者数
平均：新品1.8
ランキング
平均：68244
長期で見ると価格が安定していて、コンスタントに売れているのがわかる
ライバルも少ない

5 資金に余裕があれば仕入れ可 最近になって売れなくなってきた

次頁の図のように、価格は今までどおりなのに売れなくなっている場合、その商品に新しいモデルが出た可能性が高いです。回転は落ちますが、その商品が人気モデルであれば、旧型モデルでも一定の需要があるので売れていきます。このような場合は、資金に余裕がなければ見送りましょう。

6 資金に余裕があれば仕入れ可 グラフの情報がまったくない場合

次々頁の図のようなケースでも売れているかどうかは判断できます。「データの一覧」の出品者数が明らかに減り続けていて、価格がずっと安定していれば売れていると判断できます。出品者が一時的に増えたとしても、また減っていれば売れています。こういった商品は、「6カ月間」「12カ月間」の長期間の履歴でリサーチするようにします。このように、グラフのない商品はライバルも仕入れたがらないので、売れる商品に当たるとおいしい思いをすることができます。

最近になって売れ行きが止まっている

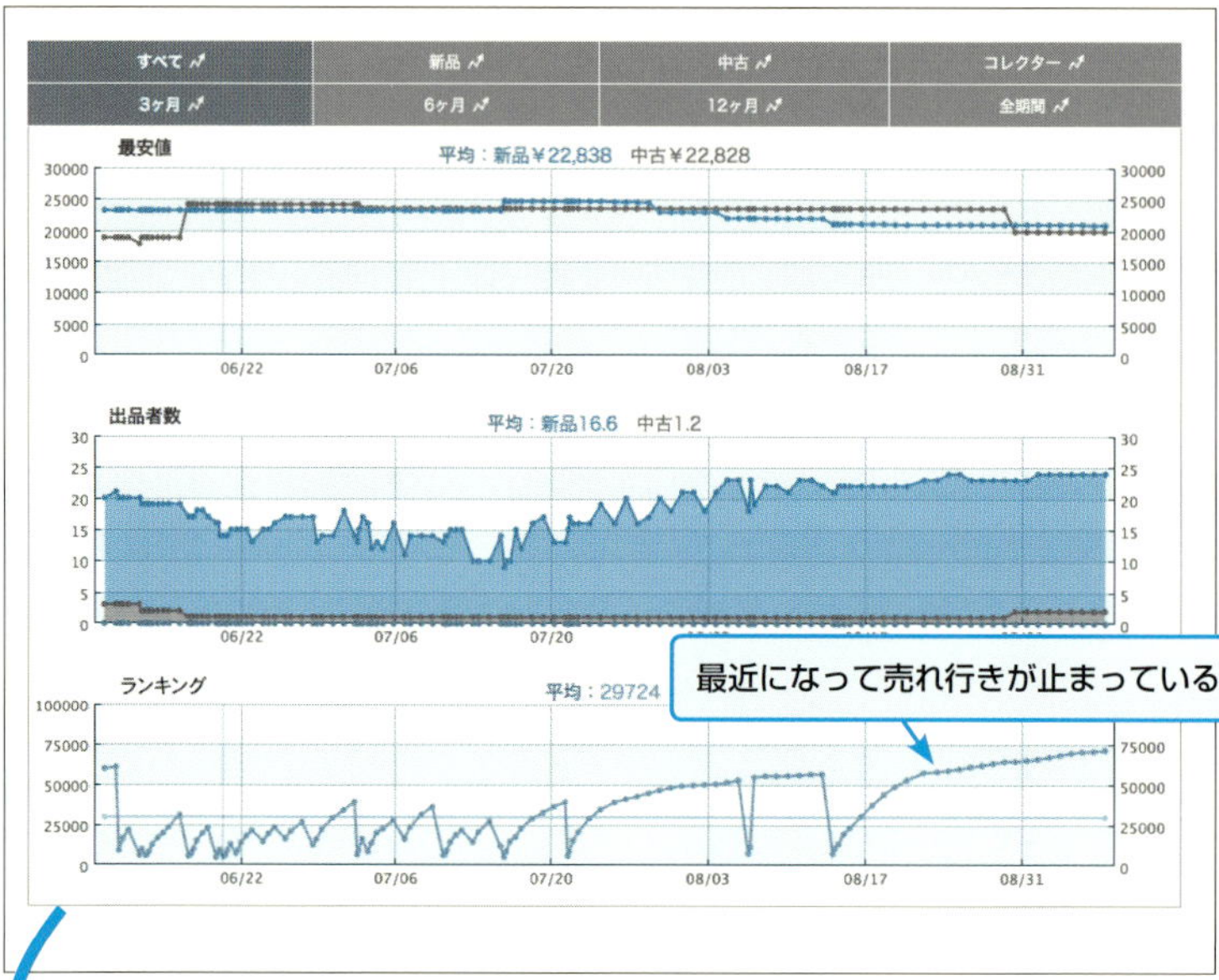

最近になって売れ行きが止まっている

モノレートから「アマゾンの商品情報」を見てみる

「この商品には新しいモデルがあります」
この表示があるかチェックする

● グラフがないけれど、出品者数が減っている

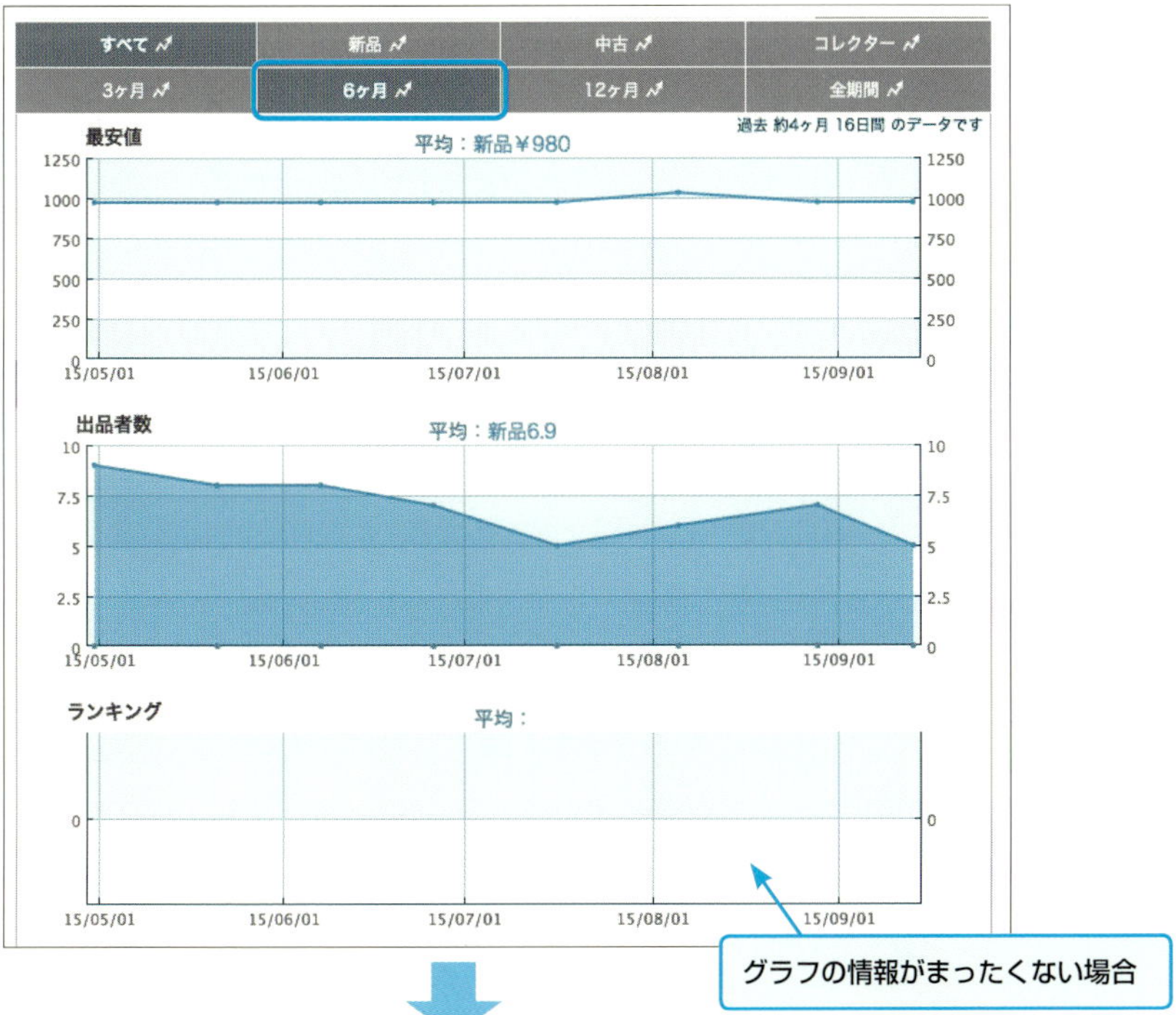
すべて
新品
中古
コレクター
3ヶ月
6ヶ月
12ヶ月
全期間
過去 約4ヶ月 16日間 のデータです
最安値
平均：新品¥980
出品者数
平均：新品6.9
ランキング
平均：
15/05/01
15/06/01
15/07/01
15/08/01
15/09/01
グラフの情報がまったくない場合

調査日	ランキング	新品 出品者数	新品 最安値	中古 出品者数	中古 最安値	コレクター 出品者数	コレクター 最安値
2015/09/13 現在		5	¥973	0		0	
2015/08/28 09時		7	¥973	0		0	
2015/08/05 04時		6	¥1,032	0		0	
2015/07/16 03時		5	¥973	0		0	
2015/06/25 20時		7	¥973	0		0	
2015/06/07 05時		8	¥973	0		0	
2015/05/20 15時		8	¥973	0		0	
2015/04/30 02時		9	¥973	0		0	

モノレートの「データの一覧」で出品者数が減っているかを見てみる

7

積極的に仕入れる
モノレートの履歴取得期間が短い場合

下図の商品は、ランキングのグラフをパッと見ただけだと、ものすごく売れているとはいえないように思えますが、実はとても売れているのです。どこを見ればわかるのかというと、「最安値のグラフ」の下の「日付」です。よく見ると、モノレートが販売履歴を取得してからまだ10日しか経っていません。このグラフの場合、現段階で3回も売れているので、1カ月で9回、3カ月にすると27回も波がある計算になります。つまりこれだけ売れていれば、まったく問題なく仕入れていい商品ということになります。

● グラフの波が少なくても、実は売れている

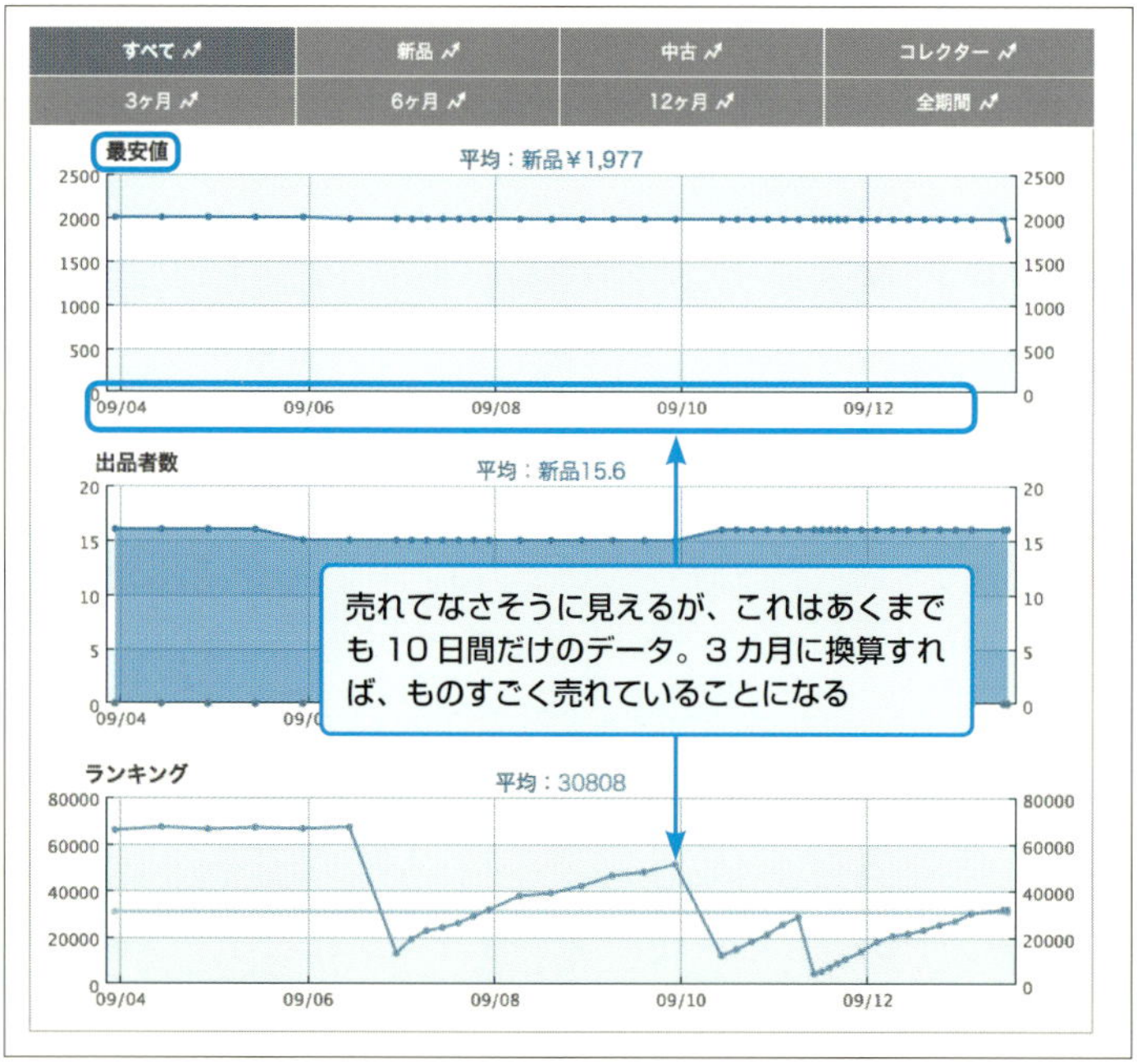
すべて
新品
中古
コレクター
3ヶ月
6ヶ月
12ヶ月
全期間
最安値
平均：新品￥1,977
出品者数
平均：新品15.6
ランキング
平均：30808
09/04
09/06
09/08
09/10
09/12
売れてなさそうに見えるが、これはあくまでも10日間だけのデータ。3カ月に換算すれば、ものすごく売れていることになる

データ取得期間が短ければ、Amazonのレビューを確認する

さらにモノレートで、データを取得したその日のデータしかない場合があります。こういう場合は、**Amazon**の商品のページへ行って「おすすめ度」を見ます。「おすすめ度」というのはお客様の商品に対する評価（カスタマーレビュー）になります。カスタマーレビューの数が10件以上あれば、そこそこ売れていると判断できます。

カスタマーレビューを見るポイントは、「投稿日」と**Amazon**で購入したユーザーであれば「**Amazon**で購入」と表記されます。また、その商品を2週間後、1カ月後にもう一度チェックしてみるのもいいでしょう。2週間ほどすれば、売れているか売れていないかデータとして履歴が出てくるからです。

こういった面倒くさいことを嫌がらずにこなすことで、ライバルたちに差をつけることができるので、ぜひ実践してください。

面倒くさいことを
嫌がらずにやる
↓
これがライバルに
差をつける！

04 いくらで仕入れたらいいのか「仕入れ価格」の基準を覚えよう

1 手数料は売上の20～25％

アマゾンで商品を販売すると、全体の売上の約20～25％を手数料として毎月徴収されます。手数料の内訳は「販売手数料」「カテゴリー成約料」「発送重量手数料」「出荷作業手数料」となっています。

それぞれの計算方法をもっと詳細に知りたければ、**Amazon**のヘルプページにある「**出品手数料と価格設定**」（**https://www.amazon.co.jp/gp/help/customer/display.html?nodeId=1085246**）や、**Amazon Services**内にある「**FBAの料金プラン**」（**http://services.amazon.co.jp/services/fulfillment-by-amazon/fee.html**）を1度読んでおきましょう。

2 最低仕入れ価格一覧

ではいくらで仕入れて、いくら以上で売れればいいのか、目安をお話しします。まず大原則として、**「仕入れ価格に対して25％くらいの粗利益が出れば悪くない」**という判断をします。たとえば1万円使うのであれば、粗利が2500円以上あれば仕入れ確定になります。ただ、これは販売価格に対する利益率ではなく、仕入れ価格に対する利益率なので、実際の正しい利益率はもう少し下がります。

Amazonは、次頁の図のように商品カテゴリーによって手数料率が主に8％、10％、15％と分かれています。

わかりやすいように、手数料率ごとに推奨する最低仕入れ価格を次頁の表にまとめたので、できれば暗記してしまうのがいいのですが、写メを撮って、仕入れの際に持ち歩くようにしてください。

ちなみにカッコの中の数字はギリギリの最低ラインの販売価格を載せています。**「販売価格が推奨最低販売価格を下回るようであれば、絶対に仕入れない」**でください。このような超薄利の場合は、出品してから10日以内に売り切れると予想できる商品にかぎります。もちろん、利益率は高ければ高いほうがいいのですが、中には推奨最低販売価格ギリギリのような商品が混ざっていても大丈夫です。

● Amazonの商品カテゴリー別販売手数料率

商品カテゴリー	販売手数料率
書籍、雑誌、その他出版物	15%
CD＆レコード	15%
ビデオ	15%
DVD	15%
TVゲーム	15%※1
PCソフト	15%
エレクトロニクス	10%
カメラ	10%
パソコン・周辺機器	8%
アクセサリー商品（エレクトロニクス商品、カメラ商品、パソコン・周辺機器）	10%、もしくは50円のいずれか高い方※2
kindleアクセサリー	45%
楽器	8%
オフィス・文房具	15%
ホーム（家具・インテリア・キッチン）	15%
ホームアプライアンス（小型白物家電）	15%
大型家電	8%
DIY・工具	15%
おもちゃ＆ホビー	10%
スポーツ＆アウトドア	15%
カー＆バイク用品	15%
ベビー＆マタニティ	15%

※1 TVゲームの商品サブカテゴリー「ゲーム機本体」に関してのみ、通常の販売手数料率の8%。

※2 エレクトロニクス商品、カメラ商品、パソコン・周辺機器商品のアクセサリー商品に関しては、商品単位ごとに販売手数料率10%。ただし商品価格が500円以下の場合は、商品価格に対する販売手数料は一律50円。

手数料率 8%の推奨最低仕入れ価格

仕入れ価格	推奨最低販売価格	推奨粗利額
1,000円	1,800円（1,700円）※	300円（250円）
2,000円	3,100円（3,000円）	500円（400円）
3,000円	4,500円（4,100円）	750円（400円）
4,000円	5,800円（5,300円）	1,000円（500円）
5,000円	7,200円（6,400円）	1,250円（500円）
6,000円	8,500円（7,600円）	1,500円（600円）
7,000円	9,900円（8,800円）	1,750円（700円）
8,000円	1万1,300円（1万円）	2,000円（800円）
9,000円	1万2,600円（1万1,200円）	2,250円（900円）
1万円	1万4,000円（1万2,400円）	2,500円（1,000円）

※（　）；ギリギリの最低ラインの販売価格

手数料率 10%の推奨最低仕入れ価格

仕入れ価格	推奨最低販売価格	推奨粗利額
1,000円	1,850円（1,750円）※	300円（250円）
2,000円	3,200円（3,100円）	500円（400円）
3,000円	4,600円（4,200円）	750円（400円）
4,000円	6,000円（5,400円）	1,000円（500円）
5,000円	7,400円（6,500円）	1,250円（500円）
6,000円	8,700円（7,700円）	1,500円（600円）
7,000円	1万100円（9,000円）	1,750円（700円）
8,000円	1万1,500円（1万200円）	2,000円（800円）
9,000円	1万2,900円（1万1,400円）	2,250円（900円）
1万円	1万4,300円（1万2,600円）	2,500円（1,000円）

※（　）；ギリギリの最低ラインの販売価格

（次頁に続く）

3 1カ月以内に売れる商品を仕入れるべし

初心者のうちは「**せどりは、回転がすべて**」と頭に入れておいてください。少ない資金からスタートするなら、雪だるま方式で資金を増やしていくことを最優先にしなくてはなりません。

具体的には、早く売り切れる商品を仕入れることが王道となります。では、どれくらいのスピードで売り切るべきかというと、1カ月以内です。薄利気味でも構わないので、「**1カ月以内に売れる商品を全体の8割くらい仕入れる**」ようにします。「**残りの2割の商品は、30％ほど利益率が確保できる商品を仕入れる**」ようにします。30％ほど利益率があれば、1カ月以上かかって販売しても問題ありません。この割合で仕入れを続ければ、安定して収益を上げ続けることができます。せどりの

● 手数料率 15%の推奨最低仕入れ価格

仕入れ価格	推奨最低販売価格	推奨粗利額
1,000円	1,850円（1,800円）※	300円（250円）
2,000円	3,300円（3,200円）	500円（400円）
3,000円	4,900円（4,500円）	750円（400円）
4,000円	6,200円（5,600円）	1,000円（500円）
5,000円	7,700円（6,800円）	1,250円（500円）
6,000円	9,100円（8,100円）	1,500円（600円）
7,000円	1万600円（9,400円）	1,750円（700円）
8,000円	1万2,000円（1万600円）	2,000円（800円）
9,000円	1万3,500円（1万2,000円）	2,250円（900円）
1万円	1万5,000円（1万3,300円）	2,500円（1,000円）

※（　）：ギリギリの最低ラインの販売価格

仕入れには、この「2対8の法則」が要所要所で大切になります。

利益がゼロでも経験を買うつもりでトライする！

せどりをやるうえで、1番大切なことは「儲け」を出すことです。そうはいっても、せどりをスタートしはじめたばかりのころは、「〝儲け〟よりもいろいろな商品を〝売る体験〟をする」ようにしましょう。これこそが最大の資産になります。幅広い販売経験を蓄積しておくと、必ず長期的に稼いでいく額が変わってくるからです。極論、利益がゼロでも構わないくらいの気持ちでどんどん仕入れをしてみることが大切です。

モノレートのグラフの波が悪い商品でさえ、何年も売れ残るということはかなり稀です。赤字で損切りをしてしまったとしても、仕入れ金のほとんどは戻ってくるか、損をしても2、3000円程度でしょう。

また資金に余裕が出てきたときは、利益のうちの1〜2割を実験販売として投資するようにしてみましょう。「〝これ仕入れてみたいけど、売れるか不安だな〟っていうときこそ、一部の商品を実験として仕入れてみて、仕入れ幅を広げていきましょう」。

はじめはどんどん売ってみる！
〃
たくさんの商品を売る
⇓
いつかきっと……
この経験が必ずモノをいう！

05 どうやって仕入れるのか？ シンプルな仕入れ術を知っておこう

1 せどりの稼ぎ方はたった2種類

❶ 定価よりも安くなっている商品を格安で仕入れて、その利ざやを抜く方法
❷ 定価よりも大幅に高値になっているプレミアム商品を定価くらいで買って高く売る方法

商品を仕入れるとき、ほとんどの場合が❶の方法で仕入れることになります。❶のほうが、仕入れ額が安くすむので、初心者でも安心して仕入れができます。ちなみに、私は今までほぼ❶の方法だけでせどりをしてきました。

❷の場合は「プレ値」（プレミアム価格）なので、商品を見つけるのが難しかったり、発売直後のプレミアム価格商品だと出品者数が１００人以上になることも珍しくありません。そうなると

数時間単位で値段が急落してしまう可能性があります。最初から楽して一気に稼ごうと思って大量に仕入れたものの、大損をして泣きを見ることになりかねません。

前節でお話しした「**2対8の法則**」を応用して、「**❶の商品を8割、❷の商品を2割という感覚で仕入れる**」と、リスクヘッジをしながら利益を出し続けられるようになります。

2 「新品せどり」「中古せどり」どちらをやるべきか？

出品にかかる時間が違う

初心者の人は、まず「新品せどり」からはじめてください。理由は、「**出品作業の手間と時間が違いすぎる**」からです。

新品せどりの場合、出品する際に検品をする必要がなく、出品コメントもよほどパッケージ状態が悪いとか何らかの理由がないかぎり、同一文章を使い回すことができるからです。

中古せどりの場合、クレームにならないように、細かい検品をする必要があり、出品コメントも、商品ごとに状態の良し悪しを正確に記載しないといけません。状態を説明するには、写真を撮ったほうがいいこともあるでしょう。

中古せどりの場合、仕入れよりも出品作業のほうが時間がかかってしまうこともネックになります。せどりの全作業時間における出品作業時間の割合は、新品せどりなら3分の1ですむのに対して、中古せどりだと3分の2にもなります。全作業時間の大半を出品作業に充てていることになります。

「売上、利益をあげるのは仕入れ」です。その時間を増やさないと売上は増えません。ということは、どちらのせどりが稼げるかは明白ですよね。仕入れ値が安いという理由で中古せどりをしていると、その時間を使って本当はもっと大きく稼げるのに、チャンスを逃してしまうことになるので、できるかぎり仕入れ時間を増やせるようなせどりを意識してください。

中古せどりは、「経験としてはじめて**Amazon**で販売してみる」「どうしても仕入れるお金がない」「よほど中古商品に興味がある」「出品作業を任せる人がいる」といった場合以外は、初心者のうちは避けることをお勧めします。

3 仕入れの基本の3つのキーワード

せどりの仕入れ商品の見つけ方は、とてもシンプルです。基本的に次の3つを感覚的にマスターすれば、誰でも簡単に見つけることができます。

❶ 値札
❷ 場所
❸ 違和感

❶「値札」に注意する

店舗はネットショップと違い、高い土地代、人件費、保管費用など、さまざまなコストがかかっています。そのうえ、商品の値段をネット相場にあわせて格安にすると、ほぼ赤字での販売になってしまいます。「**そういった安い商品を客寄せ商品として目立たせて展示**」します。それが顕著に現れるのが「値札」です。「大きく値段が表示されている値札」「もとの値札の上から何枚も再値づけされている値札」「色が違う値札」「POPに書かれている値札」「手書きで書かれている値札」「70％オフ！」と大幅値引きされている値札など、「**明らかにほかの値札と違う値札がある場合は、注意する**」ようにしてください。

❷商品が置いてある「場所」

お店は、お客様を引きつけるために、目に入りやすい場所に安い商品を置きます。「店の入口付近」「エスカレーター前」「各コーナーの1番前面の位置」「ワゴンセール売場」「タイムセールコーナー」など、お客様の動線をさまたげるように通路に商品が置かれていることがあります。お店に入ったら、まずはこういった「**動線を邪魔している場所を攻めてみる**」ようにしてください。

❸「違和感」を感じるまで検索する

注意深く店内を見渡していると、アレ!? と思うときがあります。たとえば、「同じ商品なのに色が違うだけで値段が3割くらい安かったり」「とても大きな商品の割に値段が1000円以下と変に安かったり」「かなり古いパッケージの商品が新しい商品の中に混ざっていて、周りは3000円くらいする商品ばかりなのに、ポツンと1つだけ500円の商品が混じっていたり」「昨日棚にあった商品が、今日は目立つ場所に置いてある」などです。こういう**「周囲と違う、いつもと違う違和感を感じたら要注意」**です。

そして、せどりをしていると各商品の相場が頭に入ってきます。その相場感と商品にズレを感じる瞬間がきます。

たとえば、コンビニのスイーツコーナーでプリンが30円で売っていたら「え!?」って思いますよね。これとまったく同じ感覚がせどりをしている最中に起こることがあります。そんな状態とたくさん出会えるように、初心者のうちは商品検索をたくさんしてください。逆に、この感覚にまったく出会えなかったら、商品検索の件数が少ないと思って、少し反省してください。

基本はたったこれだけなので、とてもシンプルではありませんか？　ぜひ、宝探し気分でたくさんの商品を検索してみてください。

4　同じ系列店でも違う値段？

チェーン店でも、すべてのお店は独立した違う店舗だと思ってください。都心部だと、100メートルくらい離れた場所に同じ系列の量販店があることがあります。同じチェーン店でも店舗が違えば、商品の値段が違う場合があります。店長が違えば、お店のすべてが異なるといった感じです。もちろん同じ量販店ですから、同じ価格のものも多数ありますが、片方の店ではある商品が格段に安いのでせどれるということもあります。

チェーン店でせどりをする場合、「このチェーン店では、どうせあのジャンルは仕入れられない」と決めつけず、「**はじめて行くお店であれば、満遍なくいろいろなコーナーを見る**」ようにしましょう。

5 ポイントや商品券で細かく儲ける！

各店で発行されているポイントカードは、無料であればすべて会員になるようにしてください。1回1回の仕入れで貯まる額は少ないですが、1カ月もするとバカにならないくらい貯まります。現金と一緒の扱いですから、実質的に利益になります。特に家電店などは、ポイントがあるから仕入れられる商品がたくさんあります。

もし現金で仕入れるのなら、金券ショップで各店の商品券を1

仕入れの鉄則

1. 基本のキーワード「値札」「場所」「違和感」に注意する！
2. チェーン店は、違う店舗はすべて違うお店と思え！
3. ポイントカードと商品券を使いまくる！

〜2％引きくらいで買うことができるので、どんどん活用しましょう。1年に1000万円仕入れるのであれば、これだけで10〜20万円浮きます。

6 せどれない商品について

「医療機器」は出品できない

Amazonでは何でも売っていますが、私たち個人が販売することができない商品がいくつかあるので注意してください。

特に間違えて仕入れやすいのが「**医療機器**」になります。医療機器の商品パッケージには「**治療器**」と書かれているので、健康器具系を探したときには必ず確認してください。家電店やホームセンターでは血圧計などが安く売っているので、ついつい仕入れてしまいそうになります。美容系の美顔器などにも「**低周波治療器**」と表記されている商品があります。間違えて出品、販売してしまうと、アカウント停止になる可能性もあるので、十分に注意してください。

「違法性のあるもの」は出品できない

Amazonのヘルプページに「**出品禁止商品**」(**https://www.amazon.co.jp/gp/help/customer/display.html?nodeId=1085376**)というページがあります。ここには「非合法商品」「盗難商品」

「再複製された媒体」「プロモーション用の媒体」など、出品禁止商品が書かれているので、必ず一読しておいてください。

Amazonの倉庫に送れないもの

Amazonの倉庫に送れず、自己発送で販売しなければならない商品もあります。商品に「リチウム電池」などの爆発する可能性がある危険物が入っている場合です。ヒゲ剃りや電動歯ブラシにリチウム電池が入っていることがあるので、仕入れる前にパッケージで確認してください。

ほかにも**Amazon**倉庫に送れない商品について、**Amazon**のヘルプページ「**FBA禁止商品**」(**https://www.amazon.co.jp/gp/help/customer/display.html?nodeId=200314960**)に、大きく10カテゴリーが掲載されている(下記参照)ので、このペ

「FBA禁止商品」の10カテゴリー

1. 日本国内における各法律や基準を満たしていないもの
2. 常温管理できない製品
3. 食品、食品を含む製品、食品以外で期限表示のある製品(要期限管理商品)
4. 動植物
5. 危険物および化学薬品
6. 販売にあたり関連省庁などへの届出や許可等が必要なもの
7. 販売禁止商品またはプログラムポリシーで禁止される商品
8. リコールに該当する商品または日本で適法に販売、頒布することができない商品
9. ネオジウム磁石及び磁気が他商品に影響を及ぼす恐れのある強力磁石
10. ピンポン玉(卓球ボール)

ージも一読しておいてください。

出品禁止商品かどうかを判別する方法

これらのような販売禁止、フルフィルメント倉庫入荷不可の商品を判別するには、「Amazonセラーアプリ」で商品を検索したときに、商品画像の横に禁止マークが表示されます。その場合、販売禁止か、倉庫入荷不可のどちらかなので目安にしてください。

仕入れ中に、大幅に価格差があって売れているFBA禁止商品を見つけた場合、自己発送でも販売したいですよね。そのようなときは、仕入れ先からAmazonテクニカルサポートに電話で聞いてみましょう。出品禁止商品でさえなければ出品することができます。判断しづらい商品はライバルも増えにくく、回転のいい商品であればAmazonより数パーセント安くするだけで売れていく場合もあるので、ぜひ試してみてください。

● FBA禁止商品を「Amazonセラーアプリ」で読み込むと出るマーク

❶ FBA禁止商品のマークが出る

❷「出品条件」をクリックすると、商品の詳細が見られる

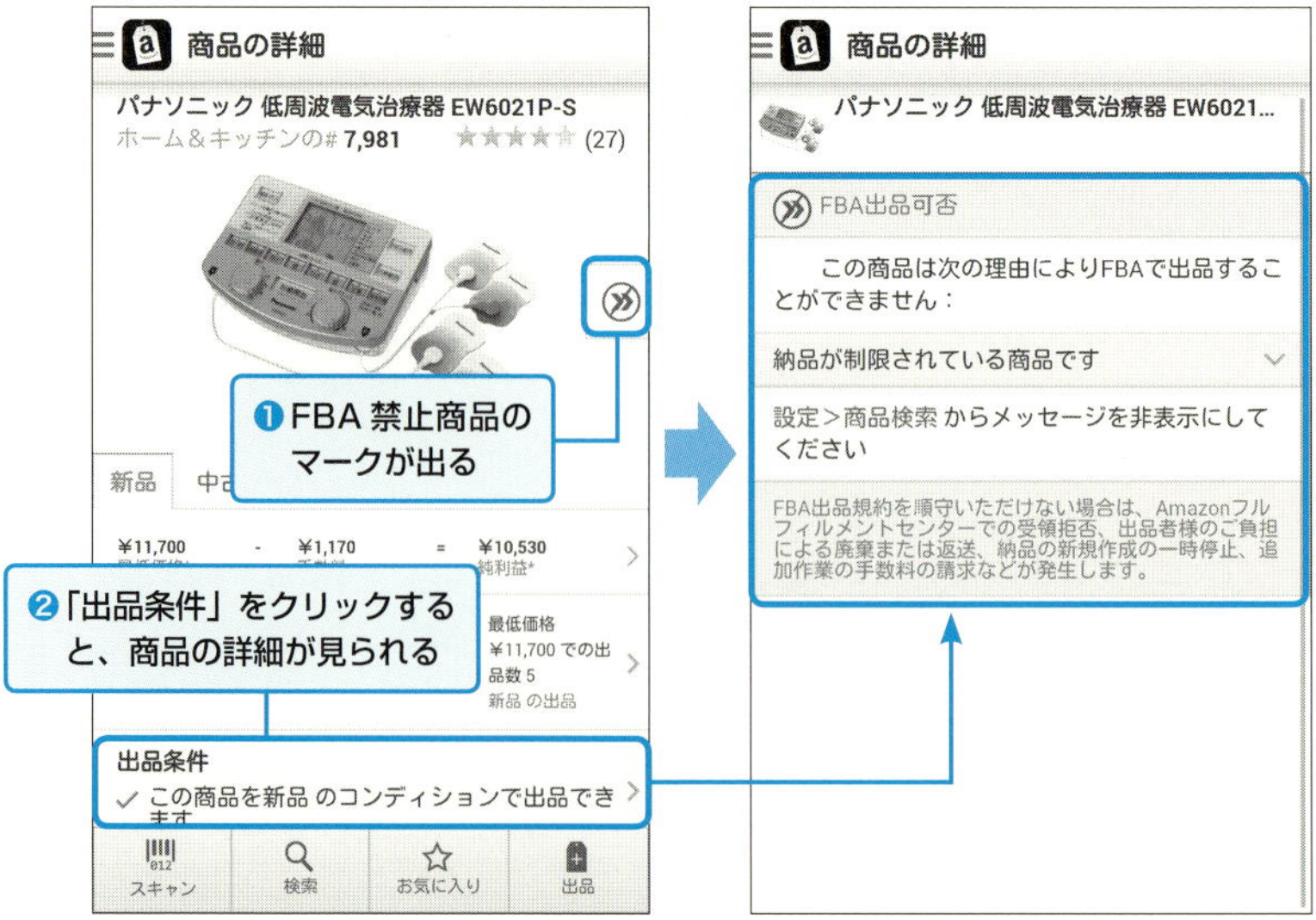

3時限目
まずは、家電せどりの達人になる

いよいよ仕入れ
本番ですね！
まずは得意な
ジャンルをひと
つつくりましょ
う。

01

「家電せどり」の勧め

1 仕入れで得意分野をつくろう

ひとつのジャンルで稼げるようになると、違うジャンルでもすぐに稼げるようになります。このジャンルは、絶対に誰よりも知っていると言い切れる軸をひとつ持つことで、効率的に稼いでいけるようになります。違うジャンルをせどるときでも、あるジャンルで稼げている人はすぐに結果を出すことができます。

最初からいろいろなジャンルに手を出すと失敗する

最終的にいろいろなジャンルの美味しいとこ取りができるようになるといいのですが、「**せどりをはじめたばかりのときに、いろいろなジャンルをちょこちょこ中途半端に様子を見ようとする人ほど稼げない**」ので、そうならないように、まずは得意なジャンルを持って腕を磨いてくださいね。

2 初心者に「家電せどり」を勧める理由

❶ シンプルにできるから

あらゆるジャンルの中で「家電せどり」は、仕入れが1番簡単です。

ほかのジャンルだと商品量が多すぎて、どの商品を見ればいいのかわからないことがよくありますが、家電せどりならお店側で「この商品せどれますよ〜」と言わんばかりに、大安売りの目立つ値札をつけてくれています。「処分特価」「現品限り」「展示、在庫限り」「50％ＯＦＦにポイント10％つけます！」などと書かれたＰＯＰや値札がついているのをよく見かけます。はじめのうちは、そんな商品だけを検索していっても利益を得ることができます。

特に、これ以上簡単な手法はないといえるのが、「**チラシせどり**」です。家電量販店ではほぼ毎週末、集客のためにチラシをつくります。「**新聞の折り込みチラシには、商品の型番が載っている**」ので、モノレートで型番検索をすれば販売履歴を見ることができます。特に「**〝日替わり特価品〟はせどれる可能性が高い**」です。利益が取れる商品を見つけたら、店がオープンする前に並ぶだけです。

もうひとつ覚えておきたいポイントは、「展示品限定5台！」などと書かれていると、見すごしてしまう人が多いのですが、実はまだ新品が1個や2個残っている場合があるので、必ず店員さんに聞いてみてください。

注意しないといけない点は、チラシには商品の型番は載っていても13桁のJANコードは載っていないことが多いので、モノレートで確認したJANコードとあっているか必ずレジで確認しましょう。メーカーがある家電量販店の特売用につくった製品などは、商品の型番が同じでもJANコードが違います。特売用の商品だったりすると、利益が出るどころか致命的な仕入れになりかねないので、注意が必要です。

JANコードは、PC版モノレートの商品画像の右下にあります。

新聞を購読していない場合でも、各家電量販店のウェブサイトチラシや「**shufoo**」というチラシアプリなら、自分の地域のすべてのチラシを見ることができます。

ちなみにこのチラシせどりは、ホームセンター、スーパー、カー用品店など、あらゆる店舗のチラシでできます。何をやっていいかわからない人でも、これならすぐにはじめられるはずです。

モノレートでJANコードを確認する

❷仕入れ価格が安い！

「家電せどり＝仕入れ価格が高い」という声をよく聞きますが、これは完全なる先入観です。もちろん仕入れ価格の高い商品もありますが、家電量販店には、「**スマホやゲームの周辺グッズ**」なら100〜500円くらいでたくさん売っています。そういうものを仕入れて1000円以上で販売すれば利ざやが取れます。ほかにも、「**CDケース**」や「**CD-R**」「**テレビのリモコン**」「**延長コード**」など、家電店には探せば探すほど安い商品が意外とあります。

そして、ワゴンの在庫処分品も破格なものがたくさんあります。ワゴンセールで、美容家電を1円で仕入れたこともあります。その商品は5000円くらいで売れたので、すごい利益率ですよね。しかも、家電店でせどる商品は全体的に回転が速いので、資金繰りも考えやすくなります。

❸1度に何度も美味しいのは家電せどりだけ!?

小売業界にもいろいろなジャンルがありますが、家電がほかの業界と異なるのは、次の2点です。これを利用しない手はありません。

> **Ⓐ一般客でも値下げ交渉ができる**
> **Ⓑ他店と同じ値段にあわせてくれる**

Ⓐなら、ひと言「2つ買うから安くしてくれない？」「雨の中来たんだから、勉強してくれるな

● 家電せどりで仕入れた例

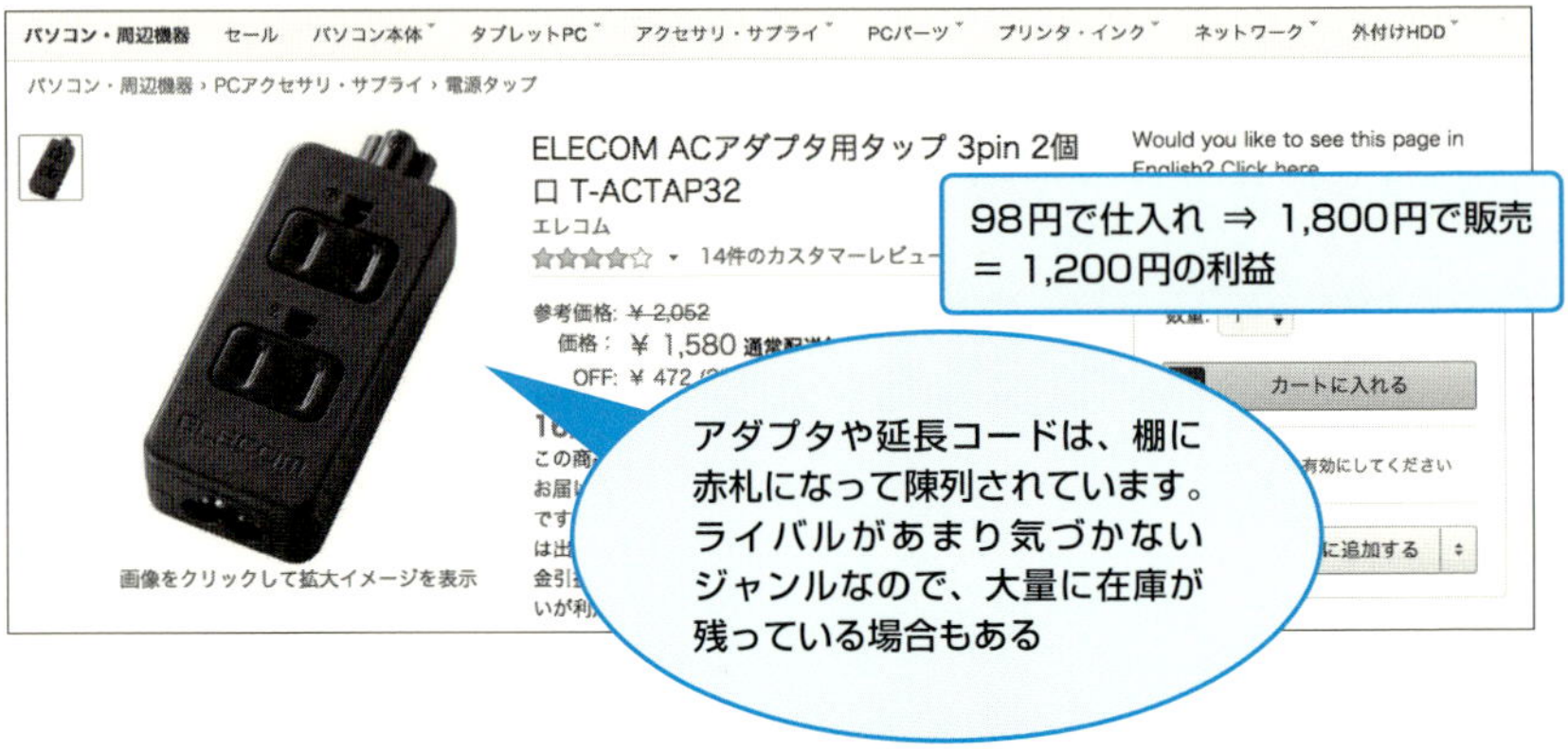
ELECOM ACアダプタ用タップ 3pin 2個口 T-ACTAP32
エレコム
98円で仕入れ ⇒ 1,800円で販売
＝ 1,200円の利益
アダプタや延長コードは、棚に赤札になって陳列されています。ライバルがあまり気づかないジャンルなので、大量に在庫が残っている場合もある

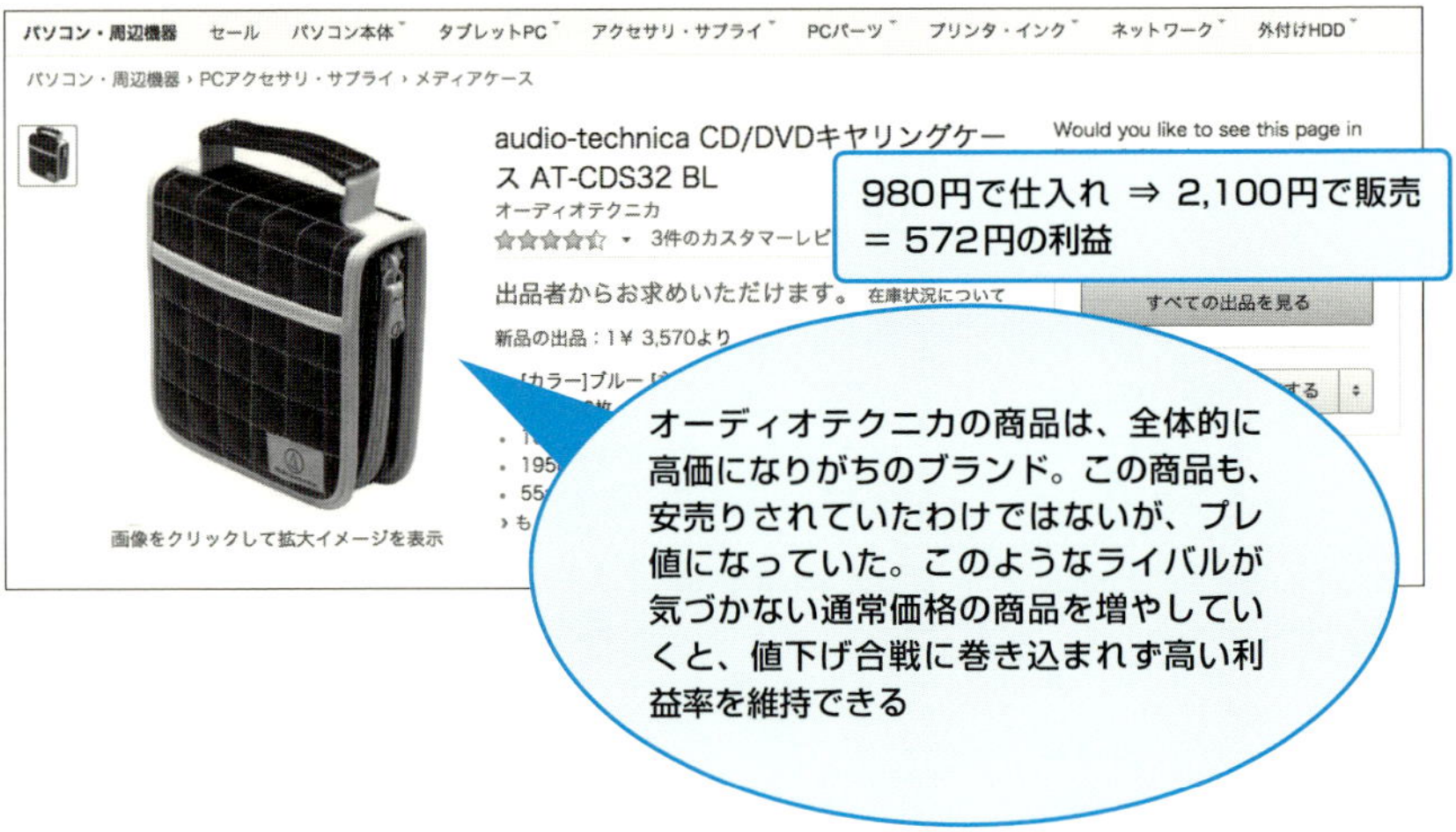
audio-technica CD/DVDキャリングケース AT-CDS32 BL
オーディオテクニカ
980円で仕入れ ⇒ 2,100円で販売
＝ 572円の利益
オーディオテクニカの商品は、全体的に高価になりがちのブランド。この商品も、安売りされていたわけではないが、プレ値になっていた。このようなライバルが気づかない通常価格の商品を増やしていくと、値下げ合戦に巻き込まれず高い利益率を維持できる

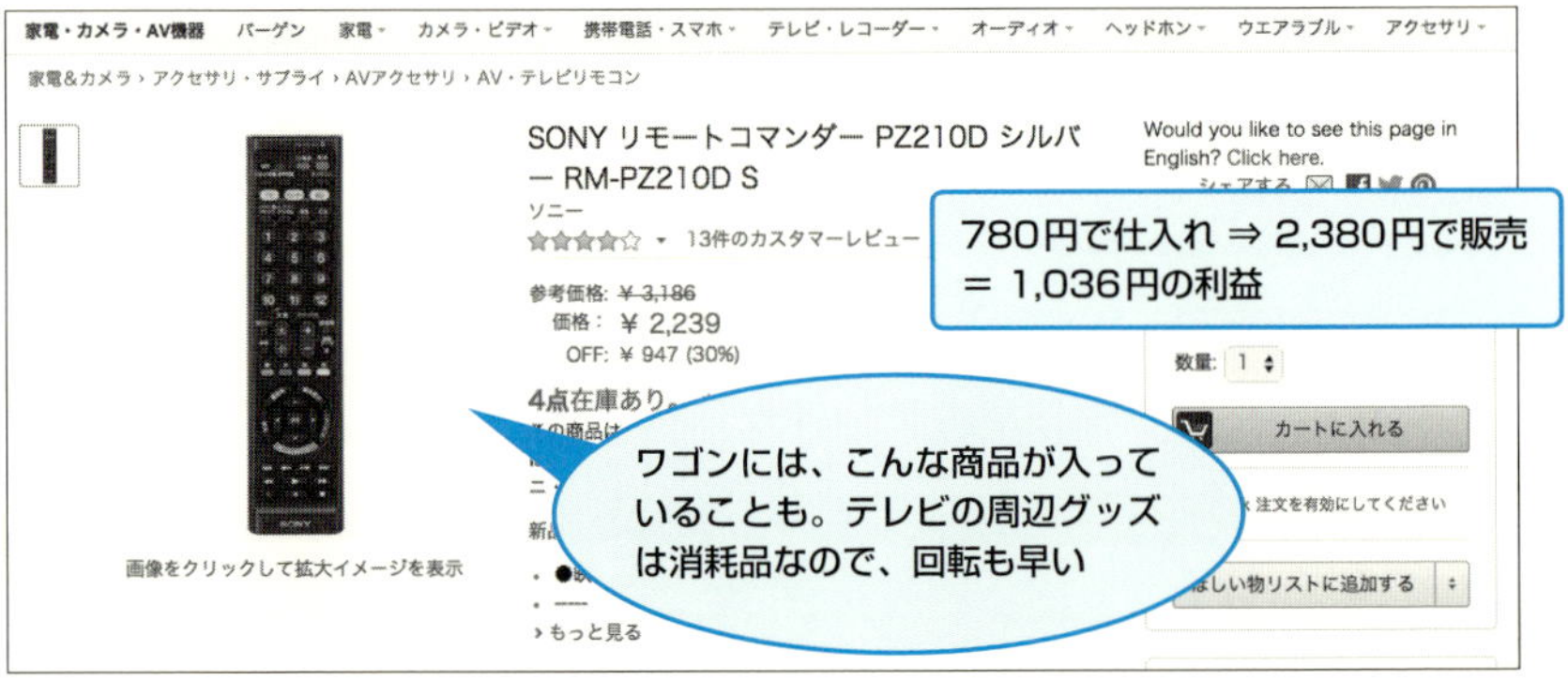
SONY リモートコマンダー PZ210D シルバー RM-PZ210D S
ソニー
780円で仕入れ ⇒ 2,380円で販売
＝ 1,036円の利益
ワゴンには、こんな商品が入っていることも。テレビの周辺グッズは消耗品なので、回転も早い

ら買おうかな」「カメラ買うからケースとメモリーカードは、オマケでちょうだい」などと、ダメ元で言ってみるだけです。たったこれだけで、普通に数千円安くなることがあります。

値札の価格ではせどれなくても、**「値引きできればせどれる余地がある」**って、ほかではあり得ない話です。コンビニでは、こんなことできないですよね。値引き交渉ができるようになるだけでも、一生稼いでいけちゃいます。家電量販店では、各商品の値下げの限界値が決まっています。この限界値は、店員さんが持っているハンディーに情報がすでに入力されています。ハンディーを見る店員さんの顔が迷っていたら、底値ではない証拠なので、もうひと押しして勉強してもらいましょう。ただし、**「店の迷惑にはならないように、短期決戦を心がけ、交渉はどれだけ長引いても5分で切り上げる」**ようにしましょう。1割でも安くなれば十分、あなたの勝ちです。

Ⓑの他店対抗価格も見逃せません。安く買えたレシートを持って、近くの店に行くだけです。また、レシートは同じ日でなくても日にちが近ければ使える場合があるのでトライしてみてください。**「値引きの交渉術を身につけただけで、家電せどりは笑えるほど簡単に稼げてしまう」**のです。

02 めざせ「家電せどり」の達人！

1 いつ、どこの家電量販店に行けばいいのか

家電量販店に行くときは、ライバル店がたくさん近くにありつつ立地の悪い店を選んでください。そのお店が、そのあたりで最安値の品ぞろえのお店になる可能性が高くなります。なぜなら、隣同士にあっても、立地のいいお店に8割、立地の悪いほうに2割くらいと、どんどん立地のいいほうのお店にお客様が流れていってしまうからです。立地の悪いお店のほうが、わざわざ当店を選んでくれたという思いが強いので、値引き交渉もしやすいです。

お店に行くタイミングは、「**末**」をねらっていくことをお勧めします。優先順位からいうなら、次の順番で、なおかつ「**閉店近くの時間帯をねらって**」いきましょう。

❶ 決算期末 ⇓ ❷ 年末 ⇓ ❸ 四半期末 ⇓ ❹ 月末 ⇓ ❺ 週末

なぜなら、お店には売上目標があり、それを達成するために最後の追い込みをかけるからです。これらのタイミングで行けば、店はとにかく1円でも多く商品を売りたいモードになっているため、いつもの数倍せどれるなんてチャンスに巡りあえるかもしれないのです。

2 展示処分品は慣れてくれば宝の山

家電量販店にかぎらず、商品の入れ替え時期になると展示品の処分がはじまります。この展示品は、あくまでも「中古品」として扱われます。新品に比べて安く仕入れることができるので、モノレートの中古出品者数が減り続けていて、ランキングの波が動いていれば確実に売れます。

仕入れ価格の目安

「新品価格より1～2割安く売っても利益が出る値段が仕入れ価格の目安」です。

● 中古として新品開梱品を販売してみた参考仕入れ例 ❶

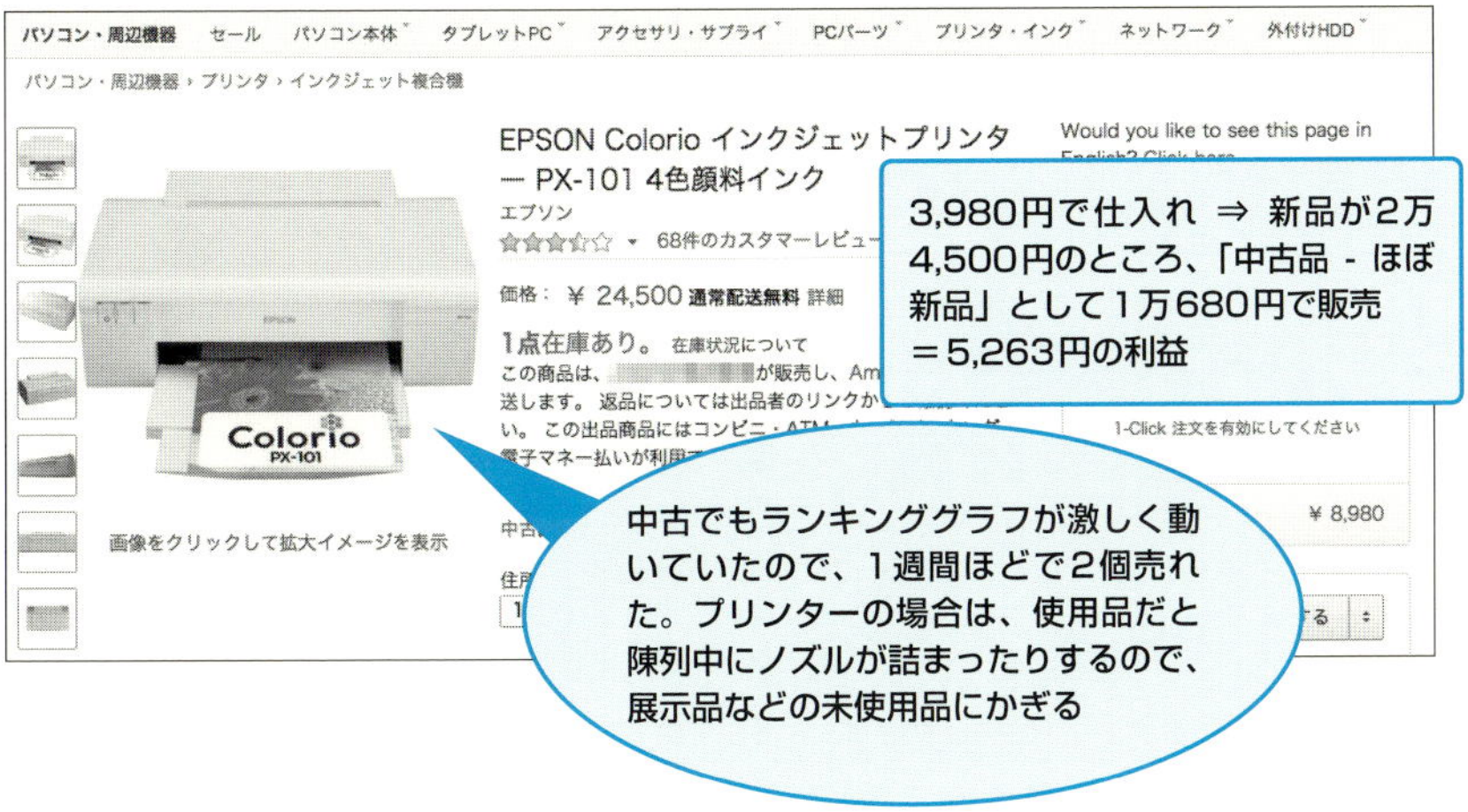
パソコン・周辺機器　セール　パソコン本体　タブレットPC　アクセサリ・サプライ　PCパーツ　プリンタ・インク　ネットワーク　外付けHDD
パソコン・周辺機器 › プリンタ › インクジェット複合機
EPSON Colorio インクジェットプリンター PX-101 4色顔料インク
エプソン
68件のカスタマーレビュー
価格：￥24,500 通常配送無料 詳細
1点在庫あり。 在庫状況について
Would you like to see this page in
画像をクリックして拡大イメージを表示
1-Click 注文を有効にしてください
￥8,980
3,980円で仕入れ ⇒ 新品が2万4,500円のところ、「中古品 - ほぼ新品」として1万680円で販売＝5,263円の利益
中古でもランキンググラフが激しく動いていたので、1週間ほどで2個売れた。プリンターの場合は、使用品だと陳列中にノズルが詰まったりするので、展示品などの未使用品にかぎる

初心者のうちは、外箱（化粧箱）、付属品などがすべてそろっている商品だけを仕入れましょう。前節でもお話ししましたが、たまに店頭に展示在庫品と記載しながら倉庫に新品がある場合があるので、ダメ元でも新品があるか聞いてみましょう。

「**Amazonの新品商品の規定は〝未使用・未開封〟**」です。未使用品でも開封してしまった商品は、**Amazon**の規定では中古扱いになるので注意してください。なかには、これを新品コンディションで売って儲けている人もいるのですが、「**Amazonマーケットプレイス コンディション・ガイドライン**」に反しているので、注意してください。

3 キャラクターものは高値になりやすい！

ディズニーやリラックマ、キティーちゃん、セーラームーンやトイストーリーといったキャラクターものの商品は家電にかぎらず比較的プレ値になりやすいです。

● 中古として新品開梱品を販売してみた参考仕入れ例 ❷

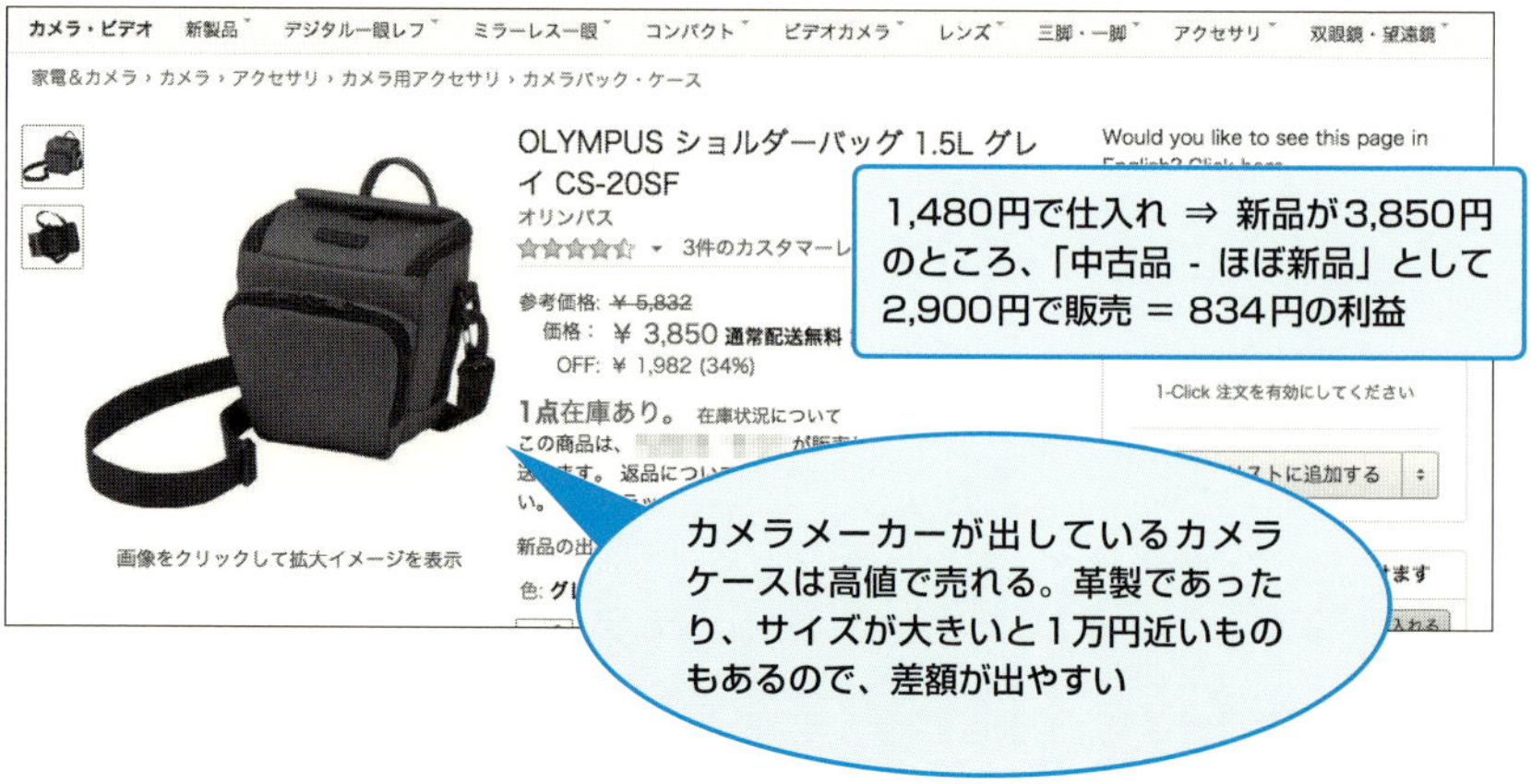
カメラ・ビデオ　新製品　デジタル一眼レフ　ミラーレス一眼　コンパクト　ビデオカメラ　レンズ　三脚・一脚　アクセサリ　双眼鏡・望遠鏡
家電&カメラ › カメラ › アクセサリ › カメラ用アクセサリ › カメラバック・ケース
OLYMPUS ショルダーバッグ 1.5L グレイ CS-20SF
オリンパス
3件のカスタマーレ
参考価格: ¥ 5,832
価格: ¥ 3,850 通常配送無料
OFF: ¥ 1,982 (34%)
1点在庫あり。 在庫状況について
画像をクリックして拡大イメージを表示
Would you like to see this page in
1-Click 注文を有効にしてください
1,480円で仕入れ ⇒ 新品が3,850円のところ、「中古品 - ほぼ新品」として2,900円で販売 = 834円の利益
カメラメーカーが出しているカメラケースは高値で売れる。革製であったり、サイズが大きいと1万円近いものもあるので、差額が出やすい

アニメキャラクターなどのコラボ商品は、**Amazon**では定価超えしているものが、実店舗では定価以下で販売していることがよくあります。割引で販売されているキャラクター商品を見つけたときは、積極的にチェックしてみましょう。

4 商品の保証のしかたと保証書

「家電を売る際、商品の保証はどうしているんですか？」

家電せどらーをしていると、この手の質問を１番多く受けます。私の場合は、「〝**注文日から1年保証します**〟と**コンディション説明**に書いています」。もちろん、**Amazon**はそのような保証は一切してくれません。

なぜそこまでするのか？　というと、購入率を上げることで、長期的に見たときに確実に利益があがるからです。メーカー保証について記載せずに毎月２００個売るか、記載して３００個売るかでは、どちらが多く利益をあげられるかは明白ですよね？

● キャラクター商品はプレ値になりやすい

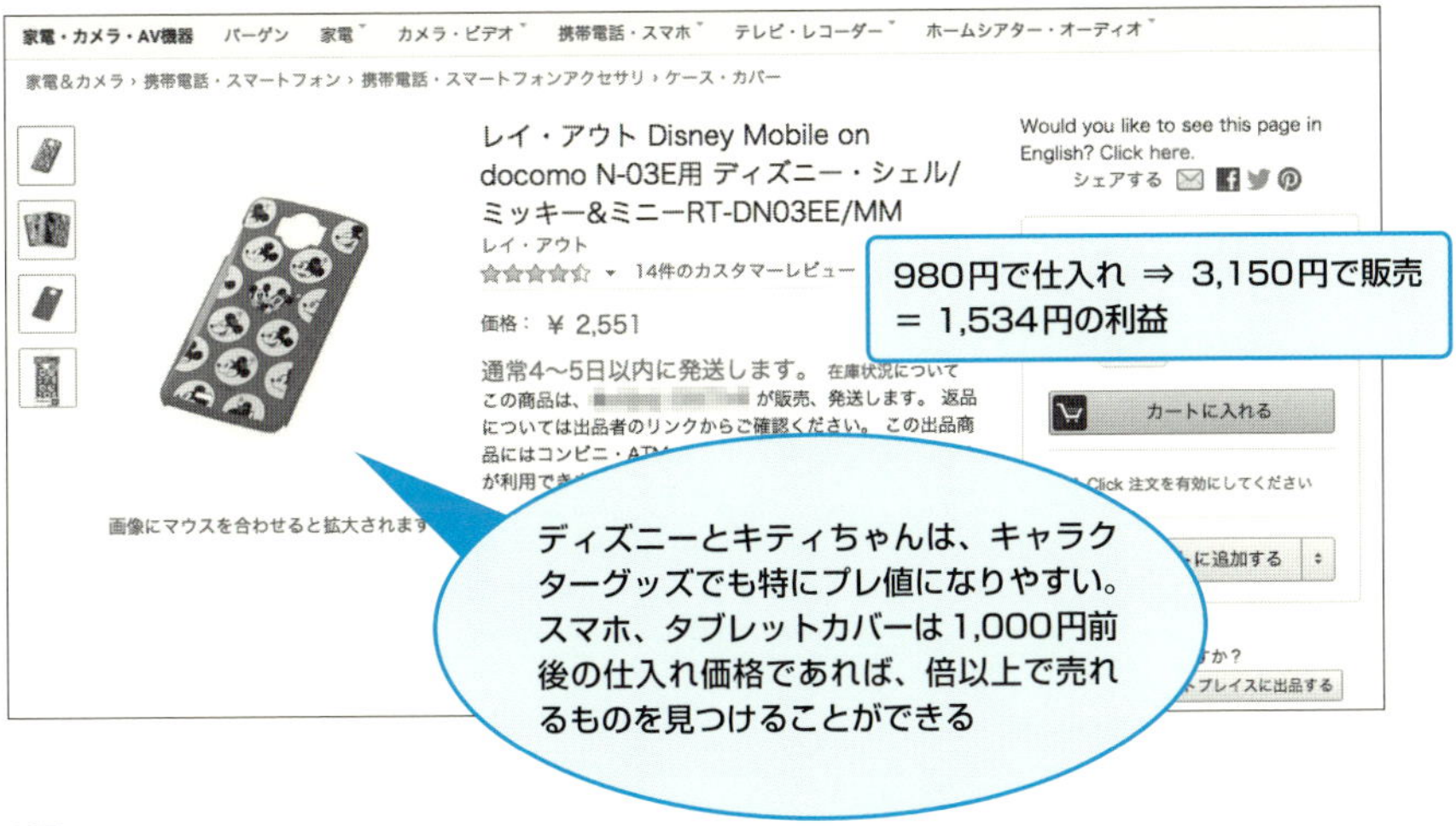
家電・カメラ・AV機器　バーゲン　家電　カメラ・ビデオ　携帯電話・スマホ　テレビ・レコーダー　ホームシアター・オーディオ
家電&カメラ › 携帯電話・スマートフォン › 携帯電話・スマートフォンアクセサリ › ケース・カバー
レイ・アウト Disney Mobile on docomo N-03E用 ディズニー・シェル/ミッキー&ミニーRT-DN03EE/MM
レイ・アウト
14件のカスタマーレビュー
価格： ¥ 2,551
通常4〜5日以内に発送します。
画像にマウスを合わせると拡大されます
Would you like to see this page in English? Click here.
シェアする
カートに入れる
980円で仕入れ ⇒ 3,150円で販売
＝ 1,534円の利益
ディズニーとキティちゃんは、キャラクターグッズでも特にプレ値になりやすい。スマホ、タブレットカバーは1,000円前後の仕入れ価格であれば、倍以上で売れるものを見つけることができる

ましてや3年以上せどりをしていますが、修理依頼は今まで0件、初期不良の問いあわせが2件です。どれだけ多く依頼が来たとしても、対応するのは年に2回程度だと割り切りましょう。

修理依頼や初期不良の依頼が来た場合の対応のしかた

まずはお客様に「メーカーに直接問いあわせてみてください」とお伝えします。メーカーから断られた場合には、着払いで商品を送ってもらい、仕入れたときのレシートで店舗に修理依頼をします。商品が修理されて戻ってきたら、お客様に返送してください。

万が一、仕入れ日が2015年の1月1日で修理依頼が2016年の1月2日に来てしまった場合は、必要経費として割り切ってください。「注文日から1年保証します」と書かずに販売しているより、たくさん販売できているはずですから、利益は多く残っているはずです。こういったことが起きる確率は、宝くじで100万円当たるのと同じくらいの確率なので、安心してください。

実店舗で「スタンプを押されてしまった保証書」はどうする?

家電量販店では、商品を購入する際にレシートと一緒に保証書をレジから発行してくれますが、稀に商品の保証書にお店のスタンプを押されてしまうことがあります。この状態でAmazonで販売すると転売がバレバレになるので、購入者の中には「転売だ!」とAmazonにクレームする人も出てきます。

このような場合は、「**保証印を店の名前がわからなくなるまで、スタンプインクなどで塗りつぶし、その上に〝当商品は注文日より1年間、(あなたの店名) が責任を持って保証させていただきます。〟と記載されたラベルシールを貼る**」ようにします。これで何とか一件落着となります。

5 プレミアム家電をゲットする

実は家電も、CDの初回限定版のようにプレ値になることがあります。家電は定価ではなくオープン価格の商品がとても多いので、定価超えをするというのがわかりにくいのですが、ここでは過去相場よりも値段が大幅に上がる商品をプレミアム家電としてお話しします。

「**家電がプレ値になるのは、例外を除いてメーカーが生産終了したときだけ**」です。CD、DVDなどの初回限定版と同じで、もう手に入らなくなると確定したときです。それがわかった途端、需要がさらに高まり、品薄になってはじめてプレミアム価格になります。しかも店頭では、相場とは真逆の動きを見せます。新製品を早く目立たせるために、旧モデルは不良在庫扱いで日ごとに安くなっていきます。ここのズレをねらえば2倍以上で売れる商品に出会うこともあります。

ではどうやってそういった商品を探せばいいのでしょうか? 答えは簡単で、メーカーのサイトを見にいけば、だいたい載っています。「**生産終了 Panasonic**」などで検索してみてください。

とはいっても、毎日たくさんのメーカーのサイトを見にいくのは大変なので、徐々に経験を積みながら、各メーカー、各ジャンルの新製品発売月を少しずつ覚えていくことです。新製品が発売になるということは、旧機種は生産終了になる可能性が高いのですが、**「この時期は、このジャンルの商品を重点的に見る」**というように年間スケジュールをまとめておけば、プレミアム家電に出会う確率が高まります。

あとは、パッケージが色あせている古そうな商品も目印にしてみてください。生産からかなりの年数が経っている証拠なので、検索してみると生産が終了していて、相場は仕入れ価格の2、3倍という可能性があります。

次頁の例は、**BROTHER**の**MFC-J4910CDW**という型番のプリンターです。生産終了になる前となったあとの価格の変動を見てみましょう。

モノレートを見てみると、生産終了になった途端、相場よりも5000円以上販売価格が一気に跳ね上がったのがわかります。すかさず2万1500円で仕入れて2万9200円で販売して4000円ほどの粗利益を取ることができました。

家電って「オープン価格」とか「オープンプライス」って書いてあることが多いけど、しっかり定価超えの「プレ値」を見つけるコツがあります！

● 人気商品が生産終了にともない値上がりした

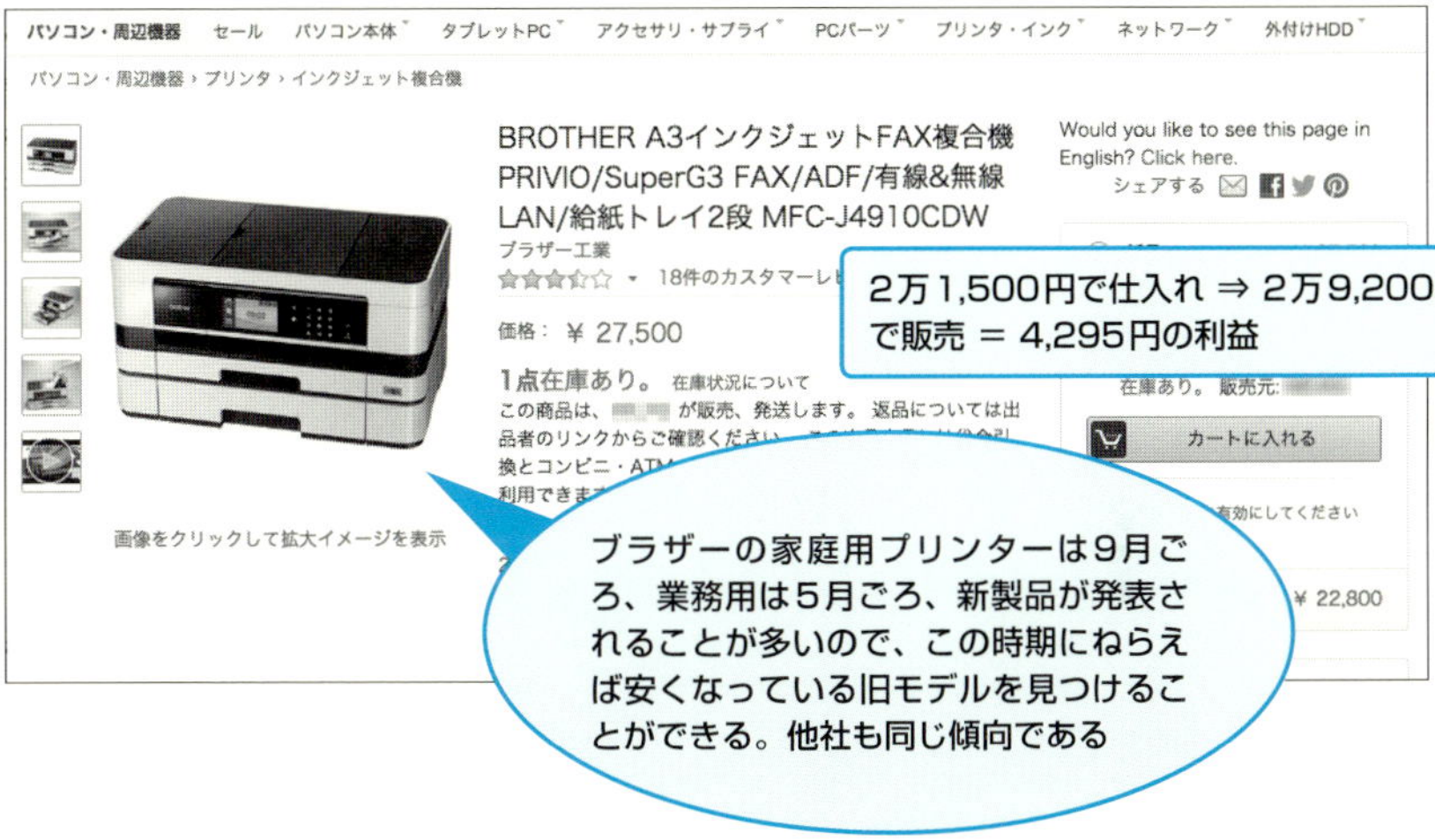
パソコン・周辺機器 セール パソコン本体 タブレットPC アクセサリ・サプライ PCパーツ プリンタ・インク ネットワーク 外付けHDD
パソコン・周辺機器 › プリンタ › インクジェット複合機
BROTHER A3インクジェットFAX複合機 PRIVIO/SuperG3 FAX/ADF/有線&無線LAN/給紙トレイ2段 MFC-J4910CDW
ブラザー工業
価格： ¥ 27,500
1点在庫あり。 在庫状況について
画像をクリックして拡大イメージを表示
Would you like to see this page in English? Click here.
シェアする
カートに入れる
¥ 22,800
2万1,500円で仕入れ ⇒ 2万9,200円で販売 ＝ 4,295円の利益
ブラザーの家庭用プリンターは9月ごろ、業務用は5月ごろ、新製品が発表されることが多いので、この時期にねらえば安くなっている旧モデルを見つけることができる。他社も同じ傾向である

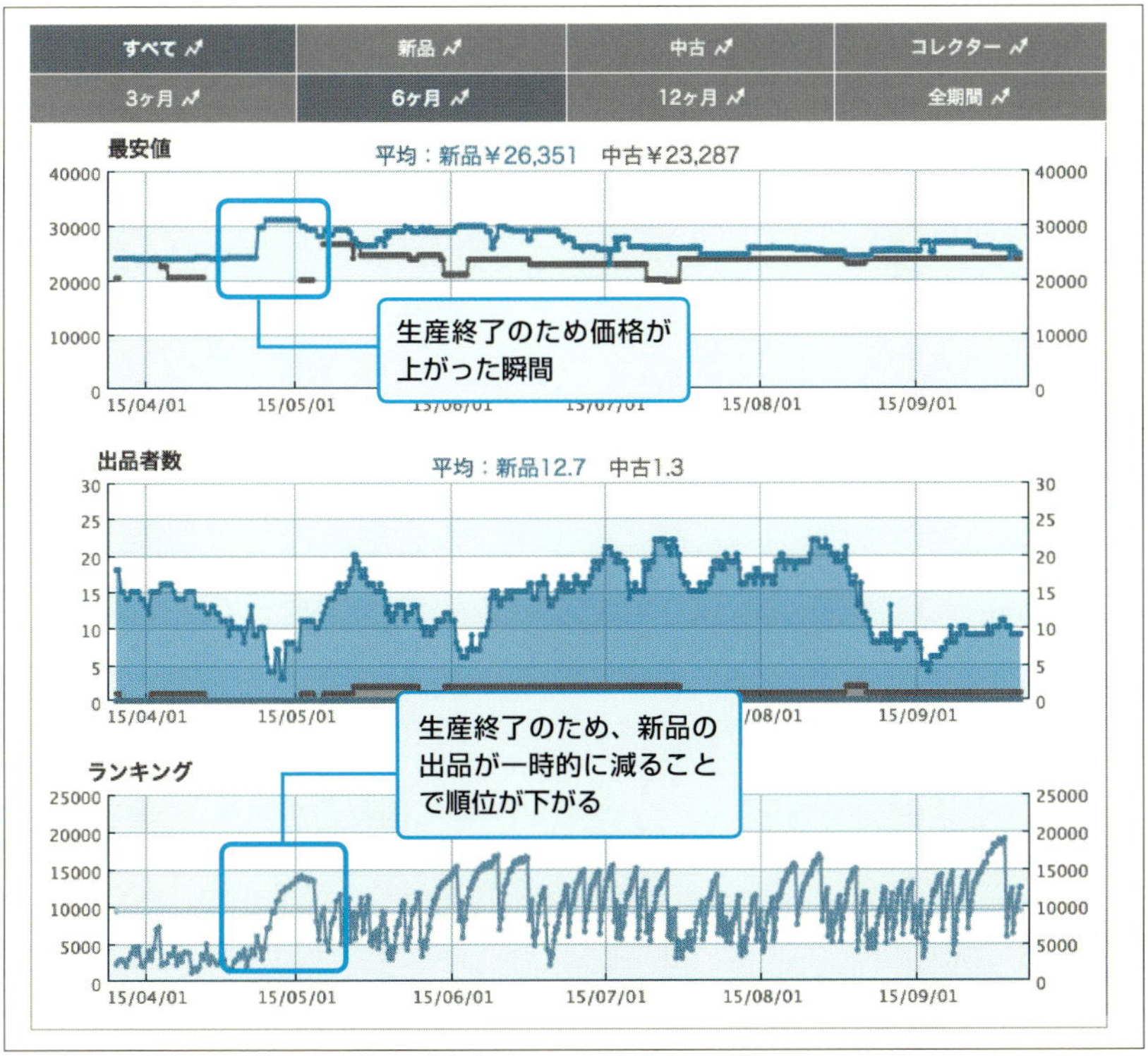
すべて 新品 中古 コレクター
3ヶ月 6ヶ月 12ヶ月 全期間
最安値
平均：新品¥26,351 中古¥23,287
生産終了のため価格が上がった瞬間
出品者数
平均：新品12.7 中古1.3
生産終了のため、新品の出品が一時的に減ることで順位が下がる
ランキング
15/04/01 15/05/01 15/06/01 15/07/01 15/08/01 15/09/01

03

ズバリ「稼げる家電せどり」お勧めジャンルベスト5

1 パソコン周辺機器ジャンル

パソコン周辺機器というのは、ハードディスク（ポータブルハードディスク）、外づけＤＶＤ（ブルーレイ）プレーヤー、ルーター、チューナーといった商品のことです。

今の時代は個人でも企業でも、パソコンを使う環境はどこにでもあるので、このジャンルの商品は必需品であり、仕入れると2週間以内に売れる商品が多くあります。

私も今までに1番売ったジャンルといっても過言ではないくらい多く仕入れてきました。

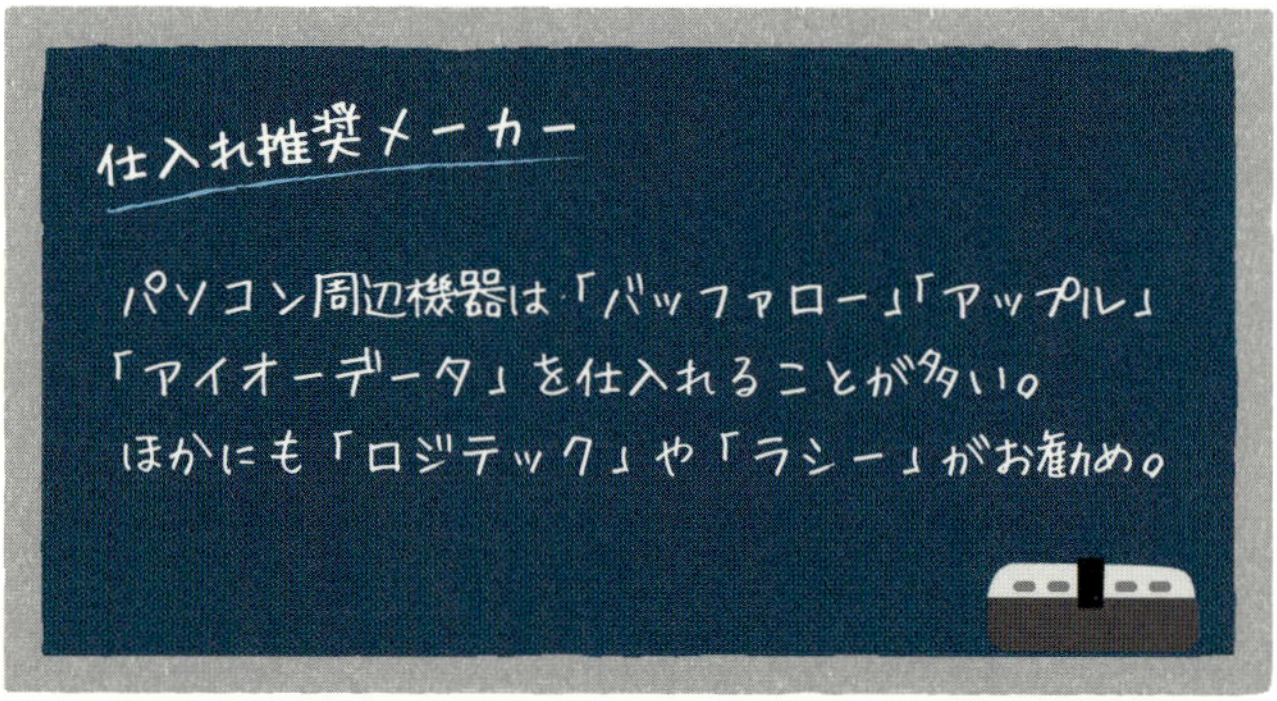
仕入れ推奨メーカー
パソコン周辺機器は「バッファロー」「アップル」
「アイオーデータ」を仕入れることが多い。
ほかにも「ロジテック」や「ラシー」がお勧め。

棚から探せる鉄板ジャンル

タイムセール、ワゴンセールのような特価品になることが多く、どこの家電量販店に行っても必ず何かがワゴンセールになっています。大型店に行けば棚から抜ける（棚から商品を探し出せる）ことがたくさんあります。このジャンルは回転が早いので、薄利で仕入れても問題はありません。

● PC周辺機器ジャンルの参考仕入れ例

4,150円で仕入れ ⇒ 2万199円で販売 ＝ 1万4,104円の利益

ハードディスクは、売れ残りがほぼない。薄利でも1週間ほどで売り切れる商品が多く、キャッシュフローを助けてくれる。メーカーは、バッファロー、アイオーデータ、東芝がせどりやすい

1万8,400円で仕入れ ⇒ 2万5,000円で販売 ＝ 4,220円の利益

高額のハードディスクは、店舗で不良在庫になっているのをたまに見かける。パッケージが古くなっている商品を見つけたら要チェック

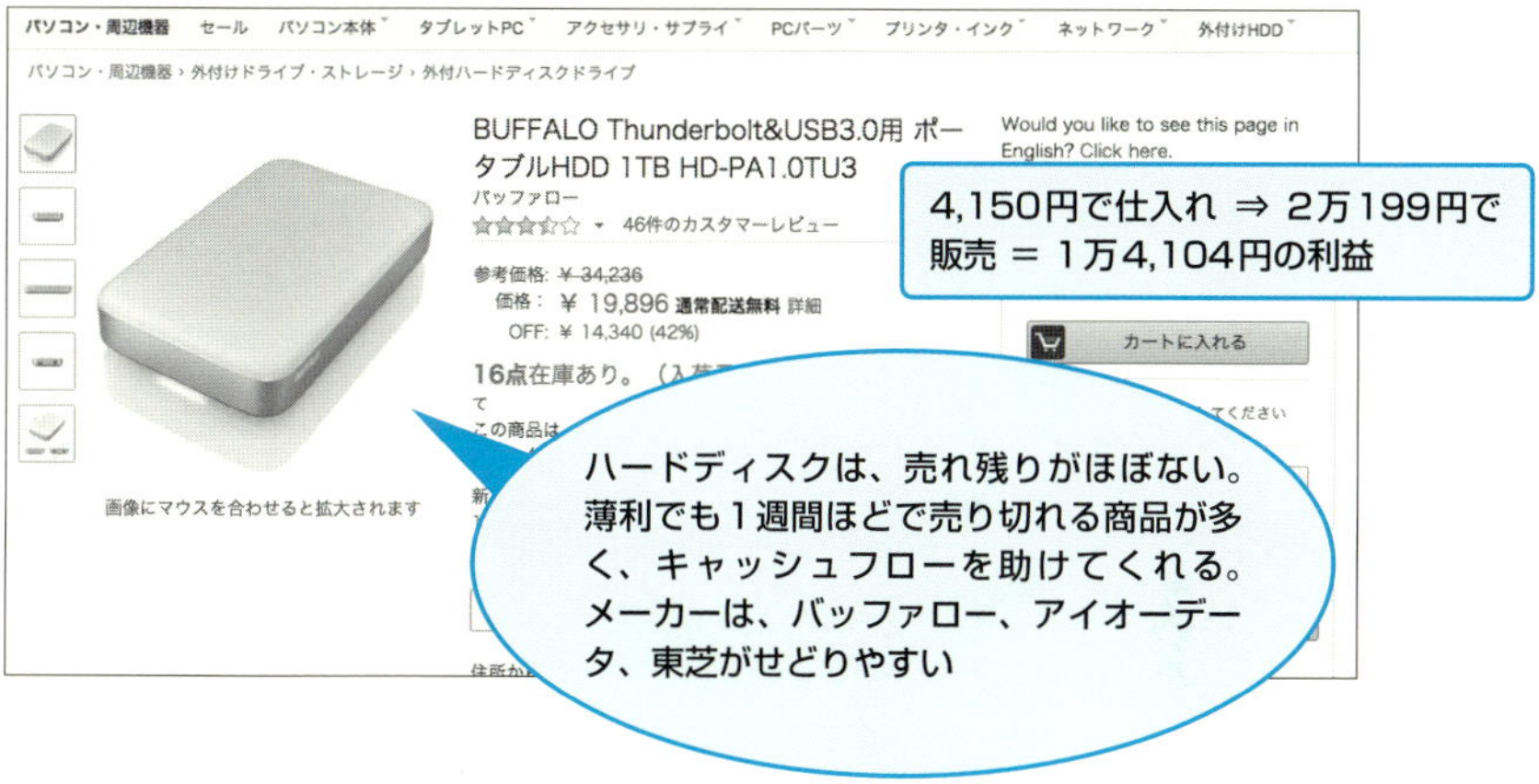

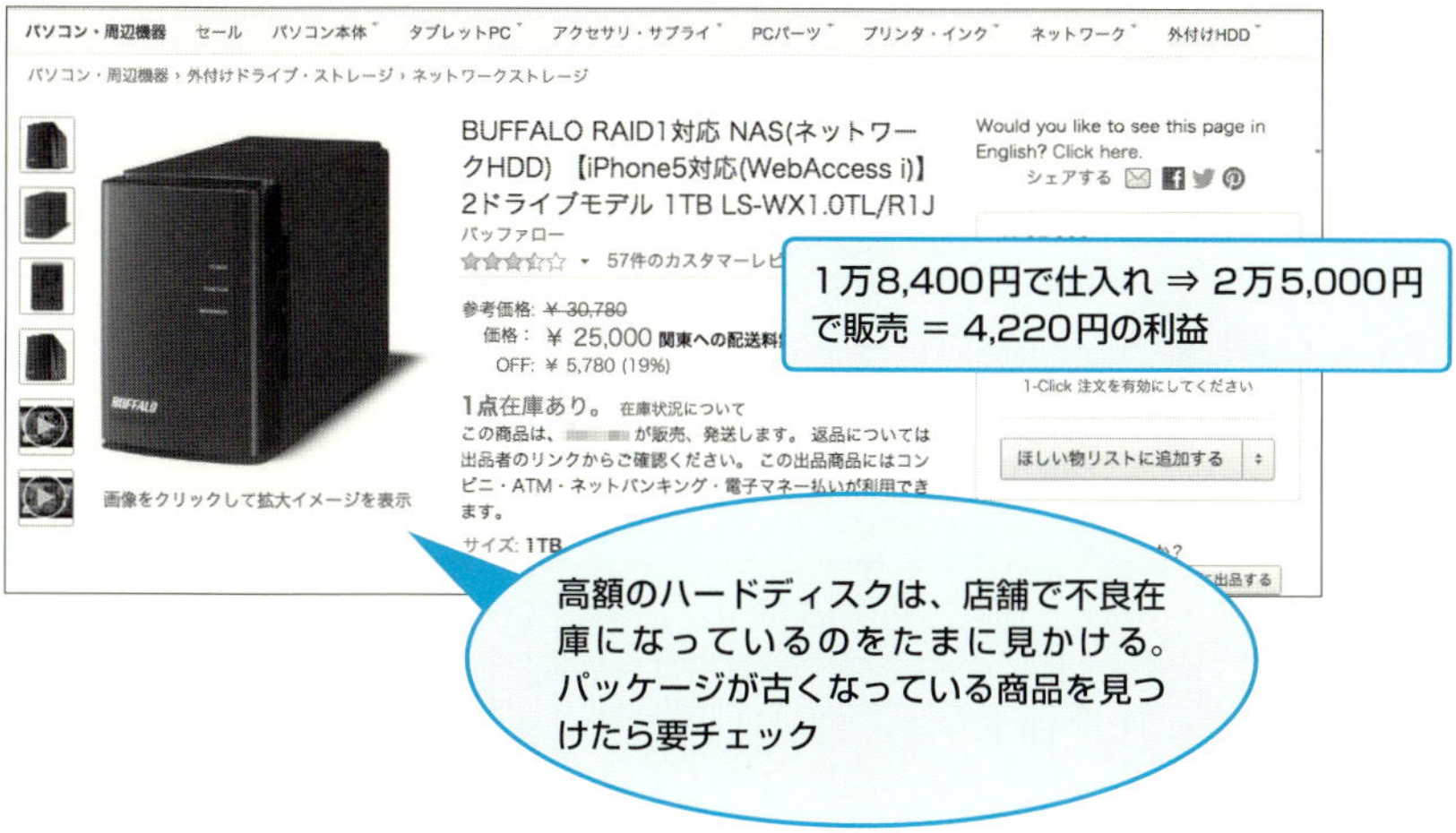

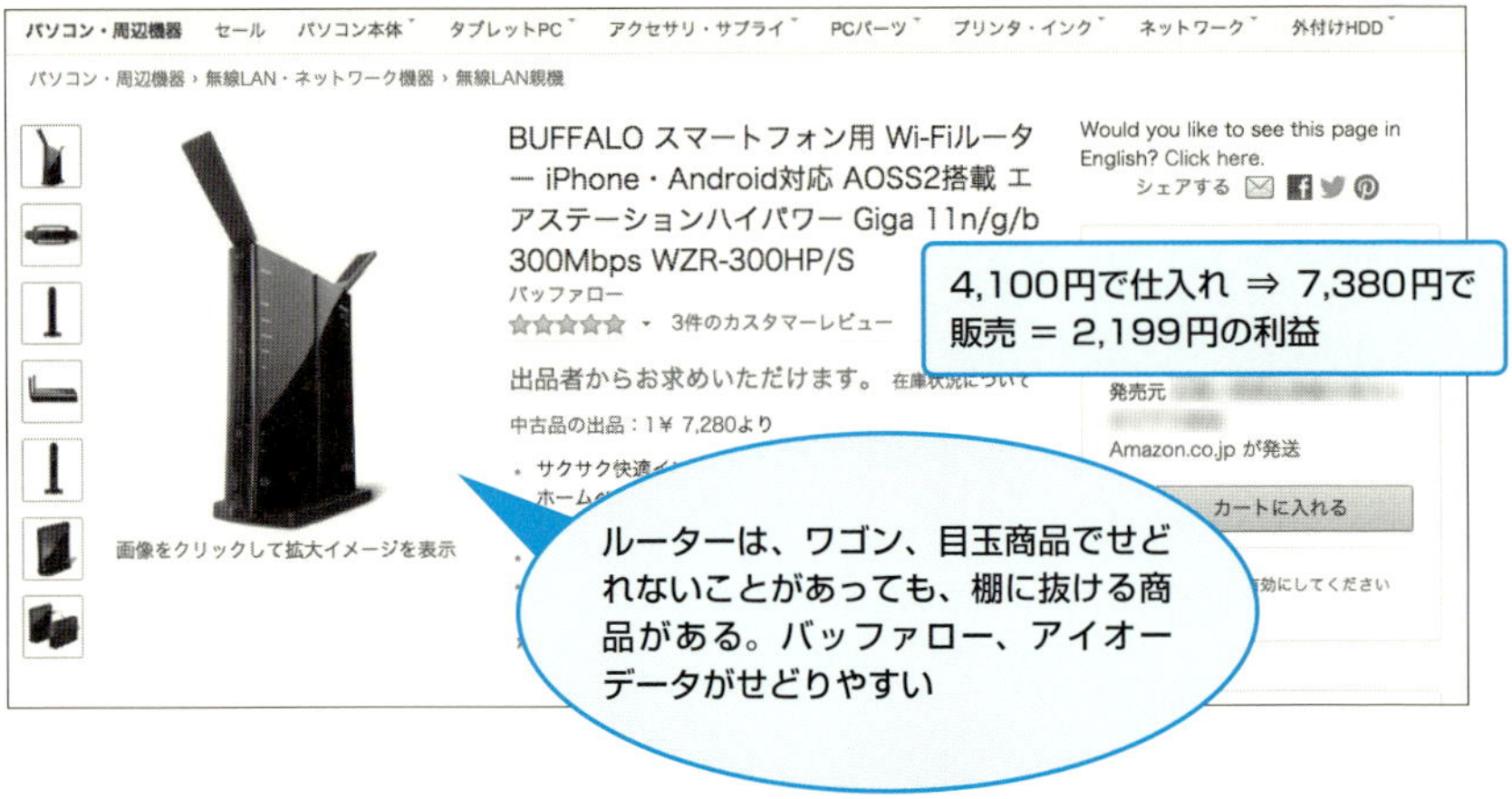
パソコン・周辺機器　セール　パソコン本体　タブレットPC　アクセサリ・サプライ　PCパーツ　プリンタ・インク　ネットワーク　外付けHDD
パソコン・周辺機器 › 無線LAN・ネットワーク機器 › 無線LAN親機
BUFFALO スマートフォン用 Wi-Fiルーター iPhone・Android対応 AOSS2搭載 エアステーションハイパワー Giga 11n/g/b 300Mbps WZR-300HP/S
バッファロー
3件のカスタマーレビュー
出品者からお求めいただけます。
中古品の出品：1¥ 7,280より
画像をクリックして拡大イメージを表示
Would you like to see this page in English? Click here.
シェアする
Amazon.co.jp が発送
カートに入れる
4,100円で仕入れ ⇒ 7,380円で販売 ＝ 2,199円の利益
ルーターは、ワゴン、目玉商品でせどれないことがあっても、棚に抜ける商品がある。バッファロー、アイオーデータがせどりやすい

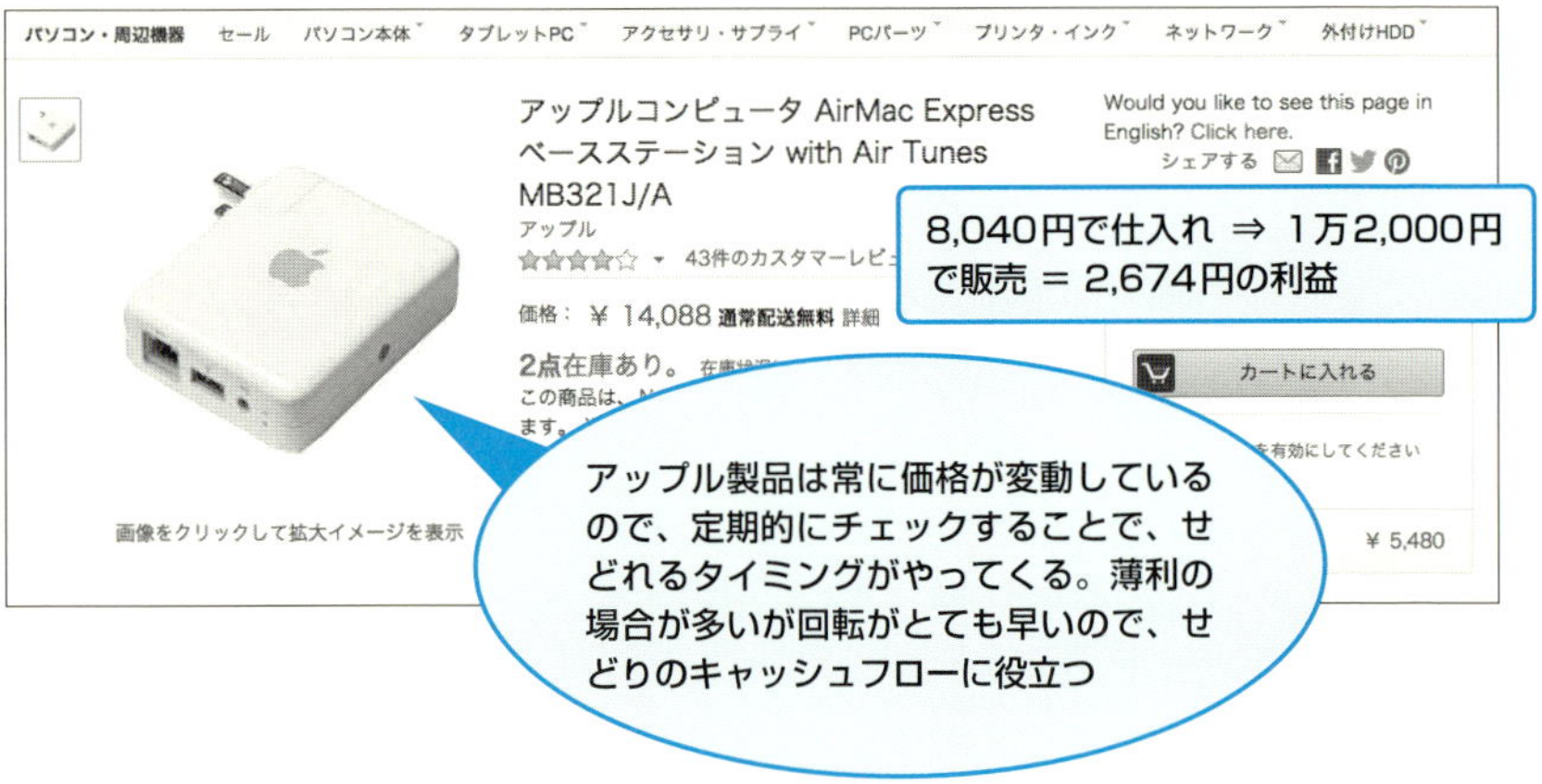
パソコン・周辺機器　セール　パソコン本体　タブレットPC　アクセサリ・サプライ　PCパーツ　プリンタ・インク　ネットワーク　外付けHDD
アップルコンピュータ AirMac Express ベースステーション with Air Tunes MB321J/A
アップル
43件のカスタマーレビュー
価格： ￥ 14,088 通常配送無料 詳細
2点在庫あり。
画像をクリックして拡大イメージを表示
Would you like to see this page in English? Click here.
シェアする
カートに入れる
￥ 5,480
8,040円で仕入れ ⇒ 1万2,000円で販売 ＝ 2,674円の利益
アップル製品は常に価格が変動しているので、定期的にチェックすることで、せどれるタイミングがやってくる。薄利の場合が多いが回転がとても早いので、せどりのキャッシュフローに役立つ

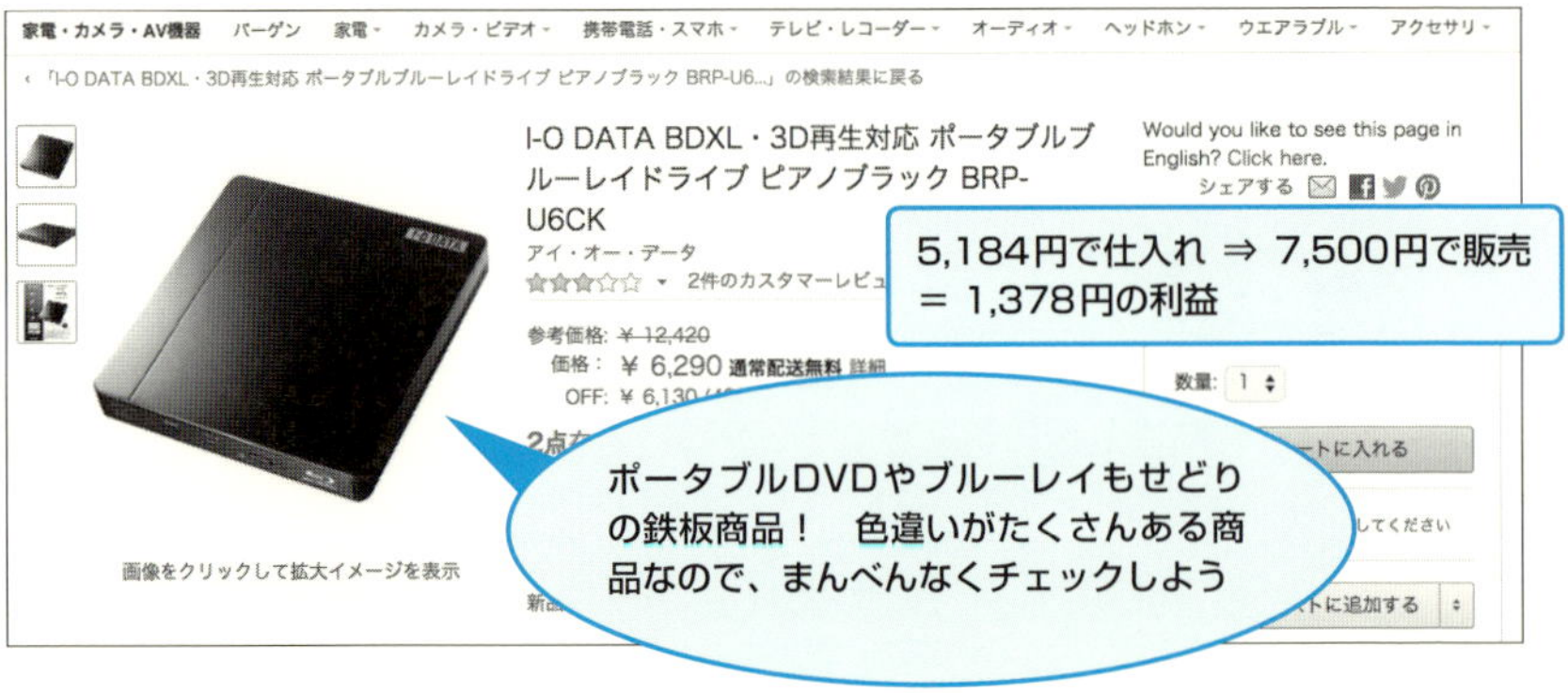
家電・カメラ・AV機器　バーゲン　家電　カメラ・ビデオ　携帯電話・スマホ　テレビ・レコーダー　オーディオ　ヘッドホン　ウエアラブル　アクセサリ
「I-O DATA BDXL・3D再生対応 ポータブルブルーレイドライブ ピアノブラック BRP-U6...」の検索結果に戻る
I-O DATA BDXL・3D再生対応 ポータブルブルーレイドライブ ピアノブラック BRP-U6CK
アイ・オー・データ
2件のカスタマーレビュー
参考価格: ￥ 12,420
価格： ￥ 6,290 通常配送無料 詳細
画像をクリックして拡大イメージを表示
Would you like to see this page in English? Click here.
シェアする
数量: 1
5,184円で仕入れ ⇒ 7,500円で販売 ＝ 1,378円の利益
ポータブルDVDやブルーレイもせどりの鉄板商品！　色違いがたくさんある商品なので、まんべんなくチェックしよう

「根気よくリサーチしていれば、生産が終了していて在庫切れが起こっている商品にも出会える」のがこのジャンルです。そういう商品は仕入れ価格の数倍で売れたりしてとてもおいしいので、覚えておいて何度もリピートしましょう。

2 カメラ＋関連グッズジャンル

タイムセールや「**大処分**」「**緊急値下げ**」といった、安そうな値札をチェックして仕入れます。週末の各店台数限定のセール品もねらい目です。商品が小さいのに、1000円以上の利ざやが取れるうれしいジャンルです。

カメラは本体だけでなく、レンズやストロボ、ケース、バッテリー、ストラップ、レンズキャップ、レンズケースなど、ありとあらゆる付属物が仕入れられます。本体はもちろん、付属物も意外と回転が早いのが魅力です。

カメラやビデオカメラの需要が高まる時期は1年に2回あります。「**1番は卒業、入学シーズンの春、2番は体育祭、文化祭シーズンの秋**」です。製品入れ替えをねらい、この時期に重点的に攻

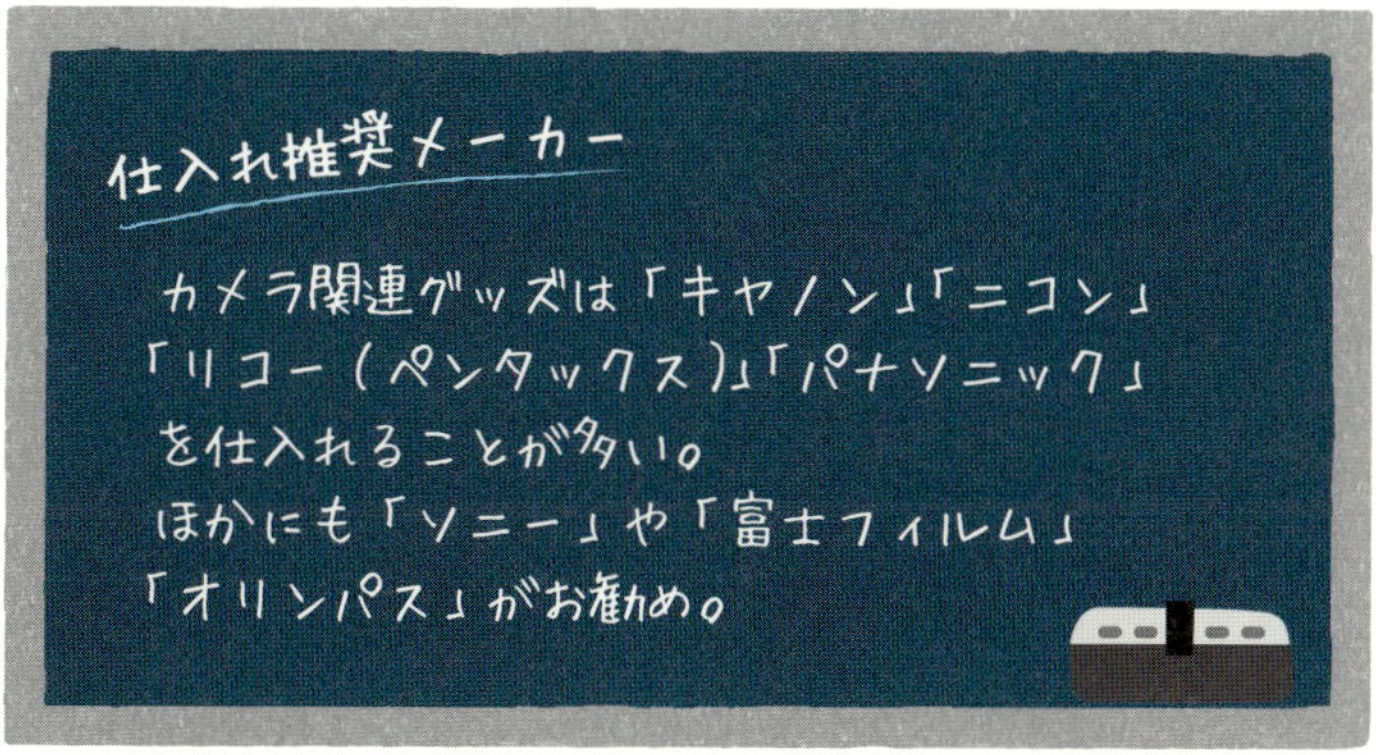
仕入れ推奨メーカー
カメラ関連グッズは「キヤノン」「ニコン」「リコー（ペンタックス）」「パナソニック」を仕入れることが多い。
ほかにも「ソニー」や「富士フィルム」「オリンパス」がお勧め。

● カメラジャンルの参考仕入れ例

Canon デジタルカメラ PowerShot A1400 約1600万画素 光学5倍ズーム ブラック PSA1400

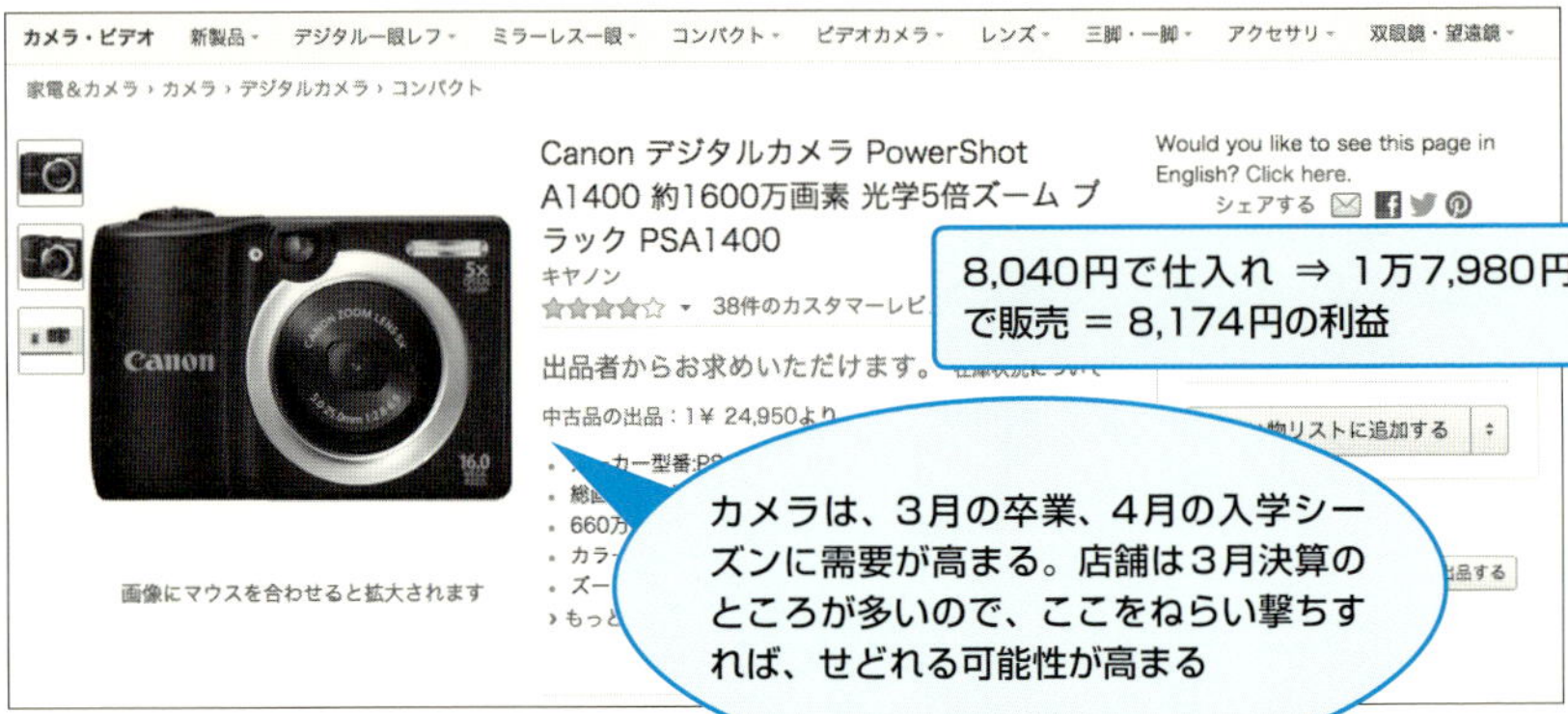

8,040円で仕入れ ⇒ 1万7,980円で販売 = 8,174円の利益

カメラは、3月の卒業、4月の入学シーズンに需要が高まる。店舗は3月決算のところが多いので、ここをねらい撃ちすれば、せどれる可能性が高まる

SONY ボディケース LCS-EB31/T ブラウン

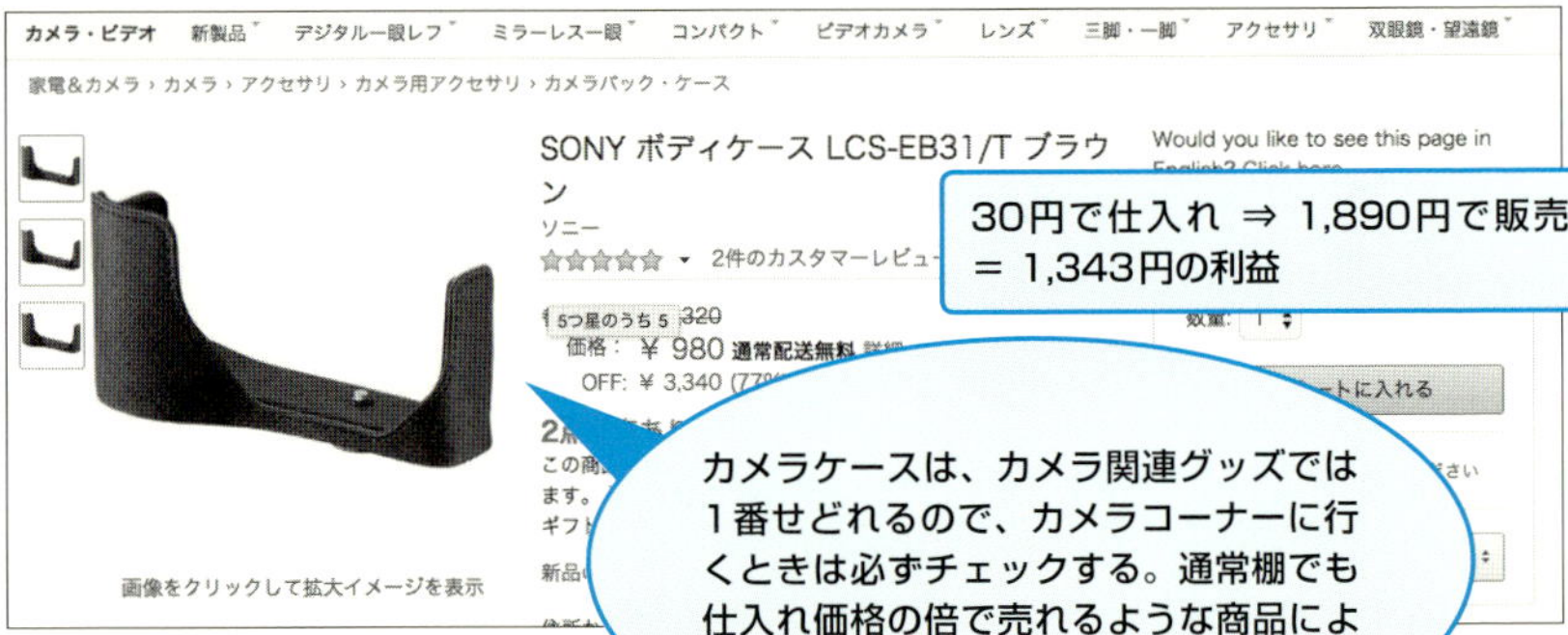

30円で仕入れ ⇒ 1,890円で販売 = 1,343円の利益

カメラケースは、カメラ関連グッズでは1番せどれるので、カメラコーナーに行くときは必ずチェックする。通常棚でも仕入れ価格の倍で売れるような商品によく出会う

Nikon ACアダプタ EH-62A (P5000/P5100/P80/P3/P4/S10用)

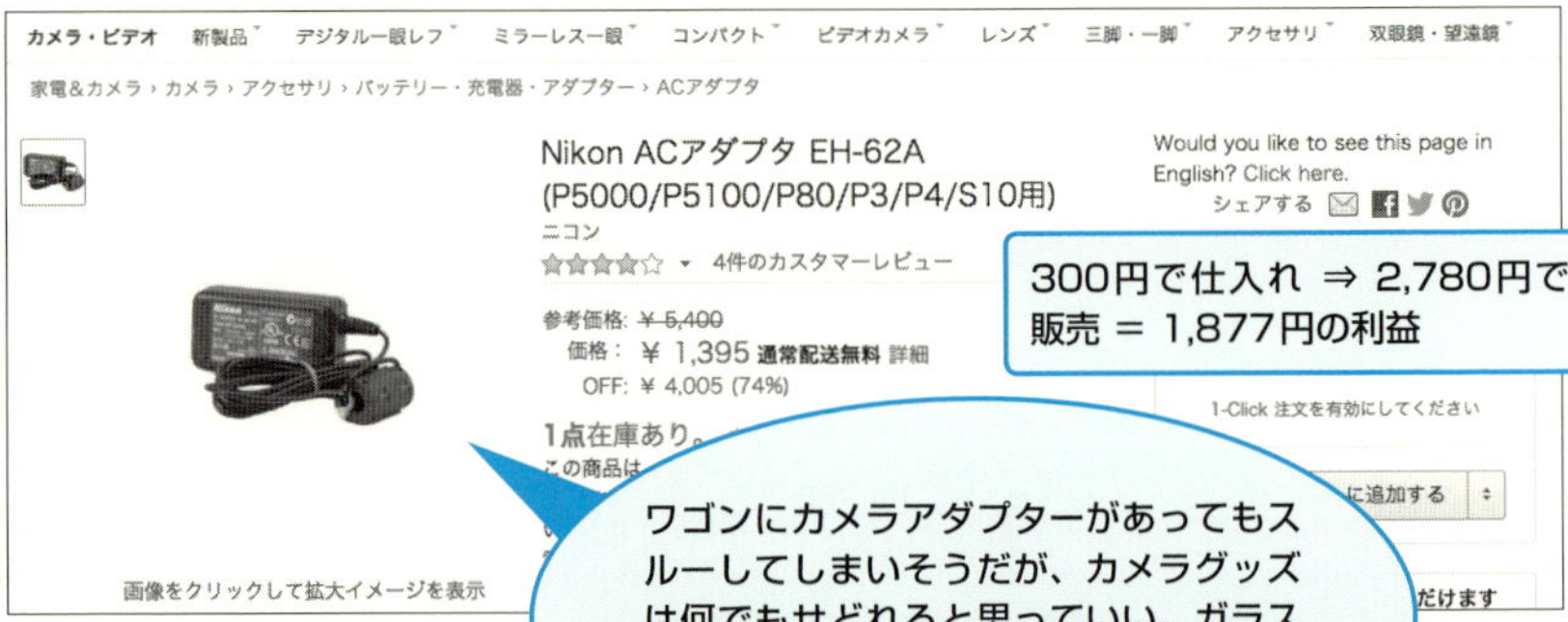

300円で仕入れ ⇒ 2,780円で販売 = 1,877円の利益

ワゴンにカメラアダプターがあってもスルーしてしまいそうだが、カメラグッズは何でもせどれると思っていい。ガラスケースに入っている付属品もせどれるのでひととおりチェックする

めるようにしましょう。

3 スマホグッズ、タブレットPCグッズジャンル

スマホケースや保護フィルムの場合は、500円以下、タブレットPCケースや保護フィルムの場合は、1000円以下の商品を探して検索してみてください。仕入れ価格の2〜3倍ほどの価格で売られている商品を見つけることができます。運がよければ仕入れ価格が100円、販売価格が2000円のような商品に出会えます。

革のケースの場合だと、5000円以上で売れている商品がそれなりにあるので、2000〜3000円で仕入れても、利ざやを取ることができます。

このジャンルは、1個あたりの利ざやが数百円しかないとバカにする人もいますが、同じ商品を5個以上仕入れられる、貴重なジャンルでもあります。結果的に意外と儲かるという実感を得られるはずです。

● スマホグッズ、タブレットPCグッズジャンルの参考仕入れ例 ❶

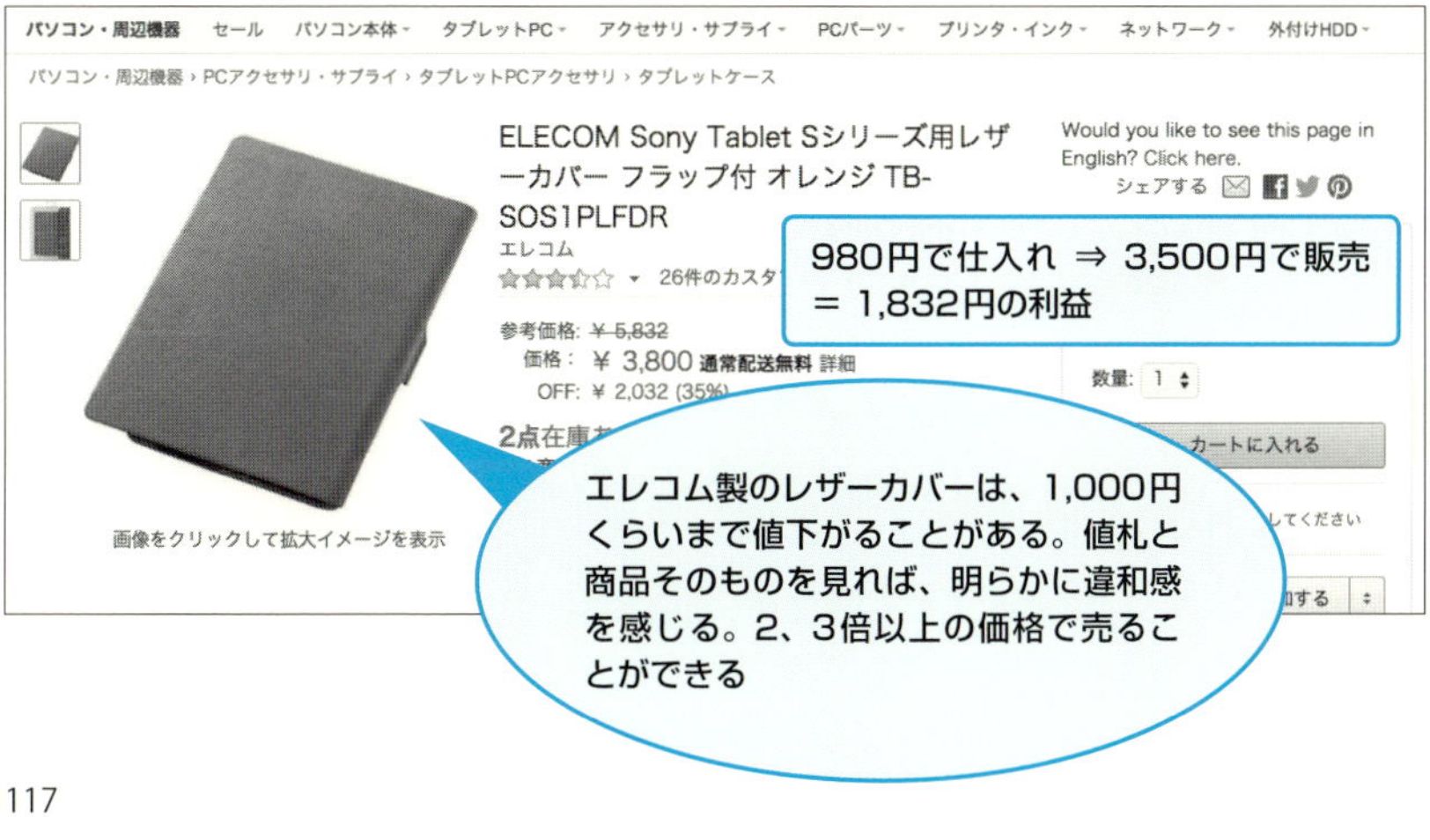
パソコン・周辺機器 セール パソコン本体 タブレットPC アクセサリ・サプライ PCパーツ プリンタ・インク ネットワーク 外付けHDD
パソコン・周辺機器 › PCアクセサリ・サプライ › タブレットPCアクセサリ › タブレットケース
ELECOM Sony Tablet Sシリーズ用レザーカバー フラップ付 オレンジ TB-SOS1PLFDR
エレコム
Would you like to see this page in English? Click here.
シェアする
参考価格: ¥ 5,832
価格: ¥ 3,800 通常配送無料 詳細
OFF: ¥ 2,032 (35%)
数量: 1
カートに入れる
画像をクリックして拡大イメージを表示
980円で仕入れ ⇒ 3,500円で販売
= 1,832円の利益
エレコム製のレザーカバーは、1,000円くらいまで値下がることがある。値札と商品そのものを見れば、明らかに違和感を感じる。2、3倍以上の価格で売ることができる

このジャンルだけで、数十分で1日に5000円以上儲けられることもあります。「**資金が少ない人には、1番ローリスク、ハイリターンなので、お勧めジャンル**」です。

スマホケースはあらゆるお店で売られているので、意識してチェックしましょう。

キャラモノもねらえ！

4 スピーカージャンル

スマホとつなげて聞くドッグつきスピーカーがよく売れています。また、ラジカセのような「これ今使う人いるの？」という商品も意外と高く売れます。レトロというのとは違うのですが、あえて古めのデザインの商品をリサーチしてみてください。意外と高値で売れているのに驚きますよ。

ひとつ覚えておきたいのが、「**BOSEのようなまず値下げ**

● スマホグッズ、タブレットPCグッズジャンルの参考仕入れ例 ❷

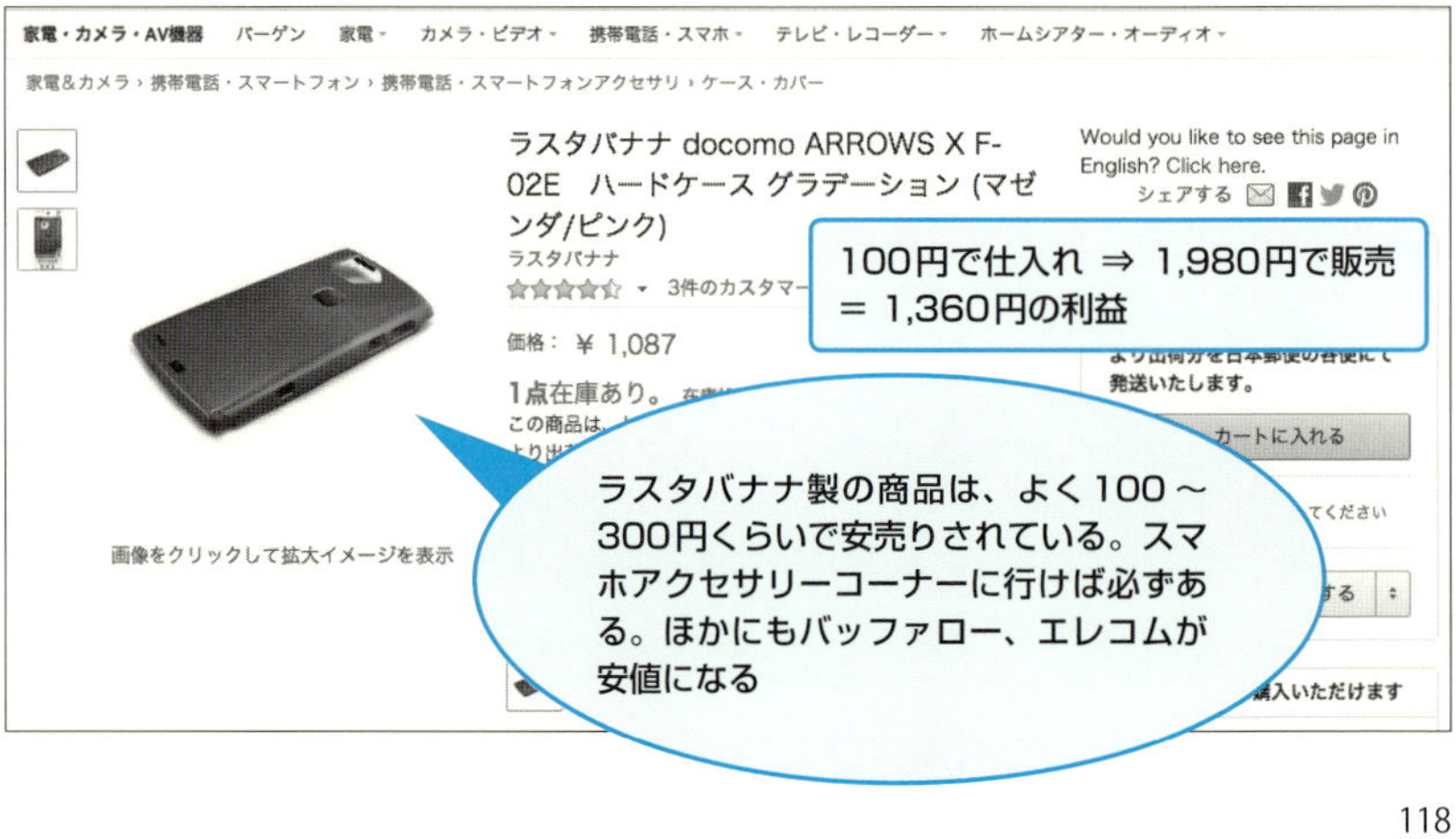
家電・カメラ・AV機器　バーゲン　家電　カメラ・ビデオ　携帯電話・スマホ　テレビ・レコーダー　ホームシアター・オーディオ
家電&カメラ › 携帯電話・スマートフォン › 携帯電話・スマートフォンアクセサリ › ケース・カバー
ラスタバナナ docomo ARROWS X F-02E　ハードケース グラデーション (マゼンダ/ピンク)
ラスタバナナ
3件のカスタマー
価格：￥1,087
1点在庫あり。
画像をクリックして拡大イメージを表示
Would you like to see this page in English? Click here.
シェアする
発送いたします。
カートに入れる
100円で仕入れ ⇒ 1,980円で販売
＝ 1,360円の利益
ラスタバナナ製の商品は、よく100～300円くらいで安売りされている。スマホアクセサリーコーナーに行けば必ずある。ほかにもバッファロー、エレコムが安値になる

スピーカージャンルの参考仕入れ例

8,980円で仕入れ ⇒ 1万3,200円で販売 ＝ 2,239円の利益
お店に在庫がたくさんあったので、9個ほど販売した

海外メーカーのスピーカーも、意外と人気があるのでチェックする。店頭、通路に陳列されていれば要チェック

1,000円で仕入れ ⇒ 2,480円で販売 ＝ 908円の利益

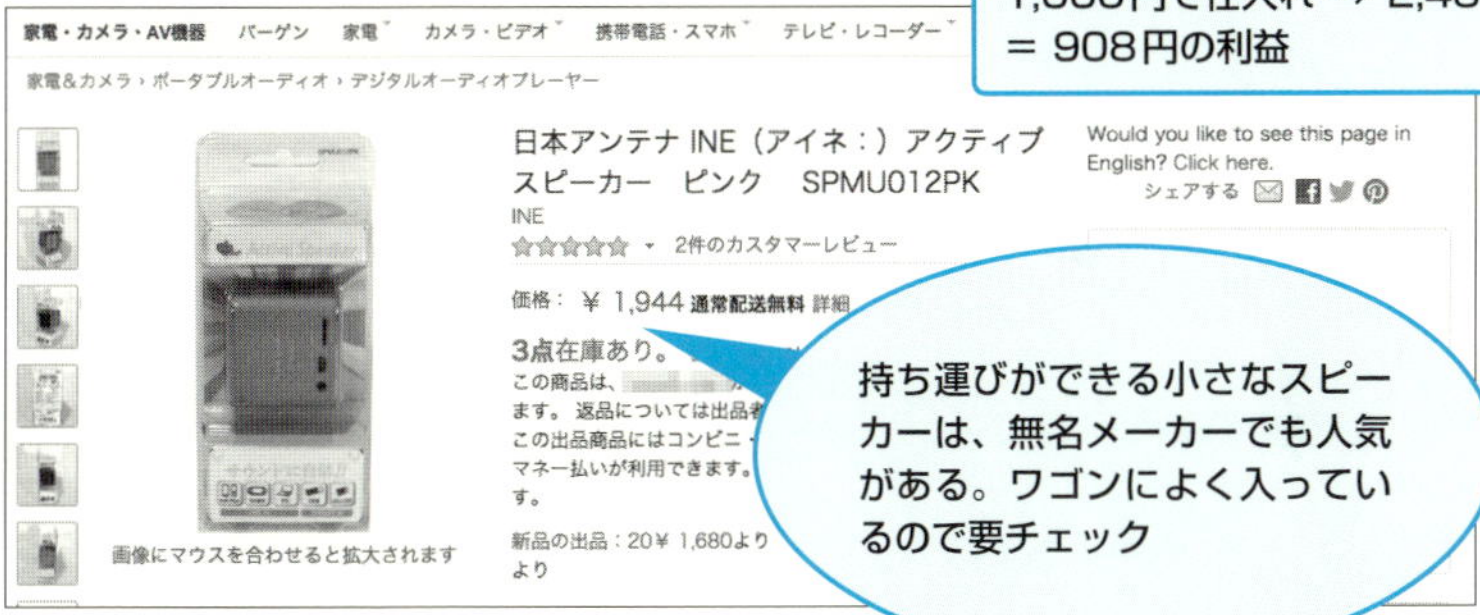

持ち運びができる小さなスピーカーは、無名メーカーでも人気がある。ワゴンによく入っているので要チェック

仕入れ推奨メーカー

スピーカーは「マクセル」「ビクター」「オーディオテクニカ」「ソニー」を仕入れることが多い。ほかにも「ロジクール」や「ケンウッド」「オンキョー」がお勧め。

をしないメーカーが、セールをしているときは、かなりねらい目」です。

5 電話ジャンル

電話と聞くと意外に思うかもしれませんが、とても回転が速く定期的に仕入れが可能な商品です。安くなっていそうな値札を見つけたら、かなりの確率で棚から抜けます。生産終了品は、プレ値になっているものもあります。電話は、子機のみ、親機のみ、親機＋子機セットと、3パターンで売られているので、仕入れるときは注意してください。家庭ではあまり使われることがなくなってしまったＦＡＸつき電話は、ネット上ではとても人気があります。

● 電話ジャンルの参考仕入れ例

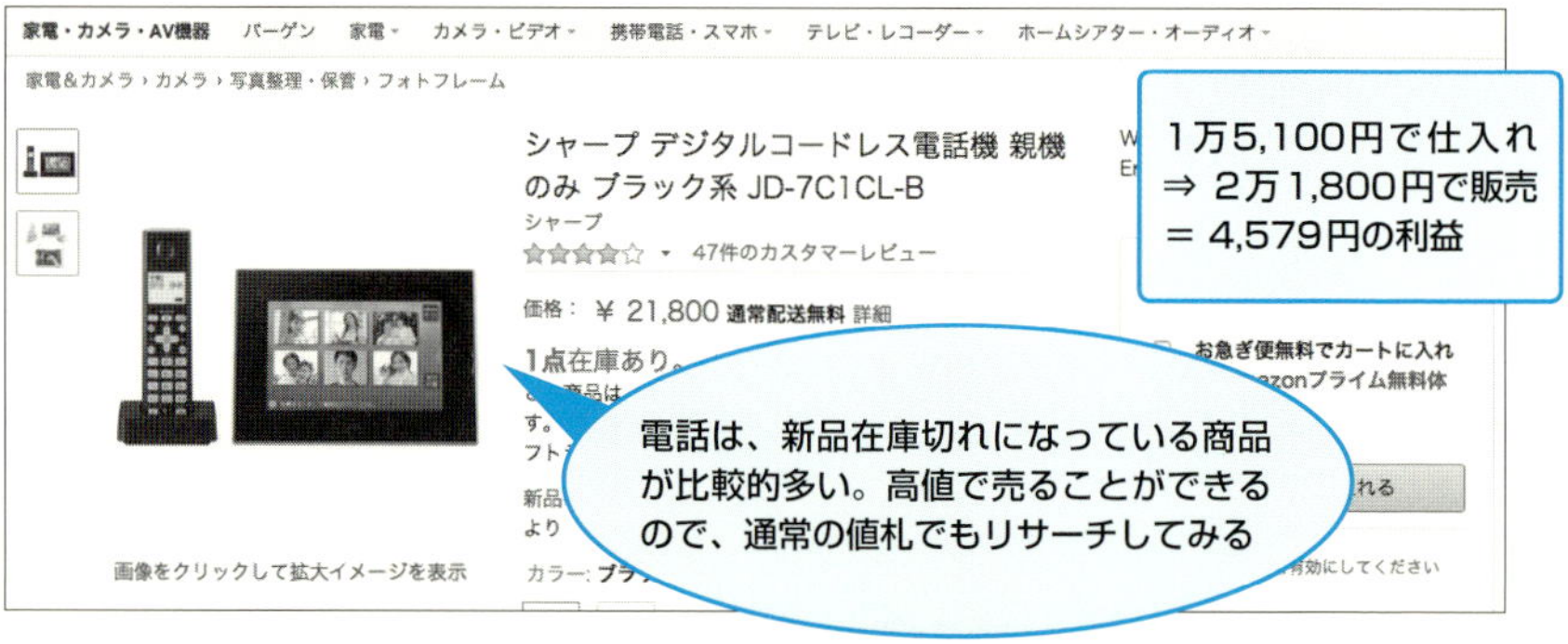

家電・カメラ・AV機器　バーゲン　家電　カメラ・ビデオ　携帯電話・スマホ　テレビ・レコーダー　ホームシアター・オーディオ
家電&カメラ › カメラ › 写真整理・保管 › フォトフレーム
シャープ デジタルコードレス電話機 親機のみ ブラック系 JD-7C1CL-B
シャープ
47件のカスタマーレビュー
価格：￥21,800 通常配送無料 詳細
1点在庫あり。
お急ぎ便無料でカートに入れ
画像をクリックして拡大イメージを表示
1万5,100円で仕入れ
⇒ 2万1,800円で販売
＝ 4,579円の利益
電話は、新品在庫切れになっている商品が比較的多い。高値で売ることができるので、通常の値札でもリサーチしてみる

仕入れ推奨メーカー

電話は「パナソニック」「シャープ」「ユニデン」を仕入れることが多い。
ほかにも「パイオニア」がお勧め。

Episode 4

仲間に情報を出し切る大切さ

せどりをしていくと、さまざまな出会いで仲間が増えていくと思います。その仲間たちには、自分の持っている情報やスキルを惜しみなく与えてください。

情報やノウハウは、相手に与えれば与えるほど増えて自分の元に戻ってきます。

はじめは下心があったってかまいません。自分自身に「**人に与える癖**」をつけていきましょう。次第に、心の底から仲間とともに成長していきたいという純粋な気持ちになり、与えることがあたりまえになっていきます。

ケチ臭い人ほど、これは古い情報だからあげるけど、こっちの新しい情報は自分だけのものという風に考えがちです。しかしそれでは、新しい情報やノウハウが入ってくるスペースを狭めているだけで、空っぽのスペースをつくらないと、新しく情報が入ってくることができません。

全部を与えて、最大にスペースを空けるからこそ、たくさんの情報が入ってくるのです。私は、自転車操業で資金繰りが苦しい大変な時期にも、惜しみなく与えることを実践していました。家が近いせどり仲間に、近所の店舗名と具体的な商品を教えていました。もちろんそうすることで自分の目の前の利益は減っていたので腕がもがれる思いでしたが、それでも同じ目標を持った仲間と成長していきたいと本気で思っていたからです。

そうしているうちに、気がつくと違うステージでせどりをしている自分がいました。これは情報を与えた相手から情報が返ってくるとか、そのような次元の話ではありません。与えたものが戻ってくるときは、たいてい違う出口から返ってきます。

スピリチュアルな言い方になりますが、新たな出会い、ステージ、チャンスを神様が用意してくれるのです（あ、宗教とか、そういった話ではありません）。

これは、「**人生の普遍的な法則**」だと私は感じています。

なぜクラスター長谷川はせどり界で活躍できているのだろうかと、考えてみる。
それは、類稀なるセンスの持ち主だからだ！……というのは冗談で、人に惜しみない情報提供をしてきたからです。

04 こんな家電もせどれる！十番勝負！

1 マウス、Webカメラ、キーボードジャンル

パソコン周辺機器は、先ほどお話ししたハードディスクや外づけDVDのほかにもいろいろあります。ワゴンで安売りになっているというより、普通に棚に置いてあるまま安くなっています。

マウスは、商品の見た目と値段が比例するイメージがあるので、価格差があればわかりやすいです。Webカメラは、値段が1000円以下になっていたらチェックしてみます。キーボードは棚からはあまり取れないイメージがあるので、ワゴンにあれば必ず検索してみるようにしましょう。

仕入れ推奨メーカー

マウスやキーボードは「ロジクール」「アイバッファロー」が主な仕入れメーカー。ほかに「エレコム」もお勧め。

● マウス、Webカメラ、キーボードジャンルの参考仕入れ例

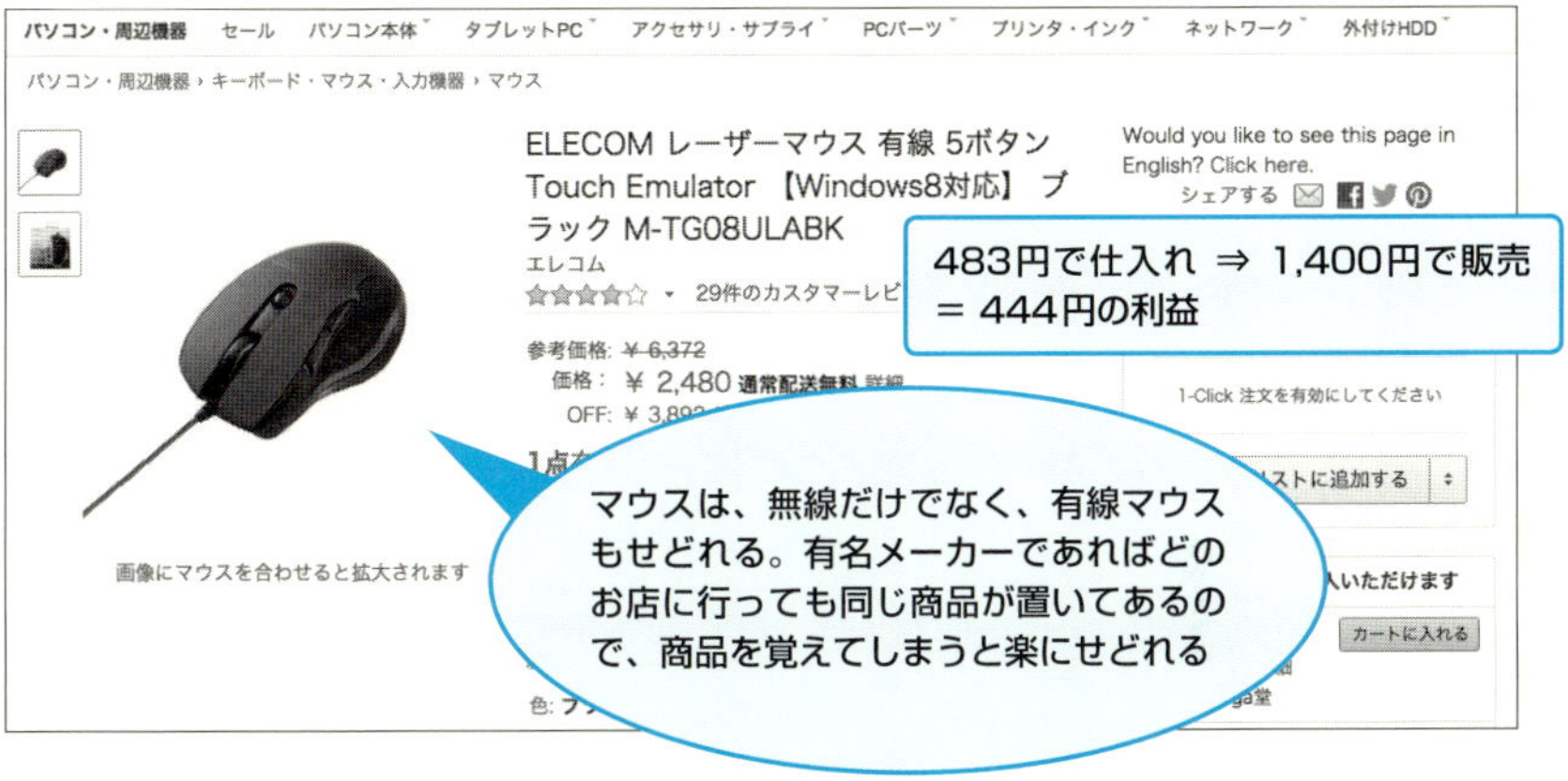

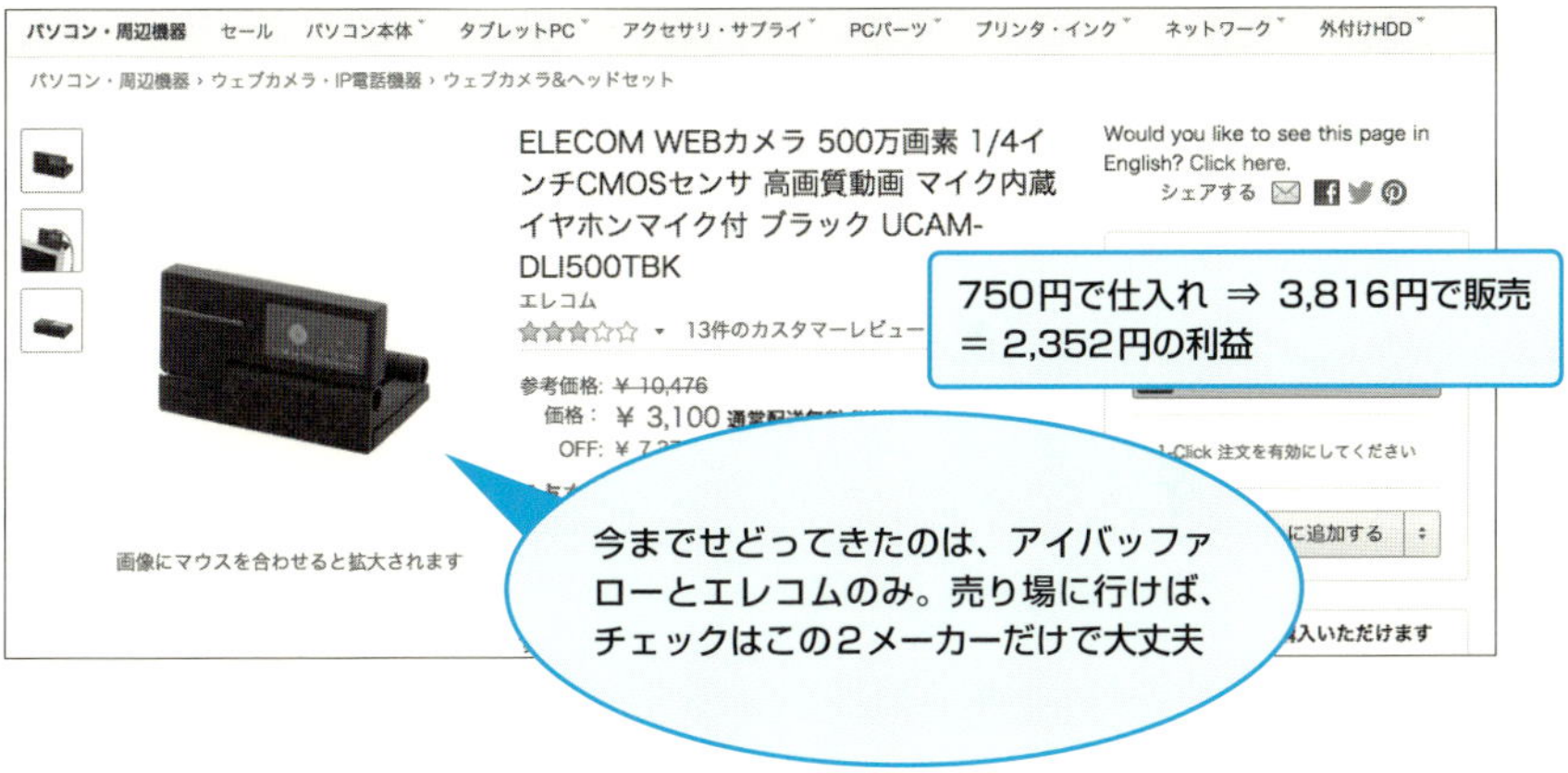

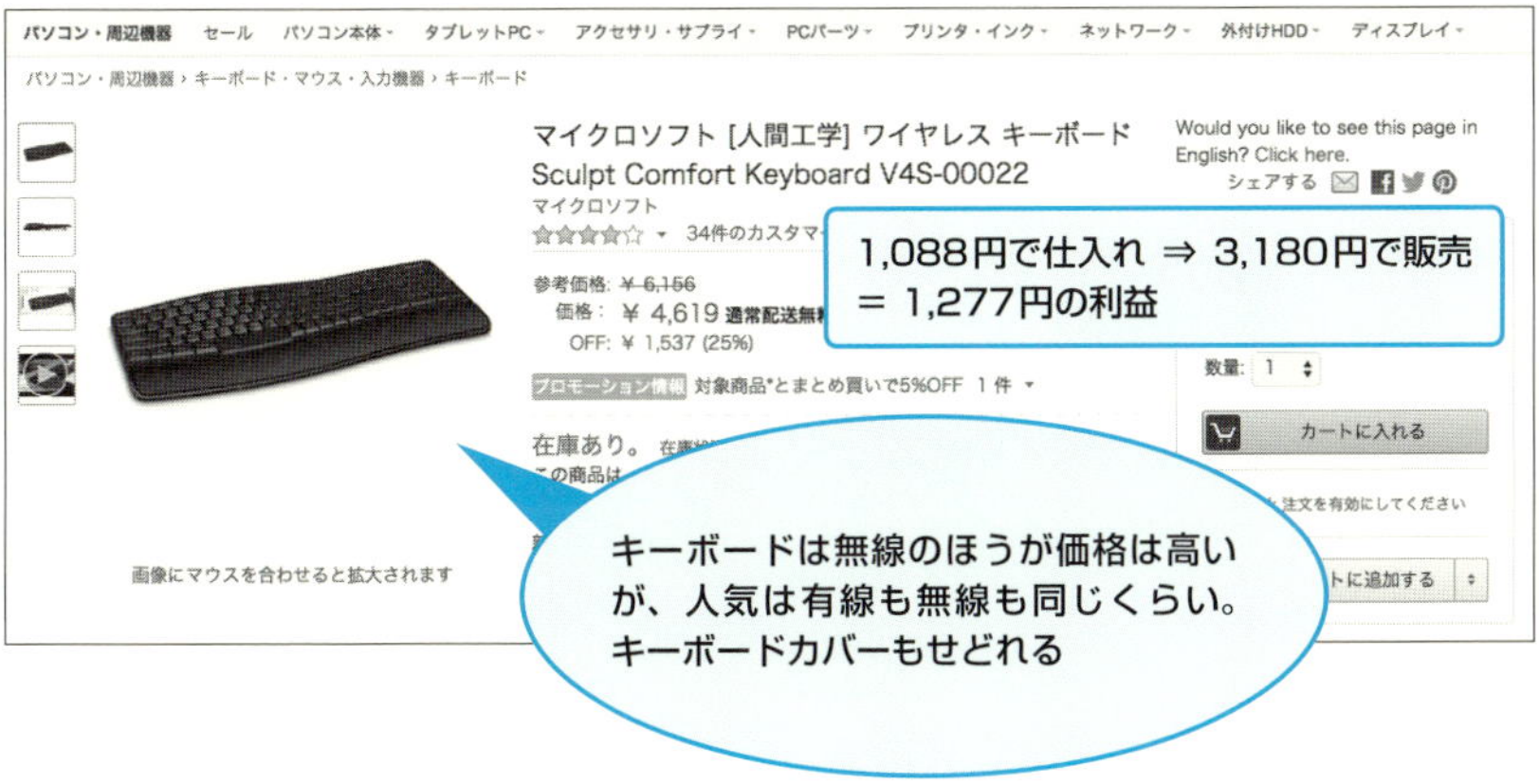

2 増設メモリジャンル

回転は遅めですが、根気よくリサーチしていると、せどれる商品が見つかります。マニアックな商品ですから、ライバルはかなり少ないのでねらい目です。お店では、あまり売れないカテゴリーの商品なので、元値より大幅に安く値づけされているときがあります。

3 USB、メモリーカードジャンル

増設メモリと並んでライバルが少ないのが、このジャンルです。ワゴンセールで山盛りになっているときに、一気に数万円の利益を得られる割と手堅い商品です。棚に並んでいるときも、安そうなPOPがついている場合はせどれることがあります。「○GBならいくらぐらい」というような覚え方をしておくと役立ちます。

● 増設メモリジャンルの参考仕入れ例

3,791円で仕入れ ⇒ 8,500円で販売
= 3,859円の利益

ガラスケースの中に入っていることが多く、ライバルが先に検索していることはまずない。バッファロー製の商品がせどれる

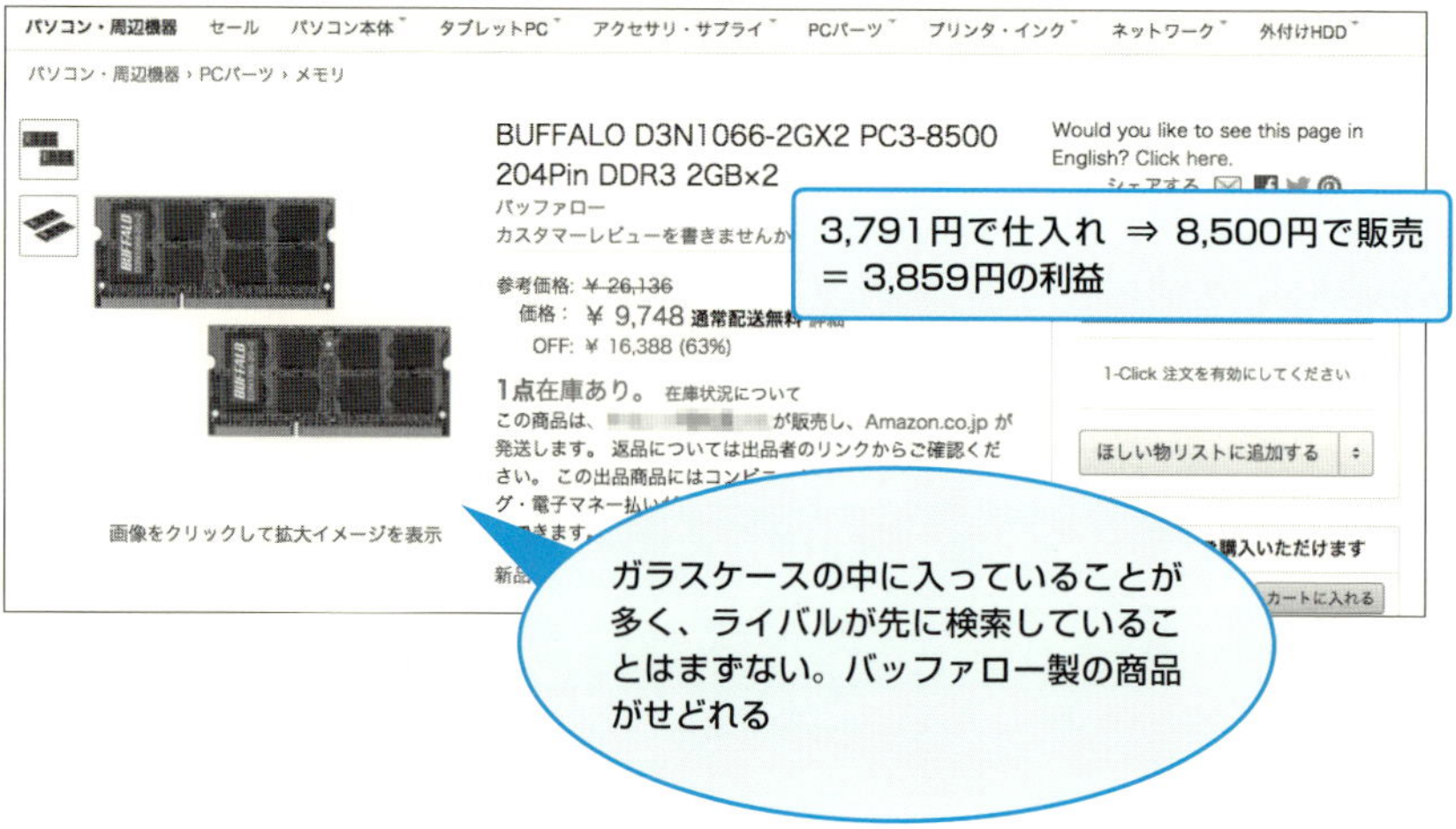

● USB、メモリーカードジャンルの参考仕入れ例

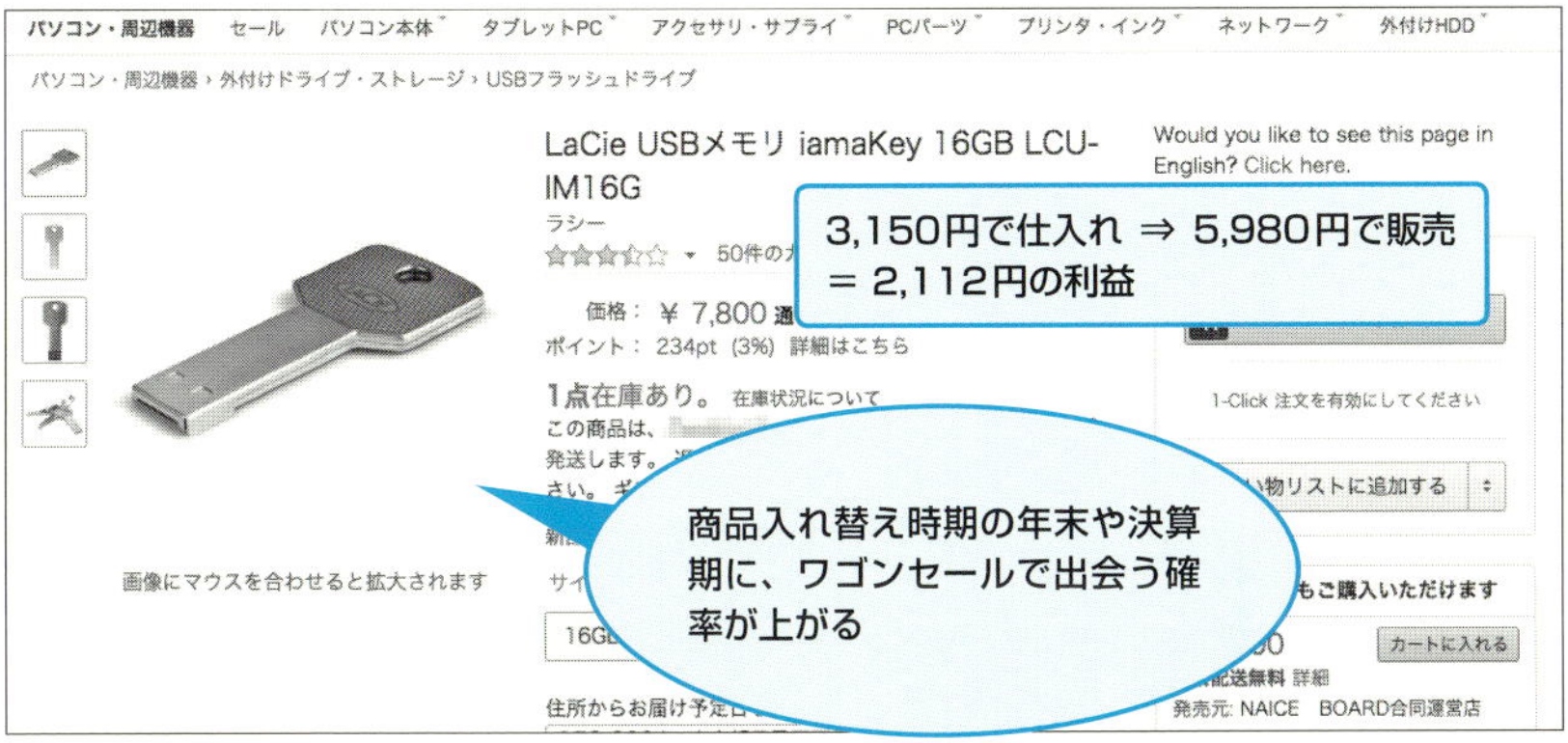

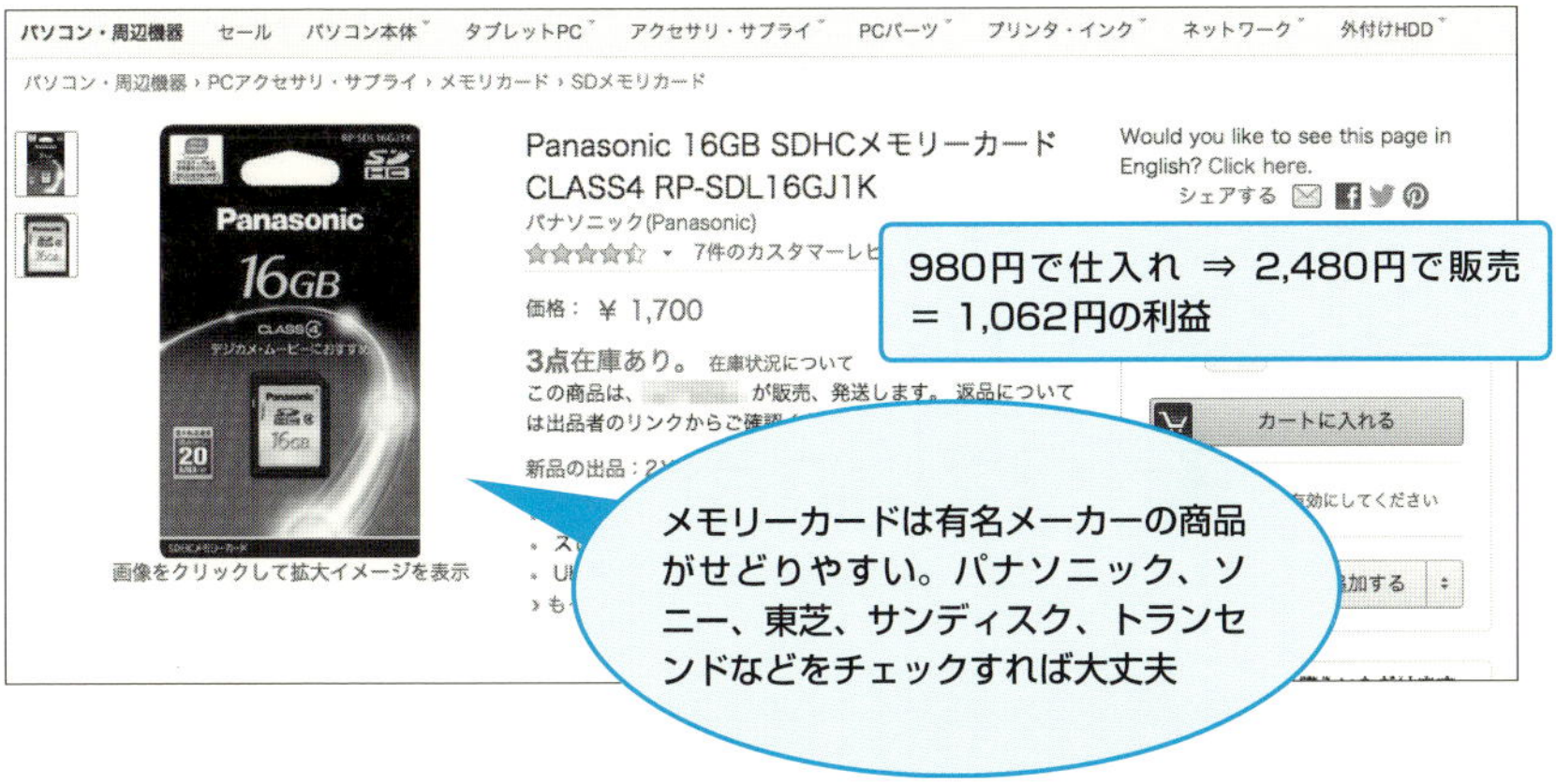

仕入れ推奨メーカー

USB、メモリーカードは「ソニー」「パナソニック」「バッファロー」「ラシー」が主な仕入れメーカー。

ほかには「エレコム」「アイオーデータ」がお勧め。

4 ICレコーダージャンル

小さい割に利益が大きく出るうれしいジャンルです。回転もかなり早く、平置き台に展示されているので、注文カードも色違いごとにバーコードが記載されている場合が多く、検索しやすいのも魅力です。

5 電子辞書ジャンル

「卒業シーズンの3月から入学シーズンの4月はじめまで、爆発的に売れる」ので、このシーズンをねらって仕入れるようにします。

店舗は、この時期に旧モデルを売

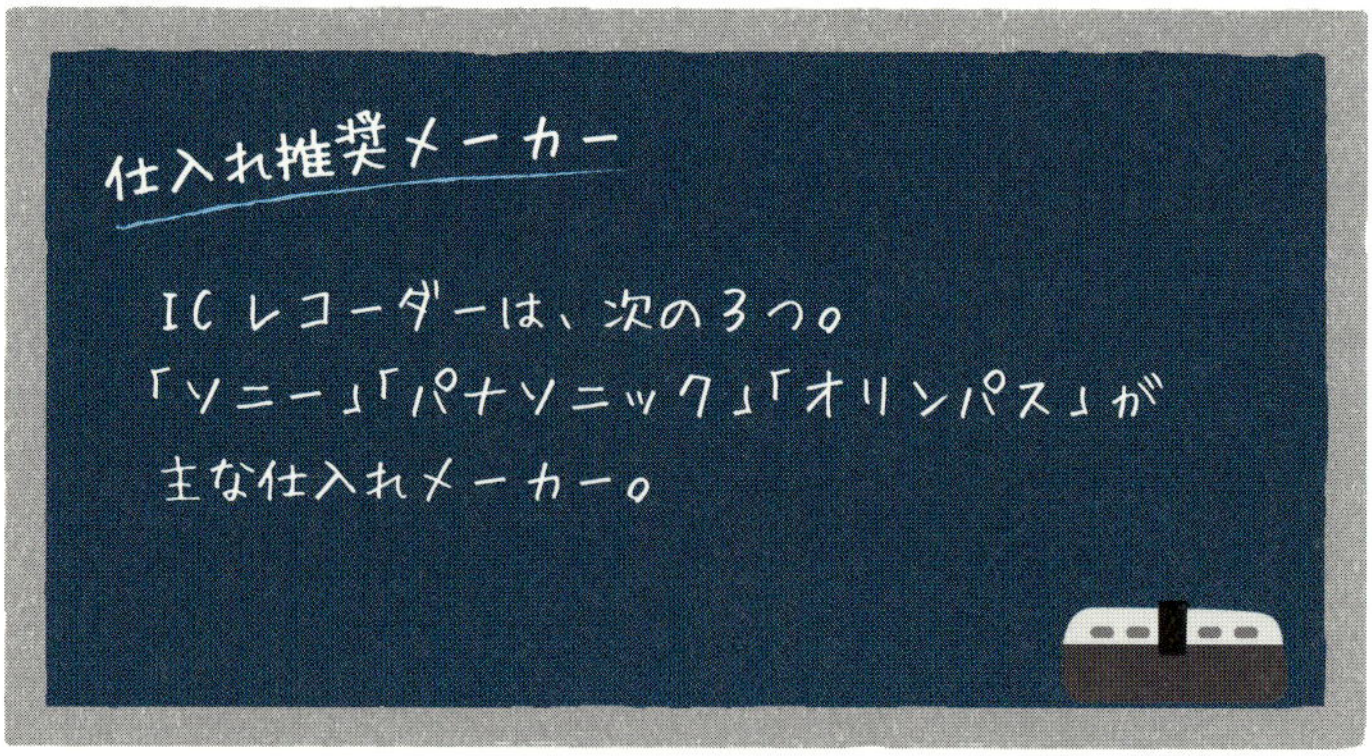

仕入れ推奨メーカー
ICレコーダーは、次の3つ。
「ソニー」「パナソニック」「オリンパス」が
主な仕入れメーカー。

● ICレコーダージャンルの参考仕入れ例

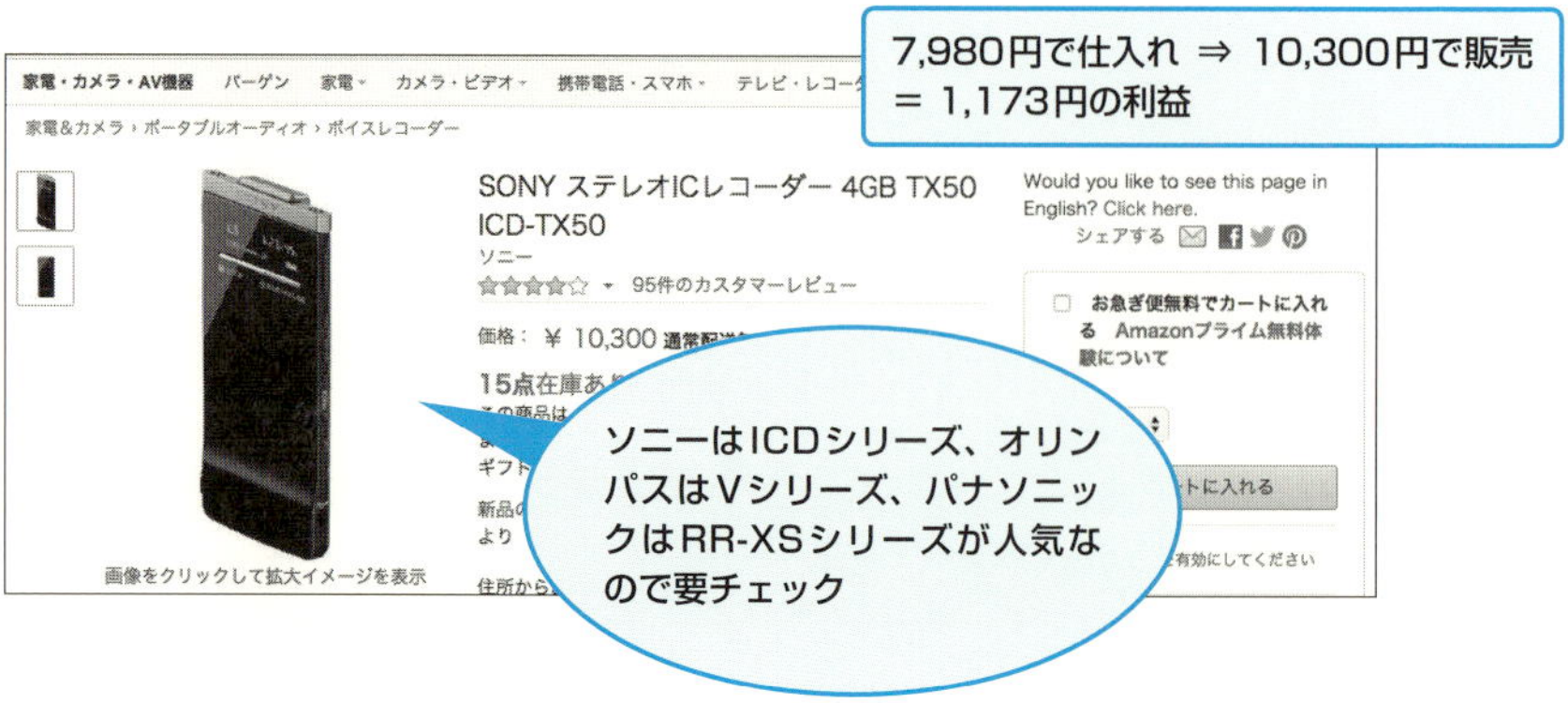

7,980円で仕入れ ⇒ 10,300円で販売
= 1,173円の利益
家電・カメラ・AV機器 バーゲン 家電 カメラ・ビデオ 携帯電話・スマホ テレビ・レコーダー
家電&カメラ › ポータブルオーディオ › ボイスレコーダー
SONY ステレオICレコーダー 4GB TX50 ICD-TX50
ソニー
95件のカスタマーレビュー
価格： ￥ 10,300
15点在庫あり
画像をクリックして拡大イメージを表示
Would you like to see this page in English? Click here.
シェアする
お急ぎ便無料でカートに入れる Amazonプライム無料体験について
ソニーはICDシリーズ、オリンパスはVシリーズ、パナソニックはRR-XSシリーズが人気なので要チェック

電子辞書ジャンルの参考仕入れ例

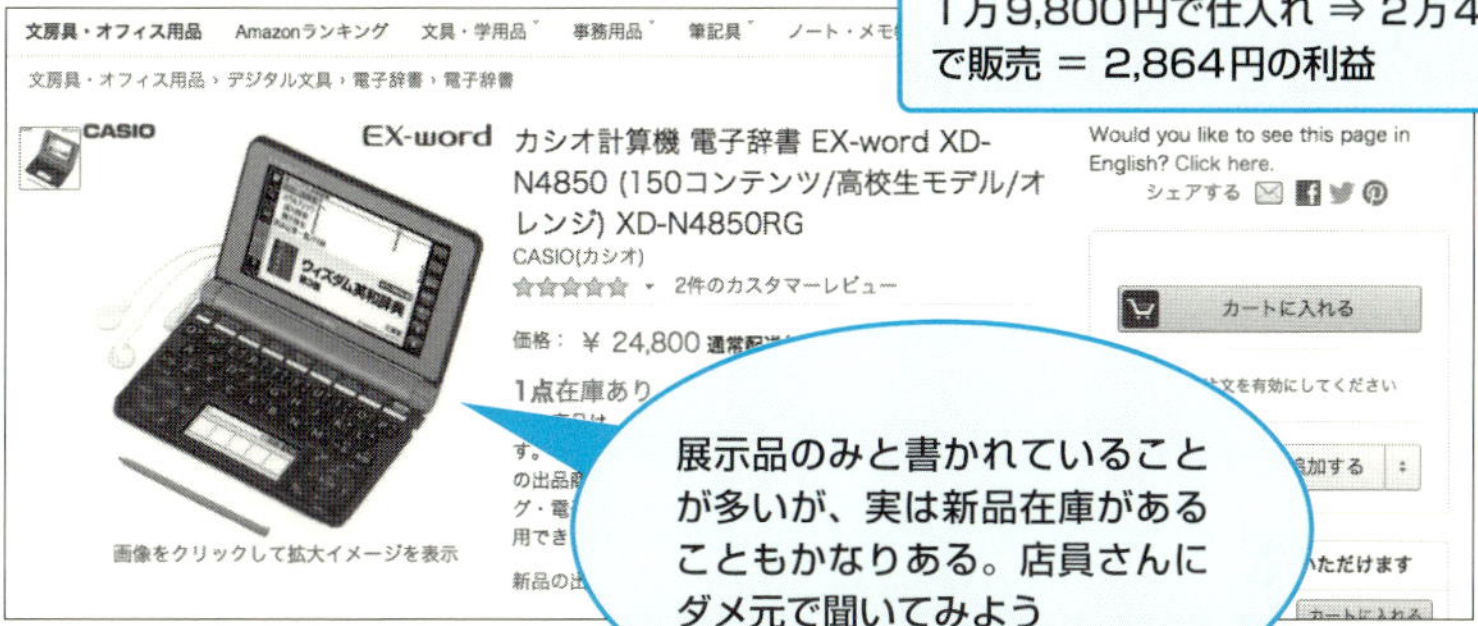

1万9,800円で仕入れ ⇒ 2万4,990円で販売 = 2,864円の利益

展示品のみと書かれていることが多いが、実は新品在庫があることもかなりある。店員さんにダメ元で聞いてみよう

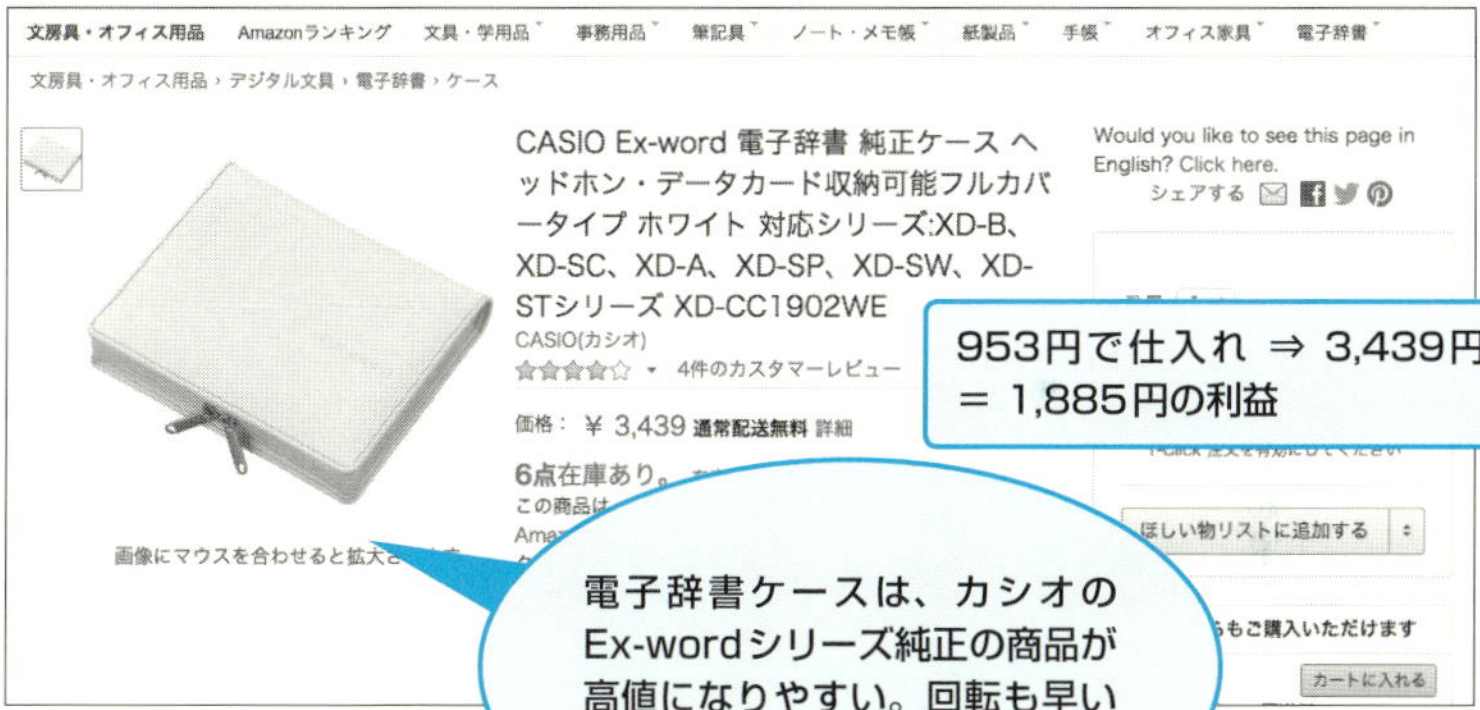

953円で仕入れ ⇒ 3,439円で販売 = 1,885円の利益

電子辞書ケースは、カシオのEx-wordシリーズ純正の商品が高値になりやすい。回転も早いので、ついでに見ておく

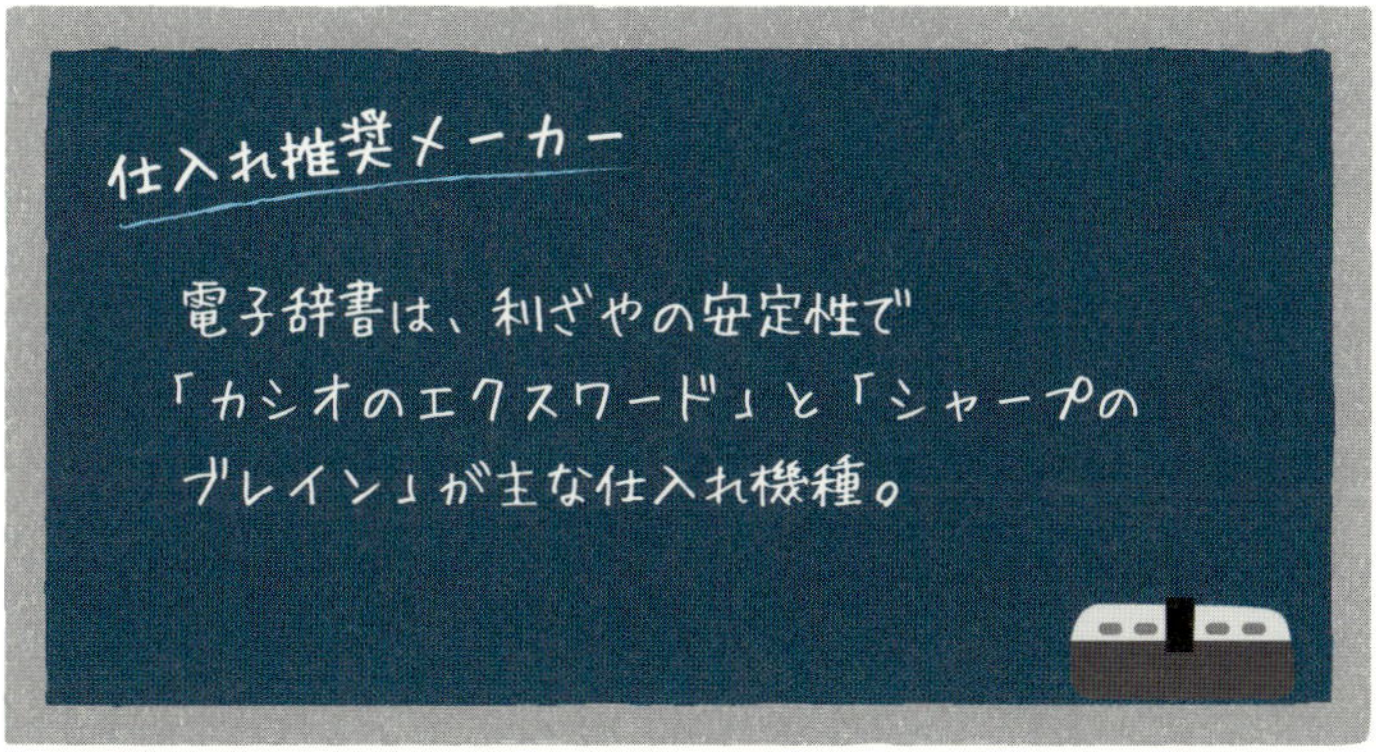
仕入れ推奨メーカー
電子辞書は、利ざやの安定性で「カシオのエクスワード」と「シャープのブレイン」が主な仕入れ機種。

6 計算機ジャンル

意外や意外、とても売れていてライバルも少ないジャンルです。「業務用で使う数千円くらいする高めの計算機が、利ざやが出やすく回転率がいい」です。壁に掛けられて陳列されている

り切りたいと考え、さらに決算期も重なるので、大幅にネット価格より安くなっていることがあります。利益が数千円取れる、とてもおいしいジャンルです。

電子辞書ケースも、1000円以下で仕入れて2000円以上で売れるようなものを見つけられます。

● 計算機ジャンルの参考仕入れ例

3,000円で仕入れ ⇒ 7,138円で販売
= 2,771円の利益

高額の電卓は、カシオとシャープがせどりやすい。ただ電卓ではなく商品名に「実務」「税計算」といった機能的なキーワードが入っているものが高値になりやすい

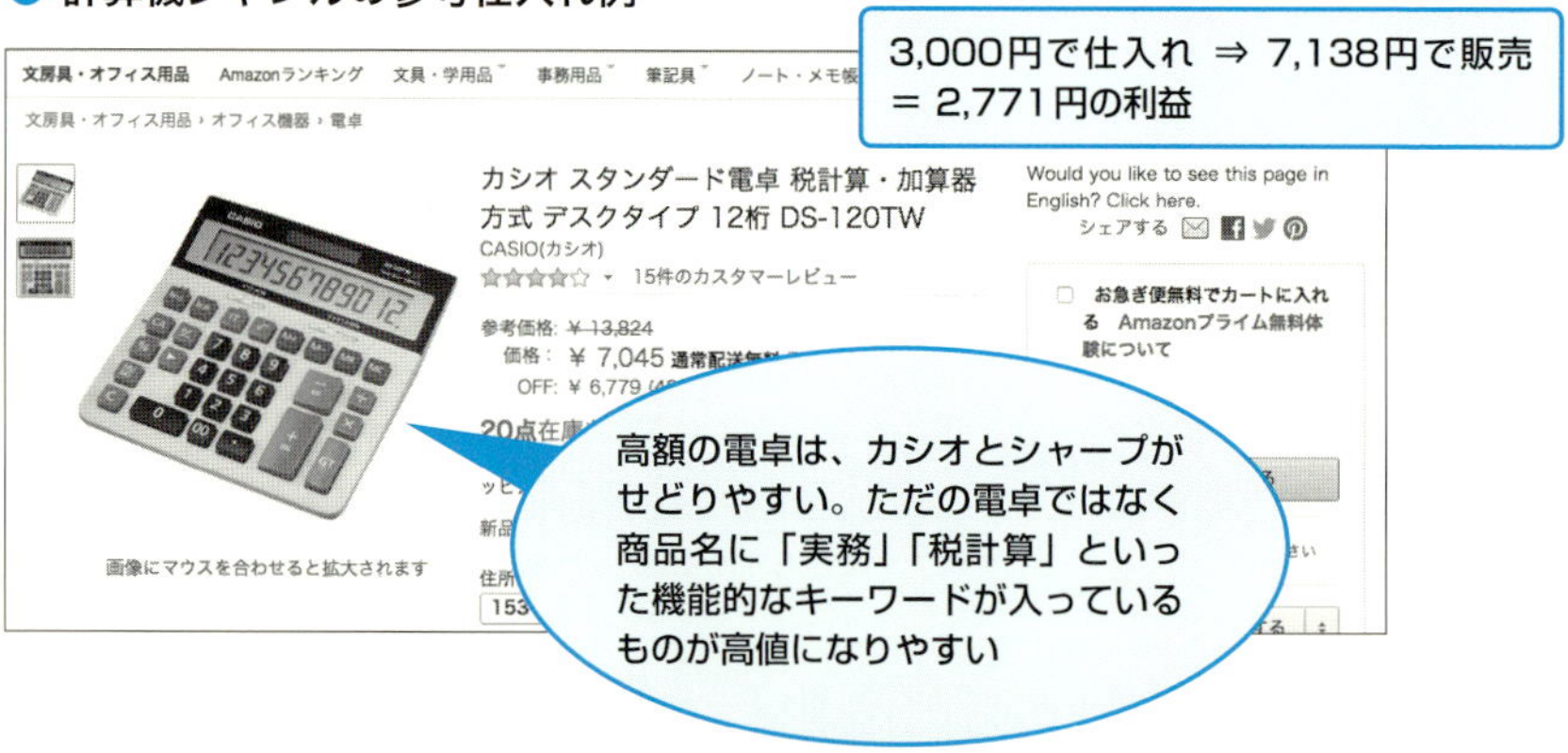

仕入れ推奨メーカー

計算機は、圧倒的なブランド力で「カシオ」が主な仕入れメーカー。

ことが多いので、素通りしてしまわずにしっかりせどりましょう。

7 イヤホン、ヘッドホンジャンル

「カナル型」や**「インナー型」**イヤホンが仕入れやすいです。イヤホンやヘッドホンが安くなるときは、ワゴンに入って激安になるときが多いですが、地道に検索すれば棚からもせどれることがあります。このジャンルも比較的ライバルが少ないので、値下げ競争に巻き込まれにくく安定した利益が出せます。

8 カー用品ジャンル

カーナビ、ドライブレコーダー、ＦＭトランスミッター、シガーソケットチャージャー、スマホ固定具など、車内で使われるものなら何でもといえるくらい仕入れの対象となります。

ユピテルというメーカーがせどりやすいイメージです。シガーソケットチャージャーは１００円以下で何度も仕入れることができました。

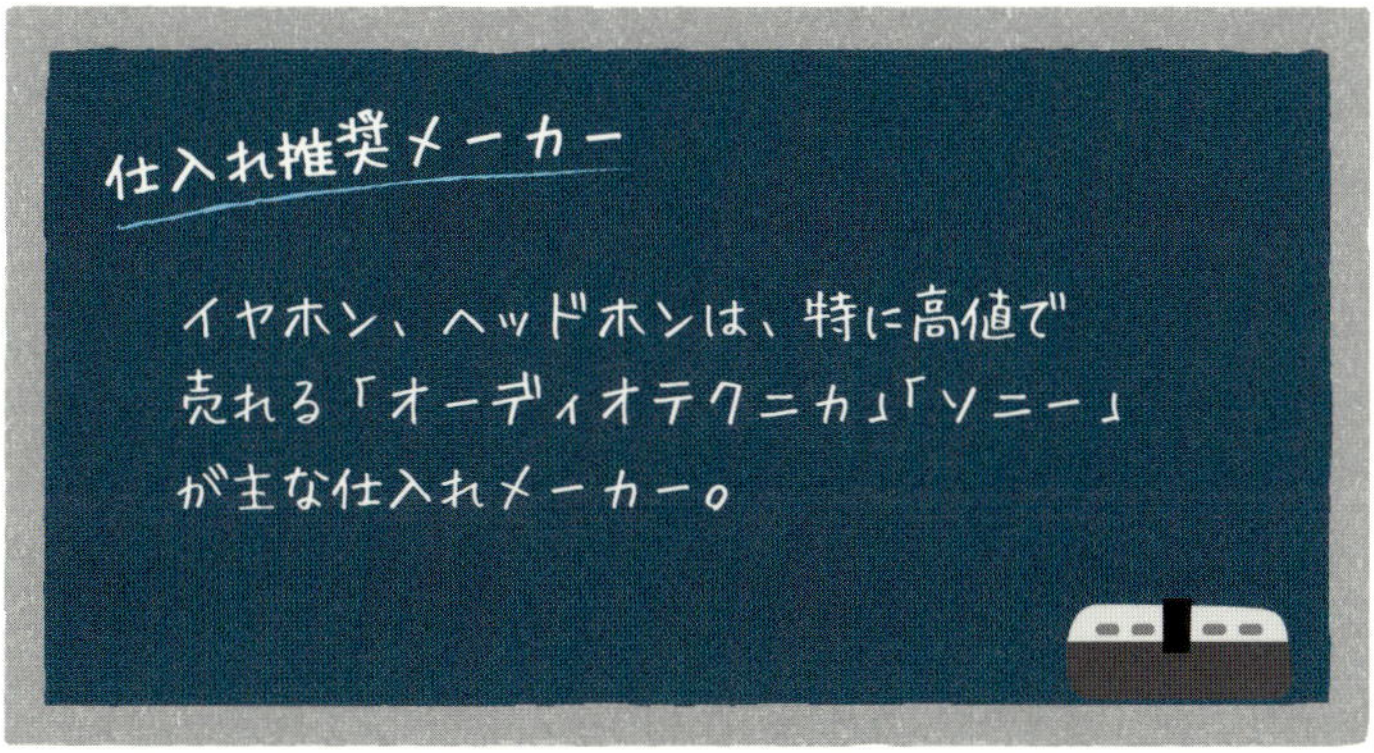
仕入れ推奨メーカー
イヤホン、ヘッドホンは、特に高値で
売れる「オーディオテクニカ」「ソニー」
が主な仕入れメーカー。

● イヤホン・ヘッドホンジャンルの参考仕入れ例

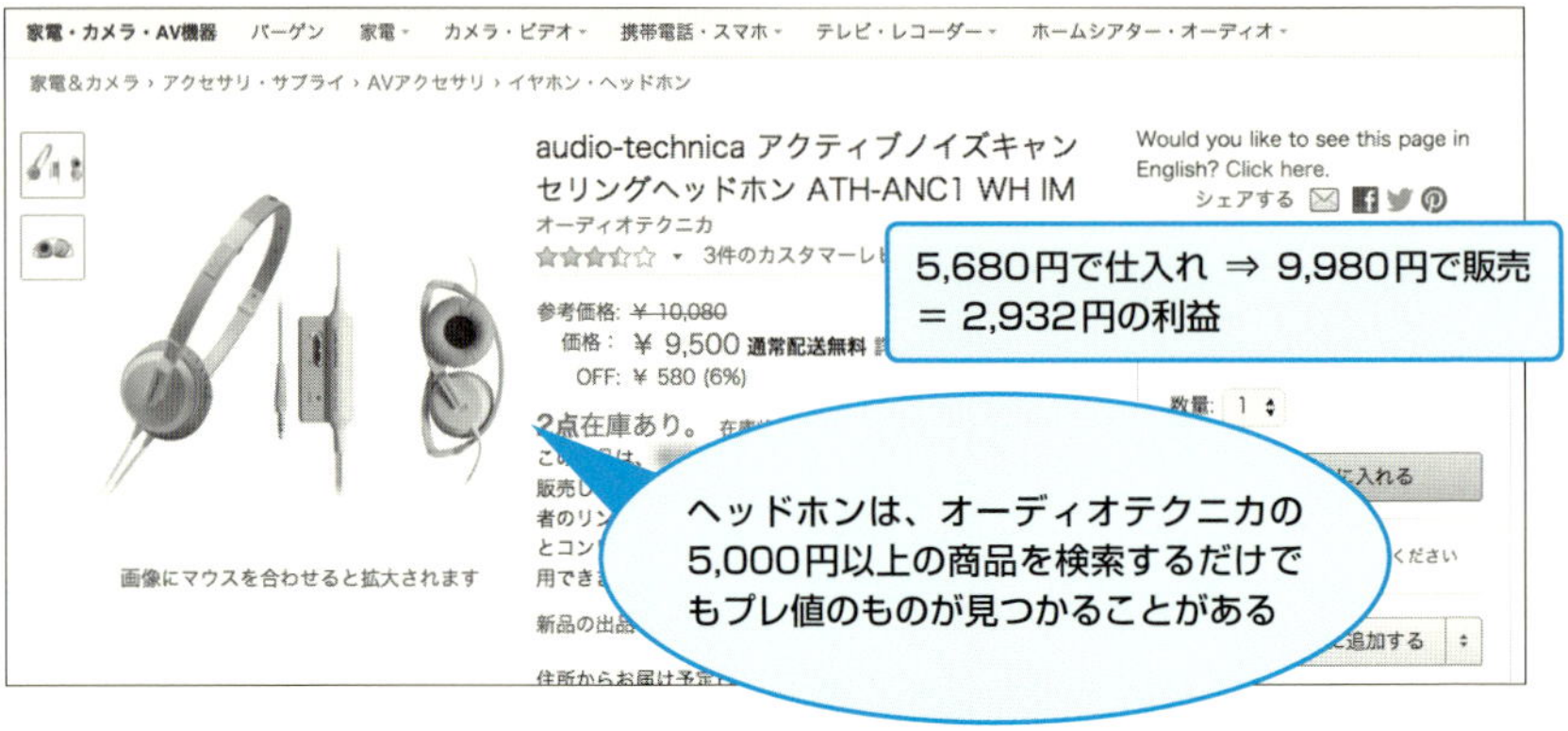

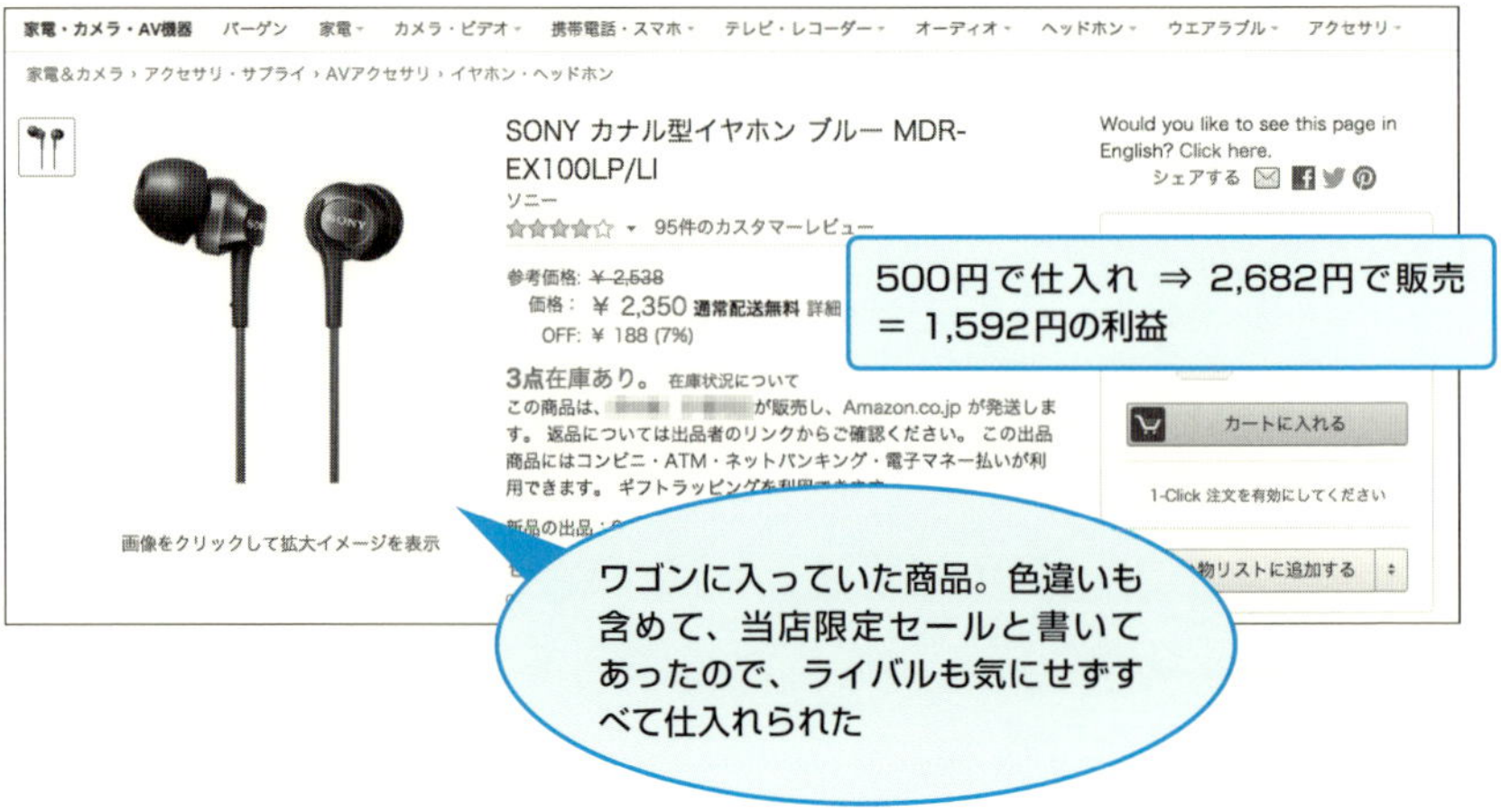

カー用品ジャンルの参考仕入れ例

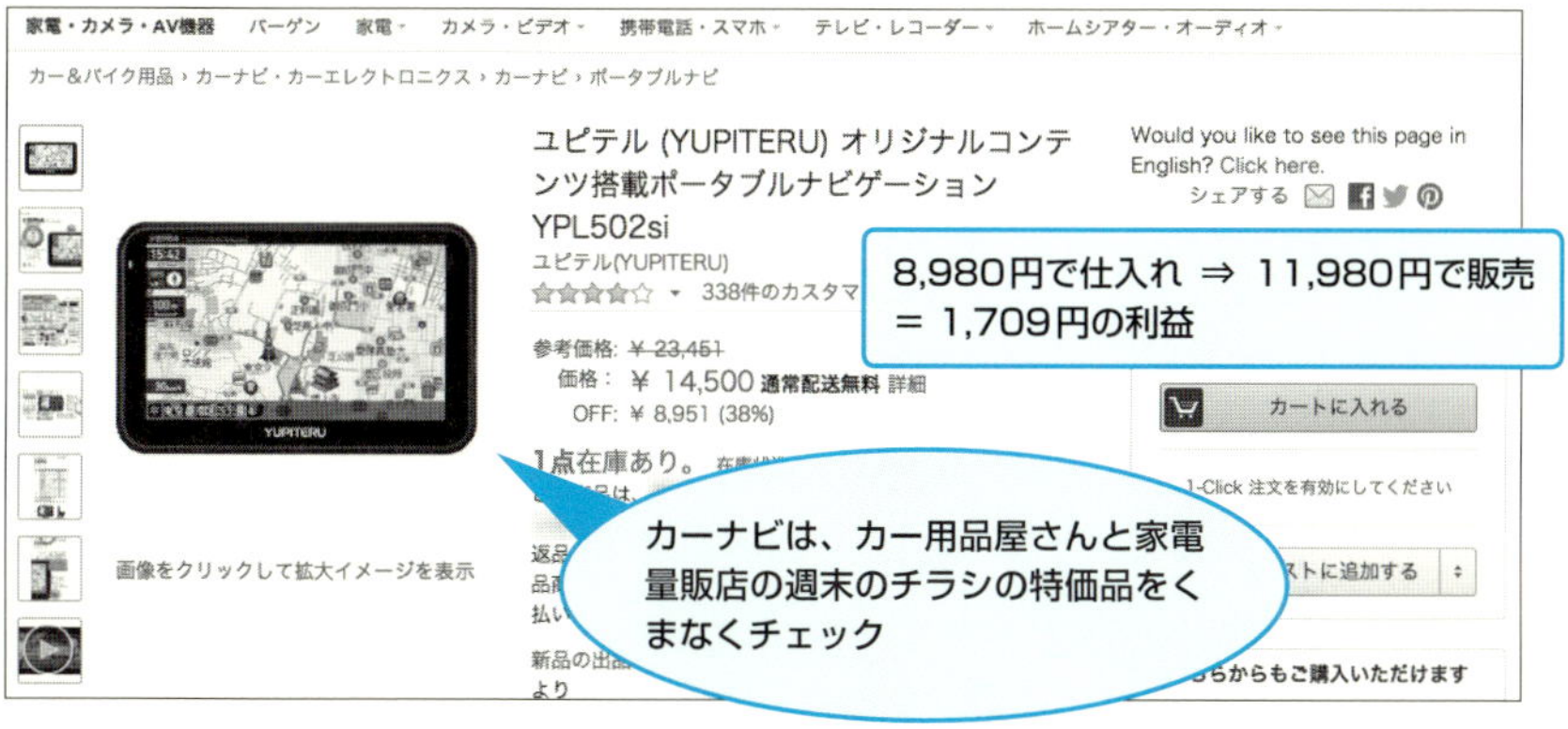

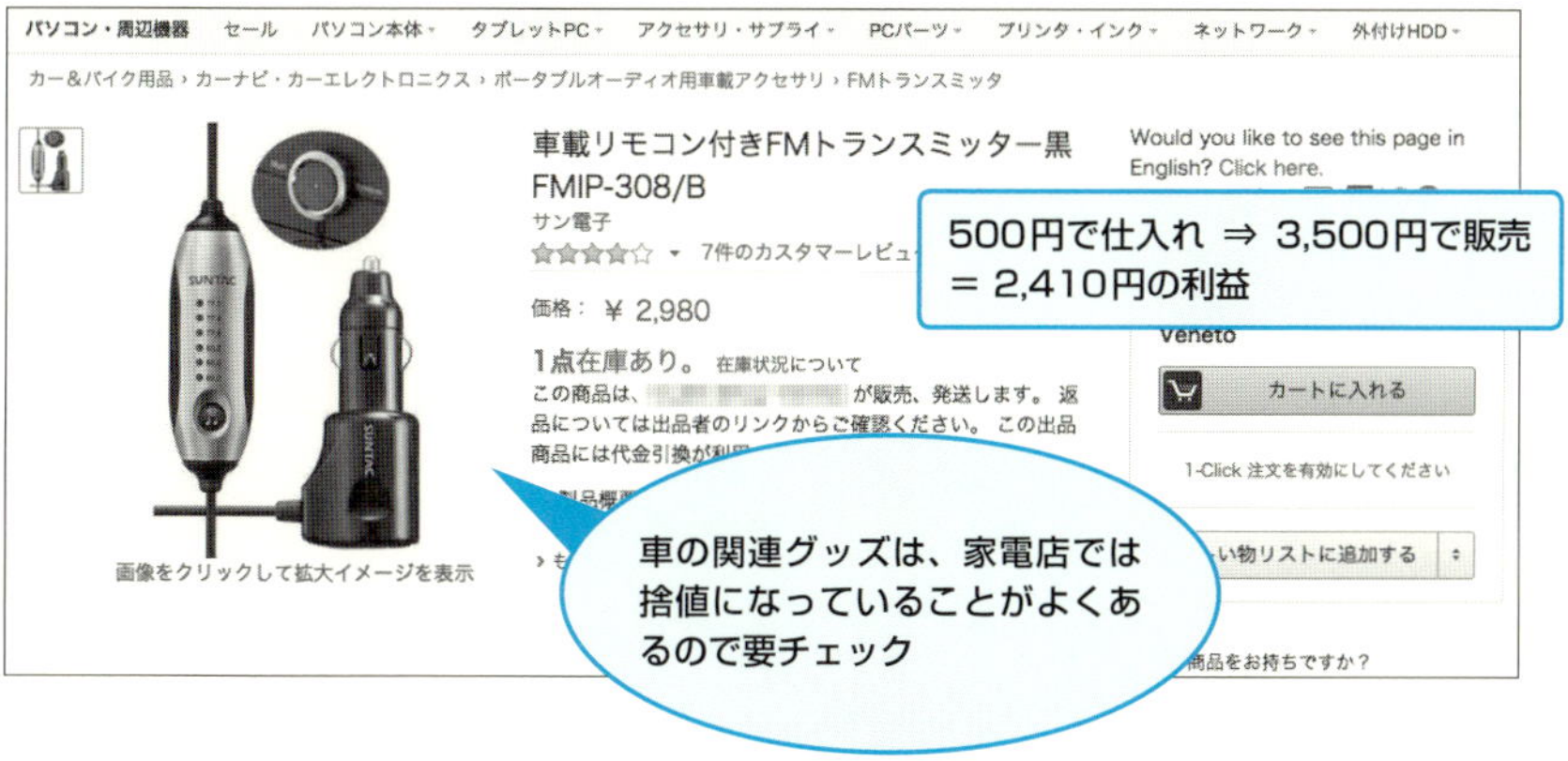

9 美容系ジャンル

女性ものは、ヘアアイロン、ドライヤー、脱毛シェーバーなどが仕入れ対象商品になります。ワゴンでセールになっているものを仕入れることが多いです。男性ものならひげ剃り、バリカンなどがせどれます。電動歯ブラシも人気商品です。

10 大型家電ジャンル

プリンターや調理家電などの大型家電は、棚から仕入れられることはあまりありません。手数料も高くなるうえ、Amazon倉庫への配送コストも上がるので、価格差は少なくとも３０００円はほしいところです。ねらいめは、店頭や通路にセール品として置いてあるものや、激安ＰＯＰが貼られていたり、チラシ掲載商品です。この辺りをササッと見る程度にしましょう。また生産が終了した機種などもねらいめになります。

ただ検索して、仕入れられるか判断して、買いつけるだけです。

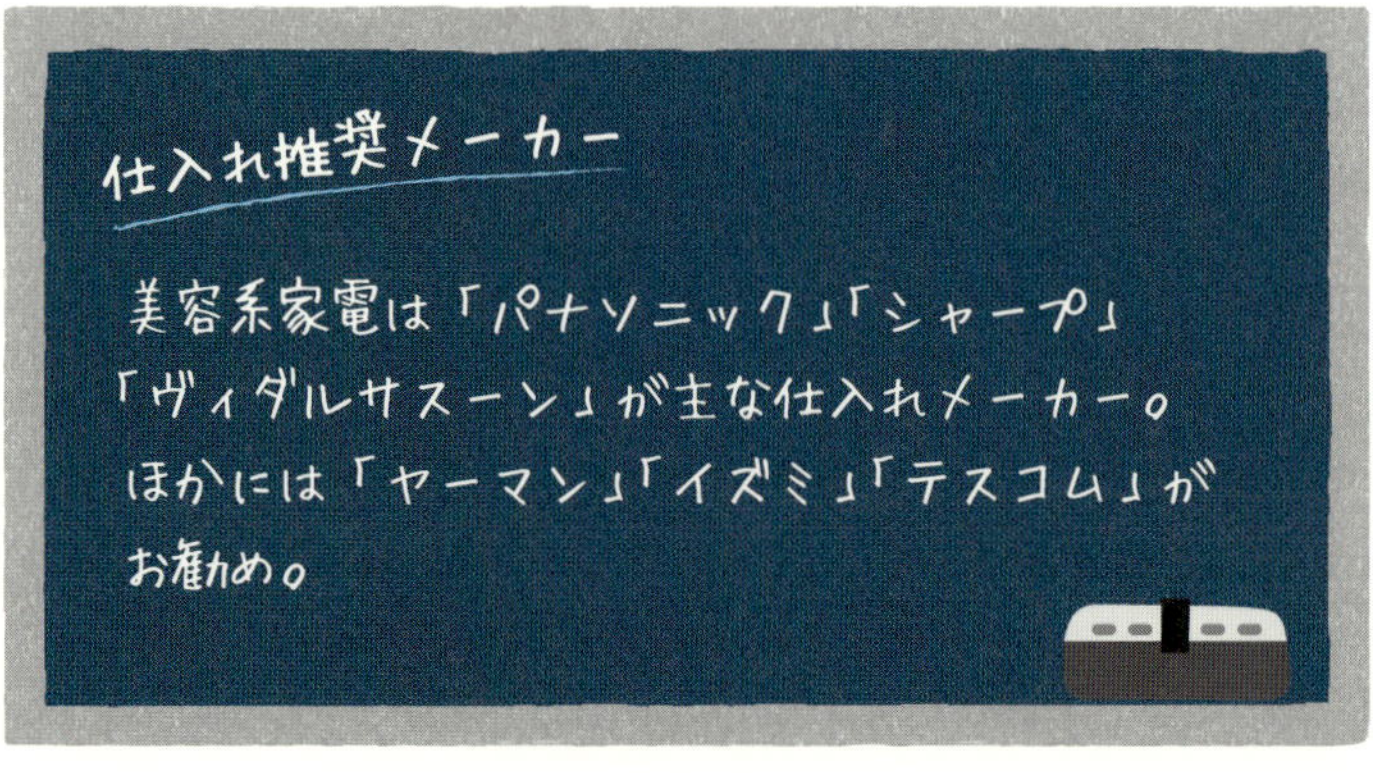
仕入れ推奨メーカー
美容系家電は「パナソニック」「シャープ」「ヴィダルサスーン」が主な仕入れメーカー。ほかには「ヤーマン」「イズミ」「テスコム」がお勧め。

美容系ジャンルの参考仕入れ例

1万700円で仕入れ ⇒ 1万5,600円で販売 ＝ 2,955円の利益
フィリップス シェーバー センソタッチ 3D【ヒゲスタイラー・洗浄充電器付】RQ1265CC メンズ グルーミング
PHILIPS (フィリップス)
20件のカスタマーレビュー
出品者からお求めいただけます。 在庫状況について
新品の出品：1￥ 58,914より
画像をクリックして拡大イメージを表示
ひげ剃りは、フィリップス、ブラウン、パナソニックの３社がシェアのほとんどを占めているので、この３社は要チェック

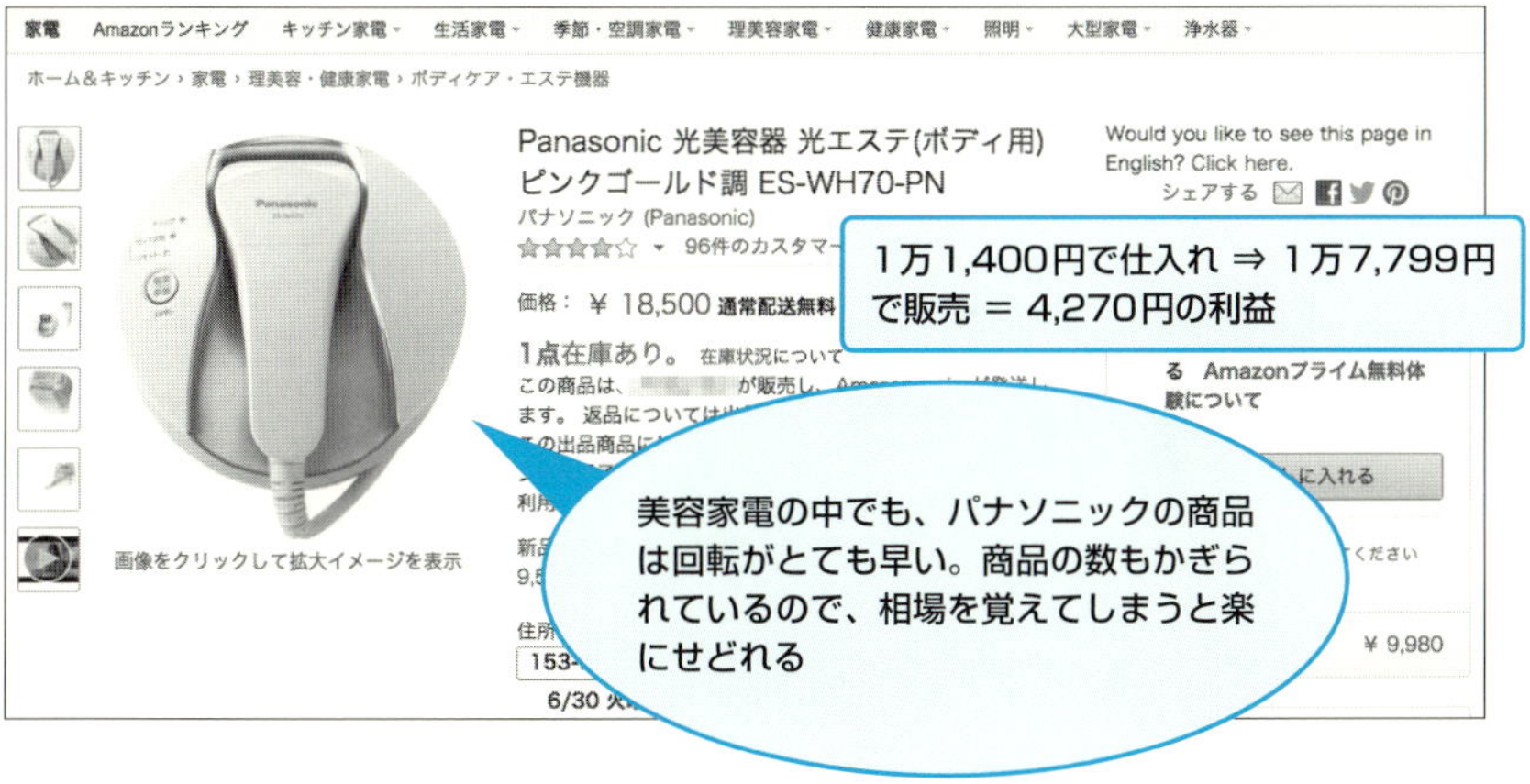
Panasonic 光美容器 光エステ(ボディ用) ピンクゴールド調 ES-WH70-PN
パナソニック (Panasonic)
96件のカスタマー
価格： ￥ 18,500 通常配送無料
1点在庫あり。 在庫状況について
1万1,400円で仕入れ ⇒ 1万7,799円で販売 ＝ 4,270円の利益
画像をクリックして拡大イメージを表示
美容家電の中でも、パナソニックの商品は回転がとても早い。商品の数もかぎられているので、相場を覚えてしまうと楽にせどれる

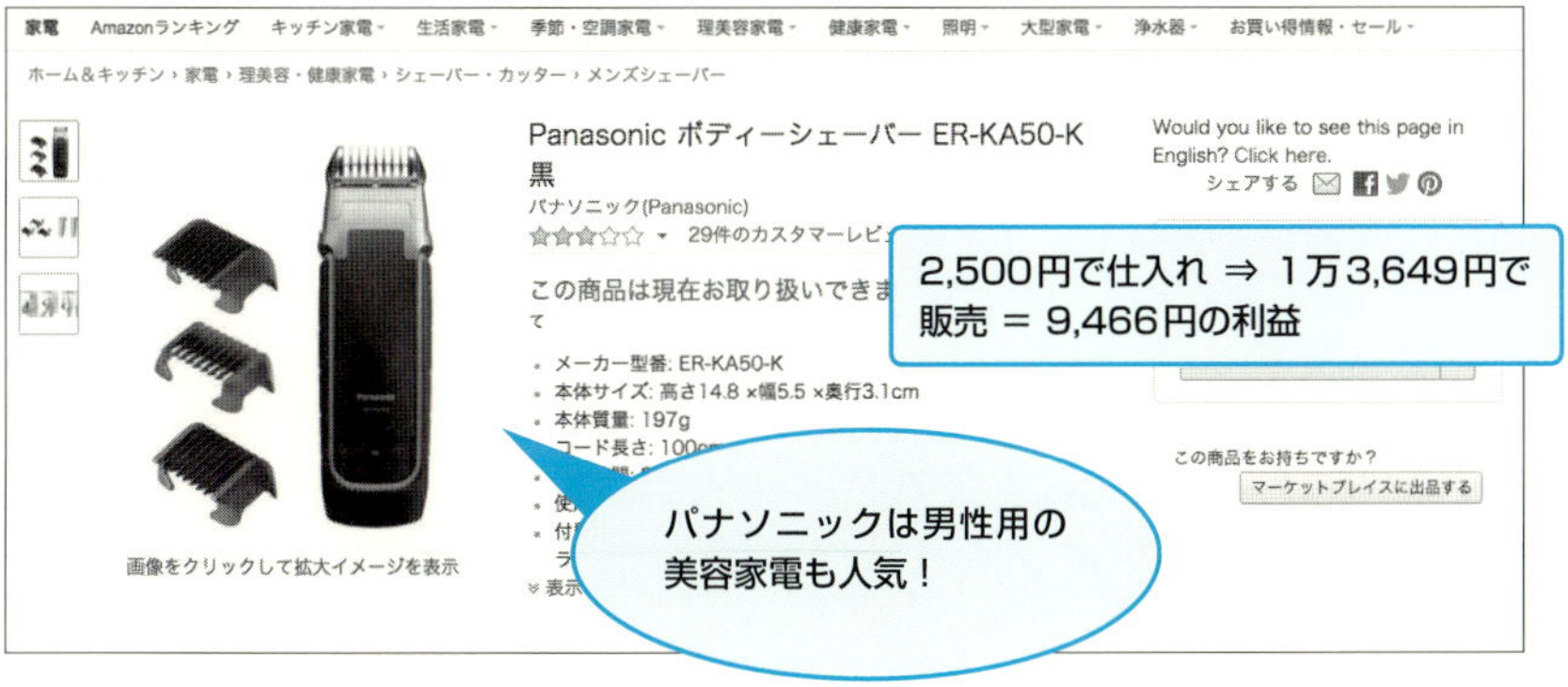
Panasonic ボディーシェーバー ER-KA50-K 黒
パナソニック(Panasonic)
29件のカスタマーレビ
2,500円で仕入れ ⇒ 1万3,649円で販売 ＝ 9,466円の利益
メーカー型番: ER-KA50-K
本体サイズ: 高さ14.8 ×幅5.5 ×奥行3.1cm
本体質量: 197g
画像をクリックして拡大イメージを表示
パナソニックは男性用の美容家電も人気！

大型家電ジャンルの参考仕入れ例

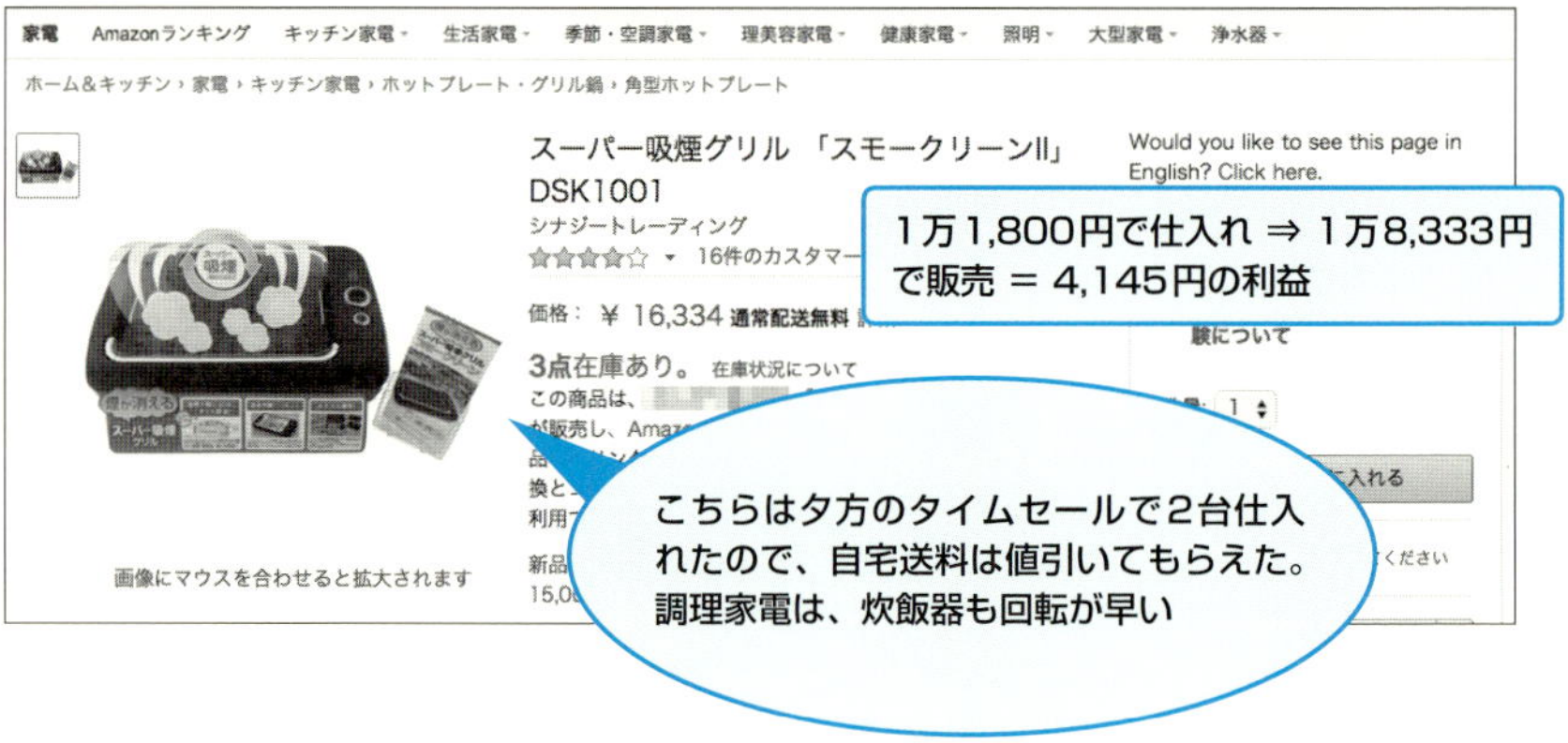

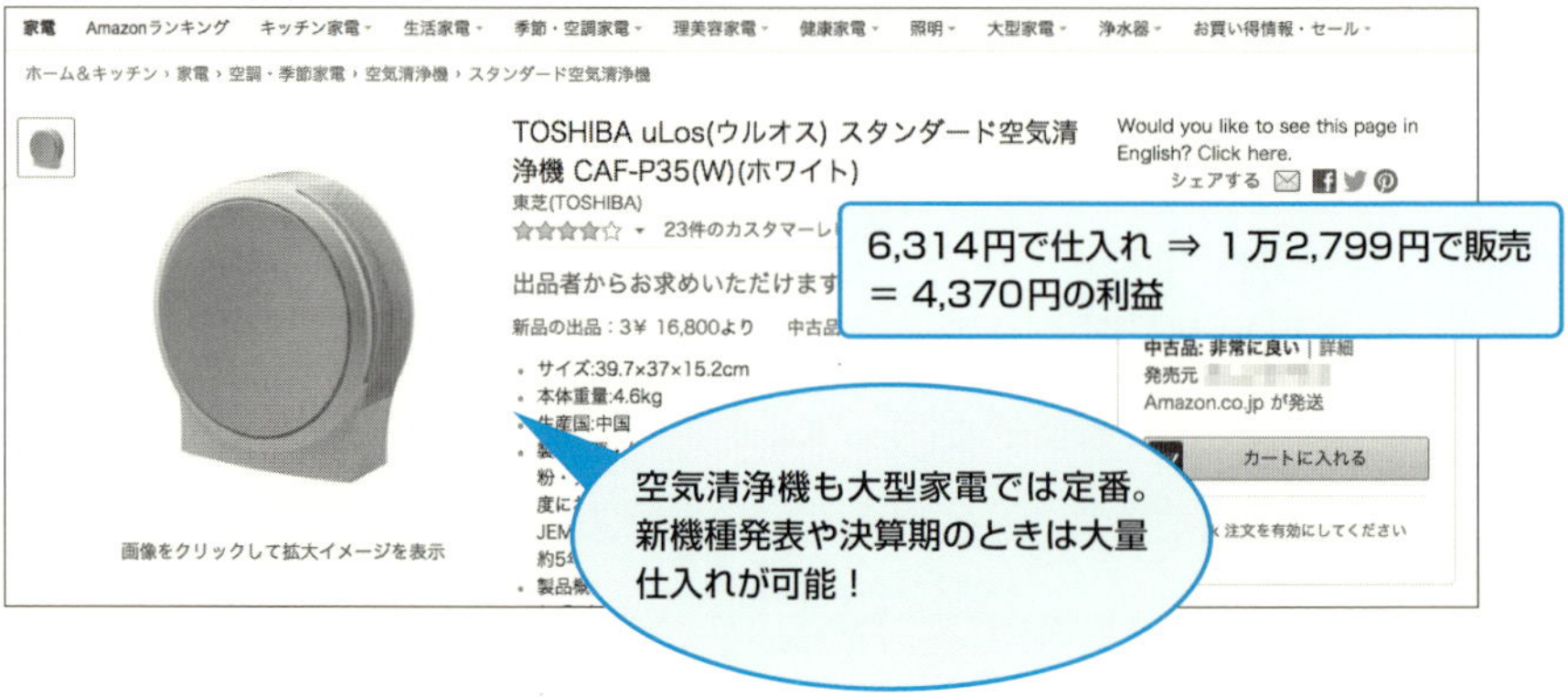

4時限目
もっと、せどりの達人になる

せどりは、家電以外のジャンルでも簡単に稼げます。ゲーム、CD、DVD、おもちゃ（ホビー）せどりは、家電量販店で実践しやすいノウハウになっているので、家電せどりのついでに効率的に利益を増やしましょう。

01 めざせ「ゲームせどり」の達人！

1 まずは普通に棚を検索する

ゲームソフトは、ワゴンセールしかねらえないと思っている人も多いのですが、そんなことはありません。実は通常棚を検索していくと、CD、DVDとは違い、値下げされている商品が普通に混ざって並べられています。棚にワゴンセール商品が混ざっている感覚です。なぜかライバルはねらわないのでぜひ実践してみてください。

2 4000円以下の商品をねらうだけ

ただ、すべてのソフトを検索するとキリがないですよね。どの商品をリサーチして、どの商品を無視するのか、ここがポイントです。

Amazonで売られているゲームソフトの価格帯は、すべてのハードウェアに当てはまるわけではありませんが、だいたい6000円以下のソフトが多いです。「**6000円以上の価格帯になると、売られている本数が一気に減るので、ここは効率化のためにバッサリと切り捨てる**」ようにします。せどりは、時間をかけようと思えば無限にできてしまうので、何をしないかを決めるのもとても重要です。

ゲームソフトを6000円で販売したとすると、アマゾンの手数料を差し引いて大体5000円が振り込まれます。そこから逆算すると、「**4000円以下の値づけがされているゲームソフトをねらえば、効率的に価格差がある商品を見つけることができる**」ことになります。逆に4000円以上の商品を検索対象に入れると、商品がかなり増える割にはせどれる本数がそう増えることはありません。こんな簡単な手法だけでも、30分以内で数千円稼げます。プレイステーション、**Xbox**、**Wii**などなど、どのゲーム機のソフトもねらえるのでやってみてください。

3 ゲーム関連グッズもねらえる！

スマホやタブレットと同様に、ゲームも周辺グッズを見逃さないでください。コントローラーのカバー、アダプタ、ゲームハードウェアのケース、コントローラーなど、幅広くせどることができます。このジャンルは、「安値で売っています！」というような値札が貼っていなくても、通常の値札のままでも価格差がある商品が多くあります。赤札になっていないということはライバ

● ゲームソフトジャンルの参考仕入れ例

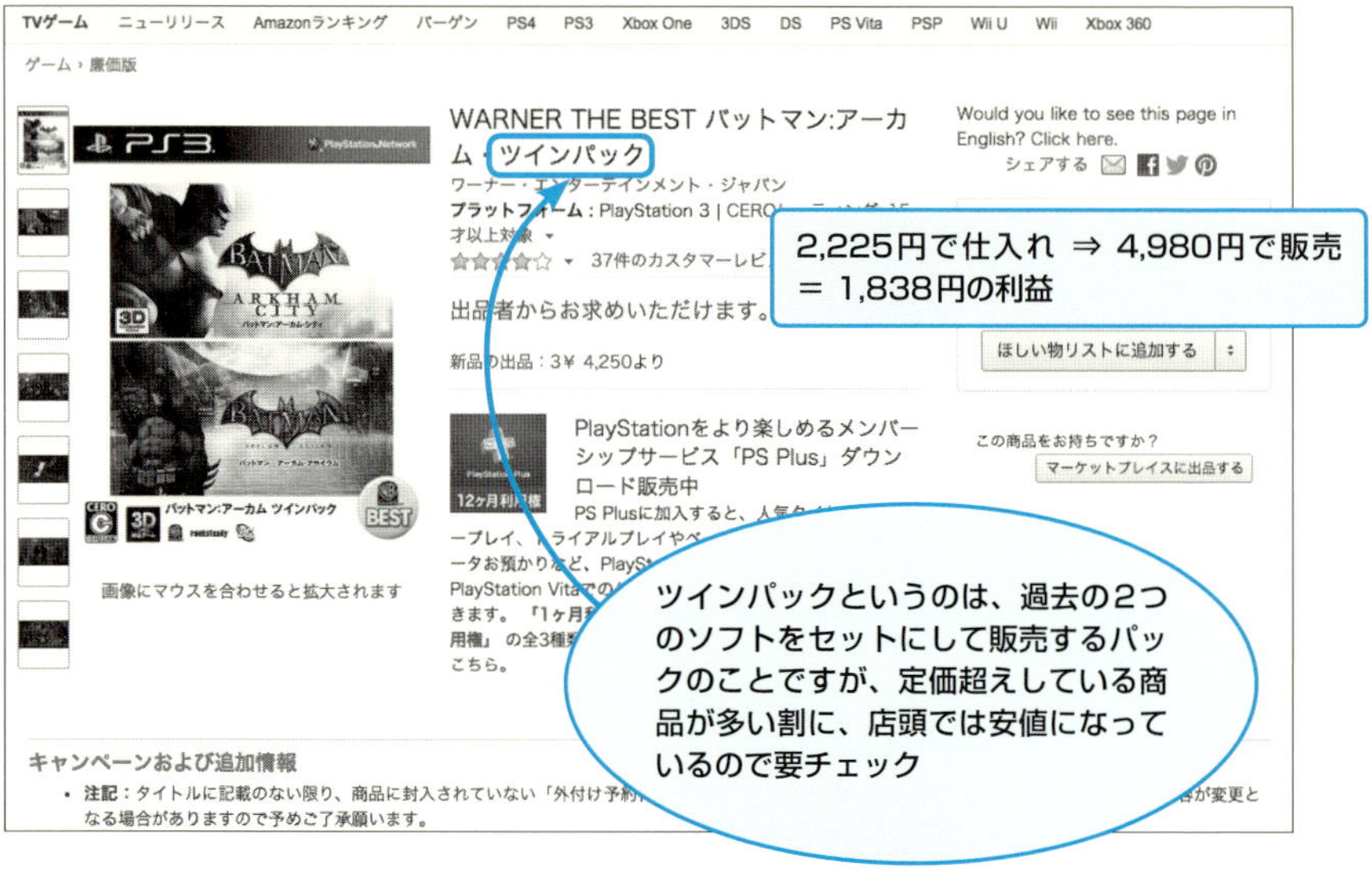
WARNER THE BEST バットマン:アーカム・ツインパック
ワーナー・エンターテインメント・ジャパン
2,225円で仕入れ ⇒ 4,980円で販売
＝ 1,838円の利益
ツインパックというのは、過去の2つのソフトをセットにして販売するパックのことですが、定価超えしている商品が多い割に、店頭では安値になっているので要チェック

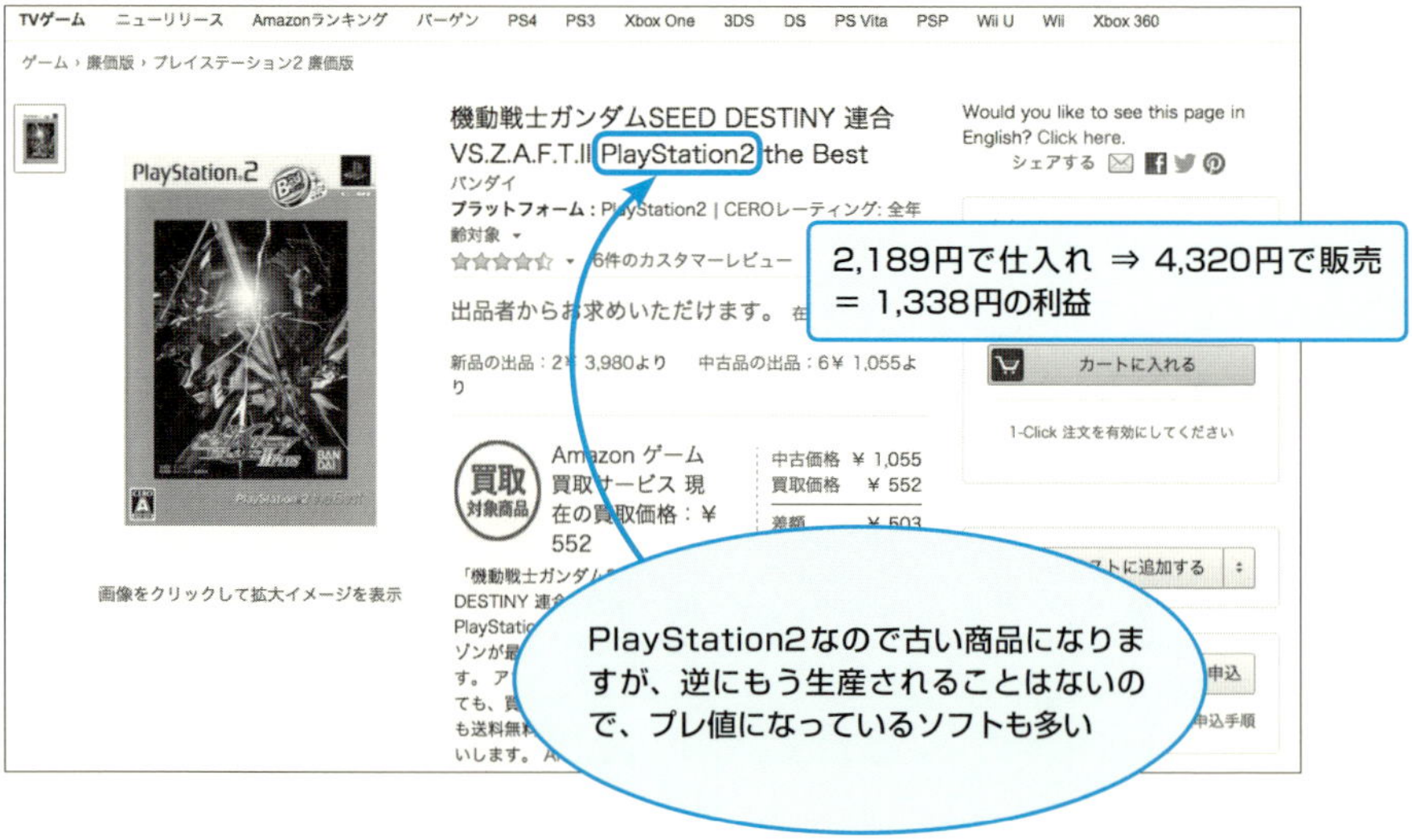
機動戦士ガンダムSEED DESTINY 連合VS.Z.A.F.T.II PlayStation2 the Best
バンダイ
2,189円で仕入れ ⇒ 4,320円で販売
＝ 1,338円の利益
PlayStation2なので古い商品になりますが、逆にもう生産されることはないので、プレ値になっているソフトも多い

● ゲーム関連グッズの参考仕入れ例 ❶

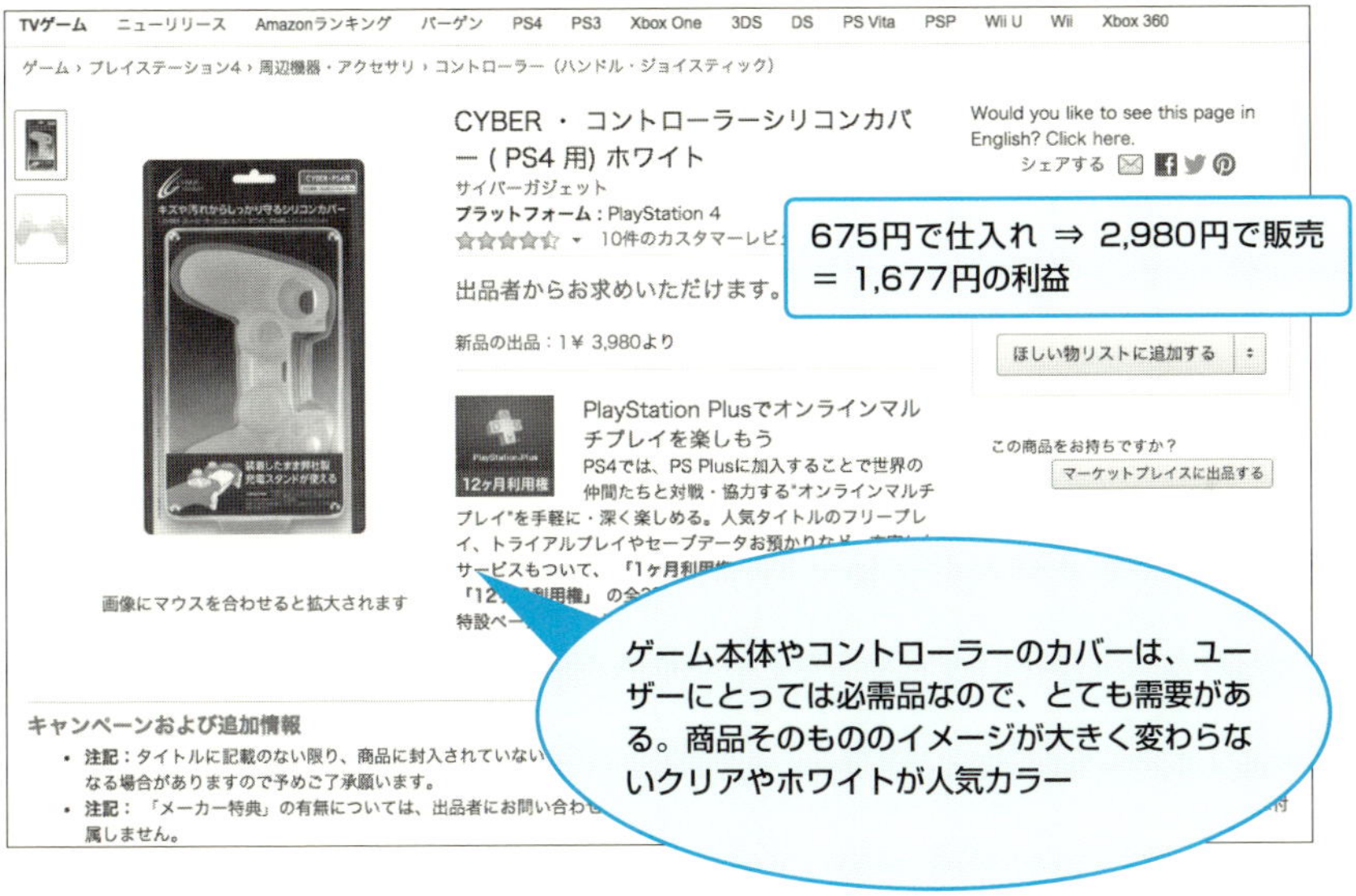

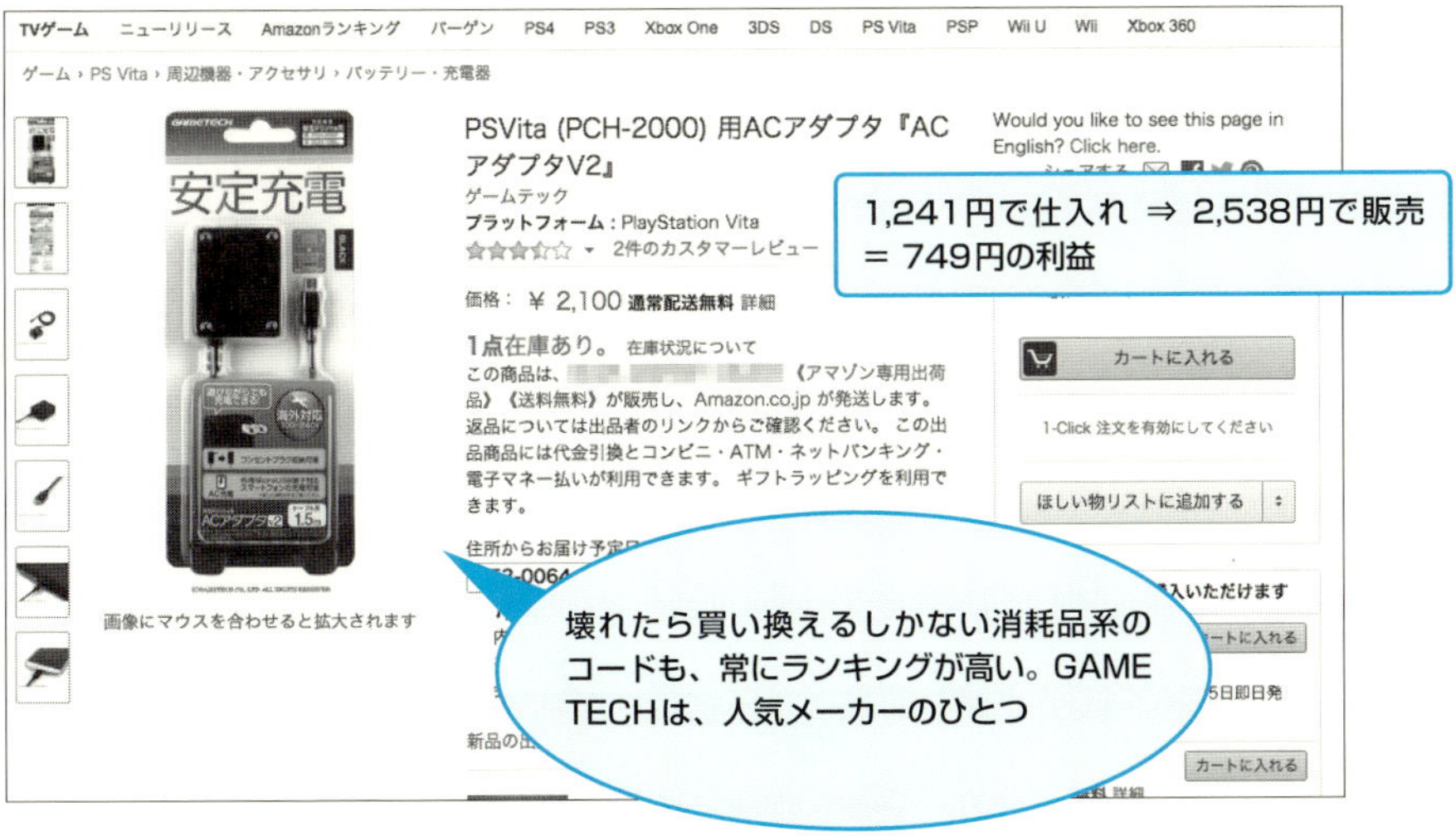

ルも気づきにくいのでトライする価値があります。

検索は地道にするしかありませんが、ほかのジャンルに比べて商品数が多くないので、数店舗回ればだいたいの商品を覚えることができます。1アイテムあたり数百円の利益になってしまいますが、たいてい複数商品の仕入れになるので、こちらのジャンルも数千円儲けることができます。

● ゲーム関連グッズの参考仕入れ例 ❷

3,967円で仕入れ ⇒ 5,980円で販売
＝ 938円の利益

HORIは、ゲーム周辺グッズのトップメーカーで、コントローラーからケースまで幅広く商品を販売している。マニアにも人気があるので覚えておく。売り場に行けば必ず商品が置いてあるメーカー

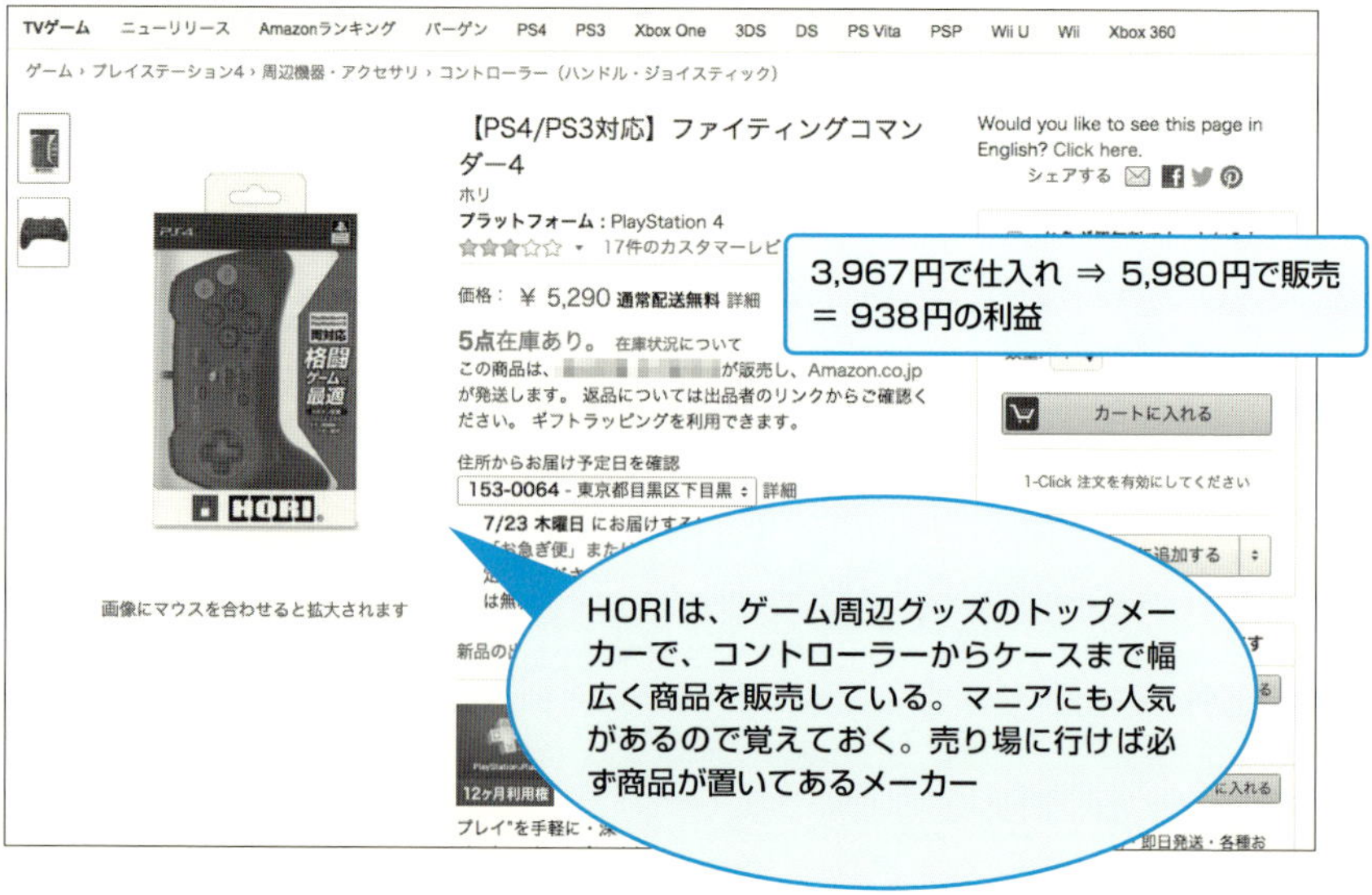

Episode 5

投資意識を持て！

せどりも立派なビジネスだから勉強が必要

自分でビジネスをはじめると、自己投資する機会が増えてきます。道具や教材、セミナー、合宿セミナー、コンサル、懇親会などいろいろとあります。

自己投資は、そのとき自分に役に立つと少しでも思えたら、絶対に節約しないことです。投資とは、将来増えて戻ってくるお金のことを指します。しかも、せどりの場合は投資しても､そのお金が戻ってくるスピードが桁違いに早いです。1万円のせどりのセミナーを受けて、そのセミナーで聞いたネタをもとに1週間で10万円稼げることもよくあります。

そうなれば、投資を躊躇する理由などありません。

道具はきっちりそろえる

これは絶対に損しない投資になります。せどりをするうえでの道具というのは、「バーコードリーダー」「動きが早いスマホ」「有料ツール」などです。作業時間を短縮してくれるだけでなく、いい道具はストレスも減らしてくれるので、投資しないということは、あらゆる面で損をすることになります。

セミナーなどの情報系への投資は？

受けてみないことには、中身がわからないだけに迷うかもしれませんが、そのとき持っている所持金で参加できる範囲であれば、多少無理してでもとりあえず受けてみることを強くお勧めします。これははじめて行く飲食店と一緒です。店の前でいくらメニューを見ていても、結局、お店に入って食べてみないと美味しいかまずいかはわかりません。

もちろんセミナーに行ってみて、内容が自分にとってあわない場合もあるかもしれませんが、それは投資に失敗したのではありません。その講師が開催するセミナーが自分にはあわないんだという判断材料をきっちりと得られただけでもいいのです。

逆にセミナーに行かないで、「行けばよかったなー」とダラダラ思い続けることが1番の失敗になります。そんな失敗だけはしないようにしてください。

自分への投資、ビジネスへの投資にはお金をかけよう！

投資すべきところはきっちりと投資して、成功を加速させていってくださいね。

ネットビジネスのセミナーやコンテンツは、大方、実質的に稼げる情報を提供してくれるので、お金をかけずに、自己投資に対してケチケチしまくっている人ほど成功が遅い気がします。

02 めざせ「CD・DVDせどり」の達人

1 ワゴンだけでも1万円以上の利益が取れる！

大手のCDショップに行くとだいたいワゴンセールをしています。雑多に置かれたこの場所が、意外と穴場なんです。今まで仕入れができなかったことがないくらい、必ずといっていいほど、何かしら眠っているのですが、実はここもライバルが少ないのです。それもそのはず、見たことも聞いたこともないようなアーティストばかりなうえに、ランキングが悪い商品ばかりが置いてあります。それでも数カ月に1回は売れています。1000円以上で売れるCDアルバムが300円以下、1000円弱で売れるシングルが100円以下で売られています。これだったら仕入れるに値します。

DVDは販売価格帯がバラバラですが、数千円以上で売れるようなタイトルが1000円以下でワゴンに入っているので、利益率は抜群！　1回の仕入れで1万円以上の利益を出せることも珍しくありません。

とはいっても、ランキングが悪いうえに、モノレートのグラフを見たら年に数回しか売れていないとなると、仕入れるのを躊躇してしまうかもしれません。ちなみに私のアカウントでの売れ残り不良在庫は、2年前のCD、DVDで1枚ずつ、1年前のCDは2枚、DVDに関しては売れ残りがありません。下記のモノレートの12カ月グラフのように動きは鈍いですが、安心して仕入れてください。

洋楽のCDもワゴンセールでゲットできる!

大型店にたくさん置いてある洋楽のCDも、洋楽と聞くとAmazonで販売できるのか不安ですが、せどりアプリ

● 年に数回しか売れなかった商品も値段を下げれば売れる

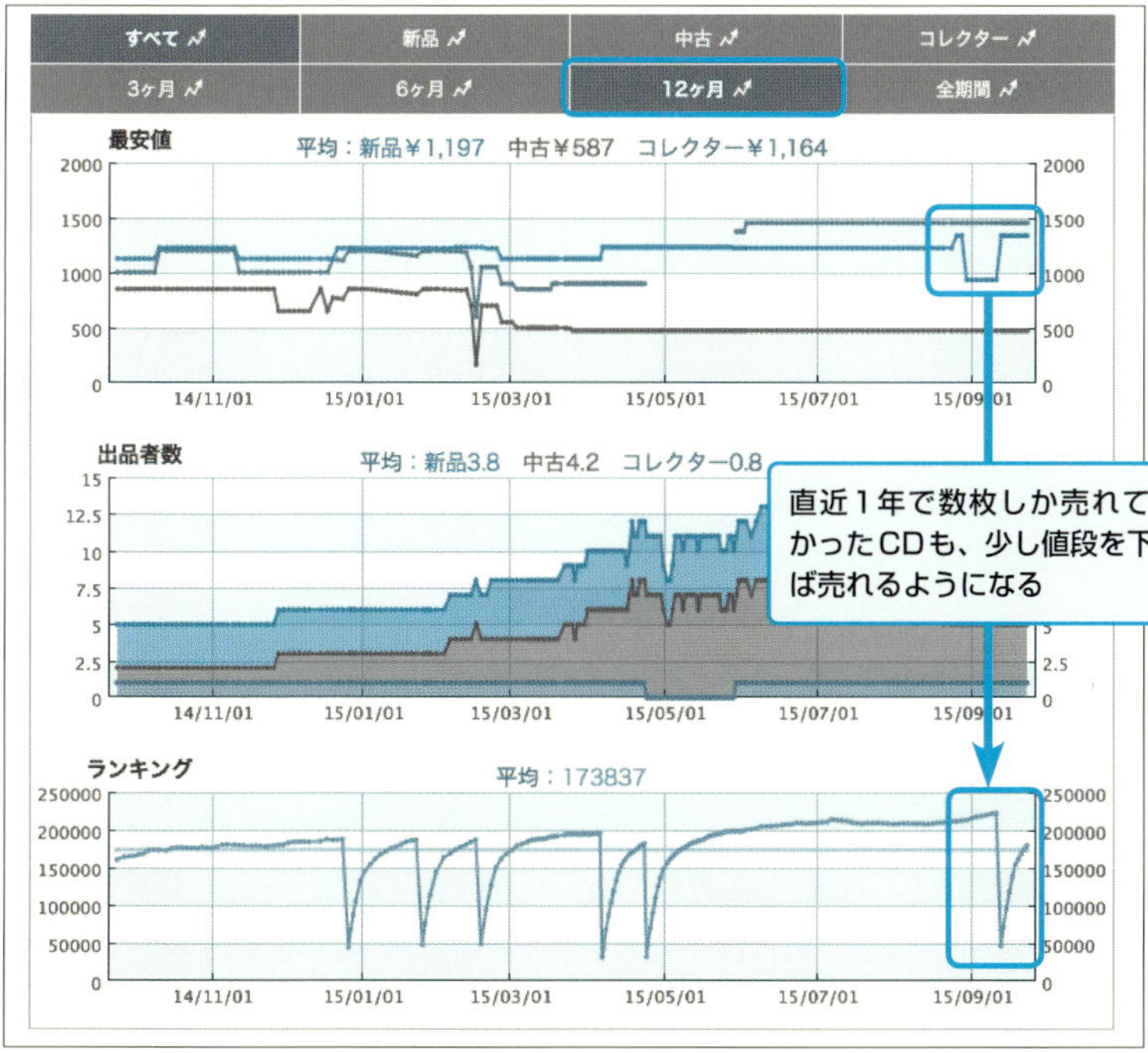
すべて
新品
中古
コレクター
3ヶ月
6ヶ月
12ヶ月
全期間
最安値
平均：新品¥1,197 中古¥587 コレクター¥1,164
出品者数
平均：新品3.8 中古4.2 コレクター0.8
ランキング
平均：173837
14/11/01
15/01/01
15/03/01
15/05/01
15/07/01
15/09/01
直近1年で数枚しか売れていなかったCDも、少し値段を下げれば売れるようになる

洋楽のCDは国内でリパッケージされているものだけをねらう

洋楽のワゴンセールに出ているCDを全部検索してもいいのですが、あまりにマニアックすぎるバンドなどは Amazon に登録が読み込んでくれるなら、Amazon.co.jp に登録されている商品なので、間違いなく販売できます。

もし、せどりアプリが読み込んでくれない場合には、Amazon セラーセントラルアプリで確認してみましょう。それでも読み込んでくれない商品は、無理に仕入れる必要がないので無視してください。

● CD・DVDジャンルの参考仕入れ（ワゴンセール）例

298円で仕入れ ⇒ 2,800円で販売
= 1,799円の利益

多くの人が見たことも聞いたこともないようなアーティストですよね？ このようなCDがワゴンにはたくさんある

290円で仕入れ ⇒ 1,799円で販売
= 955円の利益

海外バーコードのCDでも読み込んでくれる商品もある。国内のCDのように売れていく

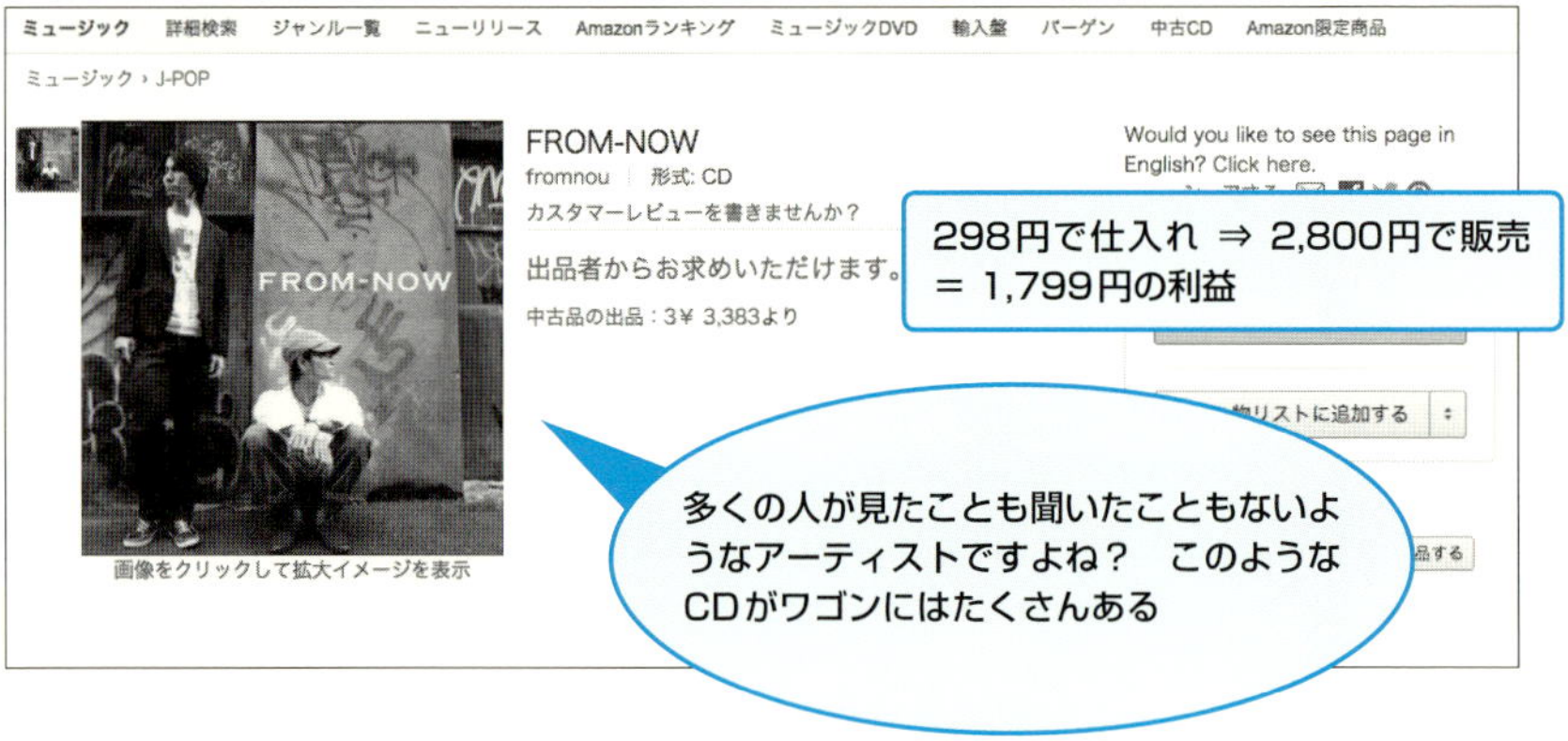

● 洋楽の CD は、そのまま輸入されているものと国内でリパッケージされているものがある

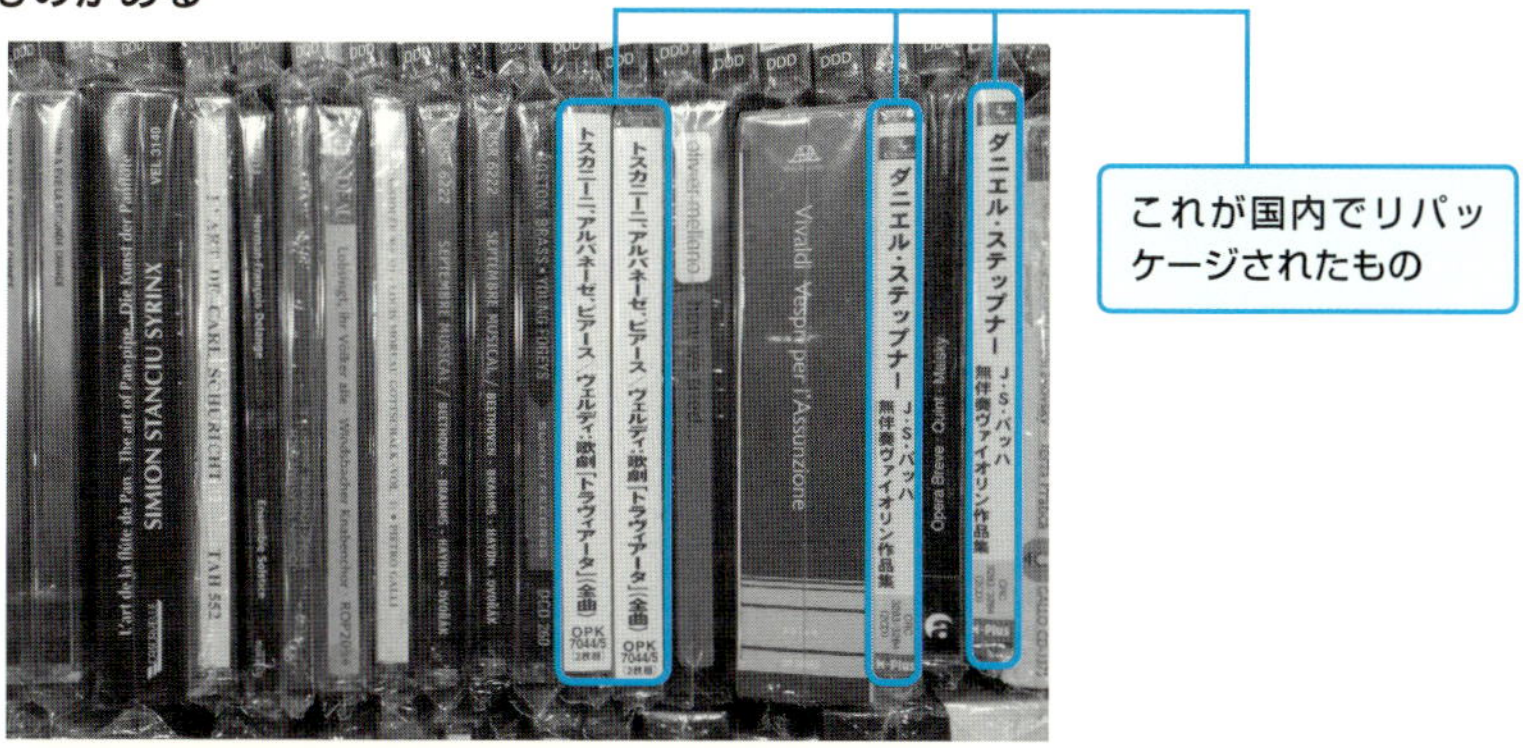

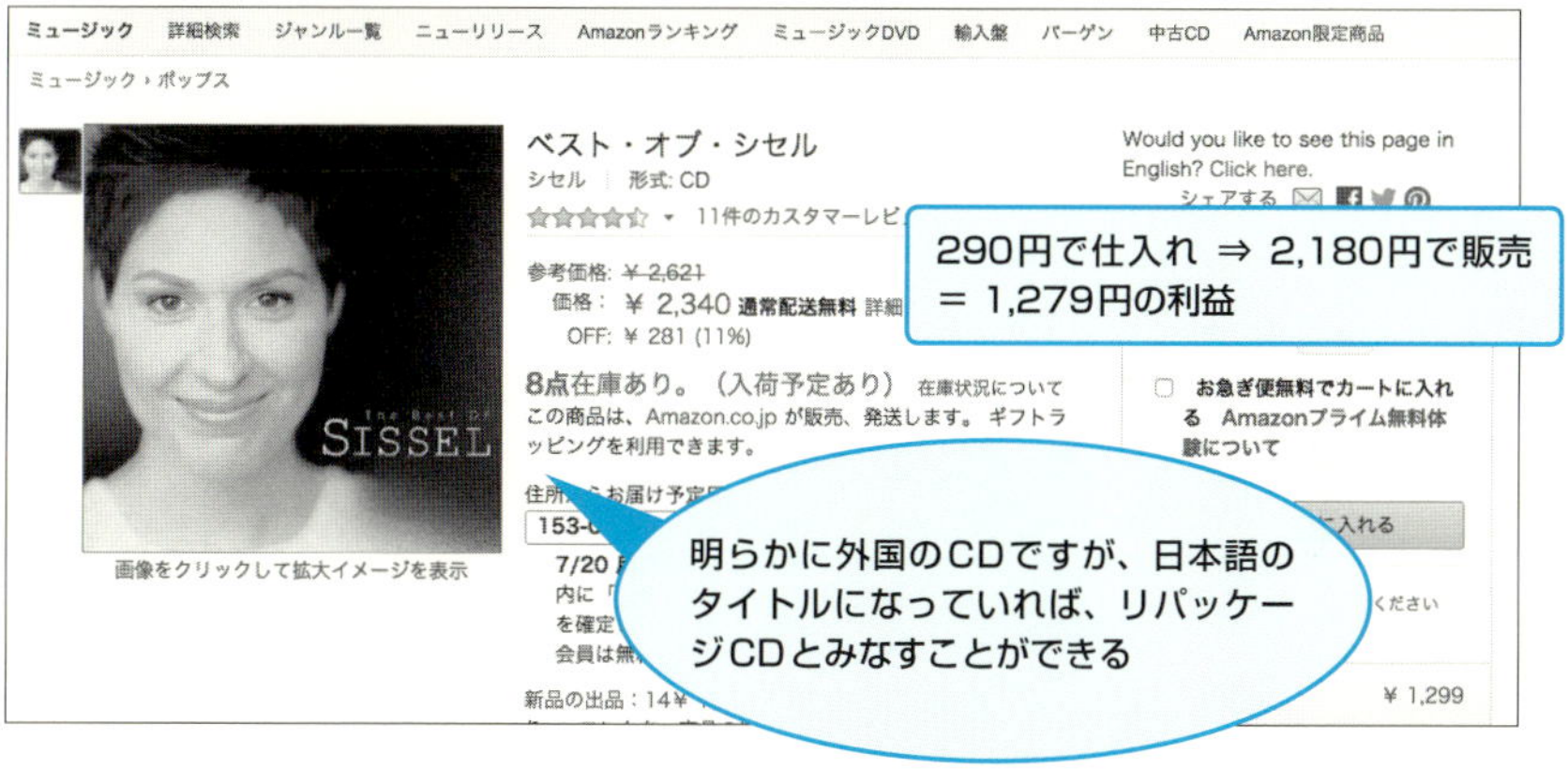

録がないので、検索する時間が無駄になってしまいます。

まずは前頁上の写真を見てください。洋楽のCDは、**「そのまま輸入されているもの」**と**「国内でリパッケージされているもの」**があります。その**「リパッケージされているCDだけを検索していく」**と、効率的にせどれます。なぜかというと、リパッケージされているということは、レコード会社からしてみれば、それだけコストをかけても利益が出るタイトルだということです。すなわちそのCDは、ほかの洋楽よりもニーズがあると予測できます。

2 「予約キャンセル商品」をねらいまくる

CD、DVDせどりの魅力のひとつが、「予約キャンセル商品」です。発売直後のプレミアム商品を仕入れるので、リスクゼロに近い勝負ということになります。つまり、ほぼ100%利益を確定させてから仕入れることができるので、チャンレジしてみない手はありません。

人気グループや発売前から話題のCDやDVDだと、「初回限定版」「生産限定版」の場合、ネットショップでも店舗でも予約注文が殺到します。ネットショップの場合には事前にキャンセルをしないかぎり、発売と同時に商品が発送されてしまいますが、店舗だと入荷日に取りに行かなくてはなりません。

ところが、予約をしていても取りに行かない人がかなりいます。店舗によって違いますが、予約を受け取りに来なかったCDやDVDは、発売後の5~7日後にキャンセル扱いとして店頭に並べられます。これをねらって仕入れます。

発売後、1週間ほどしてもアマゾン上でプレ値になっている商品は、だいたい店頭にも在庫が少なく、その後もしばらくはプレ値の状態が続きます。出品すればその日に売れるので、キャッシュフロー的にもこのうえなくおいしい商品です。

予約キャンセルが出る日に、店舗のオープン時間に電話で在庫取り置きをしてもらいます。このときできるだけ多く仕入れをしたいのですが、**「長期的にその店舗で仕入れをしたいのであれば、2枚程度にしておく」**のが無難です。ただでさえ、プレミアムになっているCDを取り置いてもらうのに、「全部ください」「10枚ほしいです」などと電話口で言うと、店舗からしてみれば、転売目的のとても嫌なお客になってしまいます。そうならないように注意してください。

一例をお話しすると、「**Hey!Say!JUMP**」の「**JUMPing Car**」の初回盤を複数の店舗で、予約キャンセルだけで19枚仕入れることができました。どのCDショップを回っても在庫が1枚もない商品だったので、予約キャンセルせどりの威力はすごいと思いませんか？　これだけでも1万8400円の利益です。ついでに、ワゴン商品も漁って帰れば、がっつり稼げます。

名づけて「予約キャンセルせどり」。
これは失敗が少ないので、やり方さえ
覚えちゃえば、とっても楽チン。

03 めざせ「おもちゃ（ホビー）せどり」の達人

1　まずは「子ども向けのおもちゃ」がねらい目

おもちゃせどりの手法もゲームせどりと似ています。基本的には、通常棚に並んでいる商品で値札が安くなっているものをねらうだけです。おもちゃの場合、「**安値の値札がついていないときは、５００円、１０００円とキリのいい数字になっていたら、安値になっているかもしれない**」と注意しておきましょう。

おもちゃは「バーコード」を覚えよう

おもちゃのバーコードはほかの商品と違って、特徴があるので覚えておくと役に立ちます。下図を見てください。まず、バーコードの一番右端の数字

● 覚えておくといいおもちゃのバーコード例

玩具安全基準合格
4543112 60280 0
ST
09
2009年製という意味
312041-2079181-4000
定価4,000円という意味
3112 60280 0

が定価になります。この例だと4000円になります。値札とここの数字に差があれば、せどれる可能性があるということになります。

ただしこの定価の表記、残念なことについていないおもちゃのほうが多く、プラモデル、フィギュアなどのホビー系の商品に一部ついている程度です。

次に、STの右に書かれている数字がおもちゃの製造年を表しています。この年が古ければ古いほど製造中止になっている可能性が高く、希少価値

● **子ども向けおもちゃの参考仕入れ例**

5,397で仕入れ ⇒ 9,762円で販売
= 2,874円の利益

シルバニアファミリーは、プレ値の商品がたくさんあるので、リサーチしておいて損はない

● **2009年生産の古いアンパンマンのおもちゃの参考仕入れ例**

2,592円で仕入れ ⇒ 4,860円で販売
= 1,117円の利益

アンパンマンの古いおもちゃは、郊外店でよく見つけることができる

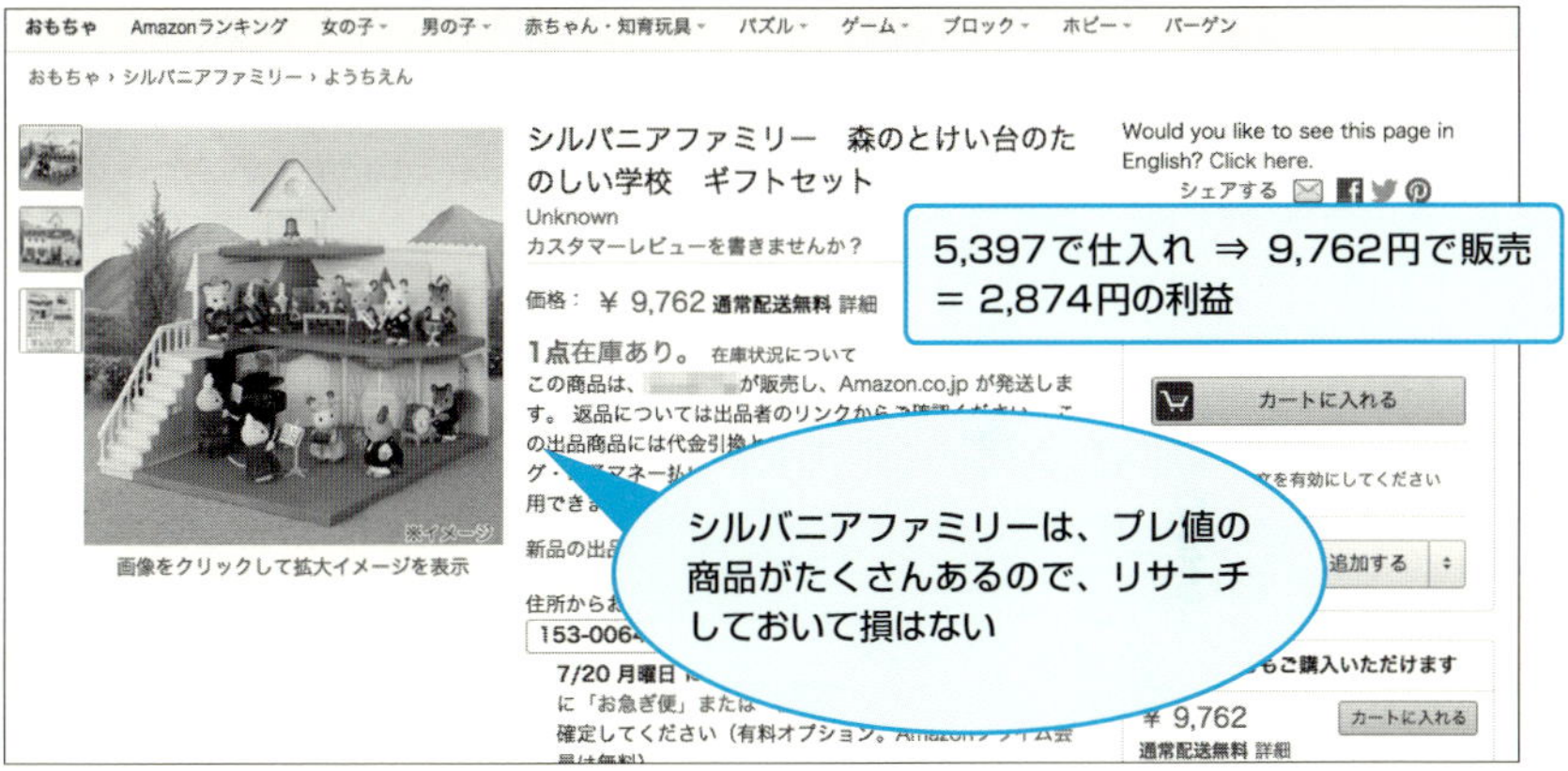

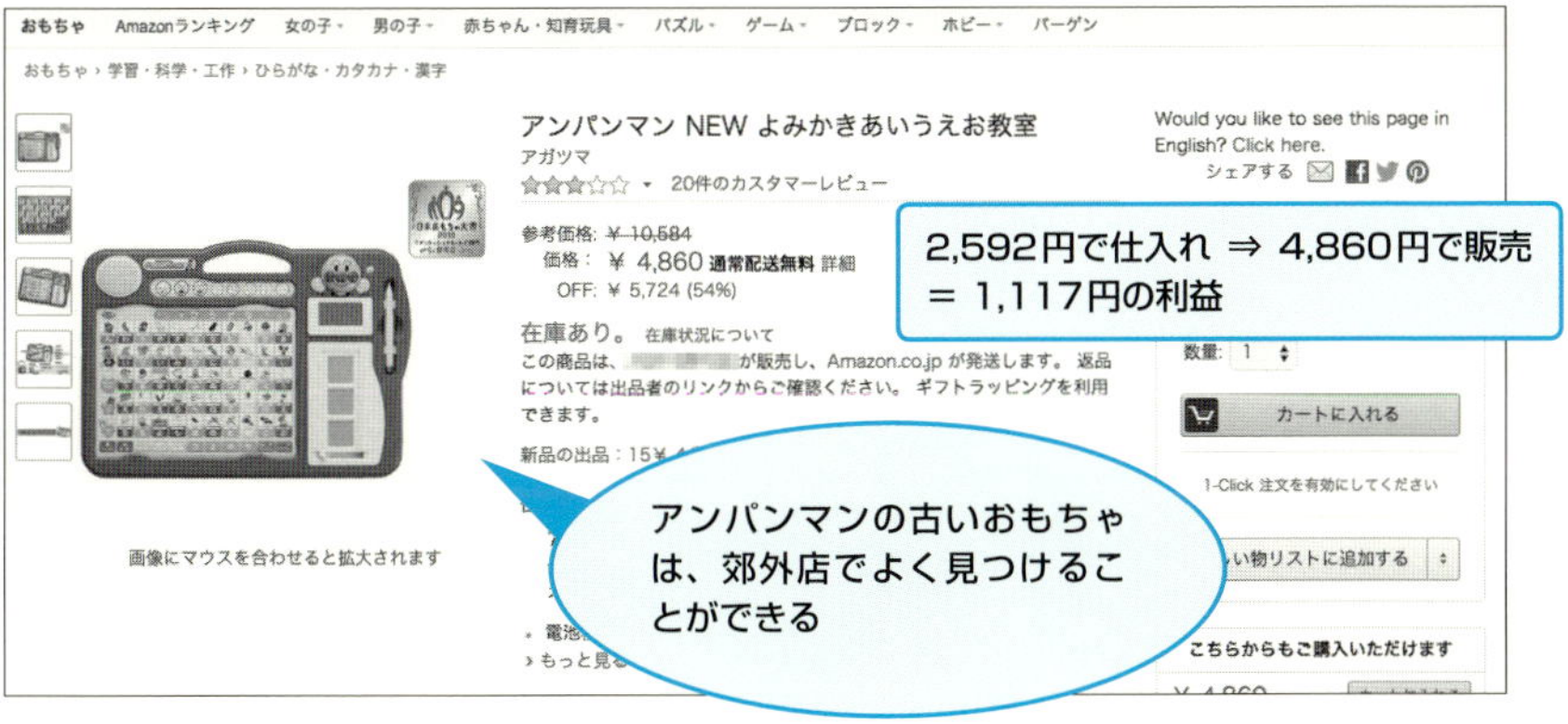

2 次に「大人向けのおもちゃ」でさらに稼ぐ

も高い可能性が出てきます。パッケージが古そうだなと感じたら、この数字をチェックしてバーコードを読み込んでみてください。特に、アンパンマンのおもちゃは毎年たくさんの種類が製造されていますが、廃盤になっていく商品も多いので、その中からプレ値になった商品を探すようにします。

「大人向けのおもちゃは定価が高めに設定されているので、値下げも大きくされている」場合があり、回転は落ちますが利益額は大きくなります。

たとえば、下図の鉄道模型は定価3万2400円ですが、店舗では売れに

● 大人向けのおもちゃの参考仕入れ例

Nゲージ 4633 京急新1000形 KEIKYU YELLOW HAPPY TRAIN 基本8両編成セット（動力付き）

2万580円で仕入れ ⇒ 3万1,500円で販売 ＝ 7,434円の利益

家電量販店に行くと、家電のように高値のおもちゃも定価より安く販売している

Nゲージ 20-652 自動踏切S 基本セット

1万2,339円で仕入れ ⇒ 3万9,200円で販売 ＝ 利益 2万2,597円

このようなサブ的な（部分的な）商品でも、大人向けのおもちゃはプレ値になる

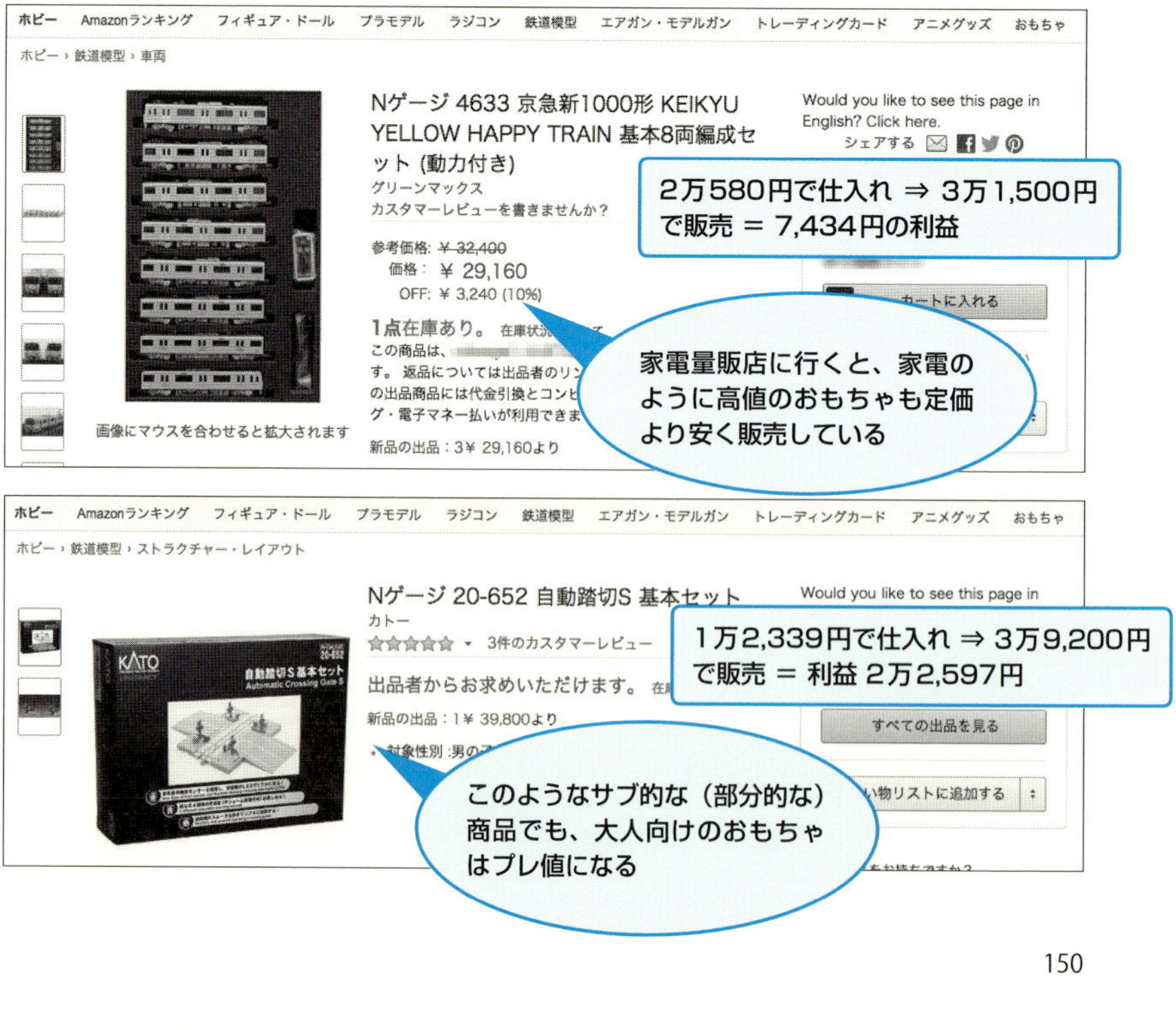

くいのか2万5800円で販売されていました。実際にAmazonでは、定価よりもちょっと安い値段の3万1500円で売れたので、利益は7434円でした。仕入れ金に余裕ができてきたら、多少回転率が悪くても確実に稼げるこういった価格帯の商品も仕入れてみましょう。

3 もうひとつ「オタク系のおもちゃ」を極める

オタク系のおもちゃはそれこそ分類できないほどの種類があります。まず手はじめに、フィギュアを見ていきます。

フィギュアは中古未開封の商品を仕入れる

フィギュアの仕入れ先は、オタク向け中古ショップになります。中古商品だと、検品などが難しそうと不安に感じますよね。ですが、そうでもありません。オタクはフィギュアを買ったら、パッケージを開封することなくそのまま部屋に飾って楽しみます。そしてきれいな状態を維持したまま中古ショップに売りに来て、また次のフィギュアを買って帰るのです。

ですから年代物のフィギュアは別として、本物のオタクは中古を買わないので、あなたも中古のフィギュアを仕入れる必要性はありません。「**中古未開封品を仕入れて新品として出品するのが基本**」です。このように、フィギュアは新品のまま、たくさんのユーザーの手に渡り続ける商品なのです。実店舗では、一応中古商品扱いになるので、新品よりも安い値段をつけていることが多く、価格差が発生しやすくなっています。

未開封の見分け方

ちなみに、フィギュアが未開封かどうかを見分けるためには、**「化粧箱にシールが貼ってあるかどうか」**を確認してください。たいていは透明な丸いシールが貼ってありますが、通常のセロハンテープのような場合もあります。また、**「パッケージの中に入っているフィギュアがビニールでくるまれていたら未開封」**の証拠です。見にくいかもしれませんが下の写真では、顔以外の体がビニールで覆われています。

初心者は、**「figma」**と**「ねんどろいど」**というシリーズのフィギュアをねらってみてください。マックスファクトリーとグッドスマイルカンパニーが出しているこの2つのシリーズは圧倒的にファンが多く、とても回転が早い商品です。

このほかのオタク向けのフィギュアをねらうときは、次の4つのキーワードを感じるものをねらってみましょう。

❶ 繊細

● フィギュアがビニールでくるまれている例

ビニールでくるまれていれば、
未開封品の可能性が高い

❷エロい
❸豪華
❹大きい

この条件があてはまるほど価値が高くなる傾向にあります。フィギュアのクオリティーと値段は確実に比例していくので、場数を踏めば「せどれる」「せどれない」が感覚的にわかってきます。

また下図の「**ねんどろいどの初音ミク**」のフィギュアのように、「**商品名に○○限定**」「**○○版**」などと書かれている商品も価格が高騰しやすいです。

次頁上図のフィギュアを見てください。これを見て興奮しない男性はいないのではないでしょうか。

● figmaの参考仕入れ例

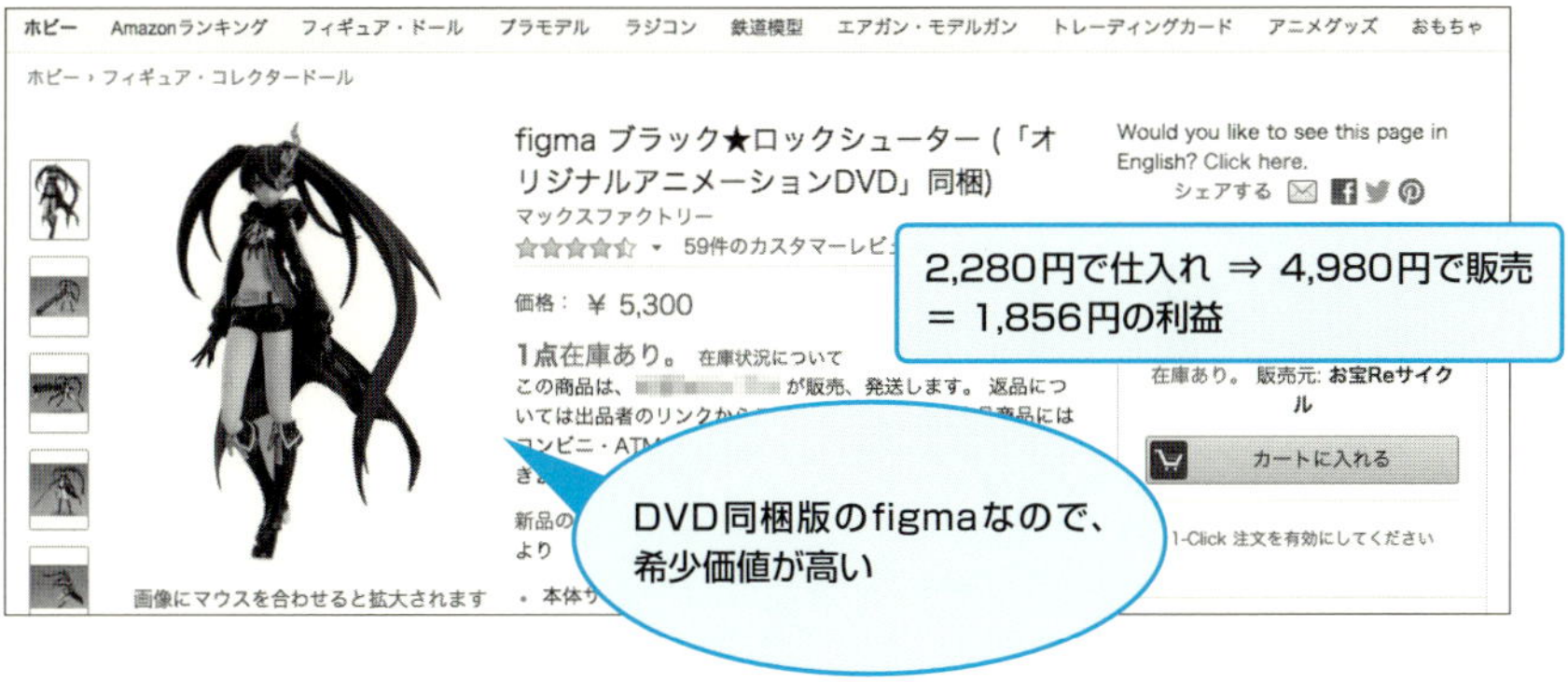
figma ブラック★ロックシューター（「オリジナルアニメーションDVD」同梱）
マックスファクトリー
価格： ¥ 5,300
1点在庫あり。
2,280円で仕入れ ⇒ 4,980円で販売
＝ 1,856円の利益
DVD同梱版のfigmaなので、
希少価値が高い

● ねんどろいどの参考仕入れ例

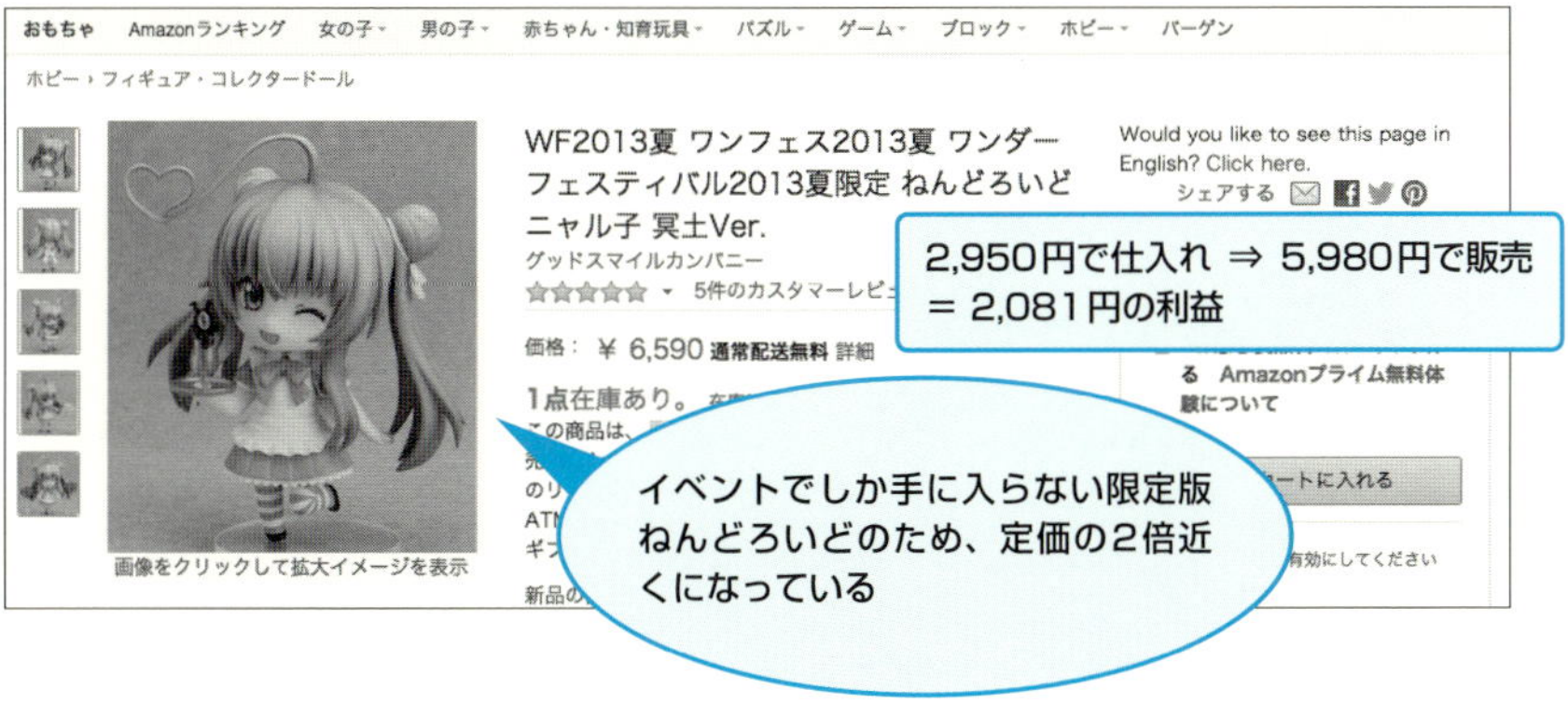
WF2013夏 ワンフェス2013夏 ワンダーフェスティバル2013夏限定 ねんどろいど ニャル子 冥土Ver.
グッドスマイルカンパニー
価格： ¥ 6,590 通常配送無料 詳細
1点在庫あり。
2,950円で仕入れ ⇒ 5,980円で販売
＝ 2,081円の利益
イベントでしか手に入らない限定版
ねんどろいどのため、定価の2倍近
くになっている

●「エロい」キーワードを感じる参考仕入れ例

8,424円で仕入れ ⇒ 1万3,320円で販売 ＝ 2,951円の利益

男性が興奮しそうなフィギュアを見つけたらとりあえずチェック

●「大きい」キーワードを感じる参考仕入れ例

9,800円で仕入れ ⇒ 1万7,300円で販売 ＝ 5,299円の利益

左のフィギュアに比べて、右のフィギュアはかなり大きく見える。大きなサイズの商品は、メーカー直営店限定商品が多いので、高値の可能性がとても高い

フィギュアの仕入れポイント

- 中古未開封品を仕入れる
- ① 繊細　②エロい　③豪華　④大きい
  ⇒ このキーワードに感じるモノを仕入れる

4 「アニメグッズ」はファン心理をくすぐるものをねらう

エロさが感じられる、それだけというわけではないと思いますが、相場は1万円以上と、かなりプレ値になっています。

次に大きいサイズの商品例を見てみましょう。右頁中図の2つは同じキャラクターにも関わらず、サイズですよね。重さも、左のフィギュアが662gに対して右は1900gと約3倍も違います。手にしたときに、ずっしりとした重みがあると高級感を感じます。Amazonでの価格は、やはり高騰気味でした。

続いて、アニメグッズを見ていきましょう。「アニメグッズは、"ぬいぐるみ""キーホルダー""マグカップ""文具"など、日常において"実用的なもの"がせどれるキーワード」です。

● ぬいぐるみの参考仕入れ例

2,700円で仕入れ ⇒ 5,480円で販売
= 1,855円の利益

アニメの中で重要なキャラクターのグッズはプレ値になりやすい

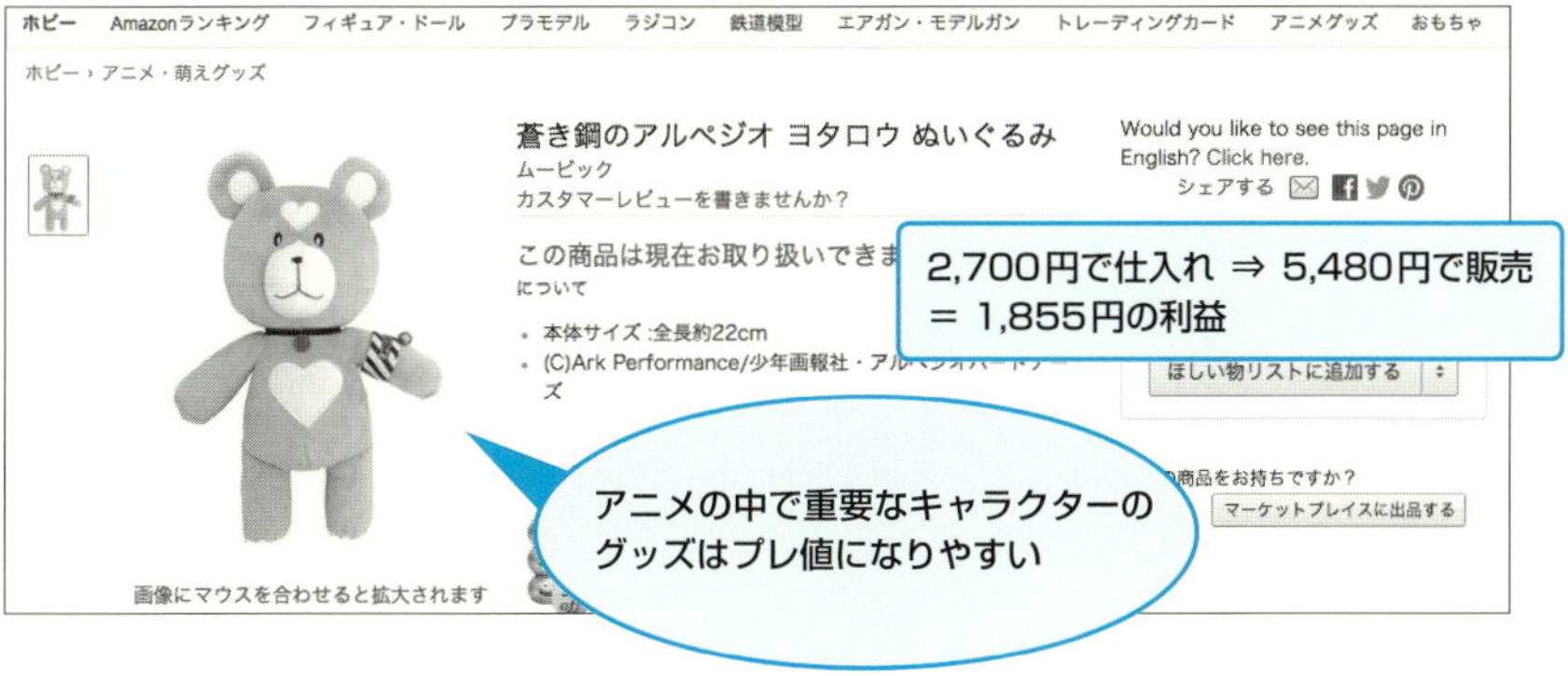

● キーホルダーの参考仕入れ例

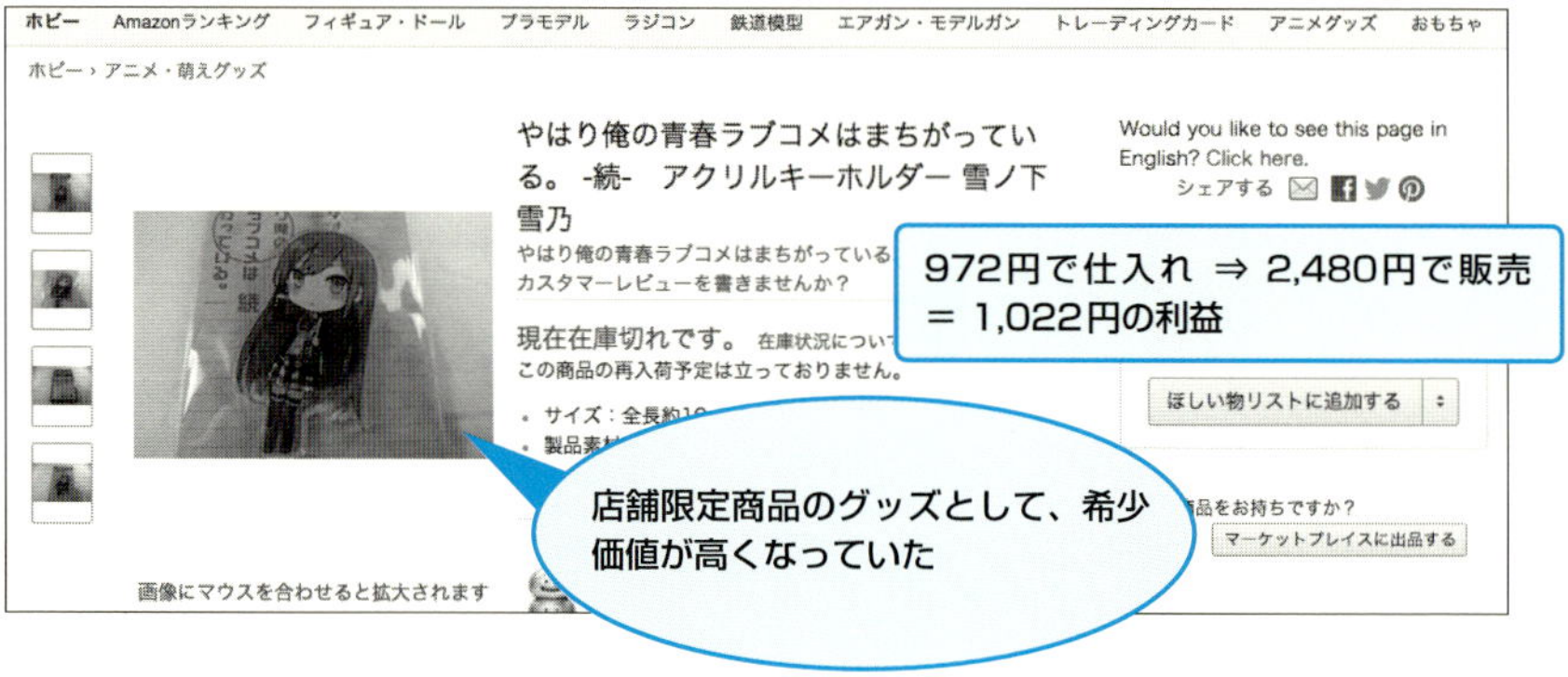

● マグカップの参考仕入れ例

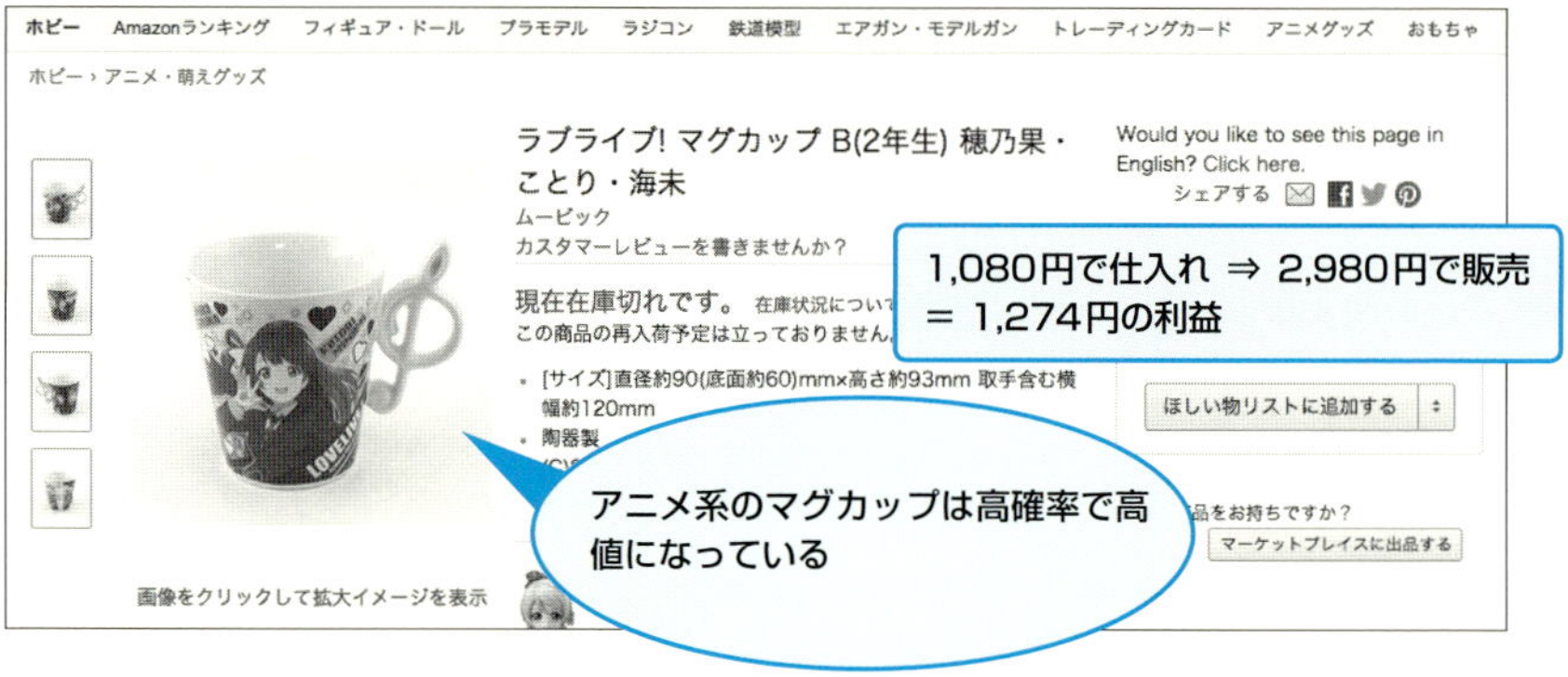

● 文具の参考仕入れ例

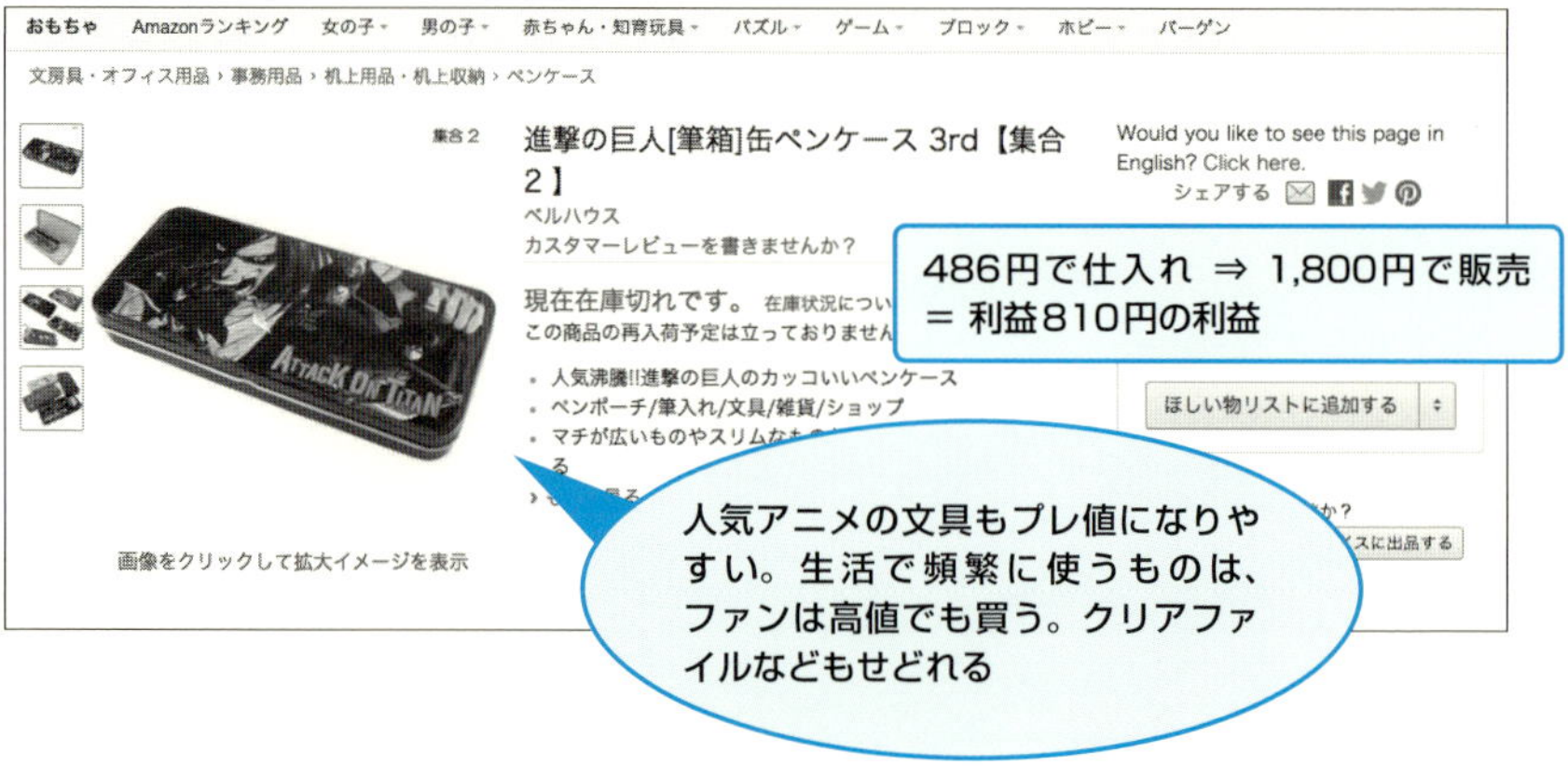

5 番外編 人気声優のライブDVDや店舗限定商品はプレ値になる

アニメショップは、DVDコーナーでもせどりができます。キーワードは、ライブや舞台などの「生」ですね。人気声優や恒例イベント、これらが安定的にプレ値がついています。

また、棚をくまなくひたすら探す根気も必要です。

● ライブDVDの参考仕入れ例

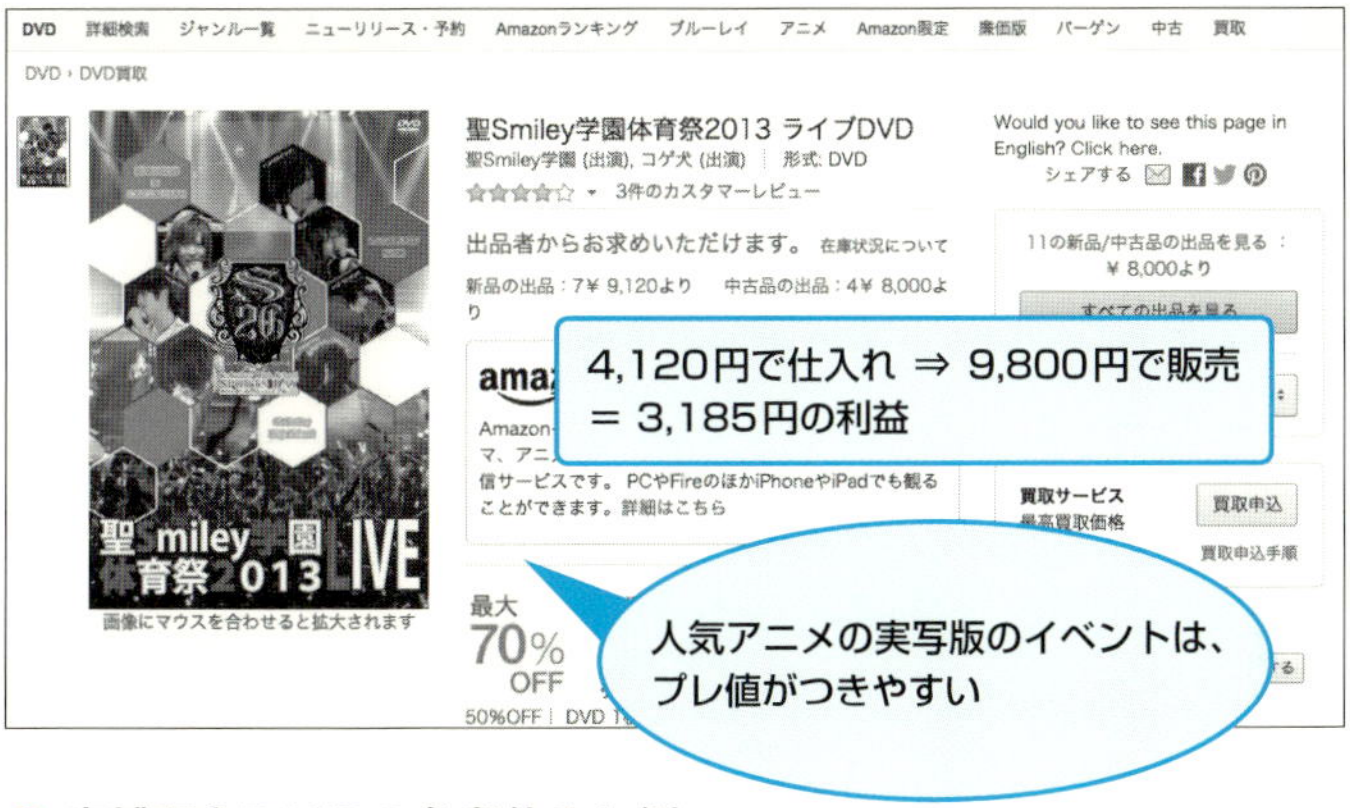
聖Smiley学園体育祭2013 ライブDVD
聖Smiley学園 (出演), コゲ犬 (出演) 形式: DVD
3件のカスタマーレビュー
出品者からお求めいただけます。
新品の出品：7¥ 9,120より 中古品の出品：4¥ 8,000より
4,120円で仕入れ ⇒ 9,800円で販売
= 3,185円の利益
人気アニメの実写版のイベントは、
プレ値がつきやすい

● 店舗限定ＤＶＤの参考仕入れ例

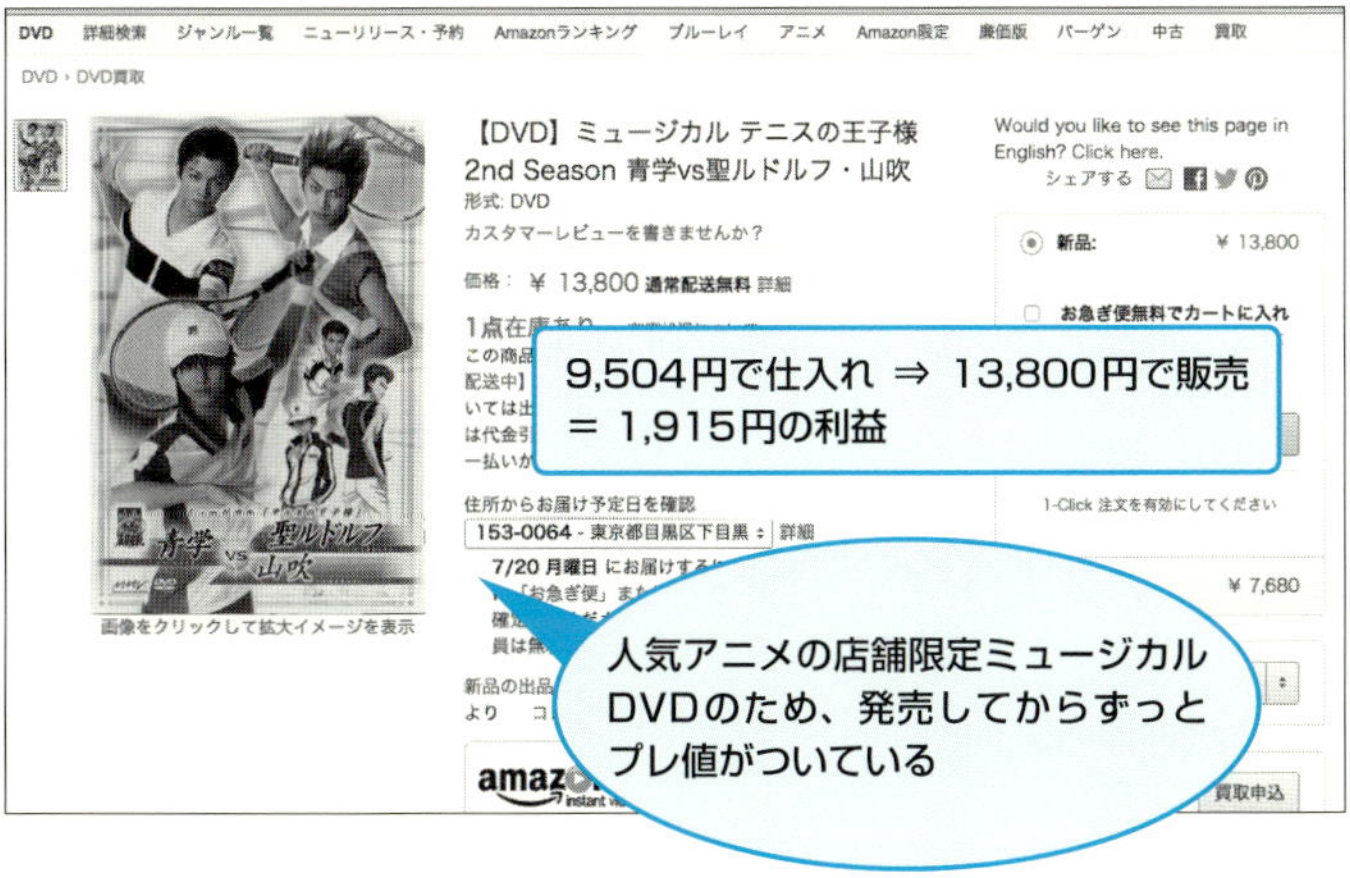
【DVD】ミュージカル テニスの王子様 2nd Season 青学vs聖ルドルフ・山吹
形式: DVD
カスタマーレビューを書きませんか？
価格： ¥ 13,800 通常配送無料
新品: ¥ 13,800
9,504円で仕入れ ⇒ 13,800円で販売
= 1,915円の利益
人気アニメの店舗限定ミュージカル
DVDのため、発売してからずっと
プレ値がついている

04 めざせ「リサイクルショップせどり」の達人

1 なんといっても高利益率なのが魅力！

「**せどりの仕入れで1番利益率が高いのが、リサイクルショップ**」です。**Amazon**の相場を無視しているお店が割と多いので、せどらーにとってはありたがいかぎりです。特にメディア系は、適当に値段をつけているイメージです。「**せどりは宝探し**」とよく言われますが、このリサイクルショップせどりがそれに1番あてはまります。混沌と置かれた商品の中からプレミアム商品を掘り出しあてるのは、ゲーム感覚でとても楽しいですよ。

2 リサイクルショップでのせどり方

せどる手法は、とても簡単です。「**あらゆるカテゴリーの未開封や未使用の商品を検索していく**

だけ」です。ゲームソフトの未開封商品を一例に出します。見えにくいかもしれませんが、下の写真で「**シュリンクの細い帯に"Play Station 2"**」と書かれているのがわかるかと思います。このような商品は、正真正銘の未開封品として仕入れることができます。

また、「**家電やおもちゃなどは、値札に未開封などと表記してある**」ので、それを目安に検索してみてください。

お店が中古品を仕入れたくないジャンルをねらう

リサイクルショップでは、必ずといっていいほど未開封で販売しているジャンルの商品があります。お店が中古品を仕入れたくないような商品をイメージしてみてください。それは、化粧品類や電球のようなモノです。まずは、これらのコーナーに行ってみましょう。

雑な陳列をくまなく探す

リサイクルショップは陳列が雑なお店も多いので、棚の後

● ゲームソフトの未開封商品例

ace-game.jp
DVD
ROM
JAPAN ONLY

ここに引っ張ってはがれるシュリンクの帯があれば未開封

● 化粧品の参考仕入れ例

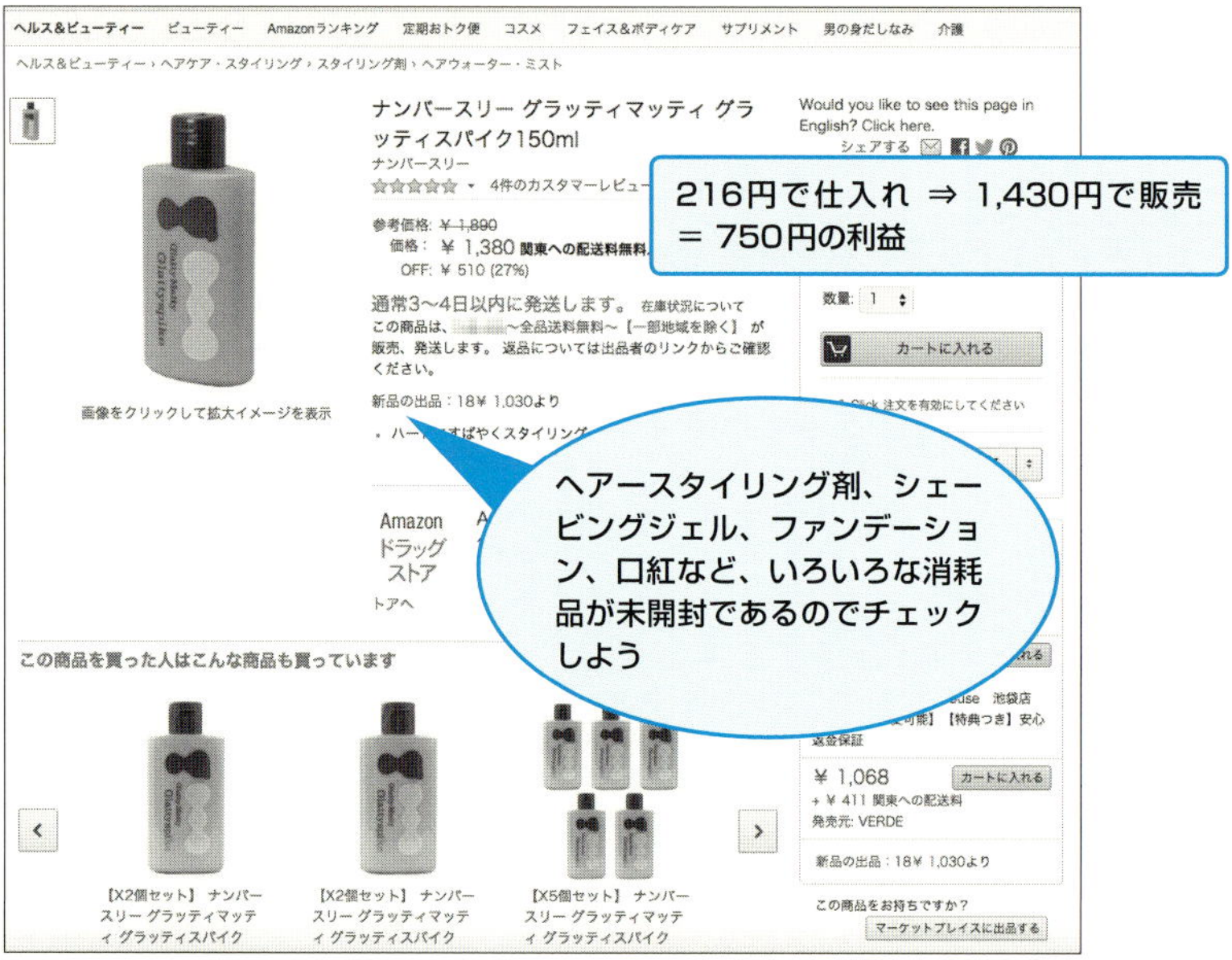

● 電球の参考仕入れ例

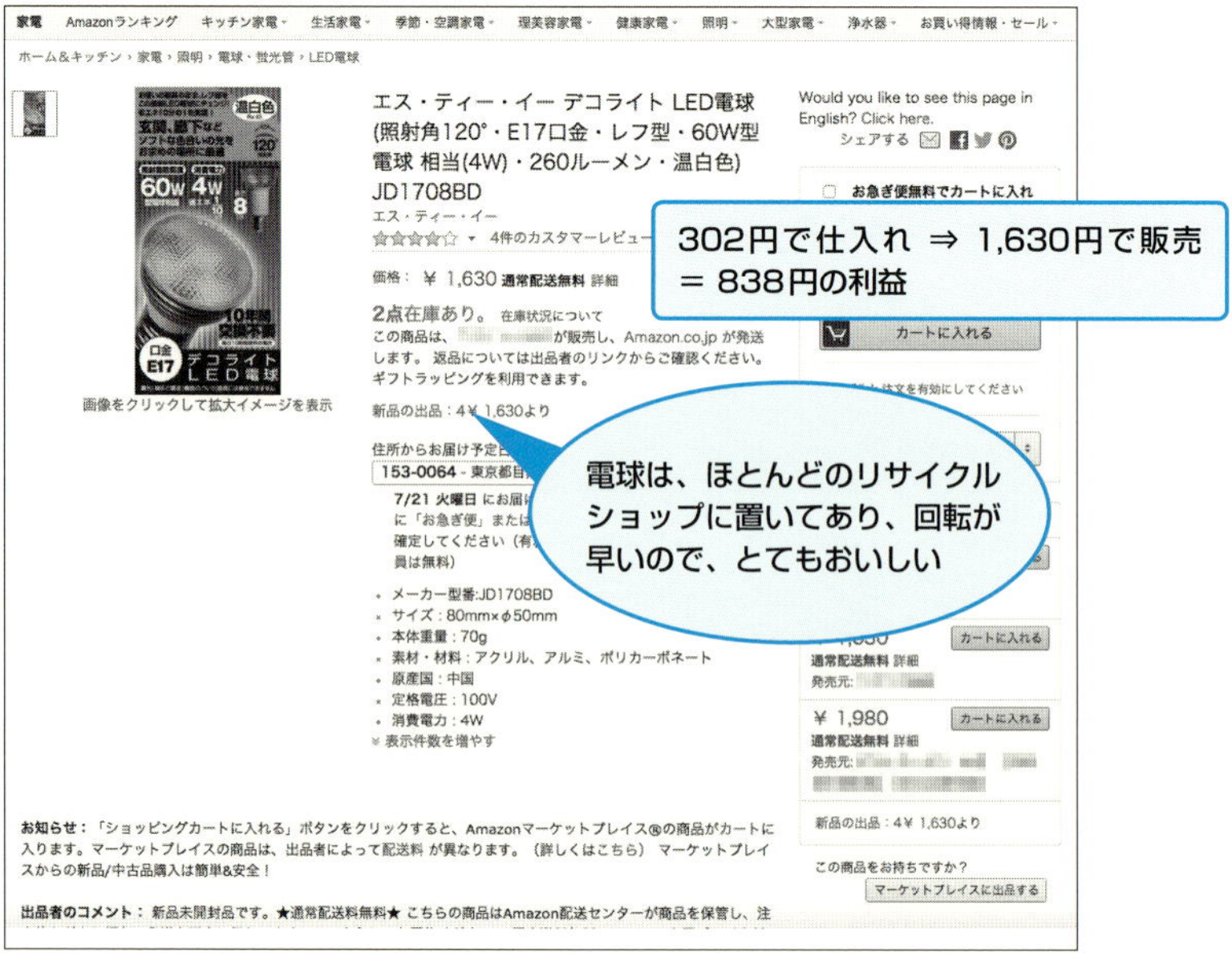

ろとか下に埋もれている商品を掘り出してみてください。お宝が眠っていることがよくあります。

左の2つの商品は、約10年前のモノになりますが、それでも未開封の新品として売られていました。

● 10年前のお宝が眠っていることもある

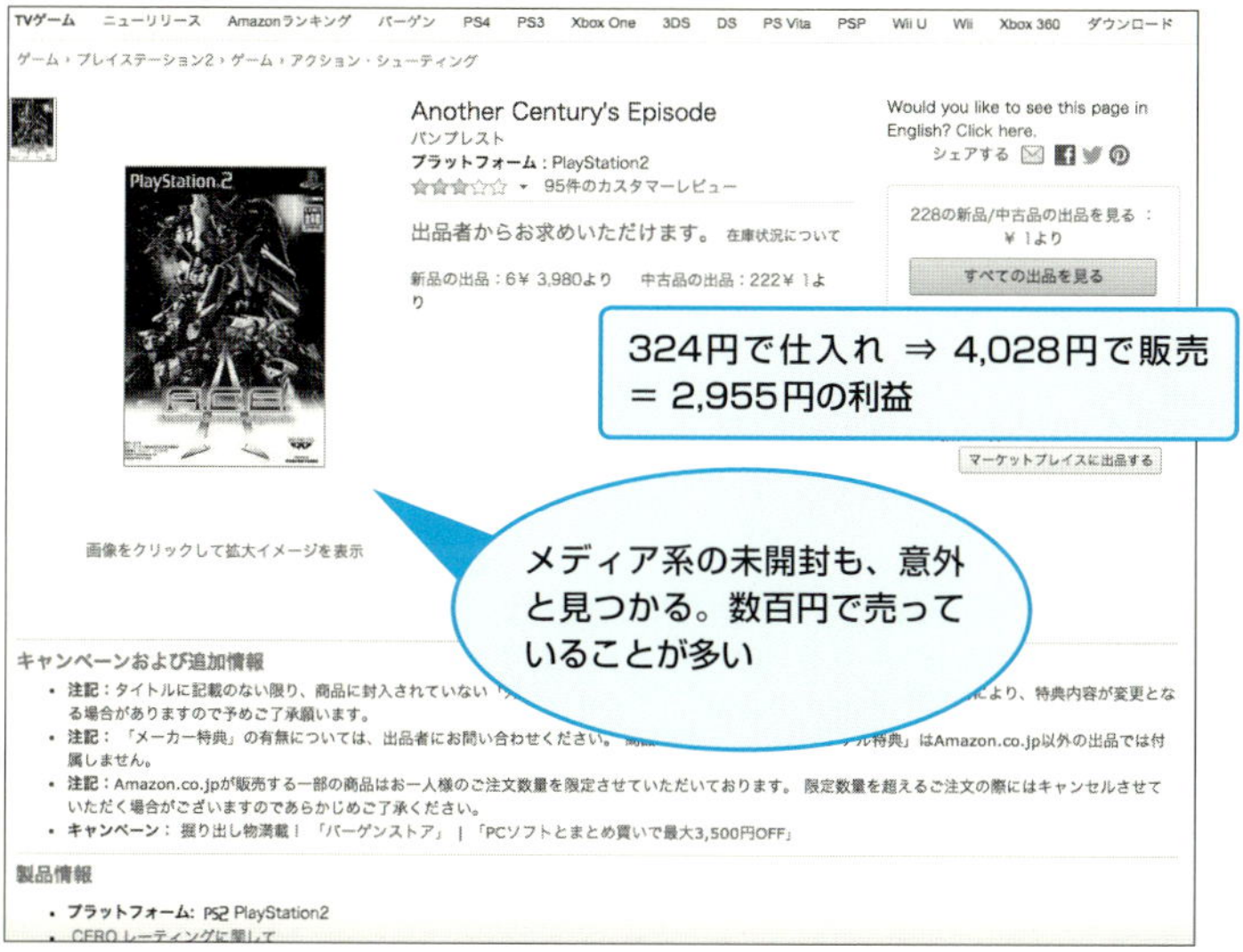
Another Century's Episode
バンプレスト
プラットフォーム：PlayStation2
出品者からお求めいただけます。
新品の出品：6¥ 3,980より　中古品の出品：222¥ 1より
324円で仕入れ ⇒ 4,028円で販売
＝ 2,955円の利益
メディア系の未開封も、意外と見つかる。数百円で売っていることが多い

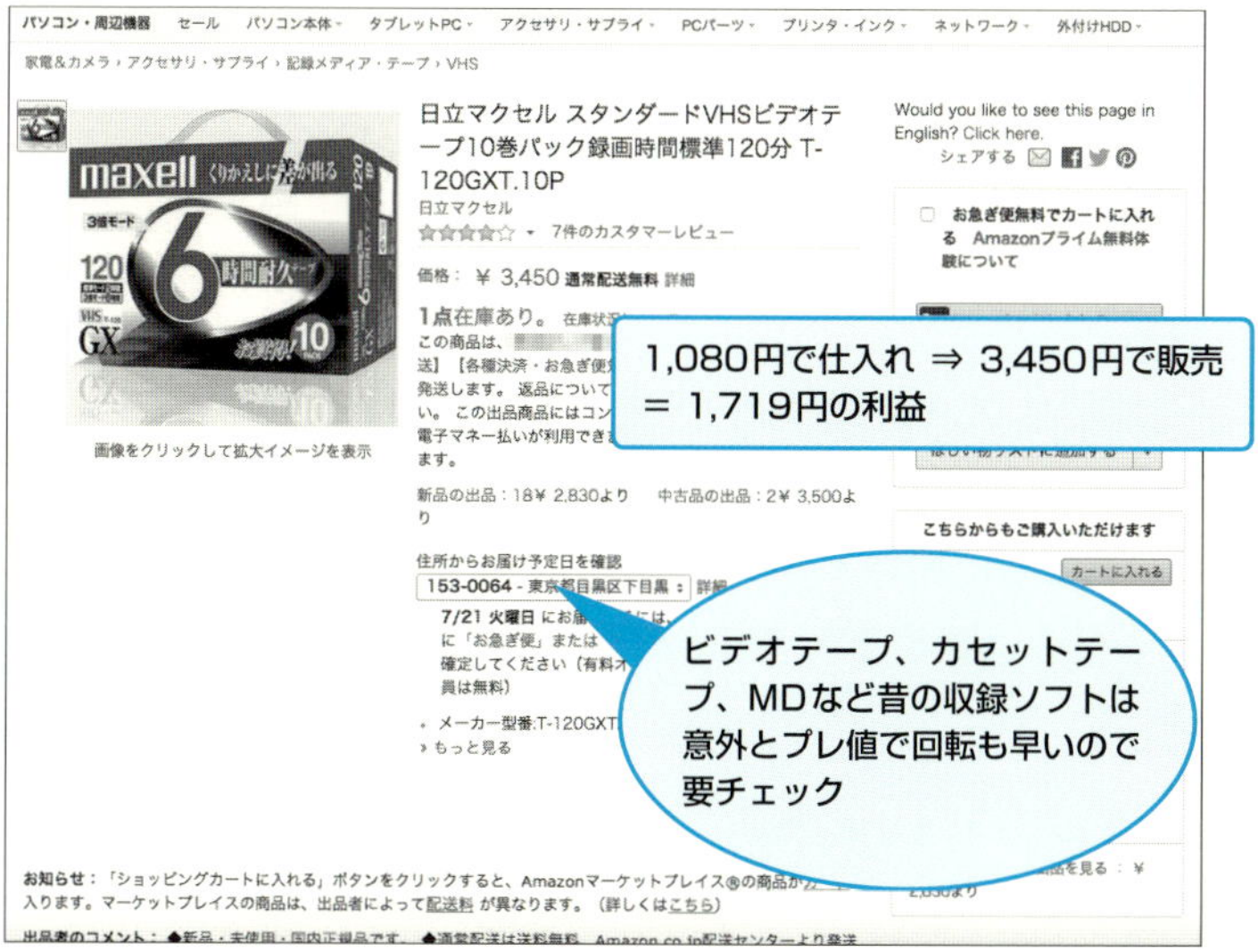
日立マクセル スタンダードVHSビデオテープ10巻パック録画時間標準120分 T-120GXT.10P
日立マクセル
価格： ¥ 3,450
1点在庫あり。
新品の出品：18¥ 2,830より　中古品の出品：2¥ 3,500より
1,080円で仕入れ ⇒ 3,450円で販売
＝ 1,719円の利益
ビデオテープ、カセットテープ、MDなど昔の収録ソフトは意外とプレ値で回転も早いので要チェック

同じ商品が複数個並んでいれば、新品の可能性が高い

リサイクルショップに行くと、同じ商品がとてもきれいな状態で4、5個あることがあります。こういう場合、たまたま個人のお客様から別々に仕入れたということは奇跡に近いです。リサイクルショップは倒産会社の不良在庫を買いつけたりするので、同じ商品が大量に仕入れられることがあります。このような場合、未開封と書いていない場合もありますが、ほぼ間違いなく新品の状態です。棚を見れば、そういった商品がかなり目につくのでチェックしてみてください。下の商品は5個もあったので、1万円以上の利益になりました。

3 利益率の高い中古商品もねらってみよう

初心者には「**箱と付属品がすべてそろっていることが条件**」となりますが、中古品もねらってみてください。リサ

● 同じ商品が複数個並んでいれば、新品の可能性が高い

1,598円で仕入れ ⇒ 4,480円で販売
= 2,115円の利益
おもちゃだけでなく、家電などの倒産品もまとめて売っていたりする
BANDAI

イクルショップには、1商品で数千円以上の利益が稼げる確率が高い場所があります。それが「ガラスケース（ショーウインドー）の中」です。精密機器などが陳列されているので、比較的高価格帯のものが置いてあります。JANコードが見えることはまずないので、型番を手打ちで検索します。

仕入れる要領は家電の展示品仕入れと一緒で、「現在出品されている中古価格とあわせて利益が出るか、状態がとてもよければ新品価格より1～2割安い値段で売っても利益が出れば仕入れる」ようにします。

● ホームセンターの通常棚にある廃番商品もねらい目

2,500円で仕入れ ⇒ 「中古-非常に良い」で5,980円で販売（定価5,637円）＝ 2,563円の利益

PLANEXもPC周辺の有名メーカーなので、廃盤商品はプレ値で売れる

5,184円で仕入れ ⇒ 「中古-非常に良い」で1万8,000円で販売＝1万1,035円の利益

SANYOの電化製品は、ブランドとして消滅しているので、多くの商品がプレ値になっている。このカメラも例外ではなかった

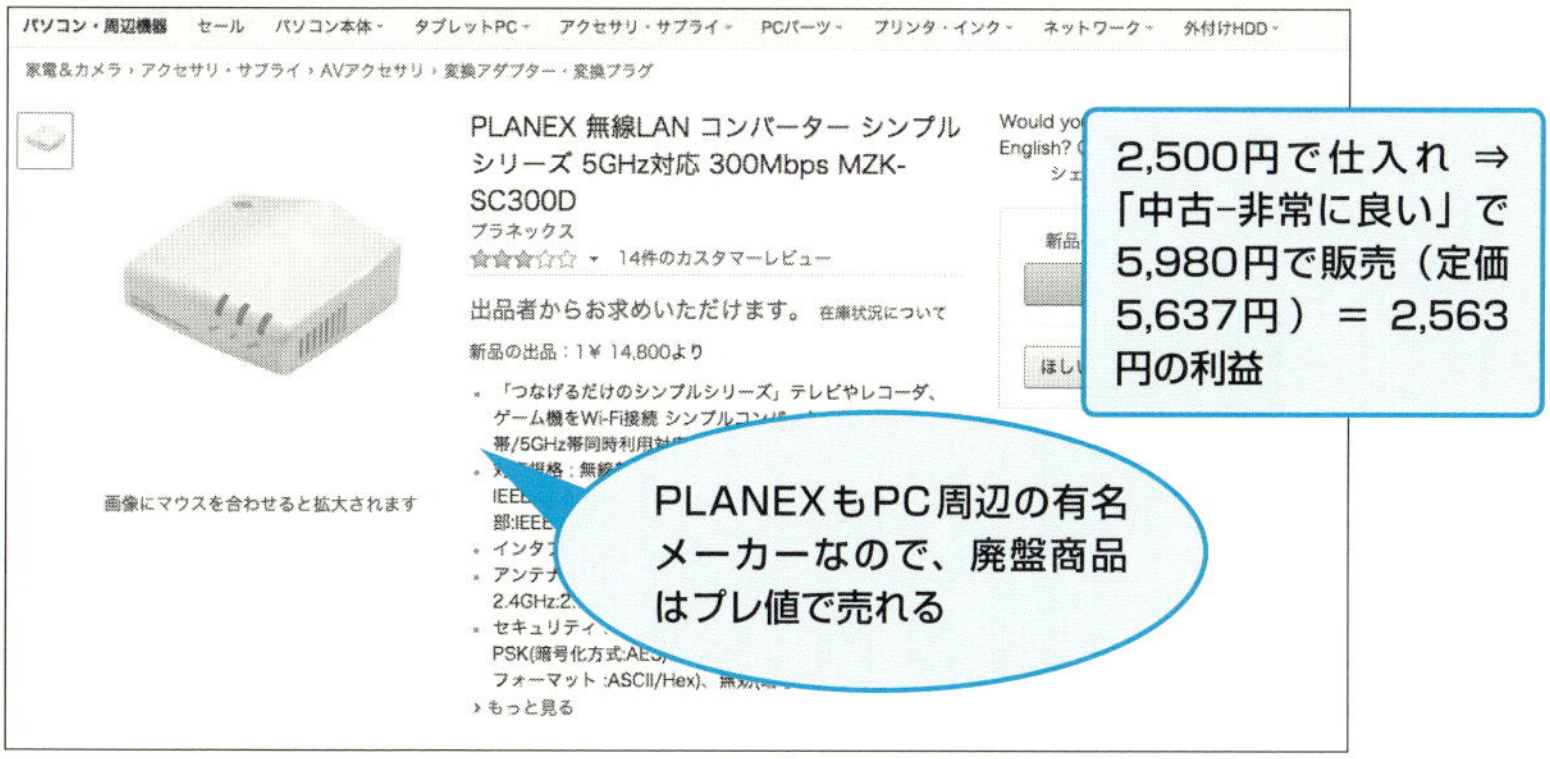

05 めざせ「日常せどり」の達人

1 日常的に行くお店をねらえ

日常せどりとは、普段の生活で週末に買い物に行くお店や、月に何度か用事で行くようなお店で、ついでにチョコッと稼ぐせどりスタイルです。この隙間時間を使ってせどるだけで、利益が1万円を超えることも頻繁にあるのでバカにできません。お店は、ホームセンター、ディスカウントストア、大型スーパーなどです。サーチ方法は家電やおもちゃと一緒で、「○割引にしました！」「値下げしました！」と書かれているようなセール商品を検索していくだけです。ワゴンだけでなく、通常棚にもそのような商品が多くあるのが特徴です。

2 そのお店で、一般の人が買わないようなモノをせどれ！

せどりをしていくうえで共通する大事な考え方をお伝えするので、覚えておいてください。

それは、「**そのお店のメインの取り扱いではない商品をねらう**」ということです。たとえば、おもちゃや家電を買いに行こうと思ってホームセンターに行く人はあまりいないですよね。種類も少なく値段も高いので、緊急性がないかぎりはあまり買いに行くことはないかもしれません。ホームセンターではそのようなジャンルの商品は売れ残ってしまうので、不良在庫として安値で販売されるタイミングがいつかやってきます。

売れ残りすぎて、市場在庫がなくなることでプレ値になっているような商品もあります。

売り場とは違う商品が並んでいたらねらい目

そして、次頁上の写真のような違和感を感じる売り場を見たら要チェックです。古そうなパ

● ショーウインドーの中にある廃番商品もねらい目

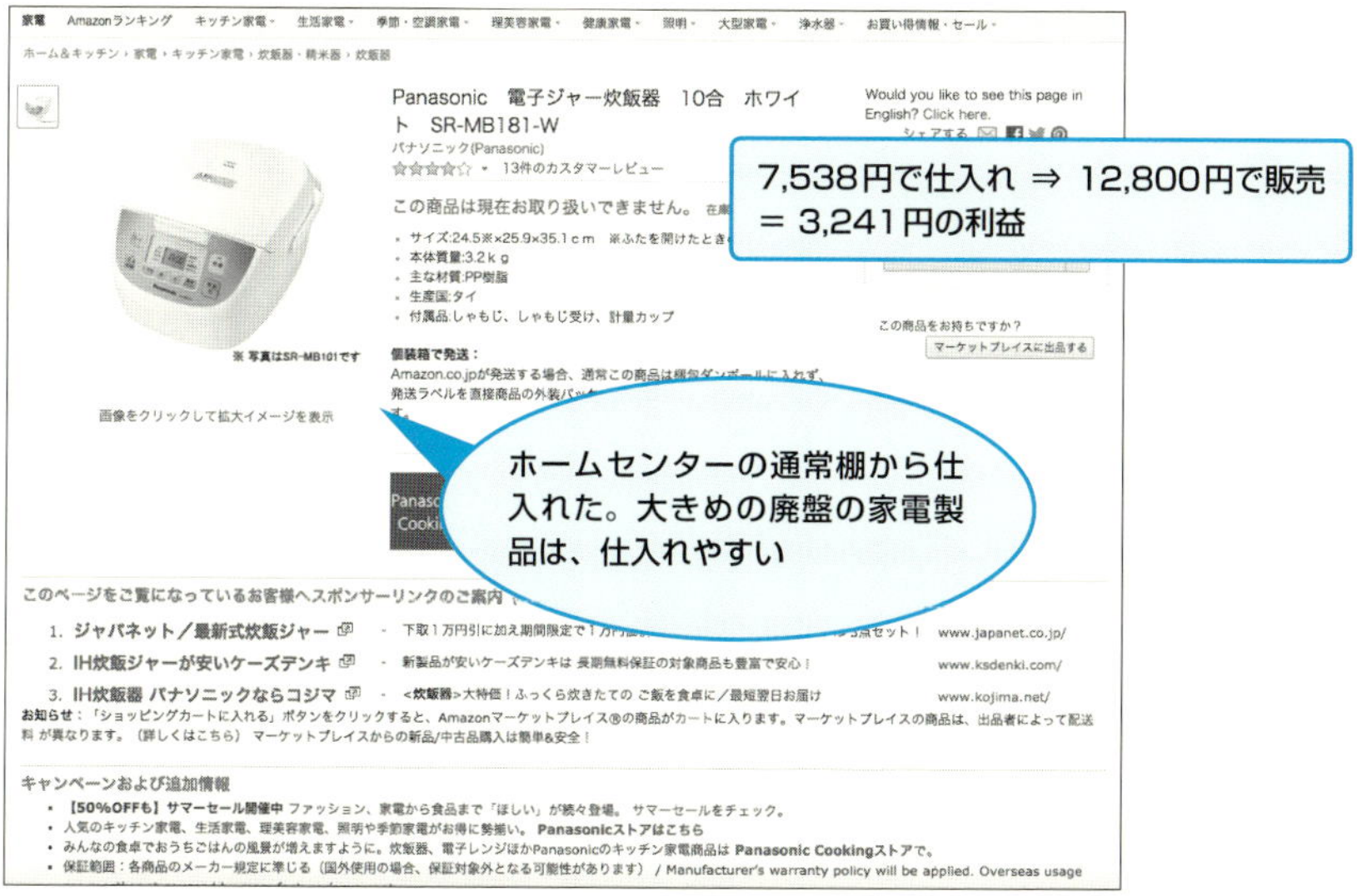
Panasonic　電子ジャー炊飯器　10合　ホワイト　SR-MB181-W
パナソニック(Panasonic)
この商品は現在お取り扱いできません。
7,538円で仕入れ ⇒ 12,800円で販売
= 3,241円の利益
ホームセンターの通常棚から仕入れた。大きめの廃盤の家電製品は、仕入れやすい

● **自転車の部品売り場の上に古そうなおもちゃが陳列されている**

7,538円で仕入れ ⇒ 11,514円で販売
= 1,785円の利益

2007年製の古いおもちゃ。ホームセンターでは、古いおもちゃによく出会う

ッケージのおもちゃがたくさん、自転車コーナーの棚の上に陳列されていました。完全に売れ残り品の置き場になっています。こういった商品の中にも、しっかりプレ値になっている商品があります。

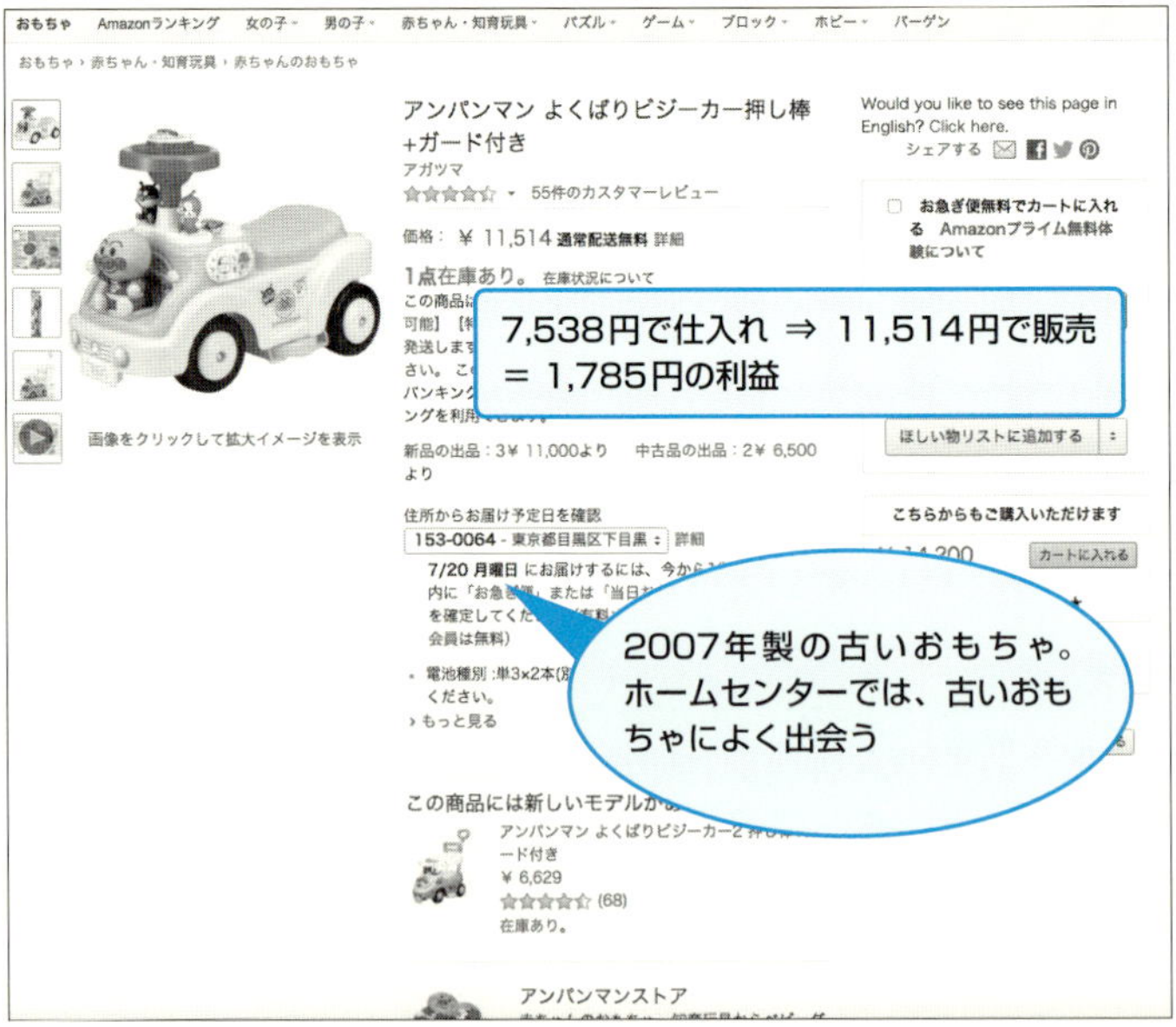

3 日常せどりの鉄板商品は?

日常せどりで、頻繁に仕入れができるのが「水筒」です。これが年中飛ぶように売れるので、お店に入ったら、まずはこのコーナーに行ってください。そして、たいていお弁当箱と調理器具（主に**T-fal**）も近くのコーナーにあります。このあたりもよくねらえるので、ついでにチェックしてください。値札が赤札になっていなくても、**Amazon**では高値になっている場合もあります。複数買える場合が多

● 水筒は回転率がいいので仕入れやすい

1,701円で仕入れ ⇒ 3,980円で販売
= 1,355円の利益

水筒は、ホームセンターと大型スーパーでせどりやすい

●水筒だけでなく、フードコンテナやランチジャーも高回転率

540円で仕入れ ⇒ 1,964円で販売
= 801円の利益

サーモスは、水筒、弁当で1番人気があるメーカー。値下がってたら必ずチェックしよう

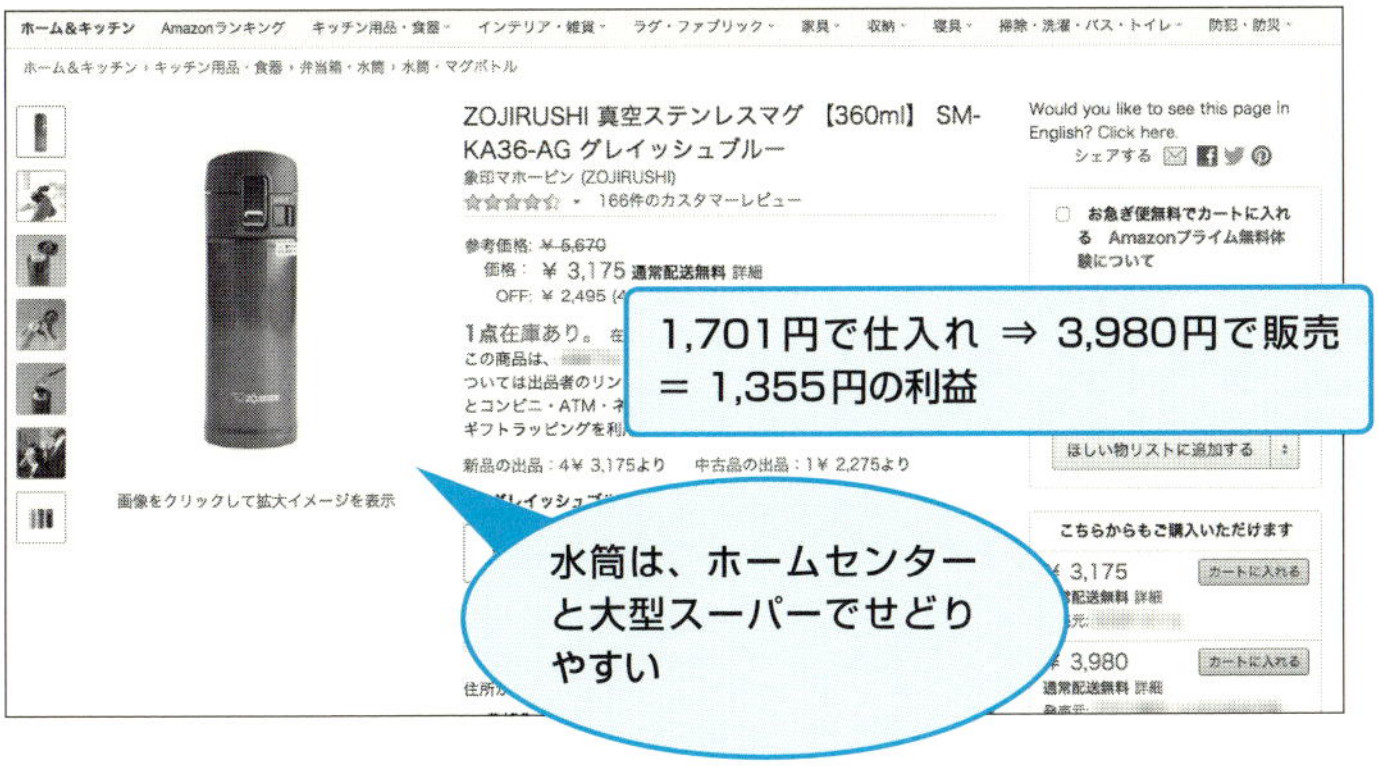

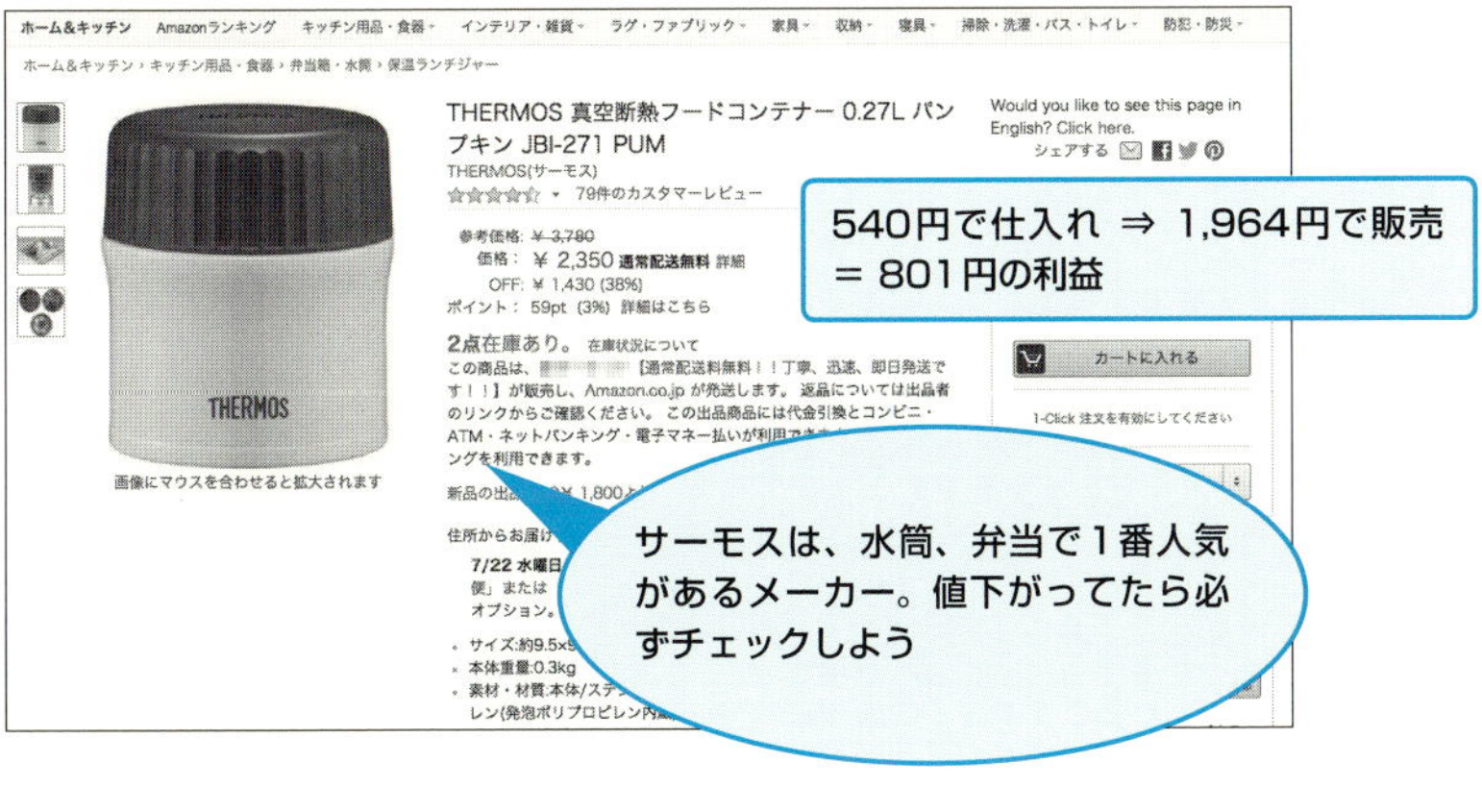

いので、そこにある在庫をすべて仕入れることも可能です。
またこれらの商品は、3～5月にかけて需要が一気に高まるので、春になったら小まめにチェックしてください。価格が突然1・5倍ほどになる商品も少なくないので、普段なら仕入れができない商品も仕入れができるようになる場合があります。「**サーモス**」「**タイガー**」「**象印**」の3社が有名ブランドになります。

日常せどりに慣れると、週末の家族サービスで買い物に行くたびにお金が減るどころか、増えていきます！

仕入れ推奨メーカー

水筒やランチジャーは「サーモス」「タイガー」「象印」を仕入れることが多い。
調理器具は「T-fal」がお勧め！

5時限目

効率よく稼ぐために、せどりのスーパーテクニックを覚えよう！

仕入れが渋い時期は必ずあります。ベテランせどらーでも仕入れ量が減ってしまいます。ですから、稼ぐべき時期に稼ぐべきポイントをねらっていきましょう。

01

「セール情報」を探せ！

1 セールなら、誰でも仕入れられる

せどりは、商品と相場を覚えてしまうと仕入れの効率が格段と上がります。もしそういった目利きがまったくできなかったとしても、**「誰でも簡単にたくさん仕入れができるのがセールです」**よね。仕入れの途中で、たまたまセールに出くわすこともありますが、セール情報がわかっていれば、仕入れに行くのも楽しくなりますよね。なおかつ、そのセール情報に簡単にたどり着くことができれば、とてもラッキーですよね。それが今は簡単にできちゃうのです！

2 セール情報は「ヤフー・リアルタイム検索」で探せ！

ヤフー・検索の「リアルタイム検索」を使えば、簡単に生情報を収集できてしまいます。リア

ルタイム検索は、**Twitter**や**Facebook**のリアルタイムの投稿を拾ってきてくれます。「半額セール　横浜」「**SALE**　90%　渋谷」といったキーワードで検索してみてください。

閉店セールが1番おいしい！

セールの中でも1番稼げるのは「**閉店セール**」です。全商品半額になることもよくありますし、閉店日が近づくにつれてさらに安くなる場合もあります。

ちょっと思考を変えて「**改装セール**」で検索してみるのもひとつの方法です。下の画面のような感じで見つかりますよ。

オープニングセールは近隣のお店をねらえ！

オープニングセールの場合には、そこまで力を入れなくても集客ができてしまうので、ここが意外や意外、オープニングセールはあまりおいしくないことがよくあります。

ただ、行ってみてせどれなかったとしても、無駄足と感じる必要はありません。「**オープニングセールに対抗する近隣のお店がお値段的にがんばってくれるので、おいしくせどれる**」ことがあります。

● Yahoo! リアルタイム検索を使って「閉店セール」で検索してみる

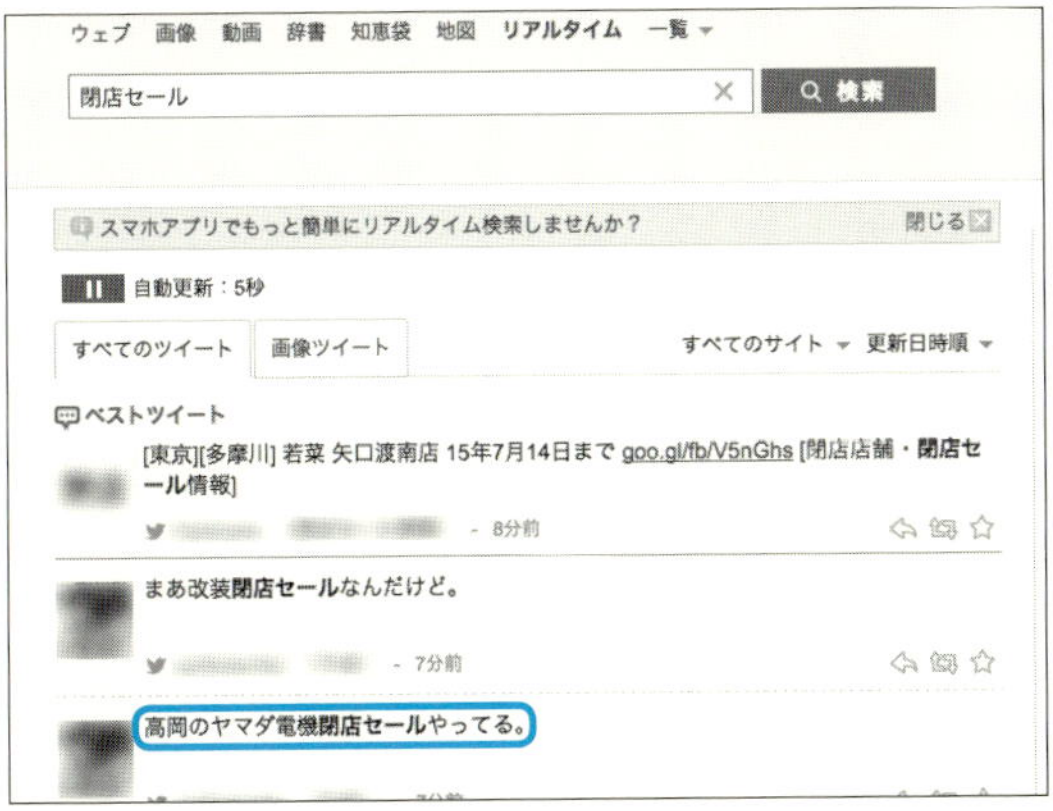

02 各企業の決算月をねらえ！

1 まずはワゴンをチェック

各企業は本決算のタイミングで、「売上目標達成」のためと「在庫処分」のために、ネット相場よりかなり安い価格で見切り品を大量に放出してきます。お店に行けば、8割引、9割引のようなワゴンセールに出会う確率も高くなります。通常棚ですらワゴンセール状態になるお店もあります。

2 初日だけでなく、決算セールが終わってもねらえる

その地域で規模が1番大きいお店になると、近隣店舗から在庫処分品が毎日のように送られてくるので、ワゴンセールに商品が毎日追加されることになります。この時期ならではのことです

が、お店に行きさえすれば2、3分で利益数万円みたいなことも起こり得るのです。決算セールは決算月の前月末頃からはじまり、だんだんと安くなっていき、場合によっては決算月の翌月も商品が売れ残って安くなることがあるので、チェックし続けるのがポイントです。

では、全国に店舗がある企業の決算月をピックアップしたので、メモしておいてください。

● **各企業の決算月（決算月 ⇒ アイウエオ順）**

決算月	店舗名（ジャンル）
1月	トイザらス（おもちゃ）
2月	赤ちゃん本舗（ベビー用品） イオン（スーパー） イトーヨーカドー（スーパー） HMV（CD・DVD） カインズホーム（ホームセンター） ケーヨーデイツー（ホームセンター） コーナン（ホームセンター） ファッションセンターしまむら（衣料品・おもちゃ） 新星堂（CD・DVD） ダイエー（スーパー） タワーレコード（CD・DVD） トレジャーファクトリー（リサイクルショップ） 西松屋（子ども用品） ベスト電器（家電） ワンダーグー（リサイクルショップ）
3月	イエローハット（カー用品） エディオン（家電） オートバックス（カー用品） キタムラ（カメラ） ゲオ（リサイクルショップ） ジョーシン（家電） セカンドストリート（リサイクルショップ） ゼビオ（スポーツ用品） ツタヤ（ゲーム・CD・DVD） ノジマ（家電） ビバホーム（ホームセンター） PC DEPOT（パソコン） ブックオフ（リサイクルショップ） マツモトキヨシ（ドラッグストア） ヤマダ電機（家電） ヨドバシカメラ（家電）
4月	らしんばん（アニメショップ）
5月	ヴィレッジヴァンガード（書籍、雑貨）
6月	ドン・キホーテ（ディスカウントストア）
8月	コジマ（家電） コストコ（ディスカウントストア） ビックカメラ（家電） ホームズ（ホームセンター）
9月	まんだらけ（アニメショップ）
12月	西友（スーパー）

03

「イベントせどり」イベントで楽しくせどれ！

イベントに行くと、お祭り気分で楽しく仕入れることができます。イベントならではのプレミアムものや大特価品なども出ているので、本気でやれば、1日で利益10万円も達成可能です。

1 神田の古書祭りはせどりの原点

イベントの一例として、毎年10月末から11月はじめにかけて、世界一の古本街の神保町で神田古本祭りが行われます。特にイベント終了の週末がねらいどきです。すずらん通りで、各出版社が新品の在庫本を持ってきてくれます。定価の半額で販売されていたり、500円均一安売りコーナーがあったりして、せどれる本がそこら中に転がっています。

学術書をねらえ！

○○大学出版というような、学術書を主に取り扱っている出版社も多数出店しています。学術書は定価が5000円以上するものもたくさんあるので、定価より数千円安く仕入れることができれば、十分に利益が出ます。気前のいい出版社なら交渉にも応じてくれるので、利益が微妙な商品は「○○円だったら買わせてもらいます」とひと声かけてみるのも楽しいかもしれません。

2年連続で仕入れられた本が3冊あったので、もしかしたら今年も仕入れられるかもしれません。参考にしてみてください。いずれも複数冊仕入れることができました。

● 神田古本祭りで手に入れた学術書の参考仕入れ例

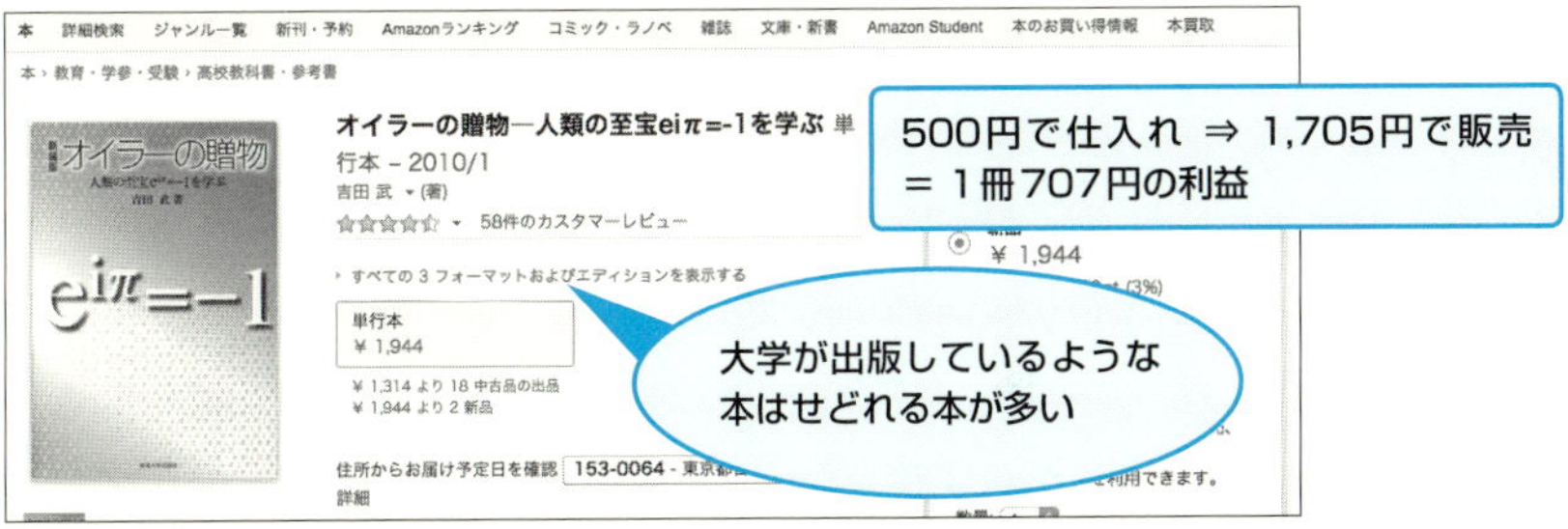
オイラーの贈物―人類の至宝eiπ=-1を学ぶ 単行本 – 2010/1
吉田 武 (著)
58件のカスタマーレビュー
単行本 ¥ 1,944
¥ 1,314 より 18 中古品の出品
¥ 1,944 より 2 新品
500円で仕入れ ⇒ 1,705円で販売
＝ 1冊707円の利益
大学が出版しているような本はせどれる本が多い

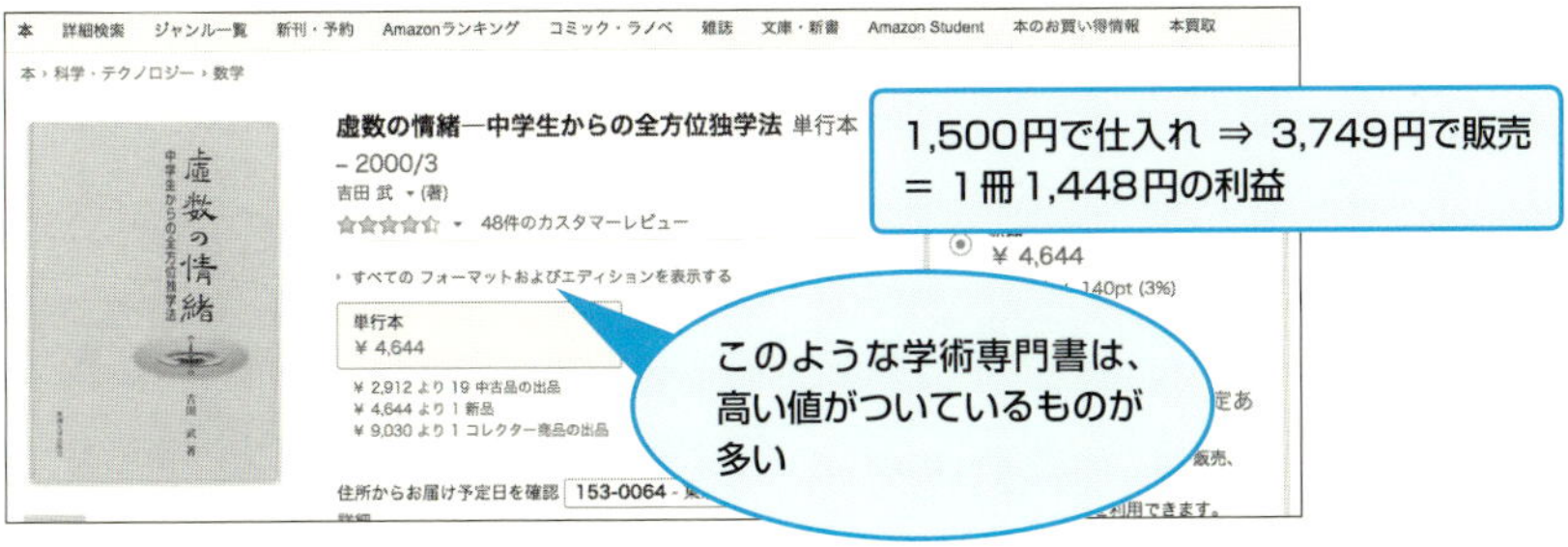
虚数の情緒―中学生からの全方位独学法 単行本 – 2000/3
吉田 武 (著)
48件のカスタマーレビュー
単行本 ¥ 4,644
¥ 2,912 より 19 中古品の出品
¥ 4,644 より 1 新品
¥ 9,030 より 1 コレクター商品の出品
1,500円で仕入れ ⇒ 3,749円で販売
＝ 1冊1,448円の利益
このような学術専門書は、高い値がついているものが多い

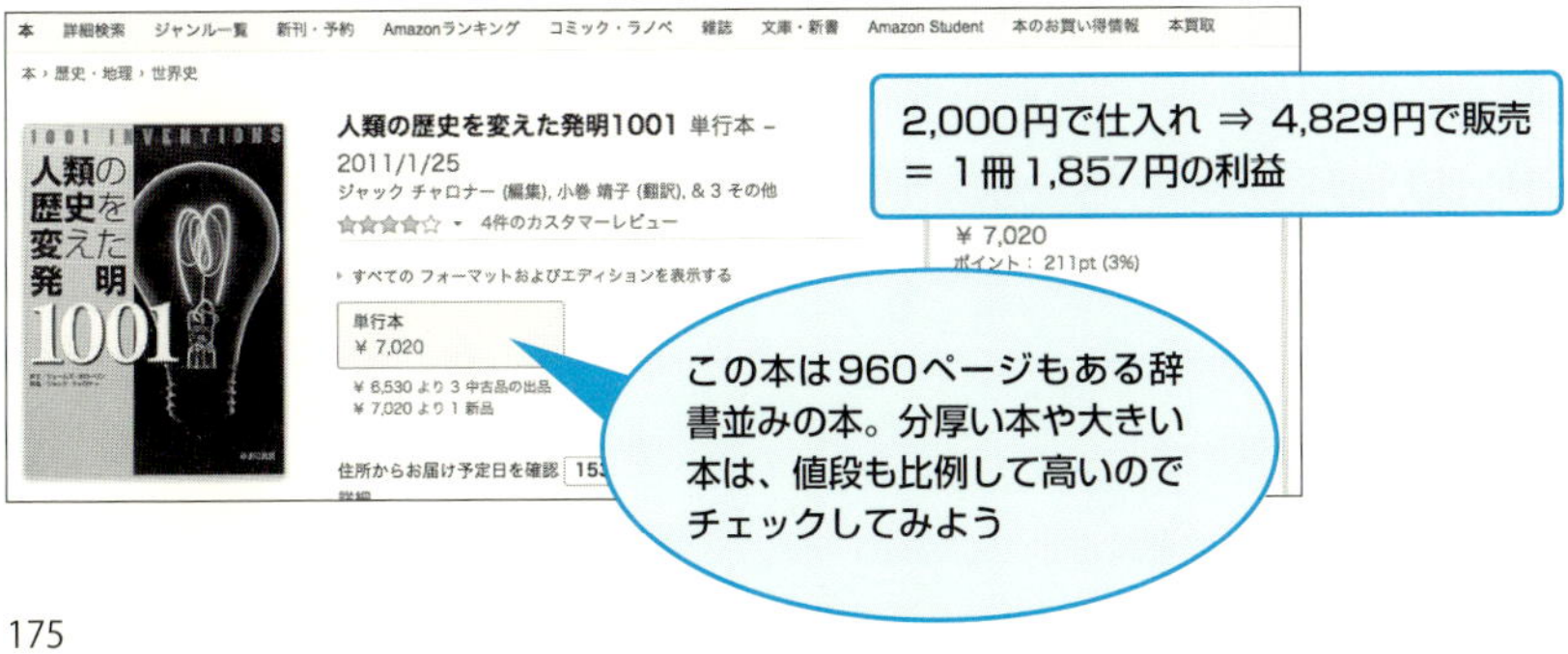
人類の歴史を変えた発明1001 単行本 – 2011/1/25
ジャック チャロナー (編集), 小巻 靖子 (翻訳), & 3 その他
4件のカスタマーレビュー
単行本 ¥ 7,020
¥ 6,530 より 3 中古品の出品
¥ 7,020 より 1 新品
2,000円で仕入れ ⇒ 4,829円で販売
＝ 1冊1,857円の利益
この本は960ページもある辞書並みの本。分厚い本や大きい本は、値段も比例して高いのでチェックしてみよう

B本スタンプには要注意！

たまに、購入する際、本の上部に、B級品の印としてB本スタンプを押すお店がありますが、「人にあげる本なので、そのままでお願いします」と頼んでみましょう。

2 古本祭りは古本以外のものもねらえる！

ここのイベントでは、古本だけでなく、DVDやトレーディングカード、電子辞書、家電製品からおもちゃなど、本だけでなく、さまざまな商品を仕入れることができるので、視野を狭めずにいろいろとチェックしてみてください。

● 神田古本祭りで手に入れた古本以外の参考仕入れ例

> 4,000円で仕入れ ⇒ 6,399円で販売 = 1,434円の利益

> スポーツのトレーディングカードは人気だが、アイドルのトレーディングカードなども仕入れることができる

> 1,000円で仕入れ ⇒ 3,774円で販売 = 1,897円の利益

> DVDだけを取り扱っているブースもある。500円均一、1,000円均一という値づけをしているコーナーがあるので、そこをねらう

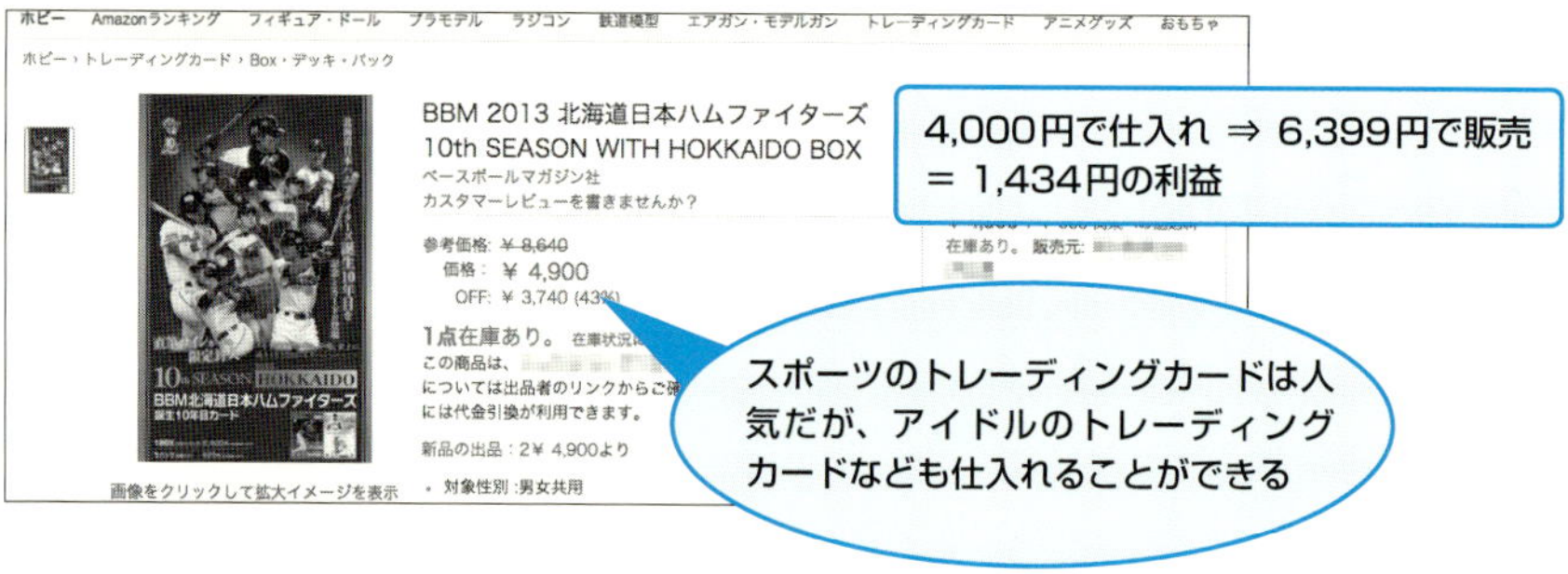

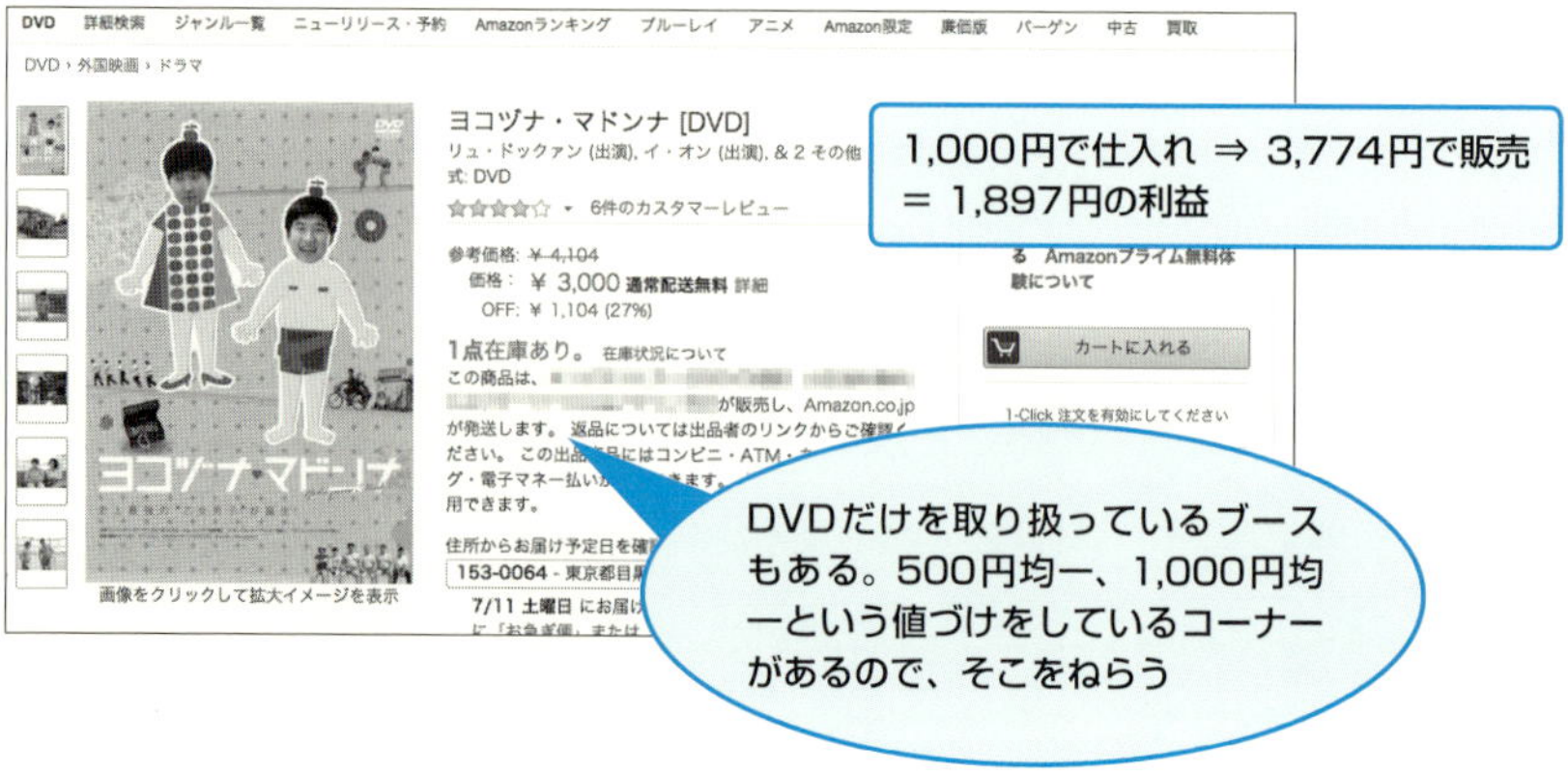

● 神田古本祭りで手に入れた古本以外の参考仕入れ例（続き）

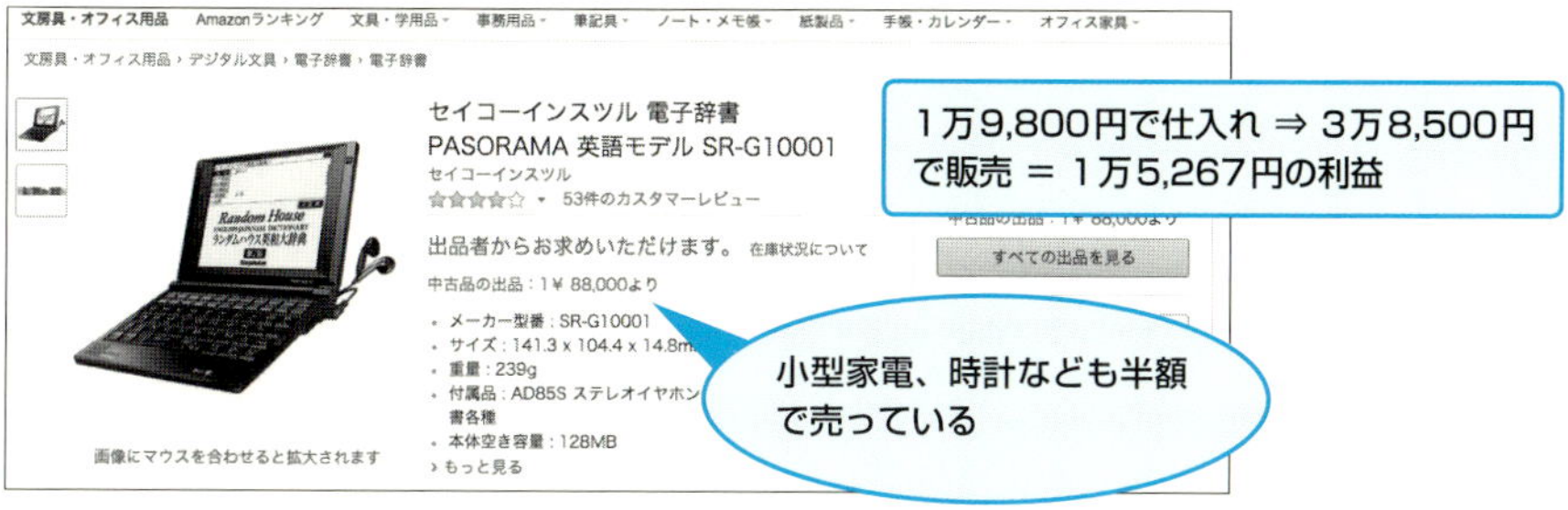

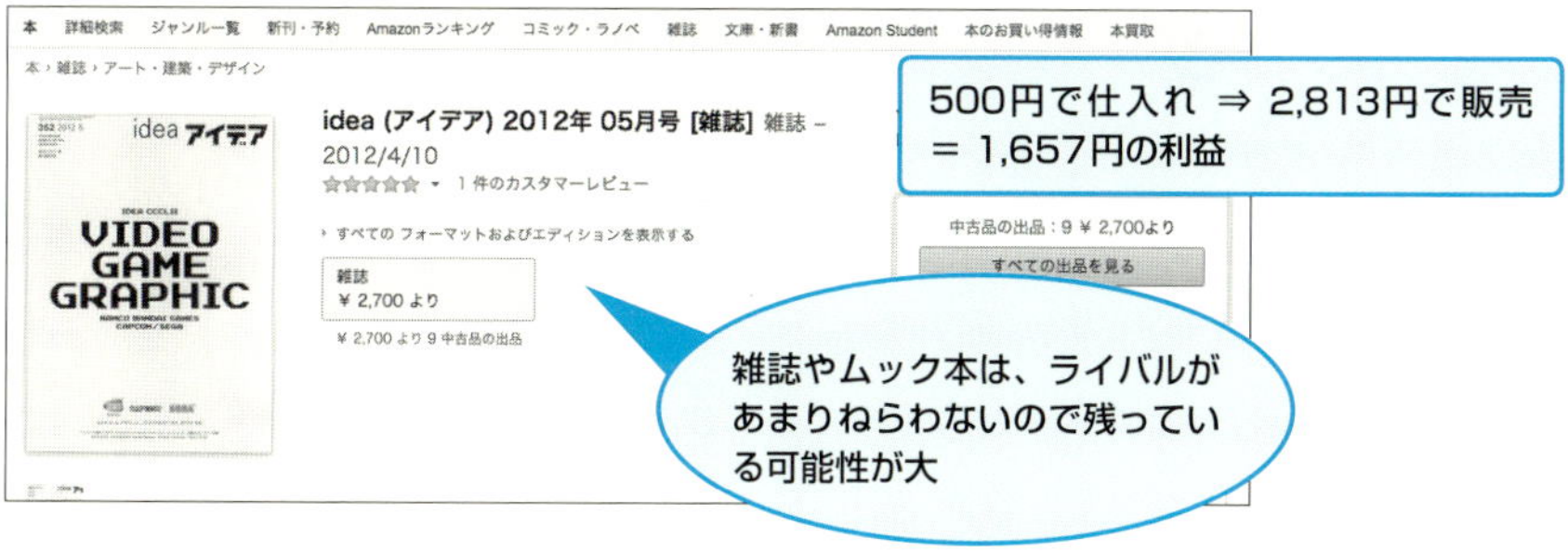

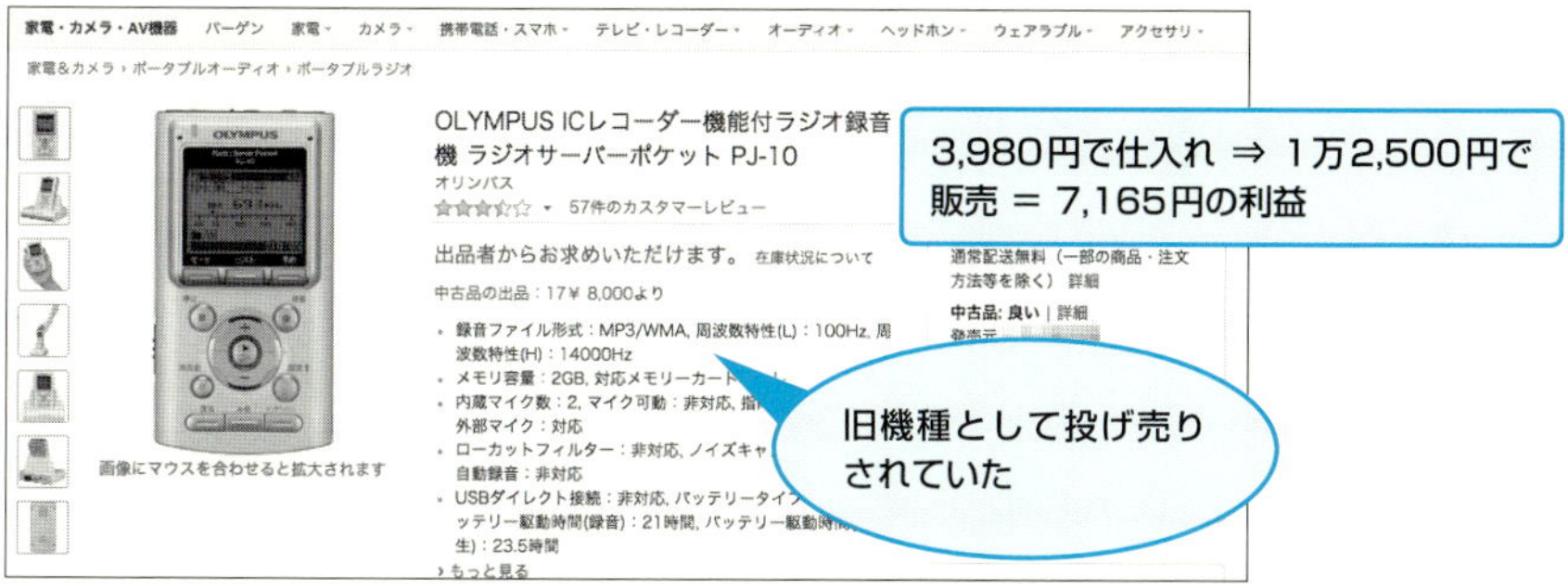

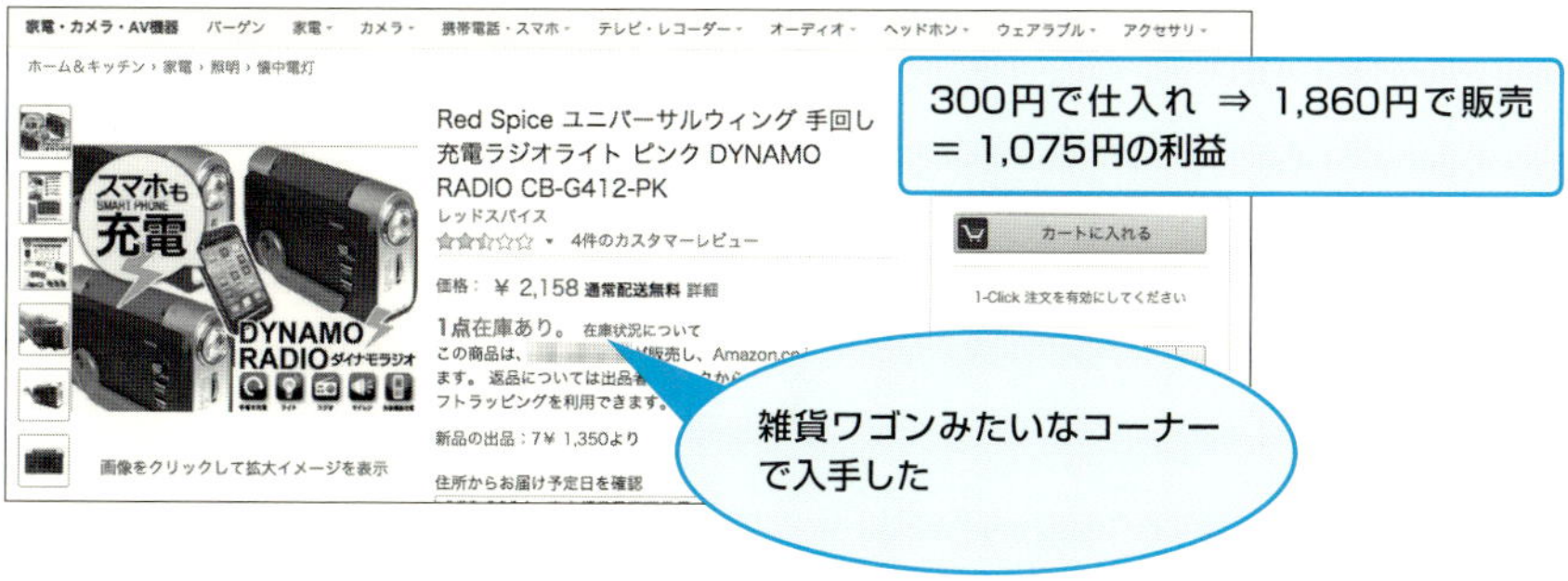

04 「季節」をねらってせどれ！

1 節目の前後に価格と需要が上がる可能性がある

季節によって価格と需要が瞬発的に上がる商品があるので、せどりに慣れてきたら季節感も意識してみましょう。

1月をすぎると、店舗は売るタイミングを逃した手帳などを半額で処分販売したりします。サンリオの専門店でキティーちゃんのキャラクター手帳が半額だったので検索すると、在庫切れがすでに何度も起こっているプレミアム商品でした。ほかに出品者がいなかったので、あえて高値で出品してみたところ、売れるまでに2カ月ほどかかりましたが5250円で売れていきました。ちなみに売れた時期は、5月半ばと6月半ばに2回売れているので、偶然売れた値段ではありません。同じ手法でカレンダーもせどれます。

バレンタインデーの前は、チョコレート関連の商品が値上がりすると予測できますよね。おもちゃコーナーでふと気になったので、「くるくるチョコレート工場」を検索してみると、やはりバレンタインデーの3週間ほど前から相場が以前よりも上がっていました。ちなみに、くるくるチョコレート工場のような「**メイキングトイといわれるカテゴリーの商品は、比較的プレ値になることが多い**」です。

小学生が学校のプールの授業で使うビーチバッグも、7月になると店舗では在庫処分セールがはじまります。ネット上では、まだまだ定価くらいの値段で売れ続けています。子どもが好きそうなアニメの柄を検索してみてください。価格差が倍近くあるものが見つかります。利益額は1商品数百円のものもありますが、だいたいどの商品も店舗に5個以上在庫があるので、いろいろな柄物をまとめ買いすると利益数千円になります。

このように季節を感じながら仕入れができる商品がないか、意識して仕入れてください。

● 季節もののトレンド商品の参考仕入れ例

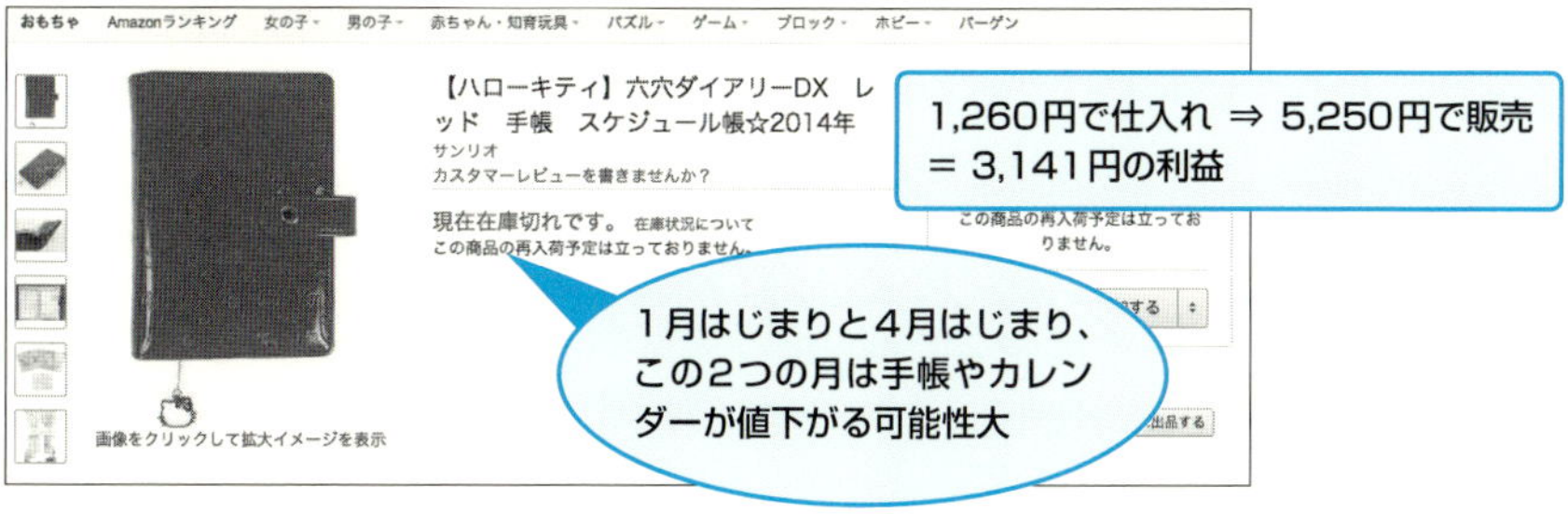
おもちゃ　Amazonランキング　女の子　男の子　赤ちゃん・知育玩具　パズル　ゲーム　ブロック　ホビー　バーゲン
【ハローキティ】六穴ダイアリーDX　レッド　手帳　スケジュール帳☆2014年
サンリオ
カスタマーレビューを書きませんか？
現在在庫切れです。在庫状況について
この商品の再入荷予定は立っておりません。
画像をクリックして拡大イメージを表示
1,260円で仕入れ ⇒ 5,250円で販売
＝3,141円の利益
1月はじまりと4月はじまり、
この2つの月は手帳やカレンダーが値下がる可能性大

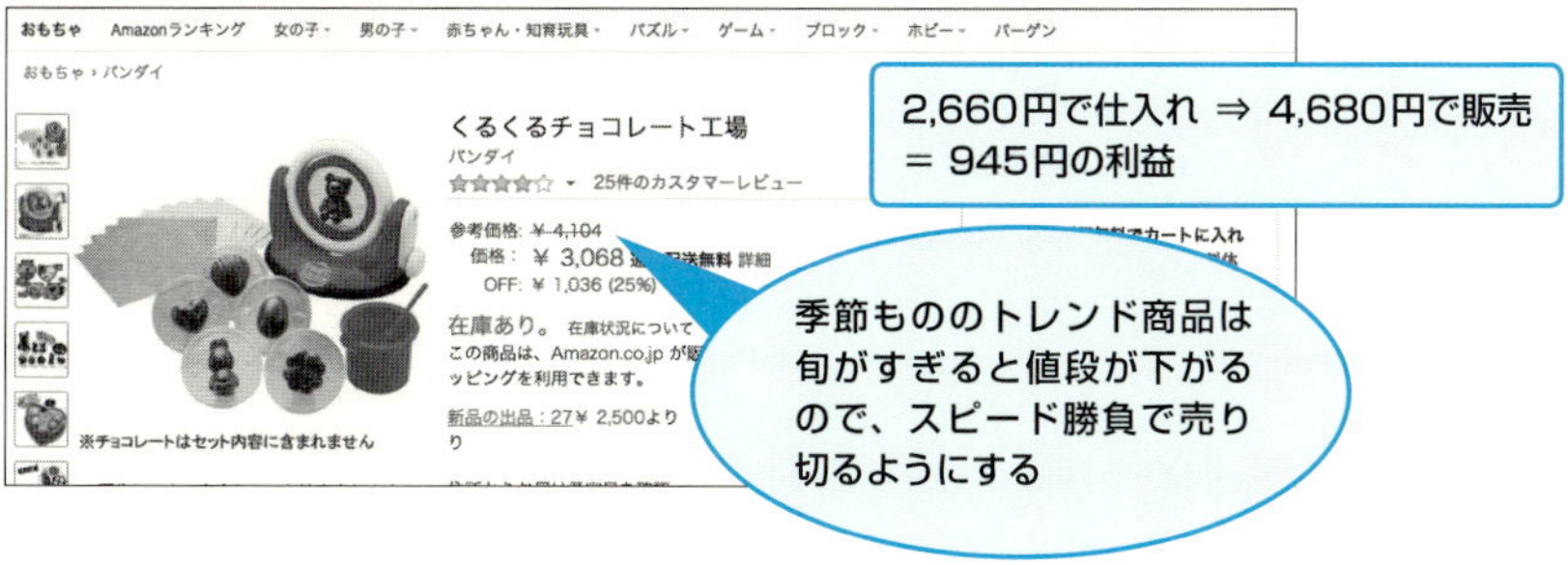
おもちゃ　Amazonランキング　女の子　男の子　赤ちゃん・知育玩具　パズル　ゲーム　ブロック　ホビー　バーゲン
おもちゃ › バンダイ
くるくるチョコレート工場
バンダイ
25件のカスタマーレビュー
参考価格：￥4,104
価格：￥3,068
OFF：￥1,036 (25%)
在庫あり。在庫状況について
新品の出品：27￥2,500より
※チョコレートはセット内容に含まれません
2,660円で仕入れ ⇒ 4,680円で販売
＝945円の利益
季節もののトレンド商品は
旬がすぎると値段が下がる
ので、スピード勝負で売り
切るようにする

05 仕入れ応用編1 タイアップせどり

1 「タイアップせどり」は何が起爆剤になるかわからない

これは、先ほど紹介した「季節をねらってせどれ！」と似ている部分があるのですが、「**テレビ、雑誌、映画などのマスメディアで、トレンドになっている関連商品をねらう**」手法です。上級者になると、価格が上がるのを予測して、事前に商品を仕込むこともしますが、初心者は価格が上がったのを確認してから、確実に仕入れるようにしましょう。

出演者の事故死でシリーズが終わるかもしれない

たとえば、2015年4月に公開されたシリーズ7作目となるワイルドスピードですが、主役の相方の俳優ポール・ウォーカーが事故死してしまいました。この人気映画のシリーズもいよいよ最後かと、ファンの間で話題になっていたのです。映画が公開されるなり過去のシリーズがまとめられたＤＶＤと**Blu-ray**がすぐにプレ値になりました。「映画館に行く前に予習がてら見てみよう」「映画館で見たらめちゃくちゃ面白かったから過去の作品も見たい」という人が多かったのだと予測できます。**Amazon**では在庫切れでしたが、ほかのネットショップでは普通に売られていたので、仕入れてすぐに利益を得ることができました。

ただし、撮影中に不幸にも出演者が事故死をしてしまったからといって、必ずプレ値になるとはかぎらないので、**「プレ値になってから仕入れを行う」**ようにしましょう。

2 「タイアップせどり」はトレンドをねらえ！

以前、「タイアップせどり」がとても得意なせどらーさんに、トレンド情報の集め方を聞いたところ、**「〝日経エンターテイメント〟をパラパラと見ているだけです」**と言っていました。難しいことは何もないので、ぜひ真似してみてください。

ほかにも、お気に入りの雑誌、テレビやラジオ番組を定期的にチェックしておくといいでしょう。

● トレンド商品は価格が確実に上がったのを確認してから仕入れる

DVD 詳細検索 ジャンル一覧 ニューリリース・予約 Amazonランキング ブルーレイ アニメ Amazon限定 廉価版 バーゲン 中古 買取
DVD › 海外の男優 › サ行 › ジョン・ウェイン
ワイルド・スピード コンプリート・ムービー・コレクション [DVD]
Would you like to see this page in English? Click here.
価格： ￥ 9,670 通常配送無料 詳細
4点在庫あり。
画像にマウスを合わせると拡大されます
6,077円で仕入れ ⇒ 9,580円で販売
＝ 1,755円の利益
人気が出ているシリーズものは、DVDだけでなく、サントラ、グッズなどいろいろとリサーチしよう

06 仕入れ応用編② 専門ショップせどり

ある特定のカテゴリーやキャラクターばかりを取り扱っているお店も、せどりのターゲットです。こういったお店でもできるんだと、意外な発見になると思います。ここでは2つのお店の事例をお話しします。

1 「ポケモンセンター」は「オリジナル」「限定」をねらえ！

人気のキャラクター専門店として、ポケモンセンターというお店があります。

直接お店に行って検索しまくるのもひとつの方法ですが、時間がかぎられているなら事前にリサーチをしてから買いに行くのもひとつの方法です。やり方はいたって簡単で、「**モノレートの検索窓に“ポケモンセンター”と入力するだけ**」です。

そうすると「**ポケモンセンターオリジナル**」と書かれた商品が表示されます。あとは定価（参考価格）も載っているので、価格差がある商品をピックアップして覚えてお店に行くだけです。

5時限目 効率よく稼ぐために、せどりのスーパーテクニックを覚えよう！

下図の「マンスリーピカチュウ」は、プレ値になる可能性が高いので寝かせておいてもいいでしょう。この商品は利益が1個あたり300円ほどでしたが5個すぐに売り切れたので、利益が1500円ほどになりました。確実に売れることがわかっていれば、安心して複数個仕入れることができます。

「オリジナル」「限定」と書いていなくても、ポケモンセンターでしか手に入らない商品もあるので、ポケモンセンターのサイトもしっかりチェックしましょう。

● ポケモンセンターオリジナル商品の参考仕入れ例

1,728円で仕入れ ⇒ 2,673円で販売 = 313円の利益

毎月25日ごろにマンスリーピカチュウが販売されるので、ポケモンセンターは月末の仕入れがお勧め

2,700円で仕入れ ⇒ 4,200円で販売 = 745円の利益

ポケモンセンターのサイトのトップページに載っていた限定商品。ピカチュウの限定商品は、とりあえずチェックする。こちらも店舗オープニング記念限定商品

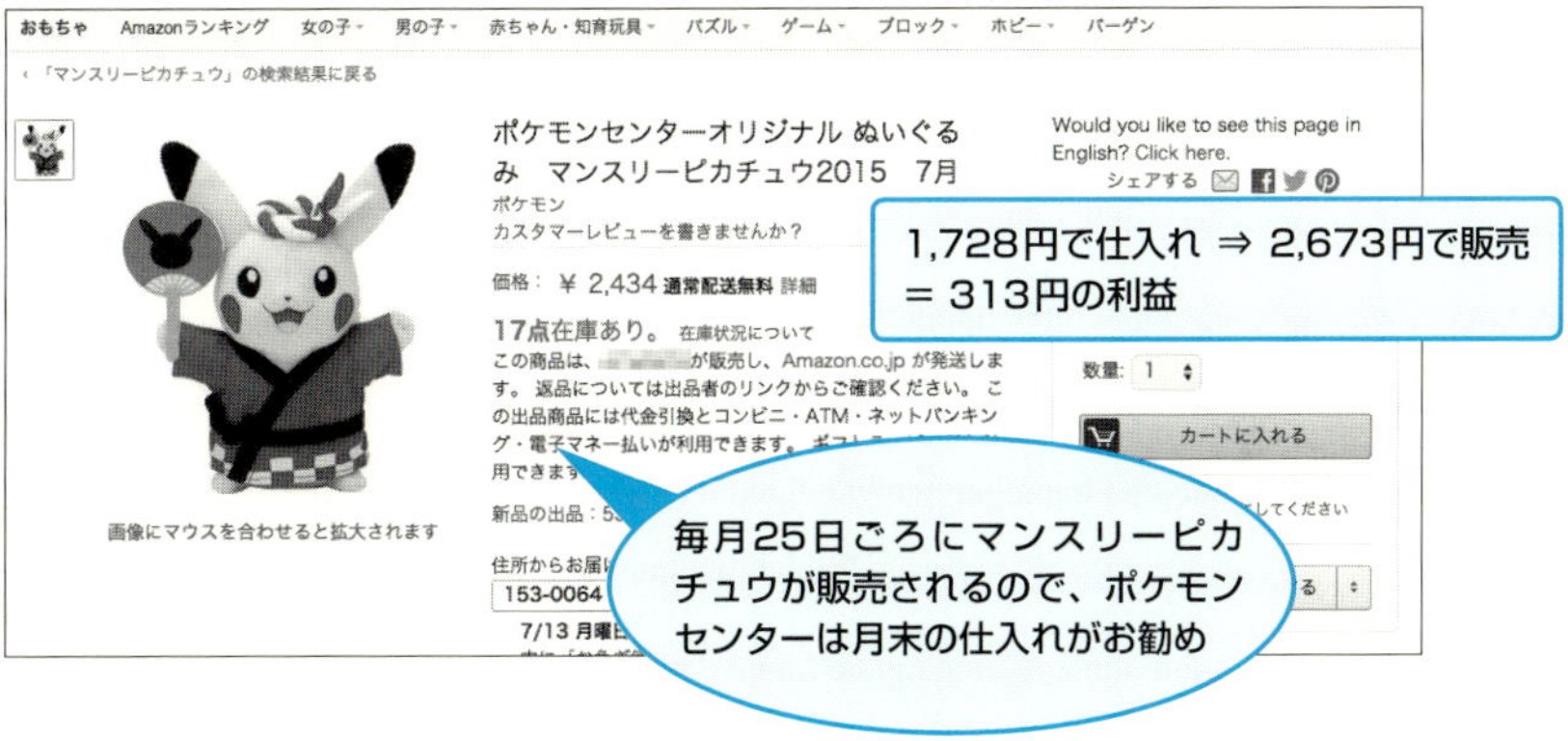

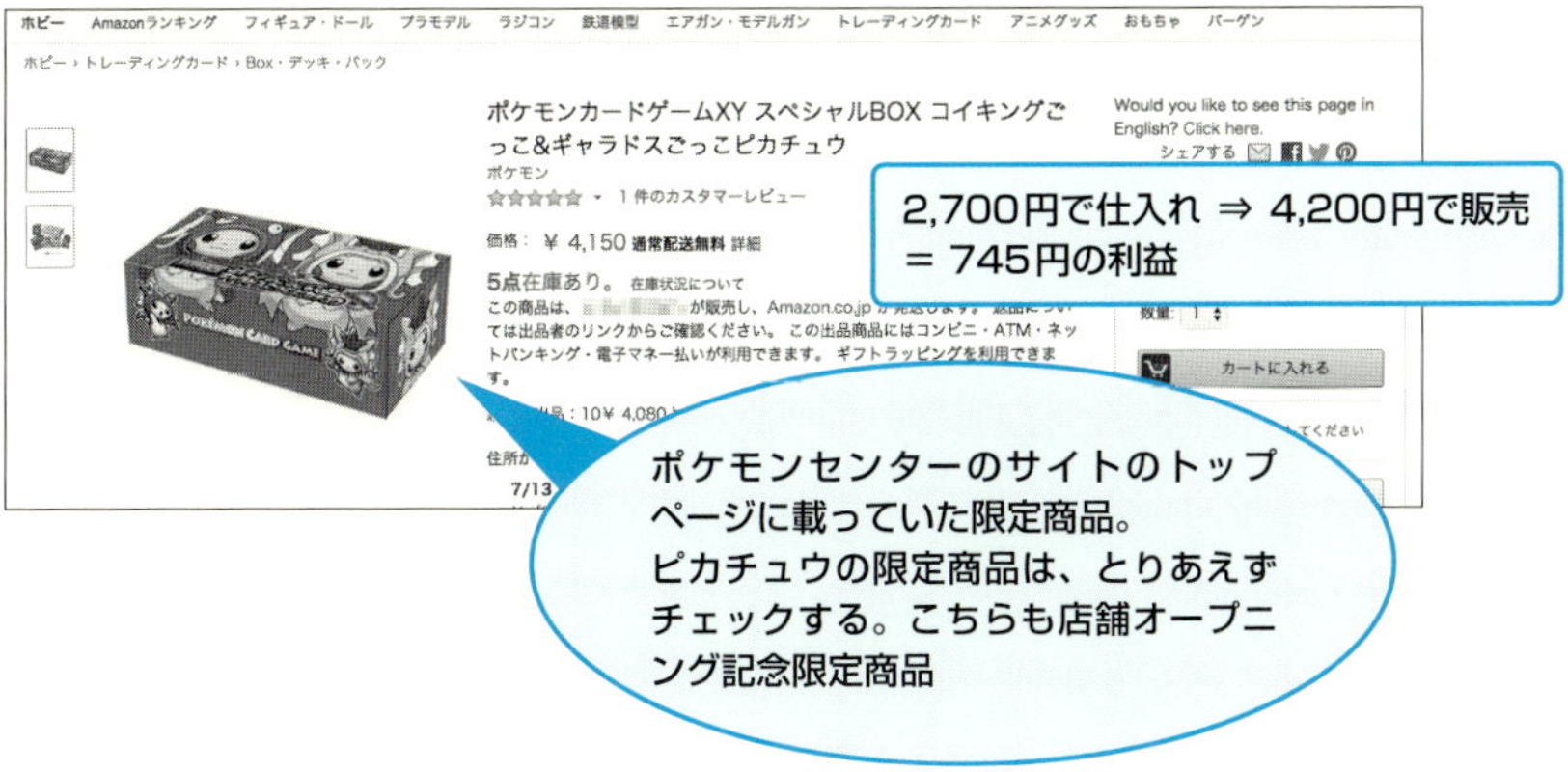

2 「フライングタイガー」は「オリジナル」をねらえ!

このお店は、人気があるにもかかわらず大都市にしか店舗がなく、ネットショップもありません。お店まで買いに行くことができない人たちからしてみれば、定価より高くても**Amazon**で買うしかないのです。

このお店の商品は、バーコードがお店独自のものになるので、お店に行ってバーコード検索をすることができません。ですから、モノレートに「フライングタイガー」と入力して、事前に商品を調べてから仕入れに行くようにします。

左頁のモノレートの画面で、一番上に表示されているケーキスタンドはフライングタイガーの人気商品です。10個ほど仕入れましたが、1カ月も経っていないのにすでに残り1個しかないほど回転率がいい商品です。

● フライングタイガーの商品を検索する

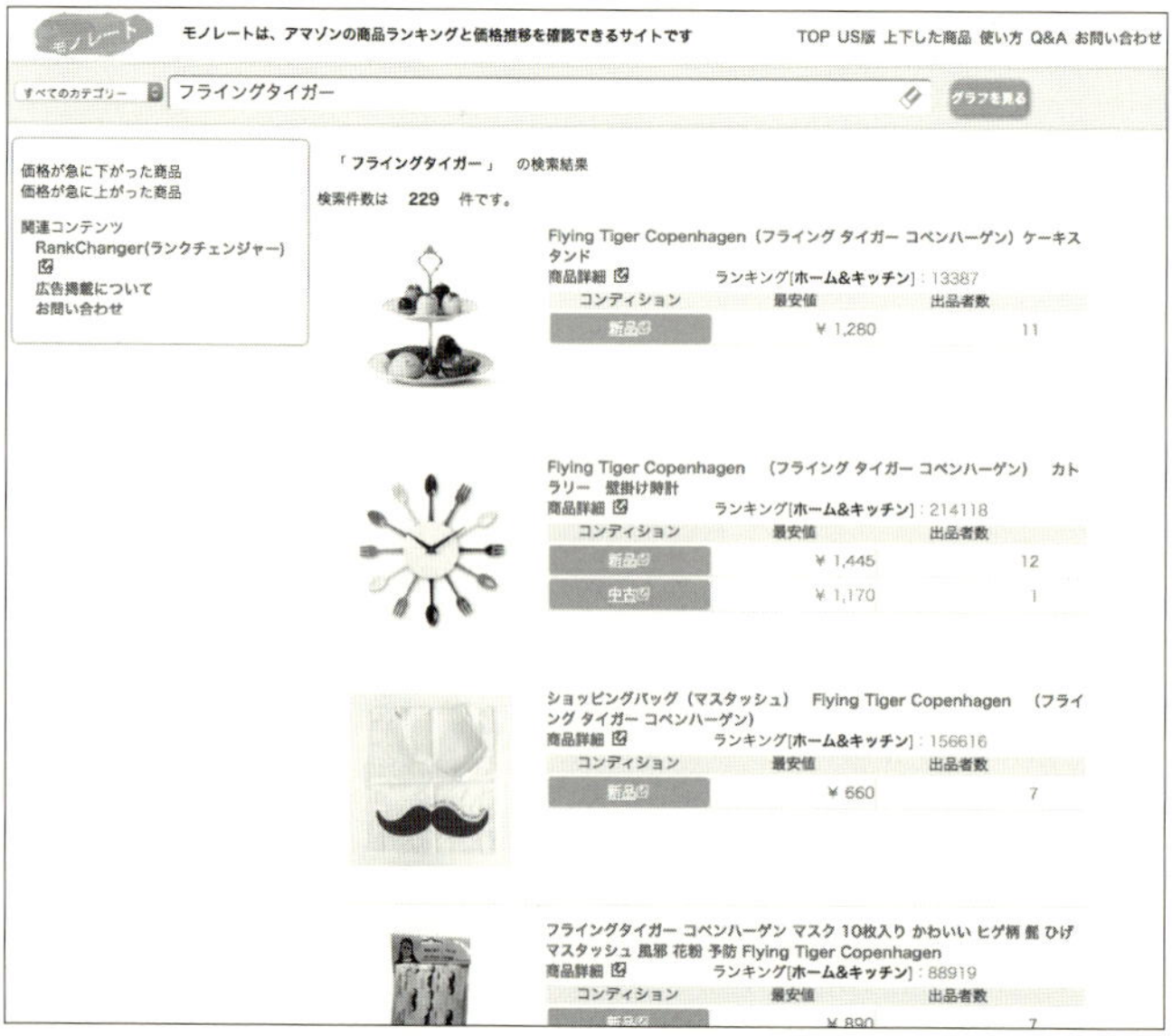

● フライングタイガーにおける参考仕入れ例

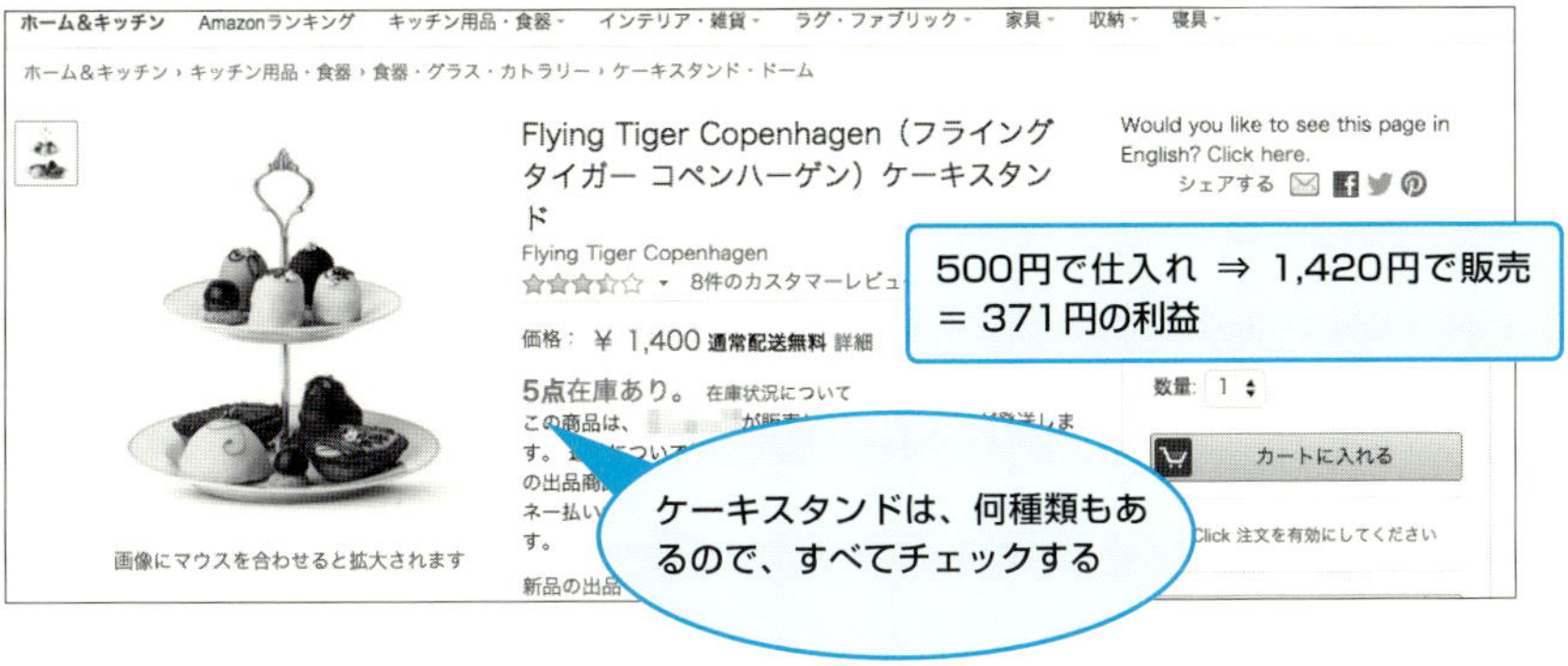

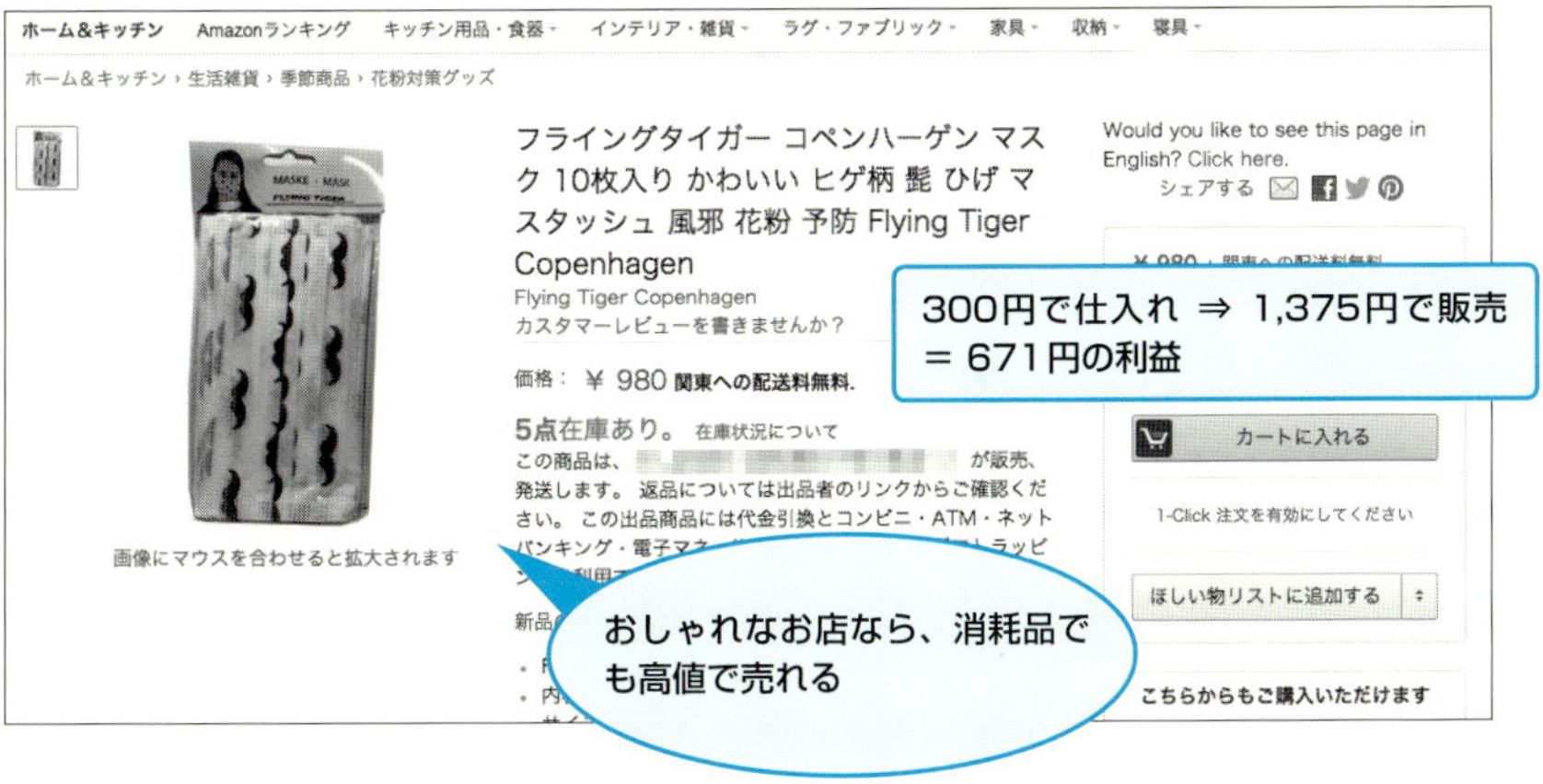

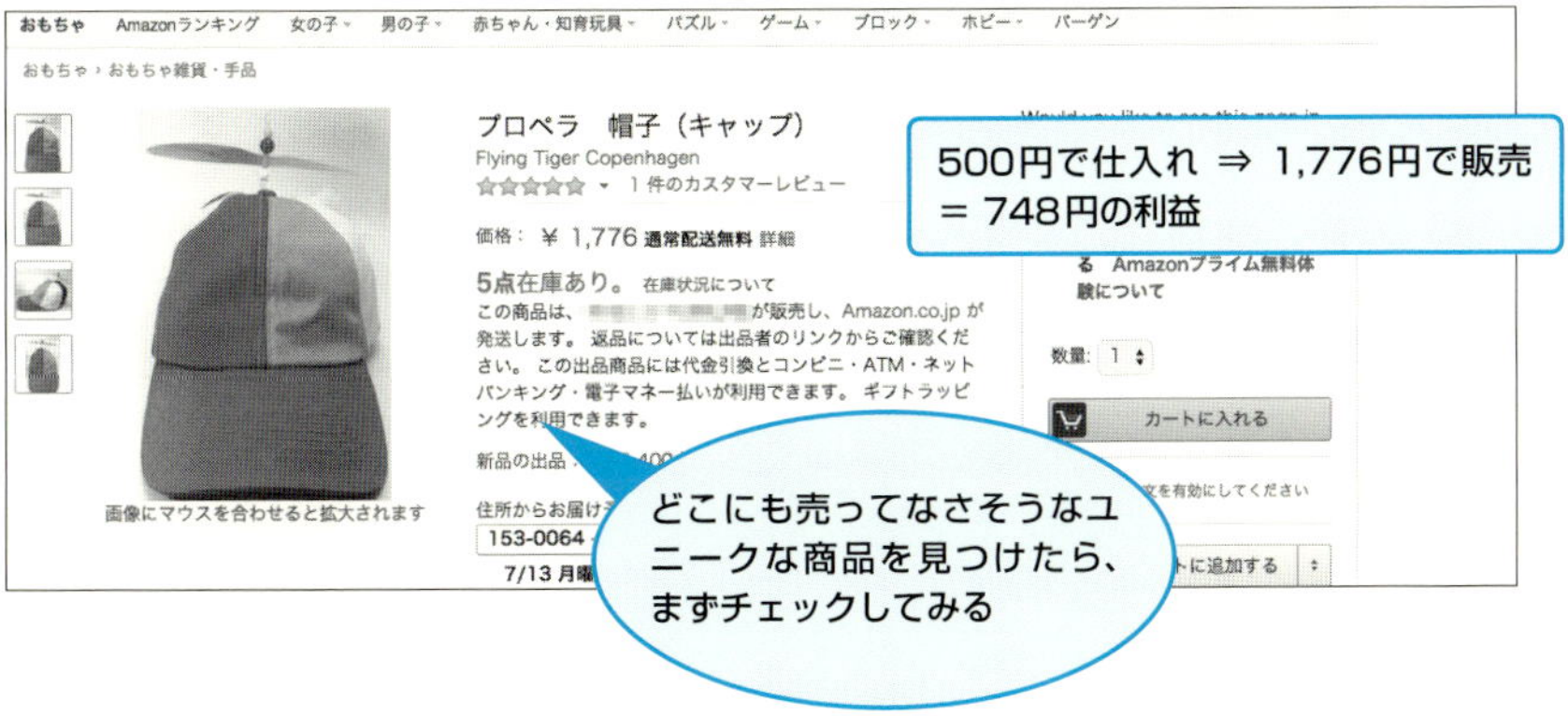

07

仕入れ応用編③
登録販売せどり

1 売れている商品は色違いもドンドン出品する

Amazon上で登録されていない商品の場合、自分で登録して販売することができます。これで売れる商品をあてれば、ライバルに気づかれるまで独占販売を続けることができます。ただ、商品を新規登録して販売する場合、モノレートでは販売履歴がないので、その分リスクがあります。リスクをできるだけ背負わないところからスタートするのが賢明なので、人気商品の色違いから出品をはじめましょう。

前頁で紹介したフライングタイガーのケーキスタンドは人気定番商品なので、その色違いのピンクの商品も価格も安定していて、3カ月で10回以上売れていました（次頁図参照）。

これくらい売れていればもっと違う色も売れるだろうと予測して、今度はグリーンの商品を登録しました。案の上、出品して10日後に1回目の注文が入りました。

売れている商品は色違いも検索してみる（上がノーマル、下がピンク）

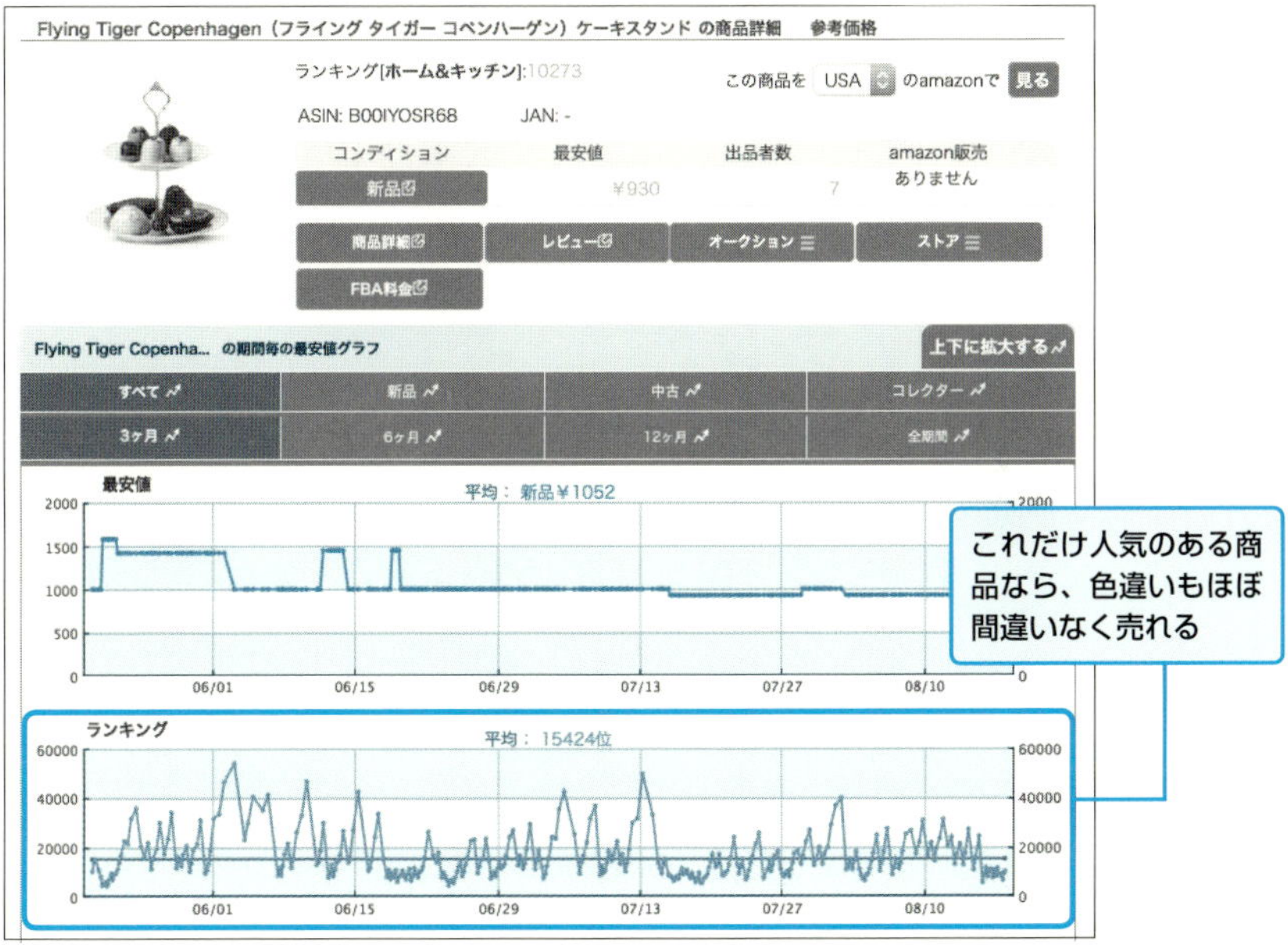
Flying Tiger Copenhagen（フライング タイガー コペンハーゲン）ケーキスタンド の商品詳細　参考価格
ランキング[ホーム&キッチン]:10273
この商品を USA のamazonで 見る
ASIN: B00IYOSR68　JAN: -
コンディション　最安値　出品者数　amazon販売
新品　¥930　7　ありません
商品詳細　レビュー　オークション　ストア
FBA料金
Flying Tiger Copenha... の期間毎の最安値グラフ
上下に拡大する
すべて　新品　中古　コレクター
3ヶ月　6ヶ月　12ヶ月　全期間
最安値
平均： 新品¥1052
ランキング
平均： 15424位
これだけ人気のある商品なら、色違いもほぼ間違いなく売れる

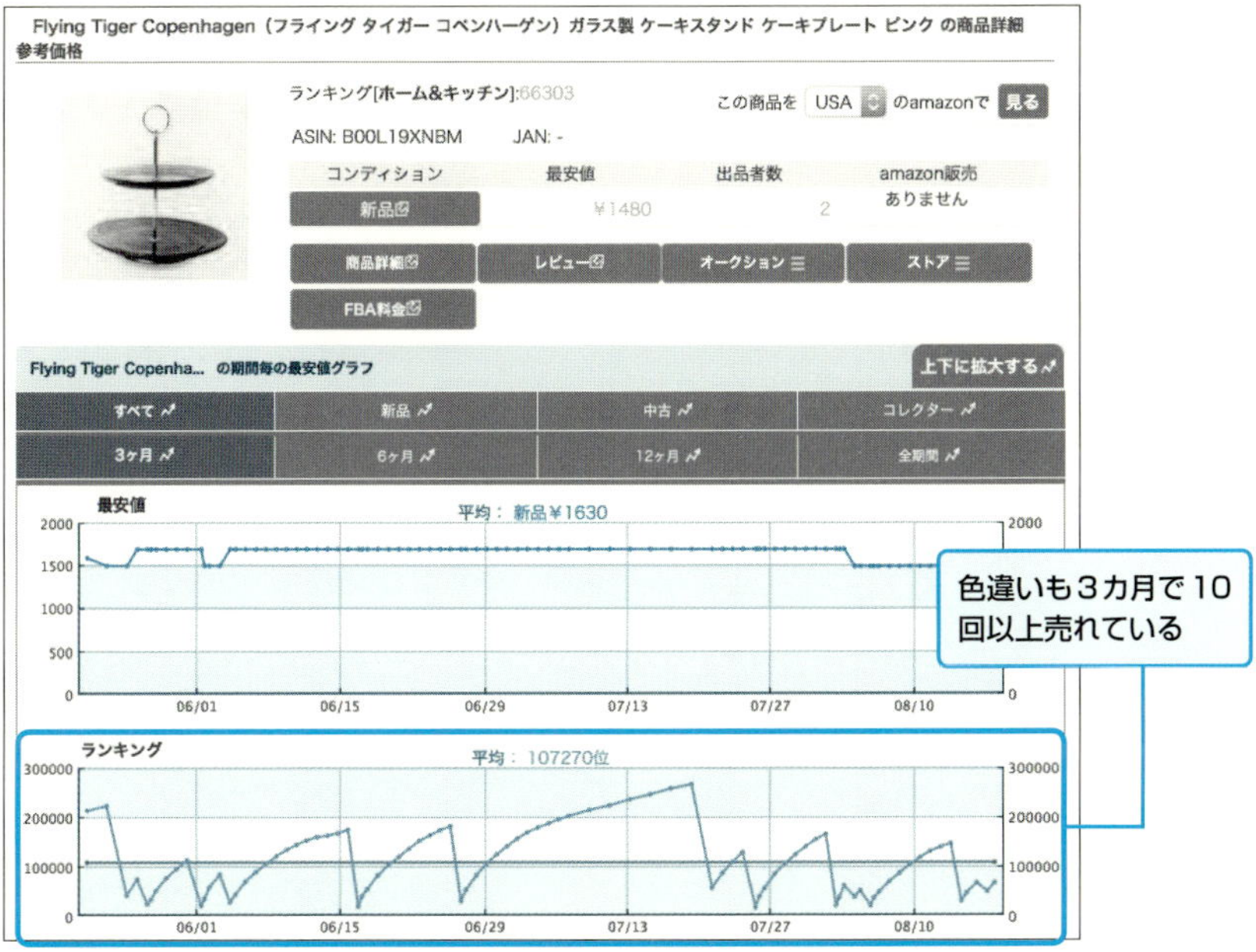
Flying Tiger Copenhagen（フライング タイガー コペンハーゲン）ガラス製 ケーキスタンド ケーキプレート ピンク の商品詳細
参考価格
ランキング[ホーム&キッチン]:66303
この商品を USA のamazonで 見る
ASIN: B00L19XNBM　JAN: -
コンディション　最安値　出品者数　amazon販売
新品　¥1480　2　ありません
商品詳細　レビュー　オークション　ストア
FBA料金
Flying Tiger Copenha... の期間毎の最安値グラフ
上下に拡大する
すべて　新品　中古　コレクター
3ヶ月　6ヶ月　12ヶ月　全期間
最安値
平均： 新品¥1630
ランキング
平均： 107270位
色違いも3カ月で10回以上売れている

❶ JANコードがない商品を出品できるように申請する

まず、先ほどのフライングタイガーの商品であれば、アイテムを全国で流通させるための正式なJANコード（バーコード）がありません。**Amazon**ではJANコードがないと基本的には出品できないので、JANコードがなくても出品できる許可を取らなくてはなりません。

では、詳しい手順を「**STEP**」に分けて解説します。

STEP 1 セラーセントラルトップ画面の下部「サポートを受ける」をクリックすると右から出てくるスライド画面下部「お問い合わせ」をクリック。

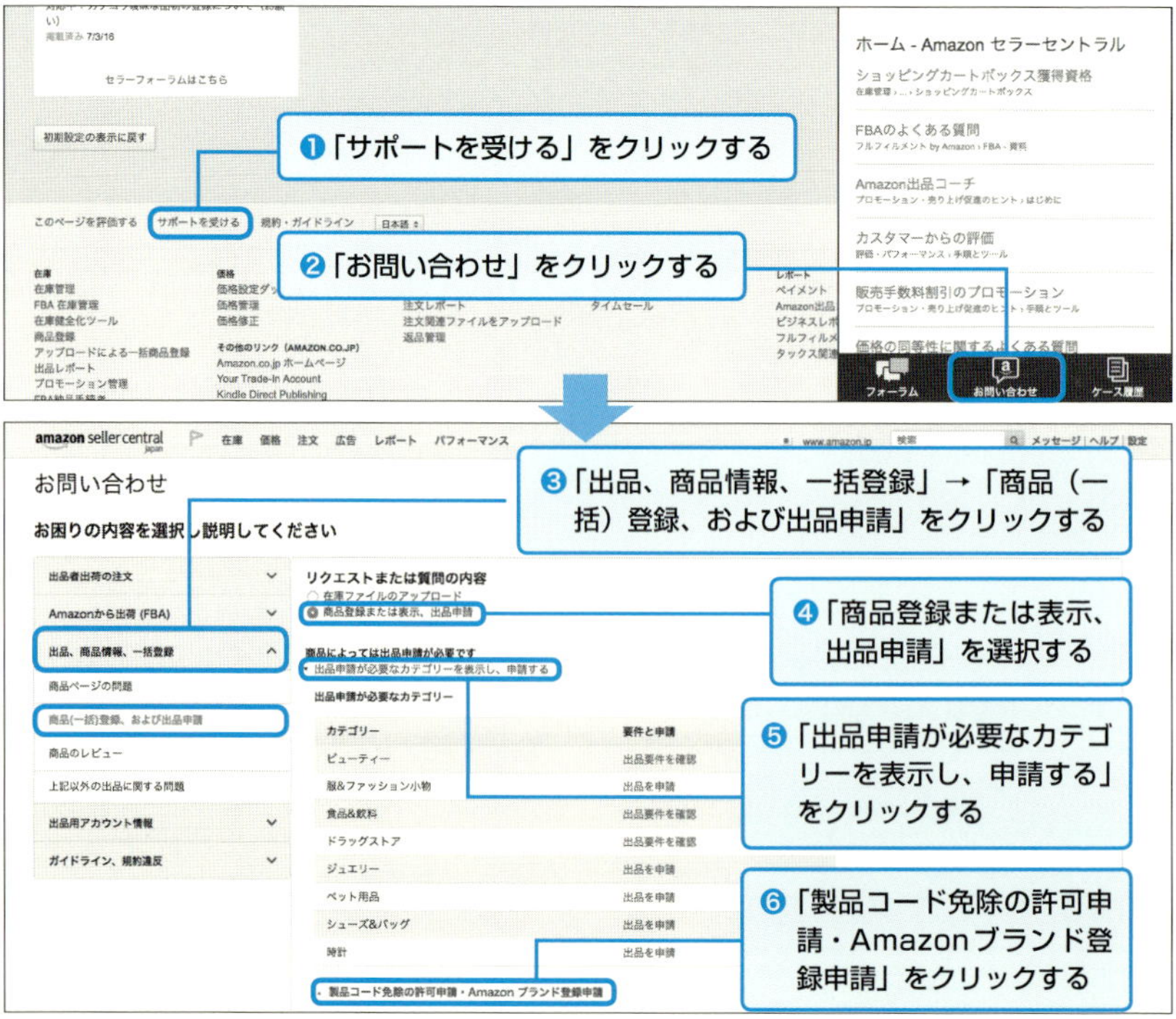
❶「サポートを受ける」をクリックする
❷「お問い合わせ」をクリックする
❸「出品、商品情報、一括登録」→「商品（一括）登録、および出品申請」をクリックする
❹「商品登録または表示、出品申請」を選択する
❺「出品申請が必要なカテゴリーを表示し、申請する」をクリックする
❻「製品コード免除の許可申請・Amazonブランド登録申請」をクリックする

STEP 2 製品コード免除の許可申請・Amazon ブランド登録申請をする。

必要項目と赤い「*」マークがついている項目に答えていきます。

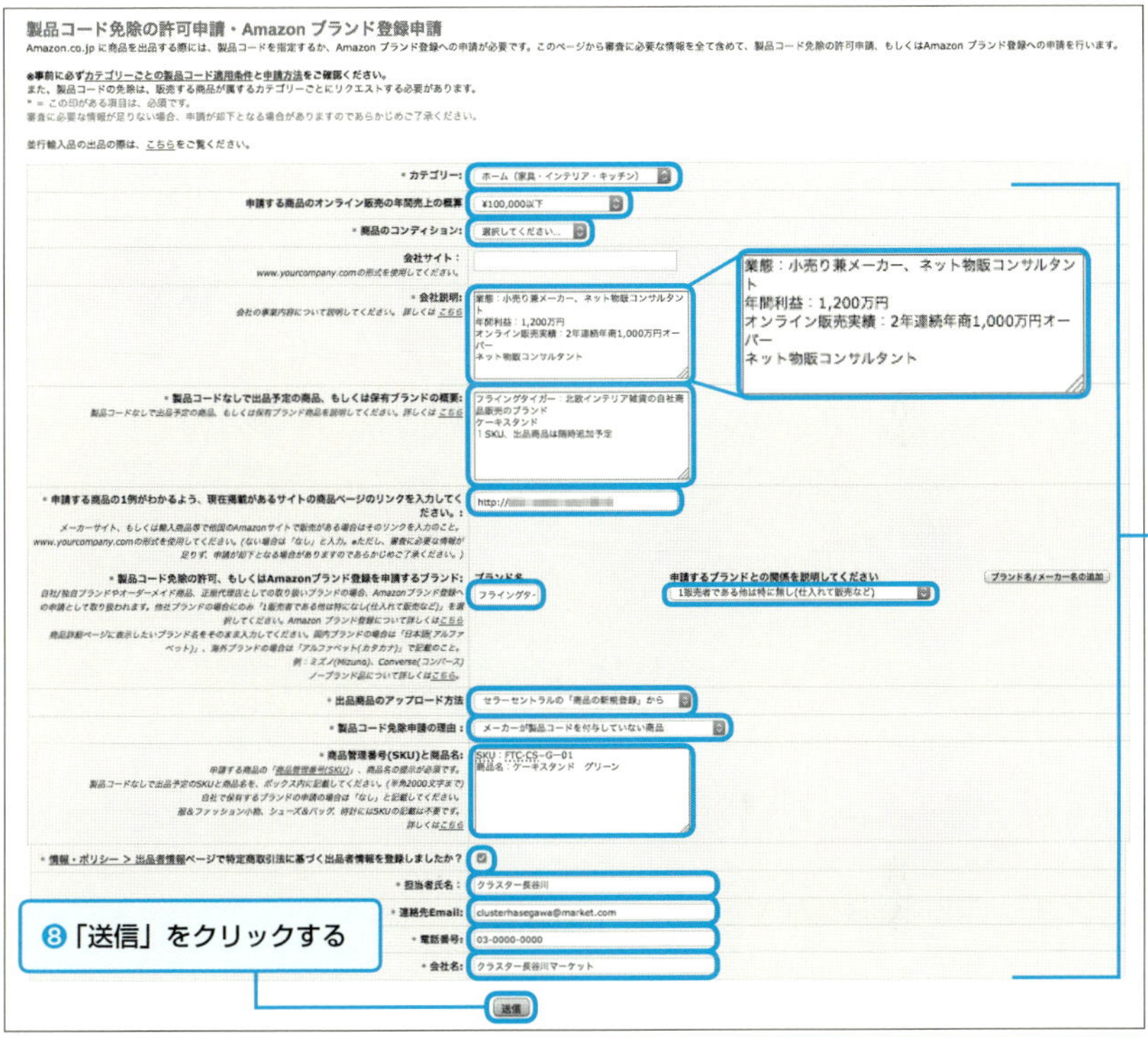

⑦

カテゴリー：「ホーム（家具・インテリア・キッチン）」を選択
申請する商品のオンライン販売の年間売上の概算：「¥100,000以下」を選択
商品のコンディション：「新品」を選択
会社説明：※ サンプルのように、できるだけ具体的に書いておく
製品コードなしで出品予定の商品、もしくは保有ブランドの概要：
「フライングタイガー：北欧インテリア雑貨の自社商品販売のブランド」「ケーキスタンド」「1SKU、出品商品は随時追加予定」
申請する商品の1例がわかるよう、現在掲載があるサイトの商品ページのリンクを入力してください。：
※ 公式ページでなくても、商品が紹介されているサイトなら大丈夫
製品コード免除の許可、もしくはAmazonブランド登録を申請するブランド：
「フライングタイガーコペンハーゲン（Flying Tiger Copenhagen）」
申請するブランドとの関係を説明してください：
「1販売者である他は特になし（仕入れて販売など）」を選択
出品商品のアップロード方法：「セラーセントラルの「商品の新規登録」から」を選択
製品コード免除申請の理由：「メーカーが製品コードを付与していない商品」を選択
商品管理番号（SKU）と商品名：「SKU：FTC-CS－G－01」「商品名：ケーキスタンド　グリーン」
※ SKUは自由につけられる
情報・ポリシー＞出品者情報ページで特定商取引法に基づく出品者情報を登録しましたか？：チェックを入れ、「担当者氏名」「連絡先Email」「電話番号」「会社名」を入力する

「製品コード免除の許可申請」を送信すると、およそ24時間以内に次のような返事が**Amazon**から来ます。

> **ホーム（家具・インテリア・キッチン）カテゴリーでの製品コード免除申請について審査をおこない、このたび出品権限を付与させていただきました。**
> **サイト上から、ご登録が可能となるまで24時間程度を要しますので、反映をお待ちいただきご登録ください。**

❷ 商品を新規登録してみよう

出品権限が付与されたら、いよいよ商品を新規登録しましょう。

では、詳しい手順を**「STEP」**に分けて解説します。

STEP 1 商品を新規登録する。

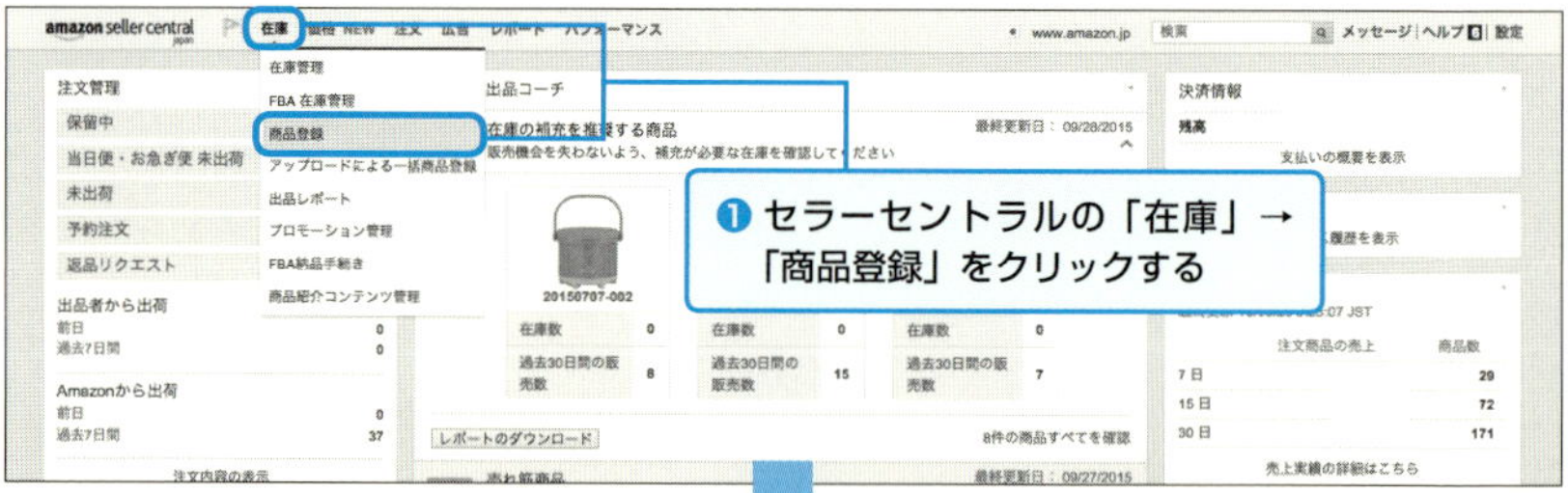

❶セラーセントラルの「在庫」→「商品登録」をクリックする

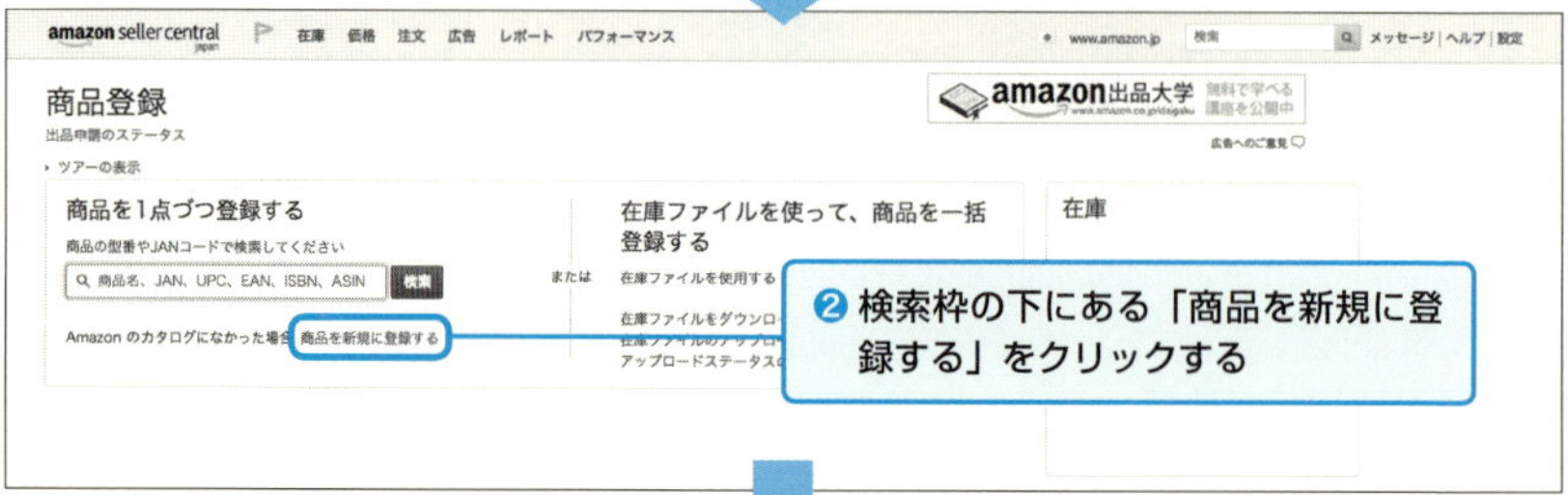

商品登録
商品を1点づつ登録する
在庫ファイルを使って、商品を一括登録する
❷検索枠の下にある「商品を新規に登録する」をクリックする

5時限目 効率よく稼ぐために、せどりのスーパーテクニックを覚えよう！

❸ 製品カテゴリーとして「ホーム＆キッチン」から「キッチン用品・食器」をクリックしたあと、「食器・グラス・カトラリー」をクリックする

❹「ケーキスタンド・ドーム」をクリックする

❺「選択」をクリックする

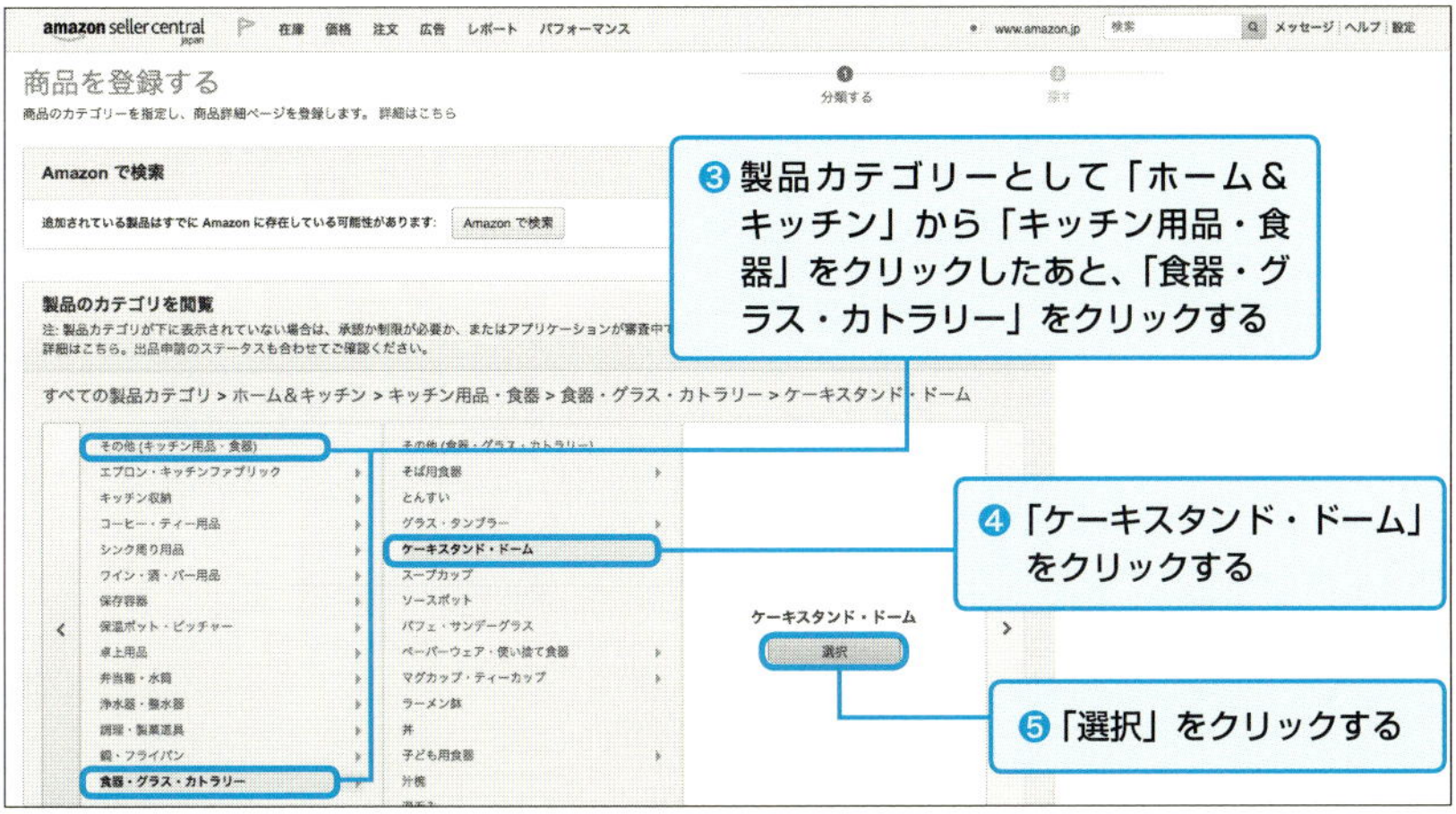

STEP 2 商品の「重要情報」を登録する。

「重要情報」のタブを選択して、必要項目と赤い「*」マークがついている項目に答えていきます。

❻「次へ」をクリックする

❼
商品名：Flying Tiger Copenhagen（フライング タイガー コペンハーゲン）ガラス製 ケーキスタンド ケーキプレート グリーン。
※ ここは、売れている商品の色以外の名称をそのまま記入する
メーカー名：Flying Tiger Copenhagen（フライングタイガー コペンハーゲン）
JAN/EANまたはUPC：「JAN/EANまたはUPC免除を適用」のチェックボックスにチェックを入れる。

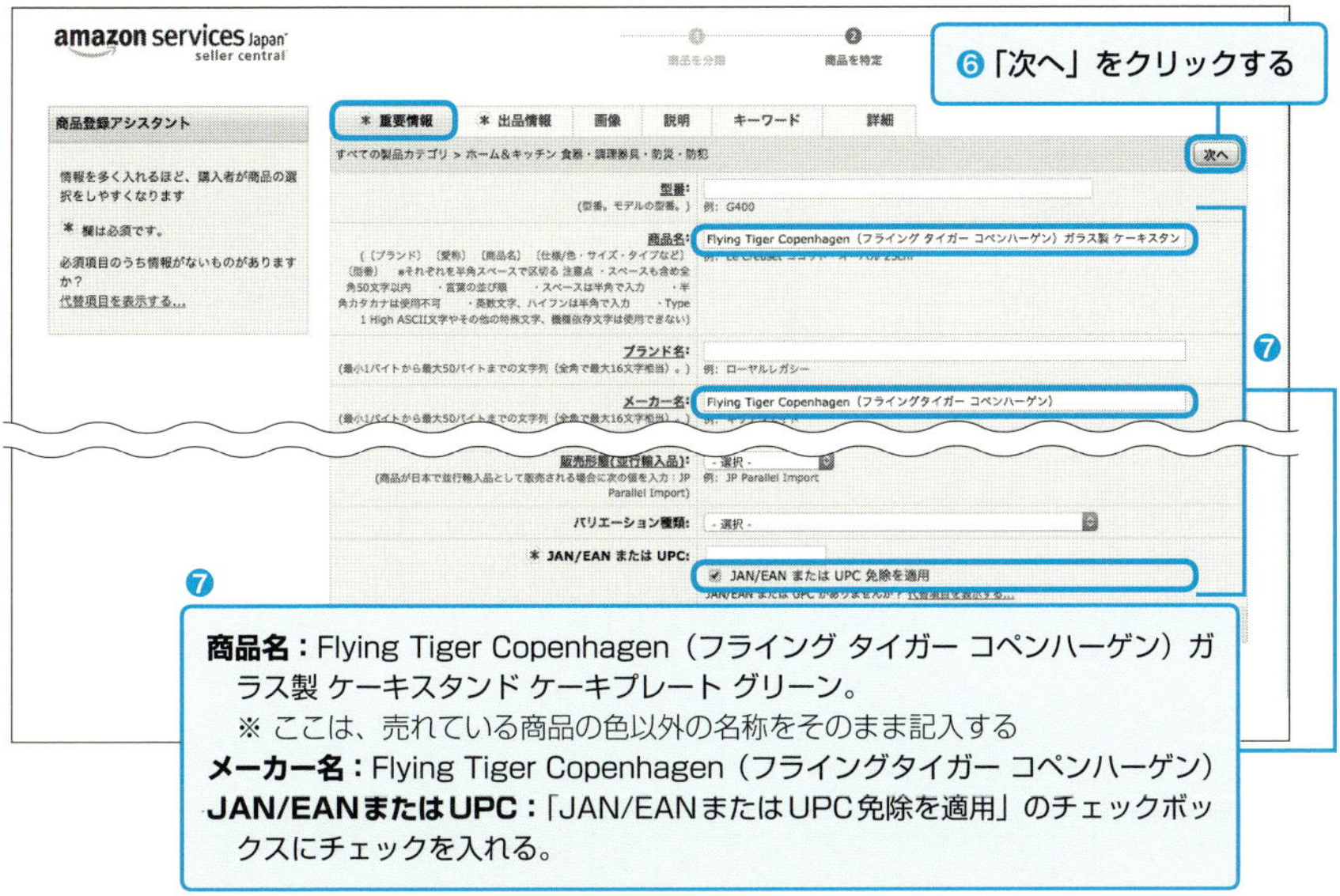

STEP 3 商品の「出品情報」を登録する。

「出品情報」のタブを選択して、必要項目と赤い「*」マークがついている項目に答えていきます。ここはいつもの商品登録と同じ要領で入力します（51頁参照）。

STEP 4 商品の「画像」を登録する。

「画像」のタブを選択して、商品画像を登録します。少なくとも1枚は画像をアップロードしましょう。

❽「次へ」をクリックする

❼「ファイルを選択」をクリックして登録する画像を選択する

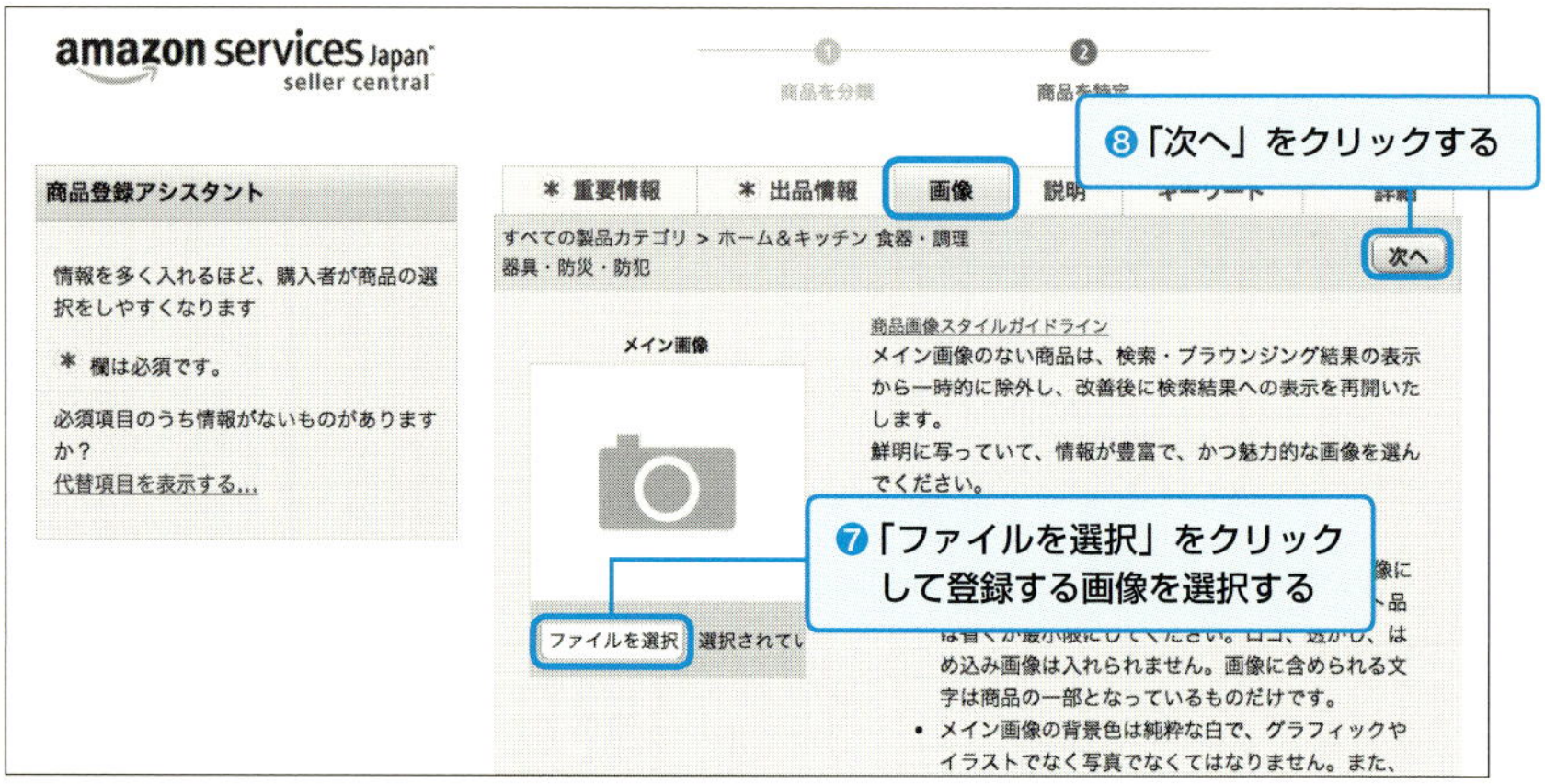

STEP 5 商品の「説明」を登録する。

「商品説明文」「商品説明の箇条書き」ともに商品のトップページに掲載される説明書きになるので、しっかりセールスポイントを記入します。

❿「次へ」をクリックする

❾「商品説明文」「商品説明の箇条書き」を入力する

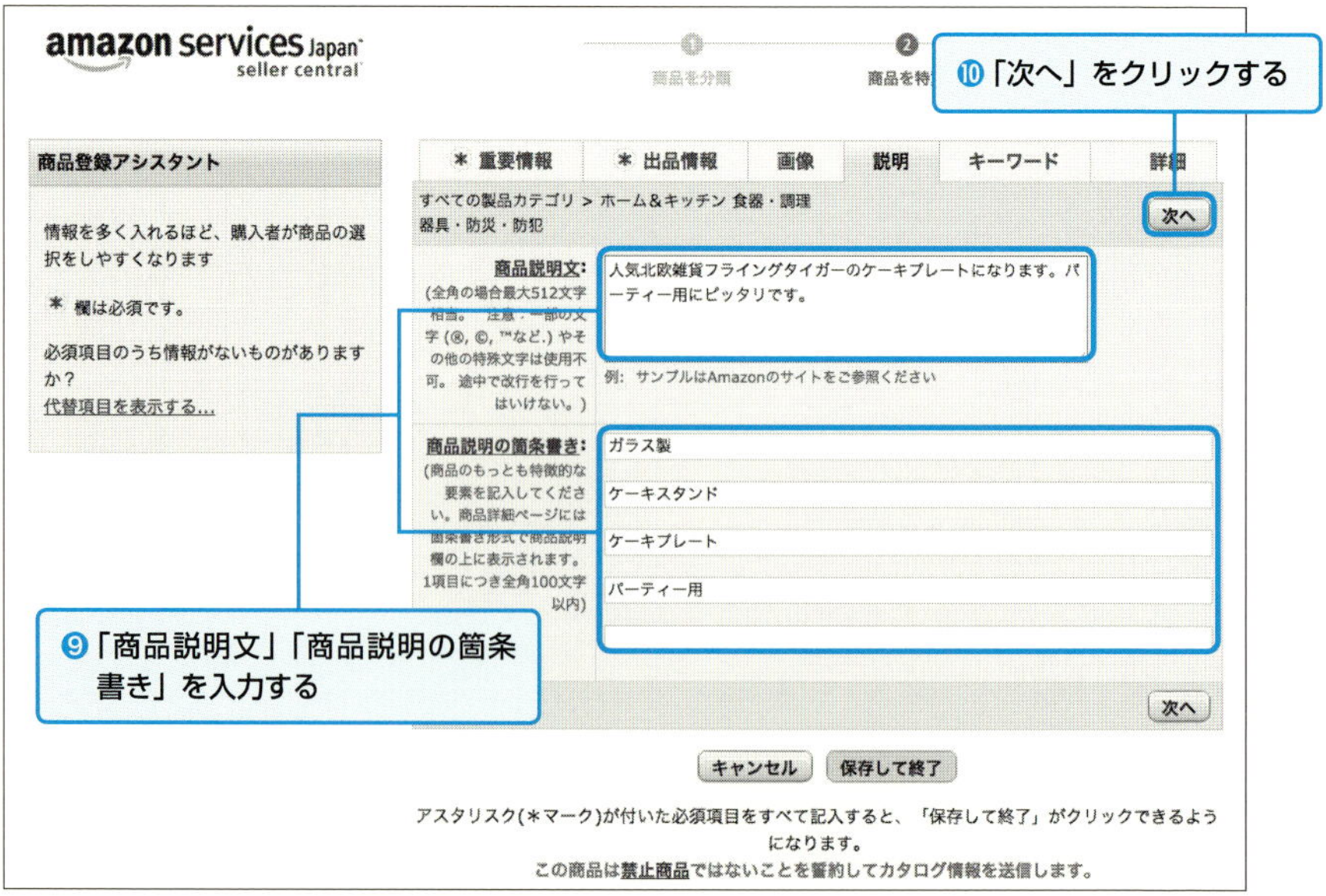

[5時限目] 効率よく稼ぐために、せどりのスーパーテクニックを覚えよう！

STEP 6 商品検索に使われる「キーワード」を登録する。

お客様が、商品を検索するであろうキーワードを書き込んでください。「Flying Tiger」「フライングタイガー」で検索する人が多いと予測されるので、1番最初にブランド名を書いておきます。

⑪ 検索キーワードを複数入力する

⑫ 最後に「保存して終了」をクリックする

これで、自分しか販売していない商品ページの登録は完了です！
自分が登録した商品が売れたときは、言葉に代えがたい快感を味わえますよ。

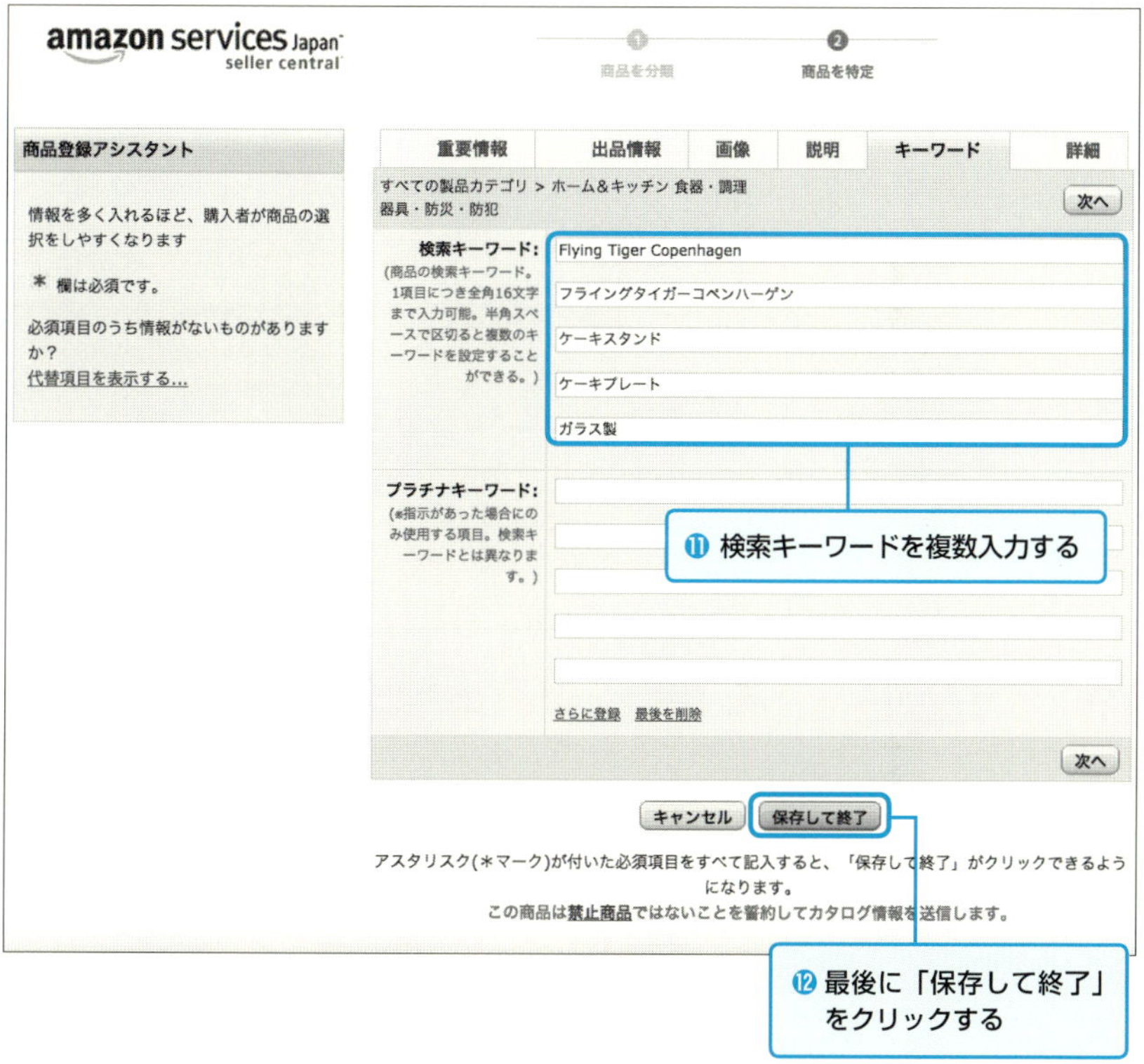

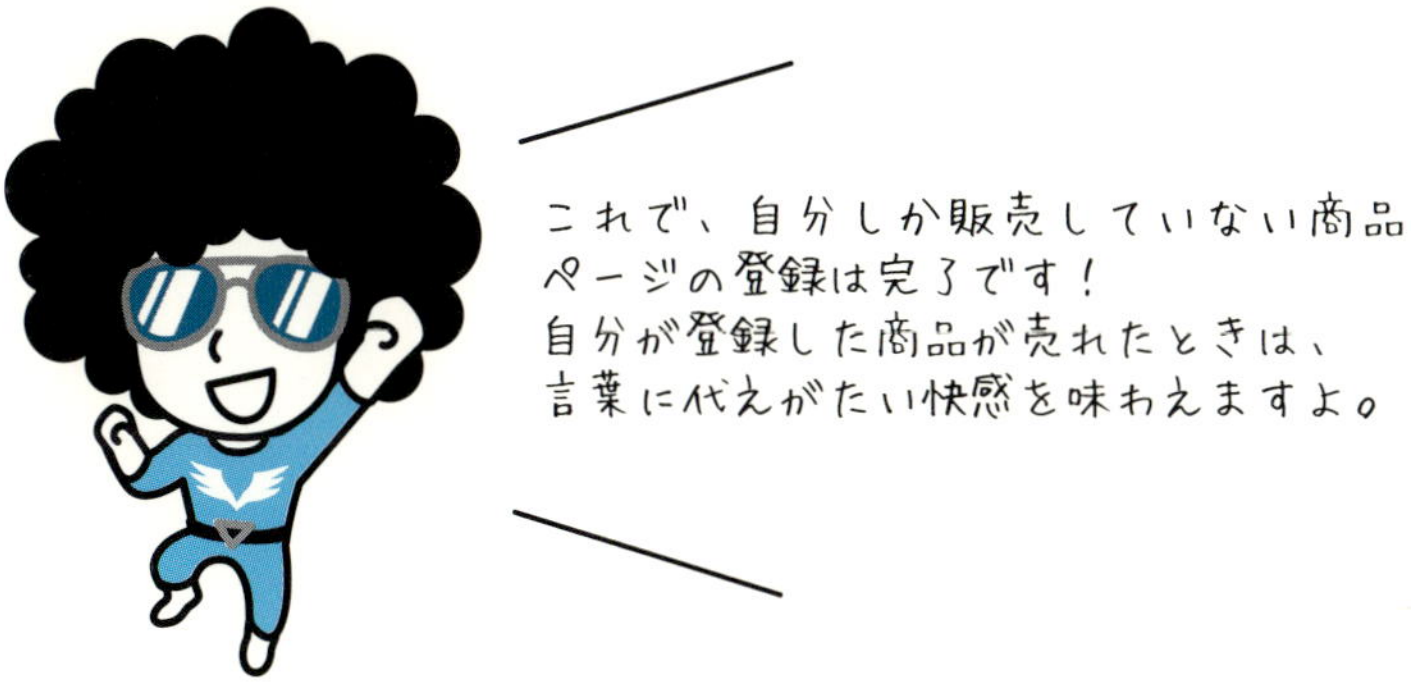

08

仕入れ応用編④ カテゴリー登録せどり

1 仕入れの幅を広げろ！

49ページでもお伝えしたとおり、**Amazon**には申請しないと出品ができないカテゴリーがあります。なぜか、多くの人がこの申請が必要なカテゴリーをせどり対象として完全にスルーします。難しい試験があるならわかるのですが、ただセラーセントラル上で必要事項を記入するだけなので、たった2、3分のことです。たったこれだけで、あなたの仕入れ幅が数倍になるので、面倒がらずに申請してみましょう。

では、カテゴリー登録の方法を見ていきましょう。詳しい手順を「**STEP**」に分けて解説します。

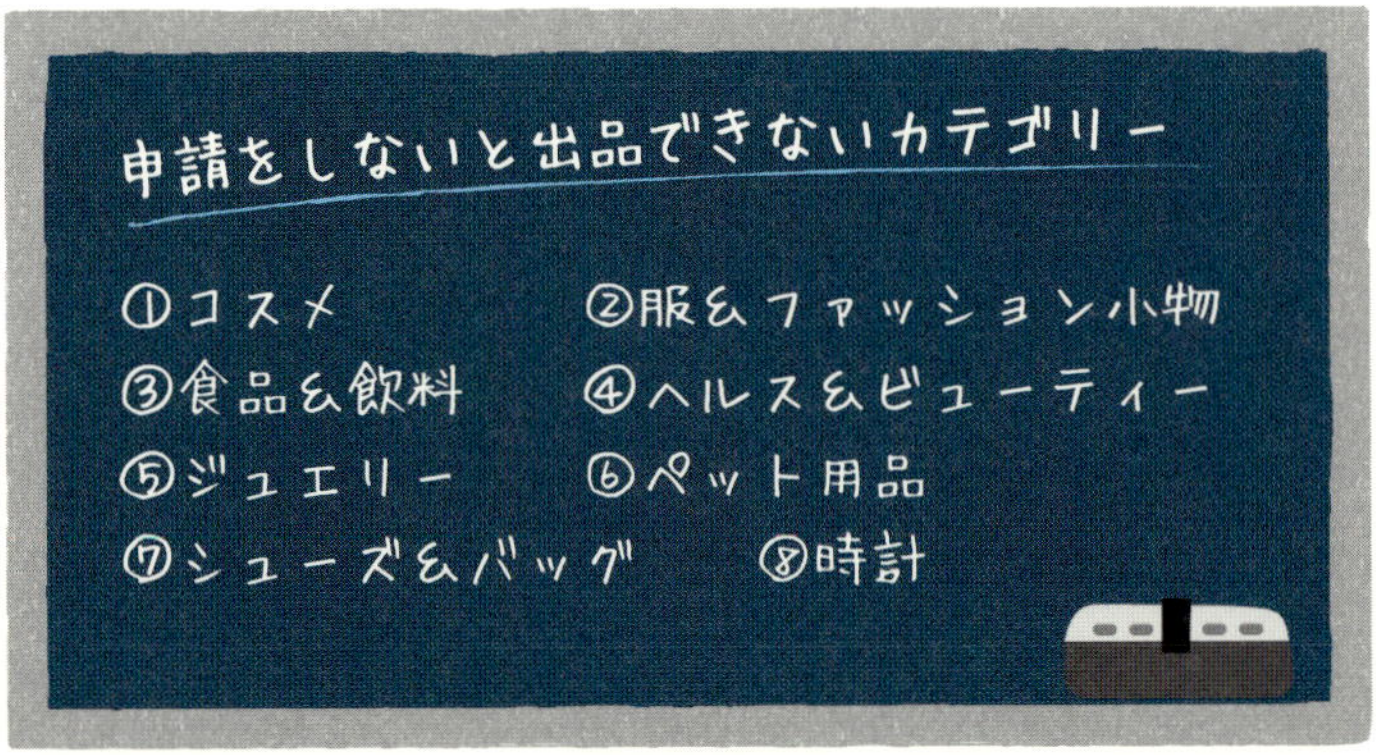
申請をしないと出品できないカテゴリー
①コスメ
②服&ファッション小物
③食品&飲料
④ヘルス&ビューティー
⑤ジュエリー
⑥ペット用品
⑦シューズ&バッグ
⑧時計

STEP 1 セラーセントラルトップ画面の下部「サポートを受ける」をクリックすると右から出てくるスライド画面下部「お問い合わせ」をクリック。

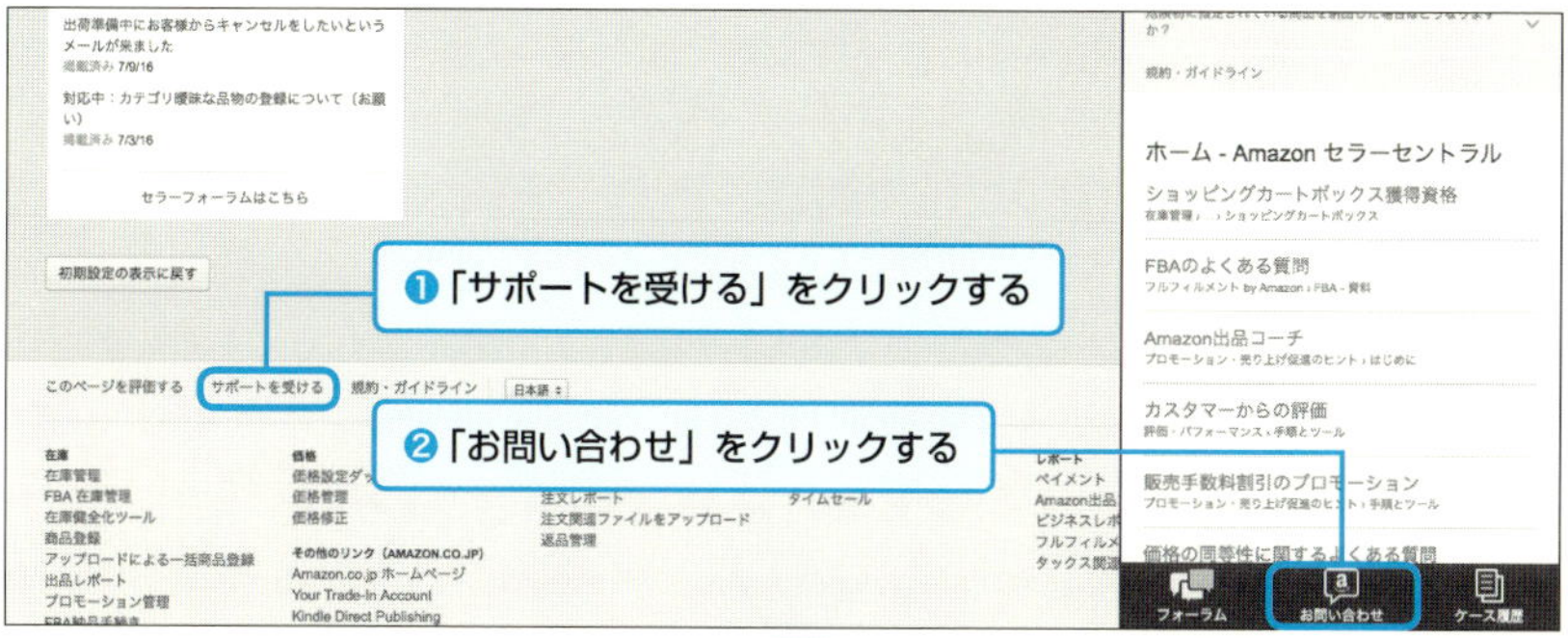
❶「サポートを受ける」をクリックする
❷「お問い合わせ」をクリックする

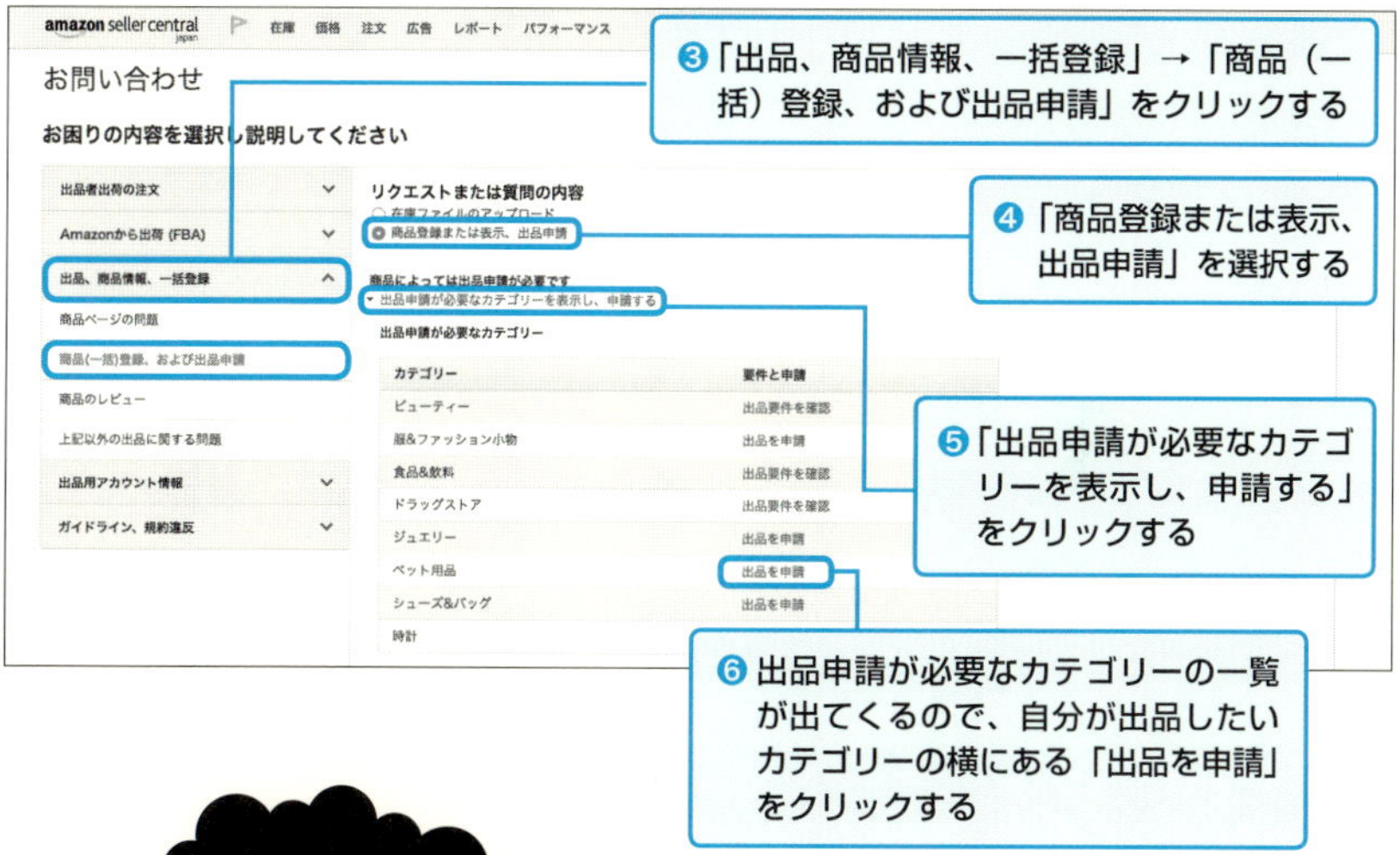
❸「出品、商品情報、一括登録」→「商品（一括）登録、および出品申請」をクリックする
❹「商品登録または表示、出品申請」を選択する
❺「出品申請が必要なカテゴリーを表示し、申請する」をクリックする
❻出品申請が必要なカテゴリーの一覧が出てくるので、自分が出品したいカテゴリーの横にある「出品を申請」をクリックする

カテゴリー登録は、ほとんどのせどらーがやりません。
申請が必要なカテゴリーの商品は価格競争になることはほぼないので、利益を確保しやすい！

STEP 2 カテゴリーの出品申請をする。

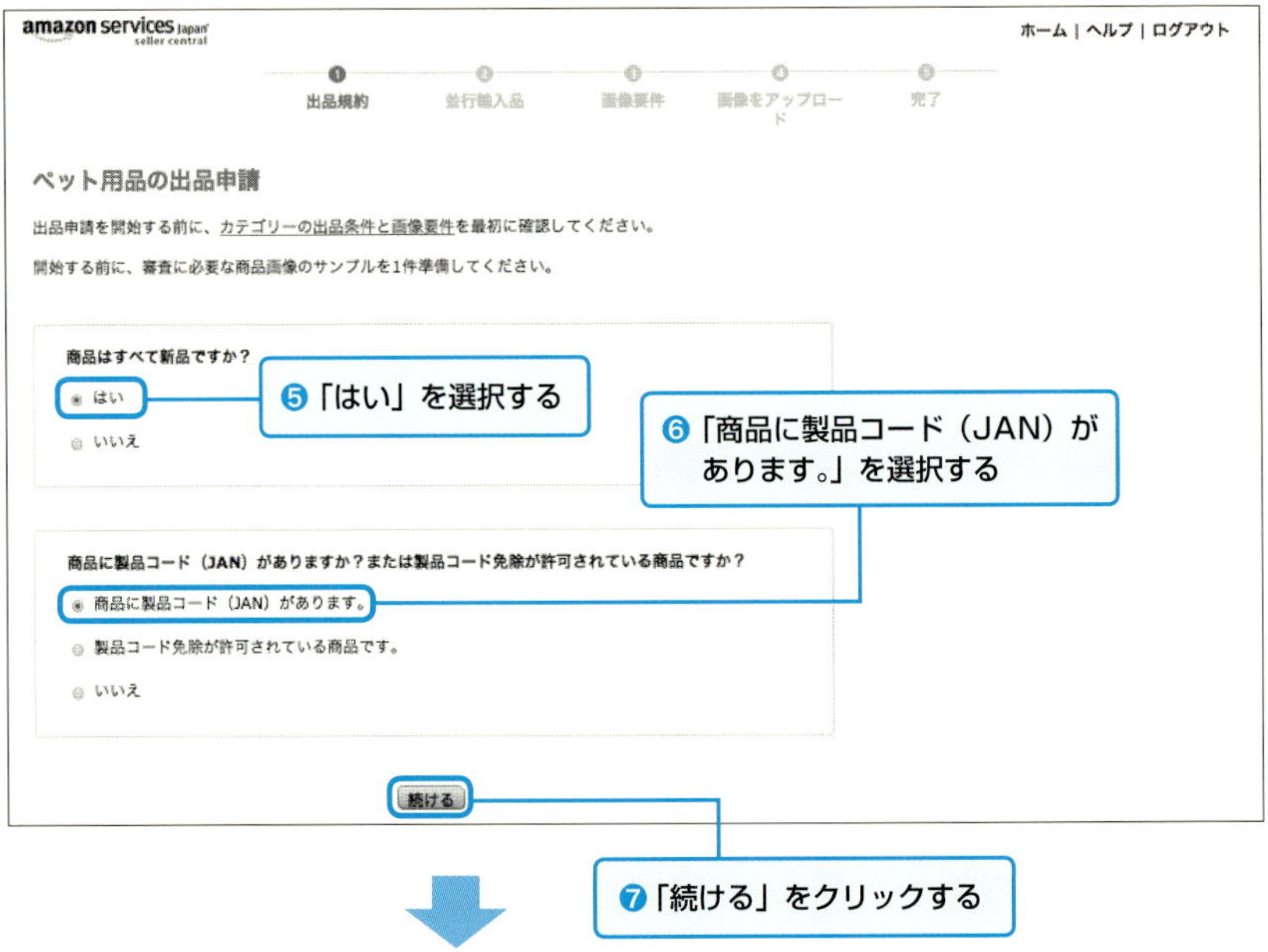
amazon services Japan seller central
ホーム | ヘルプ | ログアウト
出品規約
並行輸入品
画像要件
画像をアップロード
完了
ペット用品の出品申請
出品申請を開始する前に、カテゴリーの出品条件と画像要件を最初に確認してください。
開始する前に、審査に必要な商品画像のサンプルを1件準備してください。
商品はすべて新品ですか？
はい
いいえ
商品に製品コード（JAN）がありますか？または製品コード免除が許可されている商品ですか？
商品に製品コード（JAN）があります。
製品コード免除が許可されている商品です。
いいえ
続ける
❺「はい」を選択する
❻「商品に製品コード（JAN）があります。」を選択する
❼「続ける」をクリックする

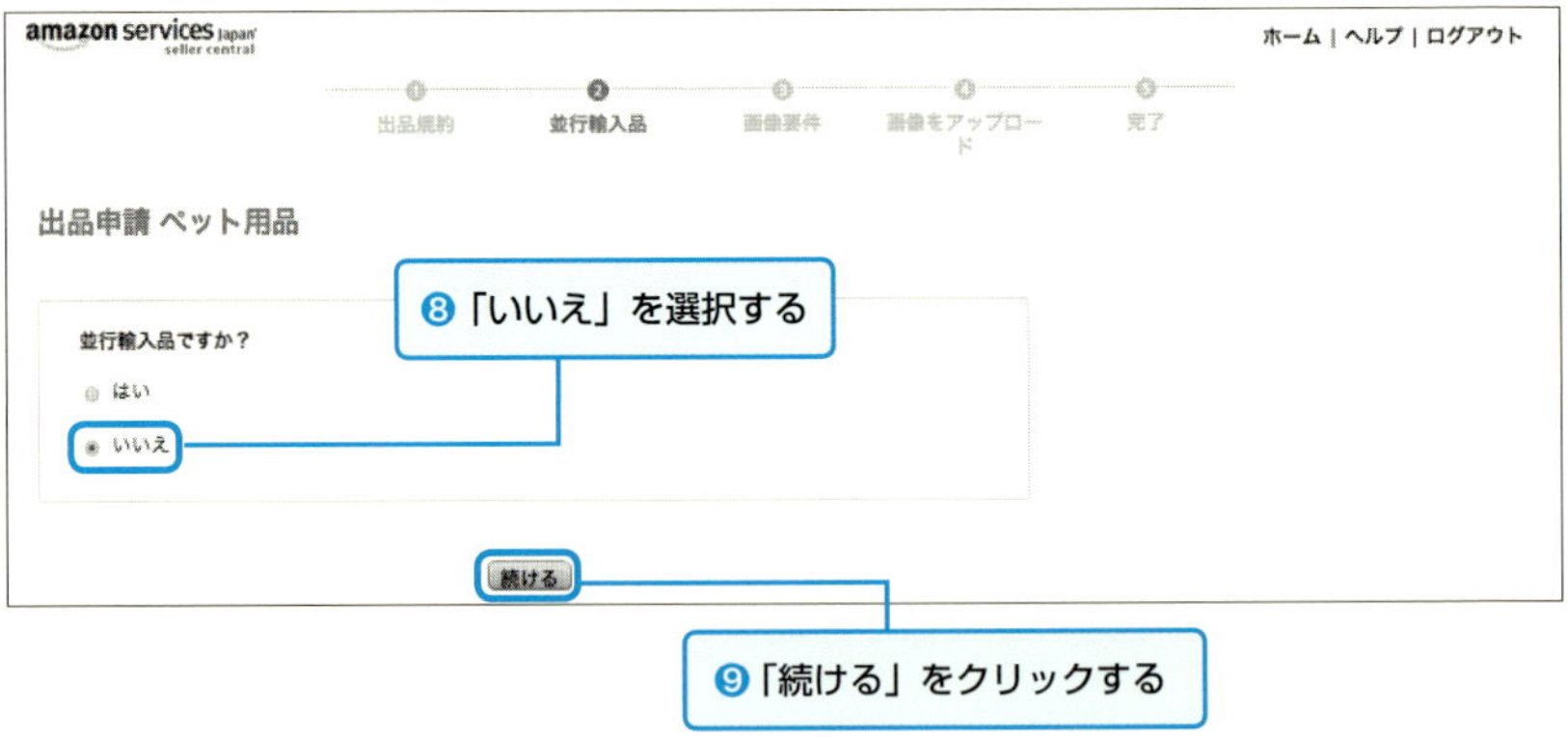
amazon services Japan seller central
ホーム | ヘルプ | ログアウト
出品規約
並行輸入品
画像要件
画像をアップロード
完了
出品申請 ペット用品
並行輸入品ですか？
はい
いいえ
続ける
❽「いいえ」を選択する
❾「続ける」をクリックする

STEP 3 画像をアップロードする。

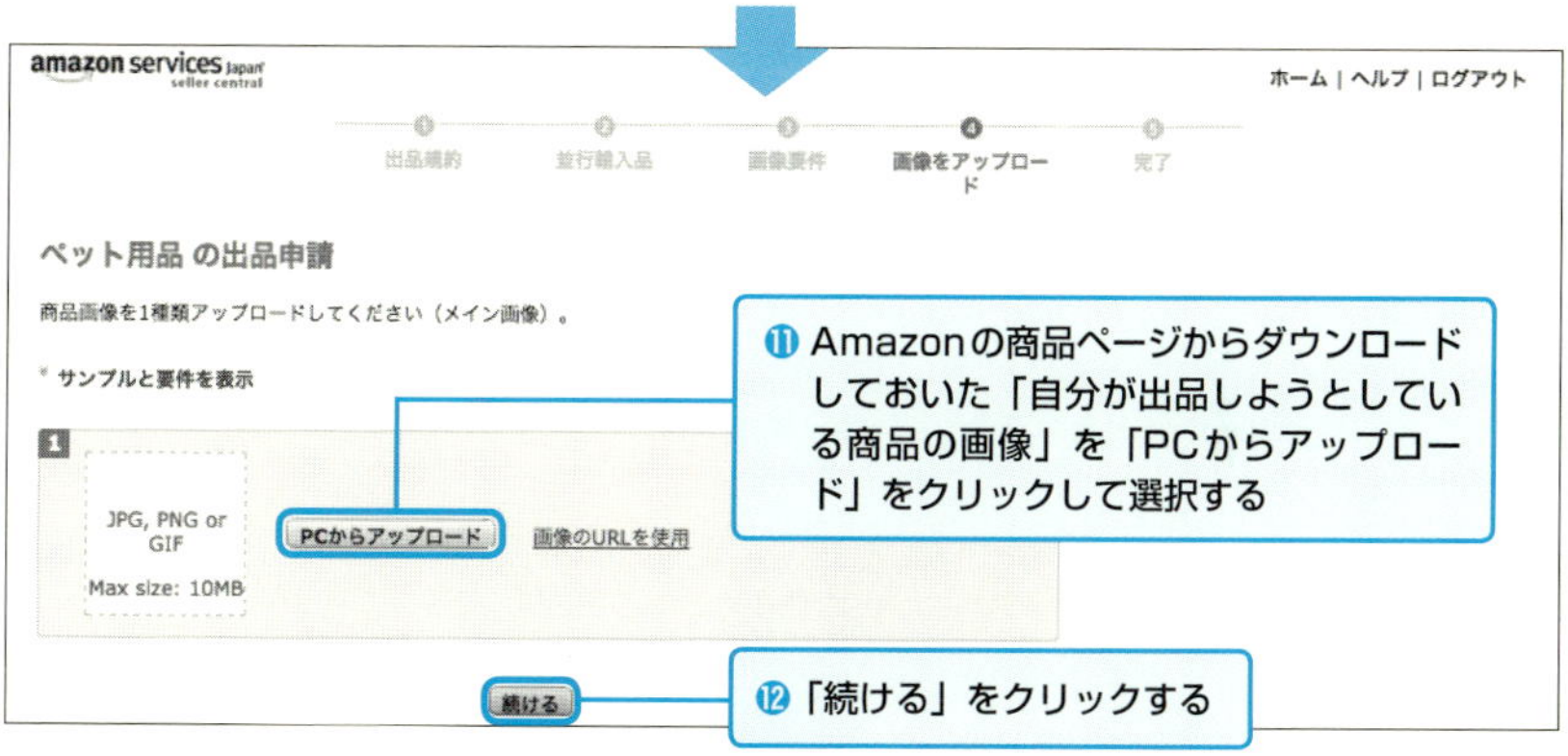

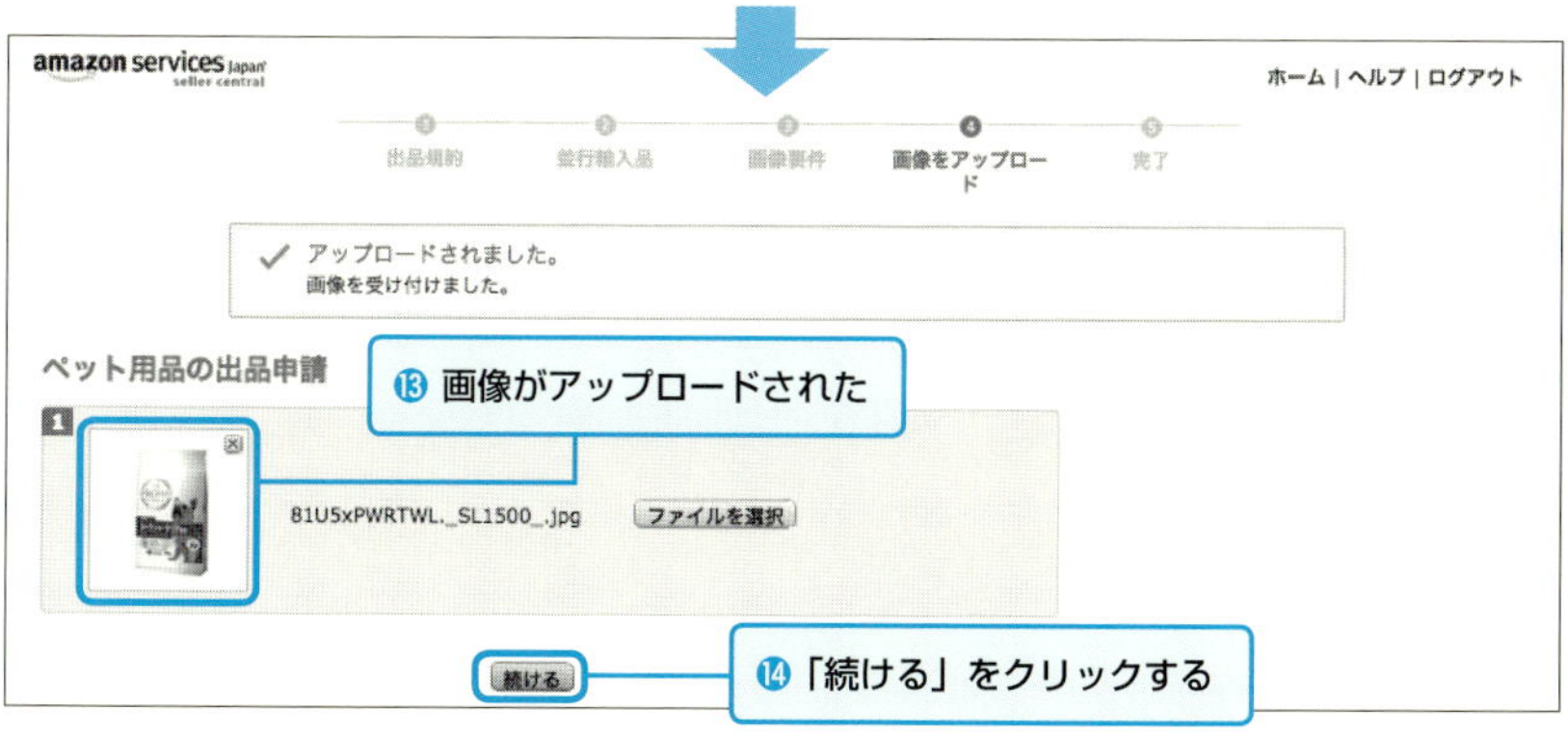

STEP 4 必要項目と赤い「*」マークがついている項目に答えていく。

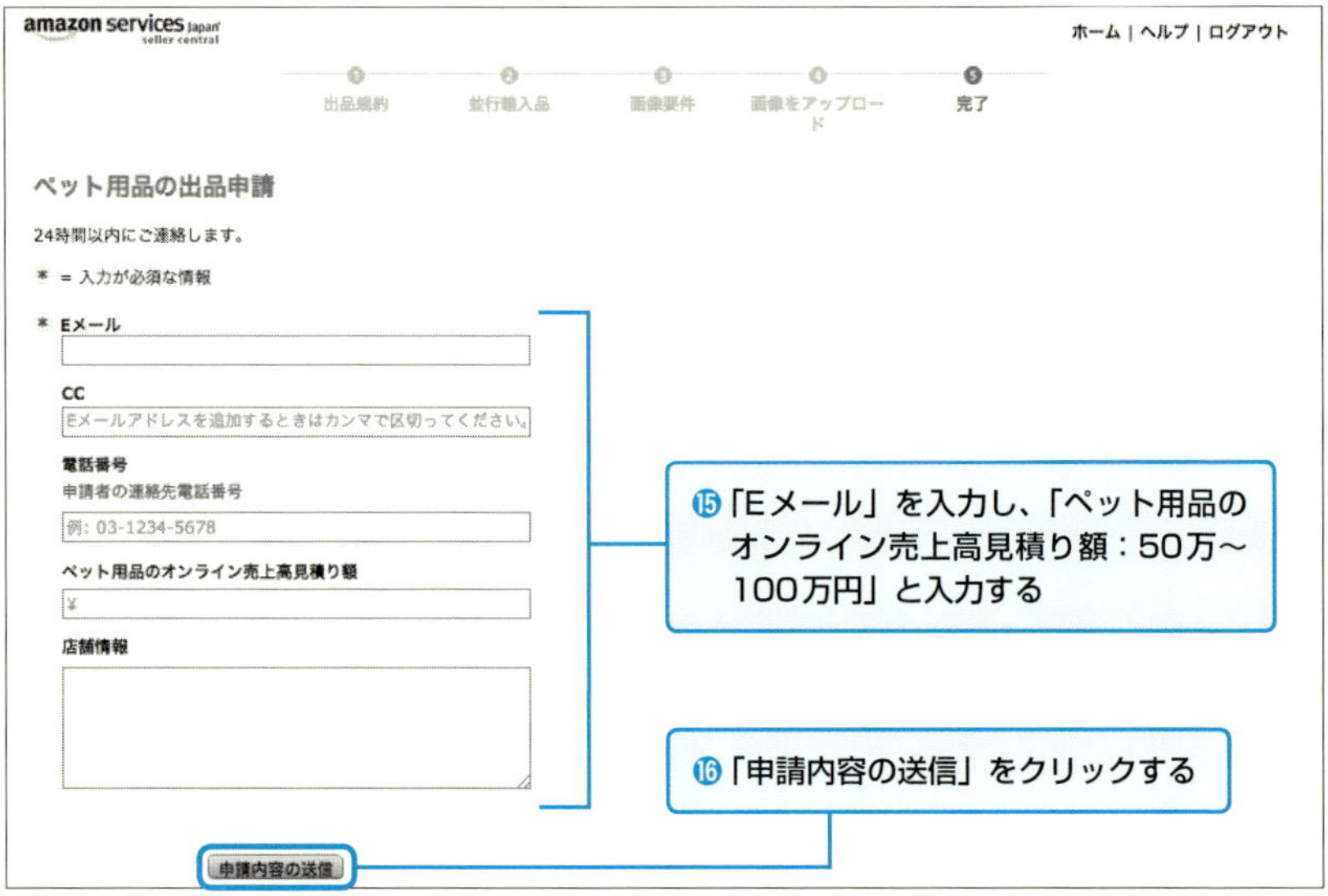
amazon services Japan seller central
ホーム | ヘルプ | ログアウト
出品規約
並行輸入品
画像要件
画像をアップロード
完了
ペット用品の出品申請
24時間以内にご連絡します。
* = 入力が必須な情報
* Eメール
CC
Eメールアドレスを追加するときはカンマで区切ってください。
電話番号
申請者の連絡先電話番号
例: 03-1234-5678
ペット用品のオンライン売上高見積り額
¥
店舗情報
申請内容の送信
⑮「Eメール」を入力し、「ペット用品のオンライン売上高見積り額：50万〜100万円」と入力する
⑯「申請内容の送信」をクリックする

たったこれだけです。24時間以内に許可の連絡が来るはずです。

ちなみに、ペットフードなどの賞味期限、使用期限があるような商品を扱う場合には、テストがあります。

FBAのヘルプページ「FBA禁止商品」内の「**食品、食品を含む製品、食品以外で期限表示のある製品（要期限管理商品）**」（**http://www.amazon.co.jp/gp/help/customer/display.html/?nodeId=200314960**）を一読すると、ヘルプページのリンクがあるので、そのリンクからセラーセントラル「**要期限管理商品（食品や使用期限が印字されている商品）をFBAで出品する場合**」（**https://sellercentral.amazon.co.jp/gp/help/201003420?ie=UTF8&*Version*=1&*entries*=0&**）のページへ行って、13分くらいの動画を見たあとにテストを受けます。テストは何回落ちても問題なく、

すぐに再試験を受けられます。ひっかけ問題みたいなものもありますが、毎回同じ問題なので必ず合格できるようになっています。気負わずに受けてくださいね。

ここまで終えたら、ライバルがあまりいない領域でせどりができます。ブルーオーシャンと言えば大袈裟かもしれませんが、まだまだFBA出品者が少ないカテゴリーが多いのが現状です。

2 ここで少しだけ、頭を休めてコーヒーブレイク

店舗せどりの最も稼ぎやすいノウハウをいくつかお話ししてきましたが、いかがでしたでしょうか？ すぐにでもできる方法が最低でもひとつはあると思うので、「**あなたにとって取り組みやすい手法から実践**」してみてください。

まずは「**1日かけて、ひとつでいいので、商品をせどることができれば十分合格**」です。1日ひとつせどれるようになったら、次は1日2つを目指しましょう。そうして徐々にステップアップしていけば、気がつくと月商数百万円の領域に達しています。現時点では、そんな売上はまったく信じられないかもしれませんが（私もそうでした）、本当にあなたも達成できるので、その日が来るまでコツコツ努力を重ねて、楽しみにしていてくださいね。

閑話休題。

では5時限目の最後にもうひとつ、ちょっと出かけたついでにせどれる「地域限定せどり」を見ていきましょう。

09 仕入れ応用編⑤ 地域限定せどり

1 地域限定グッズをねらえ！

ここでは、地域を生かしたせどりの手法を紹介します。どこに住んでいても、その地域にしかない限定グッズが必ずあります。あなたが住んでいる周辺のお宝グッズをリサーチしてみてください。

リサーチはモノレートに地名を入れるだけ

このリサーチも、笑えるほど簡単です。モノレートに地名を入力して検索するだけです。たとえば「虎ノ門」と入力します。すると「トラのもん　レジンフィギュア」というグッズが出てきました。

モノレートでチェックすると回転が速いわけではありませんが、ライバルが常に2、3人と少な

● 売れている商品は色違いも検索してみる（上がノーマル、下がピンク）

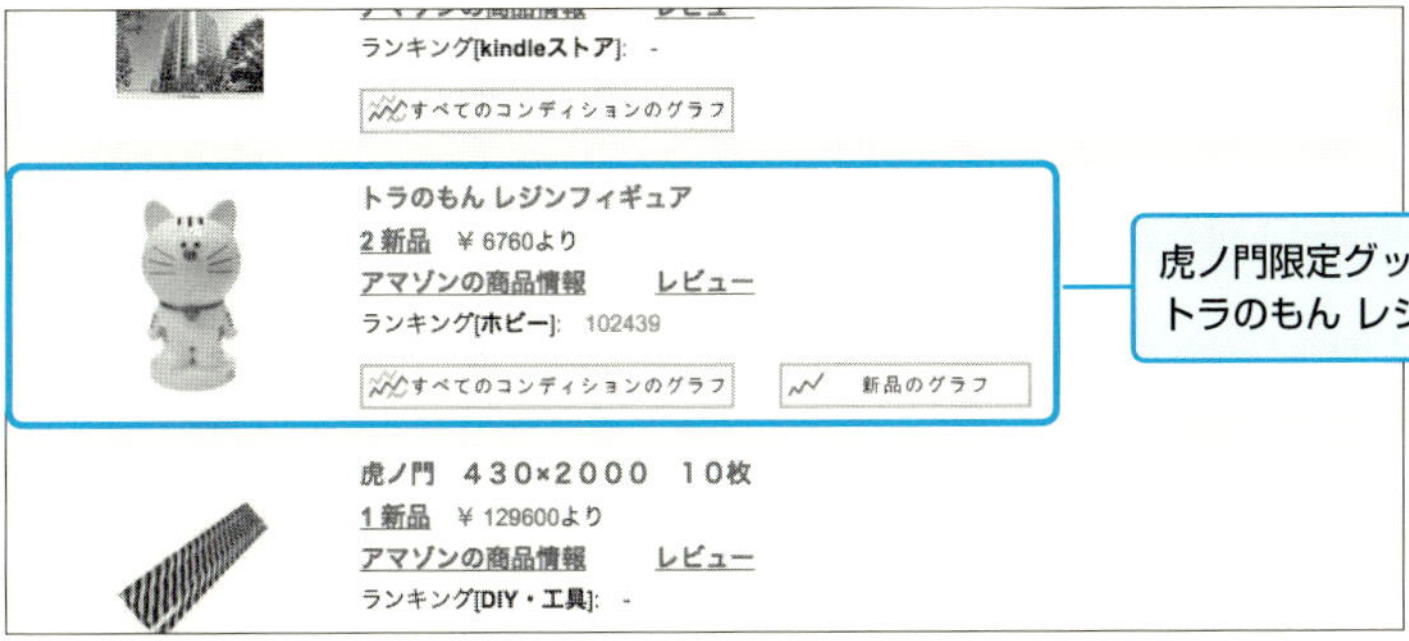

虎ノ門限定グッズ
トラのもん レジンフィギュア

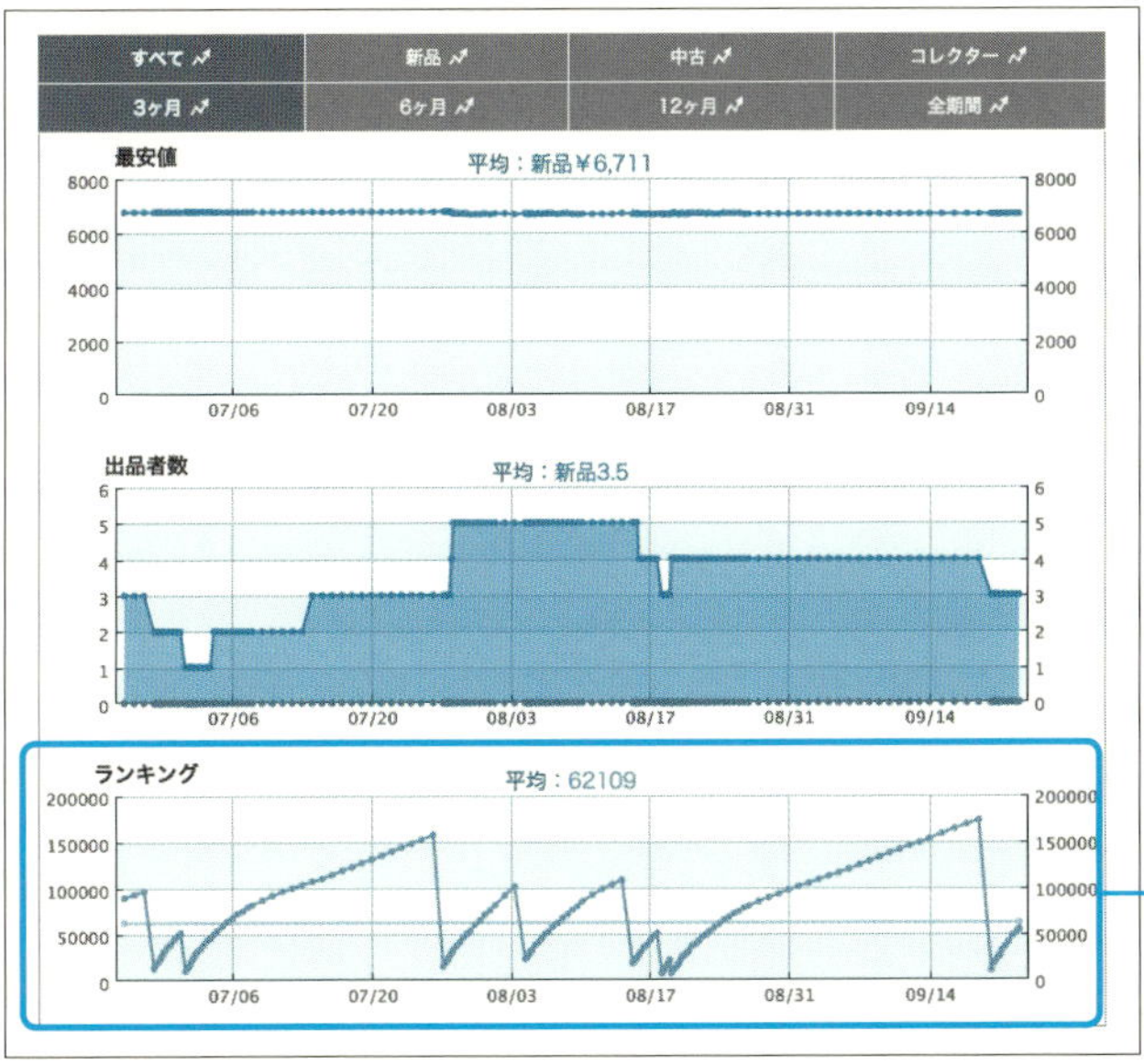

3カ月で8回程度売れているので、仕入れる価値は十分にある

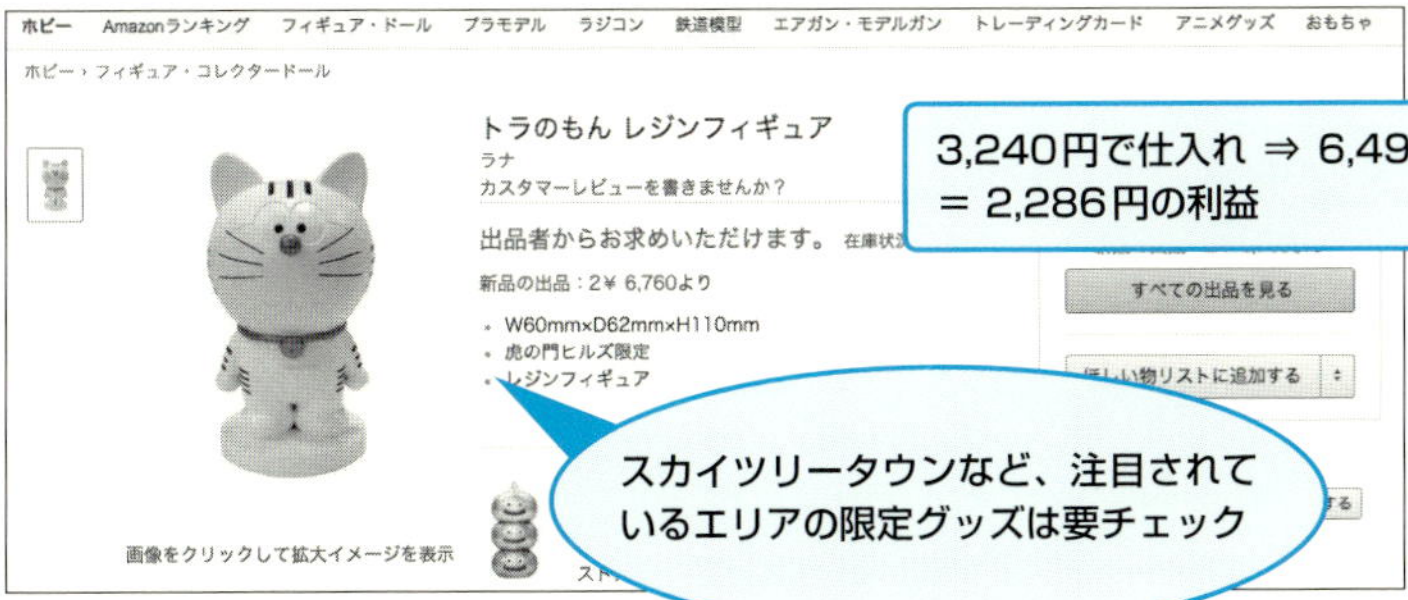

3,240円で仕入れ ⇒ 6,494円で販売
＝ 2,286円の利益

スカイツリータウンなど、注目されているエリアの限定グッズは要チェック

く、出品一覧を見ると自己発送出品者のみでした。仕入れ値が安ければ勝算があると思い、トラのもんをGoogleで検索してみました。虎の門ヒルズが藤子プロと提携してつくったキャラクターで、そのビル内の限定ショップのみで販売している商品ということがわかりました。トラのもんのサイトに各商品の値段が載っていて、3240円で販売されているようです。

2 売れている商品は仲間もねらえ！

「トラのもん」のほかの商品もせどれるか確かめるために、今度は、モノレートに「トラのもん」と入力して検索してみます。

すると、「トラのもんのクリアファイル・シール・ブロックメモ3点セット」というセット商品が2500円で販売されていました。こちらの商品は、実はセット商品ではなく、バラバラで売られているものです。

前節でお話しした「登録販売」の手法で、ほかの出品者さんがまとめ売りとして事前に登録してくれていたものです。商品画像を見ても、明らかに素人が登録したものだというのがわかると思います。トラのもんサイトで値段を調べてみると、合計で1080円ということがわかりました。回転は早くないですが、出品者が自己発送のみであれば十分に勝算があります。

●「トラのもん」の公式グッズを検索してみる

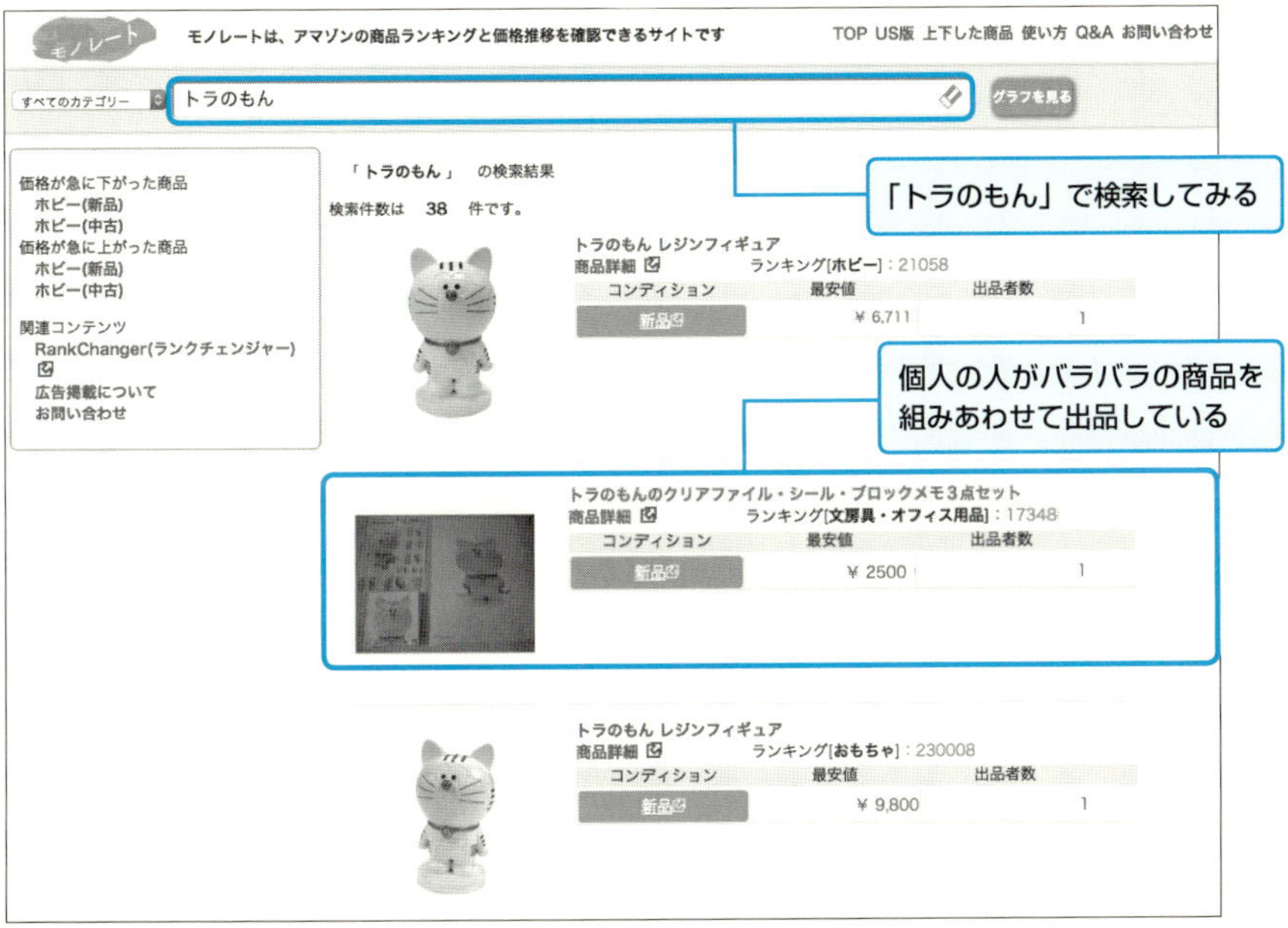

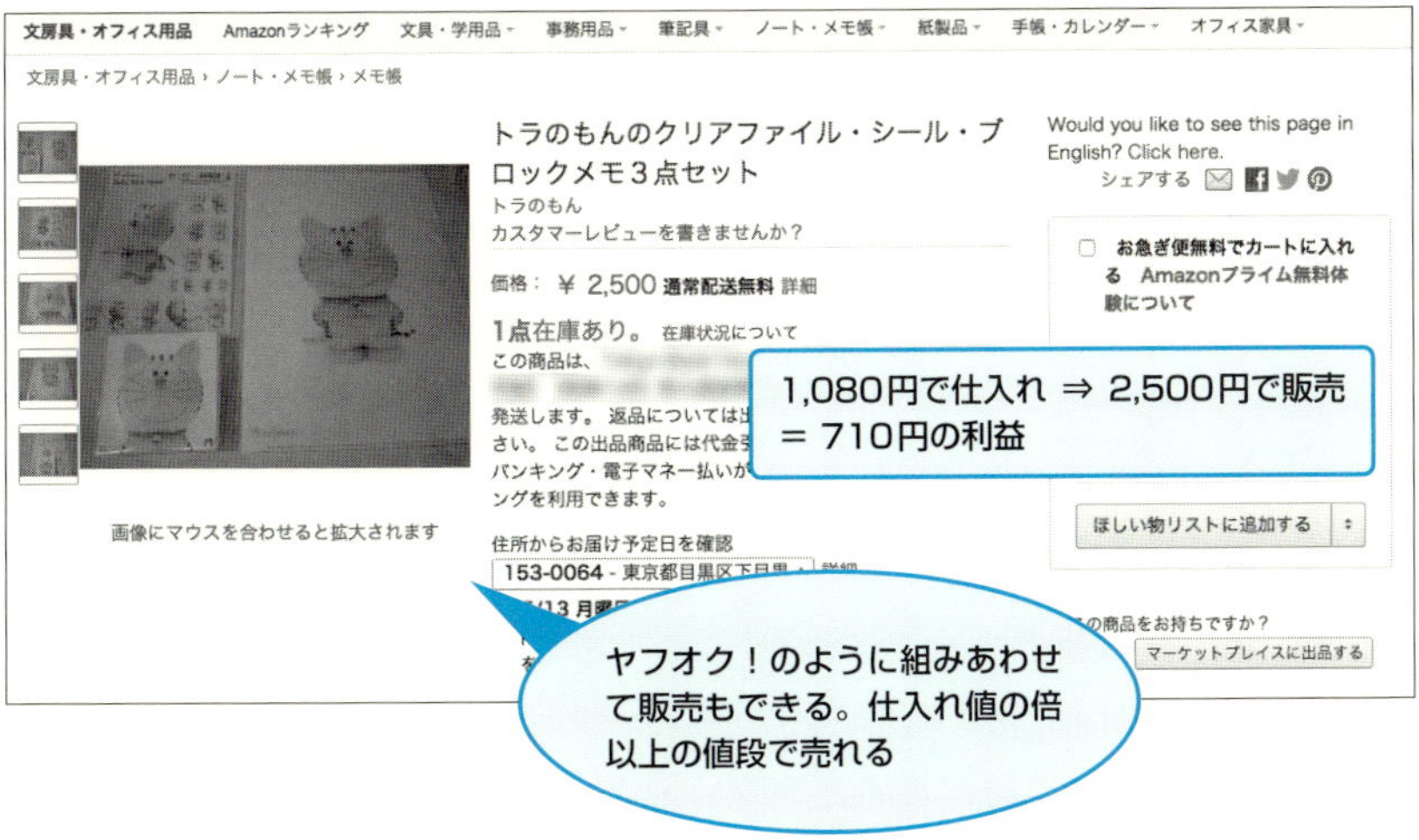

3 「アマゾンでせどる」この違和感を忘れない

先ほど「トラのもん」と検索したときに、「トラのもん　レジンフィギュア」がおもちゃとホビーの2つのカテゴリーで登録されていたのに気づいたでしょうか？

この2つは差額が3000円以上あるので、**「ホビーのカテゴリーで売られている〝トラのもん　レジンフィギュア〟を仕入れて販売しても利益が出る**」のです。回転が悪いおもちゃカテゴリーのモノレートを見ても、売れた履歴があります。自己発送で商品登録しておけば、注文が入ってから発注すればいいので、確実に利益を出すことができます。

せどりをしているとたまにこのような商品に出くわすので、常に「**違和感がないか意識してリサーチをする**」ようにしてください。

● 別のカテゴリーで高値で出品されていたら、とりあえずチェックする

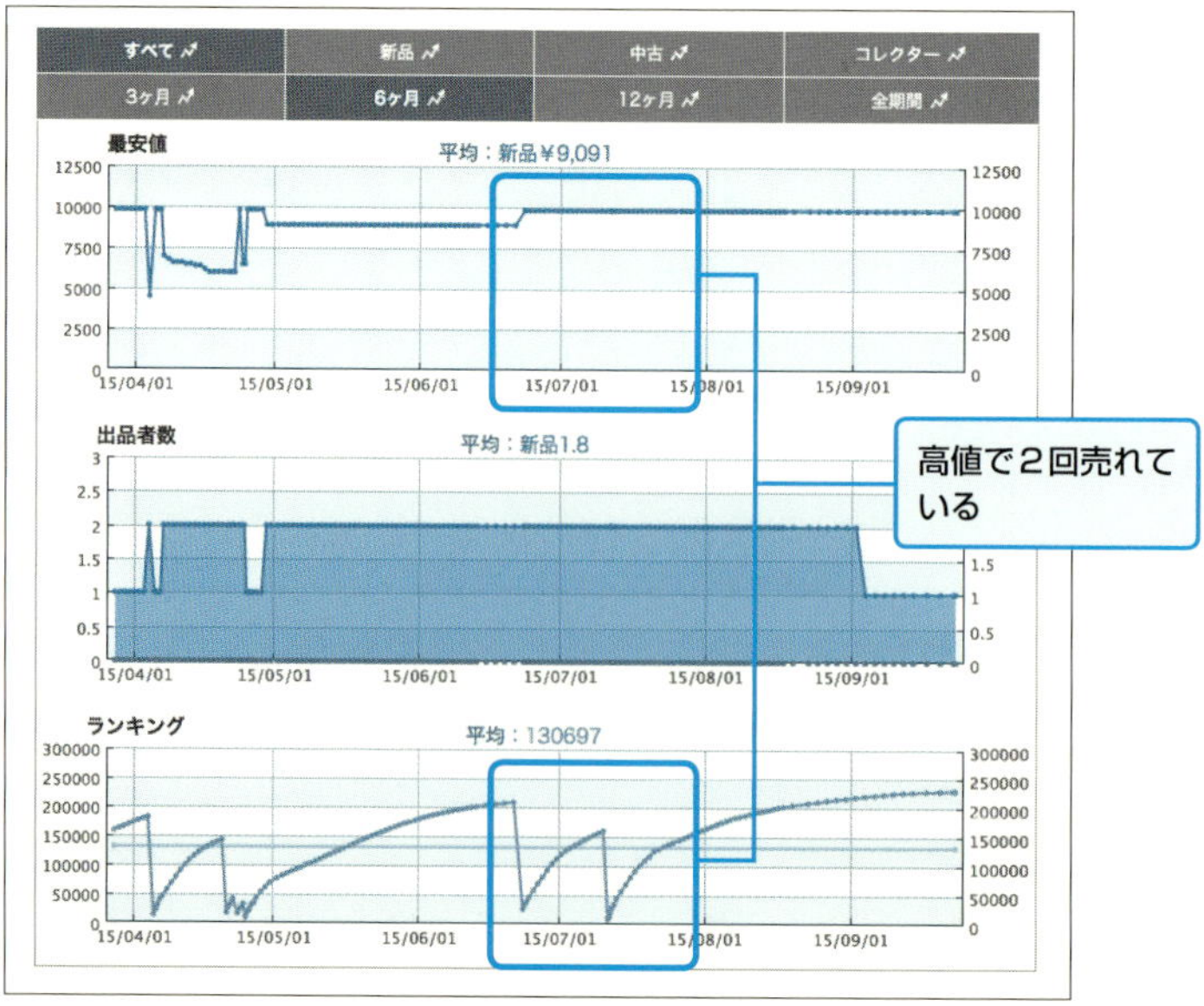

6時限目

電脳せどり（ネット仕入れ）の達人になる

平日、仕事が終わる時間にはお店が閉まっている人、それなりに隙間時間がある人、重い荷物をたくさん持てない人にとってはピッタリな、せどりスタイルです。

01 Amazonでプレミアム価格になっている商品のリサーチ方法

1 Amazonでプレミアム商品を見つけるためのキーワードを探す方法

「**Amazonでプレミアム価格がついている商品（プレミアム商品）をリサーチして、定価かそれより安く売っているネットショップで仕入れて利ざやを抜く**」のが、電脳せどりの1番オーソドックスな仕入れ方法です。

Amazonには見切れないほどたくさんのプレミアム商品があるので、まずはキーワードで絞り込みます。人気がありそうだと思うキーワードを何でもいいので**Amazon**の検索窓に入力してみましょう。このキーワードは、派生させていくための切り口にしかすぎないので「スターウォーズ」「チョロQ」「関ジャニ∞」など何でも大丈夫です。キーワードがまったく思いつかなくても、気になるカテゴリーに行けば**Amazon**上で売れている商品のキーワードを調べることができます。

では、詳しい手順を次頁で「**STEP**」に分けて解説します。

STEP 1 Amazon 上で売れている商品のキーワードを調べる。

Amazon のトップページ左上の「カテゴリー」をクリックすると一覧が現れます。例として右列の「おもちゃ」のカテゴリーを見てみます。

❶ カテゴリーをクリックする

❷ おもちゃをクリックする

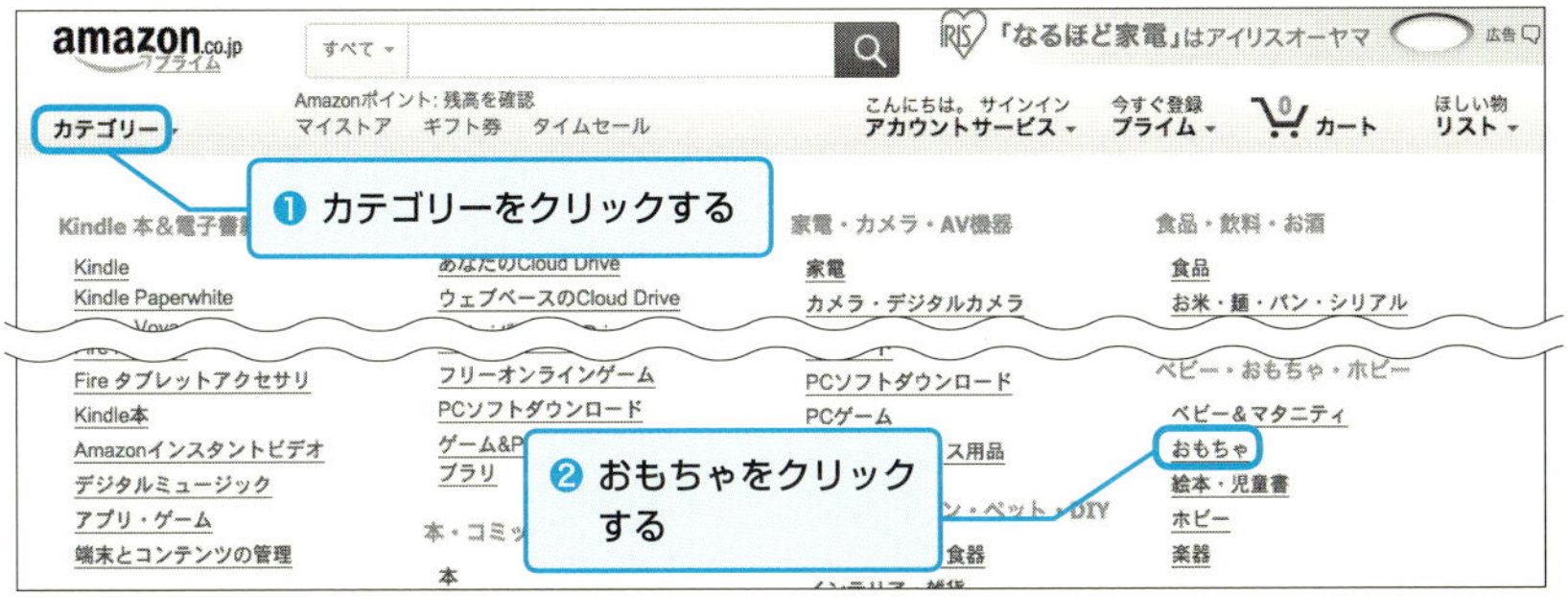

STEP 2 人気キャラクターや人気シリーズを見てみる。

「妖怪ウォッチ」「仮面ライダードライブ」「手裏剣戦隊ニンニンジャー」といった人気キャラクターやシリーズ名が出てきます。
この名前こそがキーワードになります。それだけでもいいのですが、左上の「妖怪ウォッチ」をクリックして、さらに妖怪ウォッチの詳しい商品ページにジャンプしてみましょう。

❸「妖怪ウオッチ」をクリックしてみる

すると、下図のように妖怪ウォッチの人気キャラクターが出てくるので、「ジバニャン」「USA ピョン」「コマさん」などと、さらに細かいキーワードを集めることができます。このように Amazon でカテゴリーを掘り下げていくだけで、キーワードを無限に集めることができます。

2 Amazonでプレミアム商品を抽出する方法

ここまでで集めたキーワードを使って、今度は**Amazon**でプレミアム価格になっている商品を探します。ここでは「妖怪ウォッチ」ではなく、「艦隊これくしょん」をキーワードにリサーチをしてみましょう。

人気のあるキャラクターやシリーズをキーワードにして調べたわけですから、「艦隊これくしょん」だけだと膨大な量の商品が出てきてしまいます。そこから、いくつかの**STEP**を踏んで、目的にかなったリストに仕上げていきます。

最終的には「**定価超えをしている濃い商品リスト**」をつくります。ランキング順に並べ替えて、モノレートのグラフの波が3カ月で3回程度の商品までリサーチしてみましょう。

では、詳しい手順を「**STEP**」に分けて解説します。

STEP 1 Amazonで「艦隊これくしょん」を検索する。

まず検索枠に「艦隊これくしょん」と入力して検索マークをクリックします。すると艦隊これくしょんのすべての商品（1万8,427件）が出てきます。条件を絞るために「ホビー」をクリックして絞り込みをします。

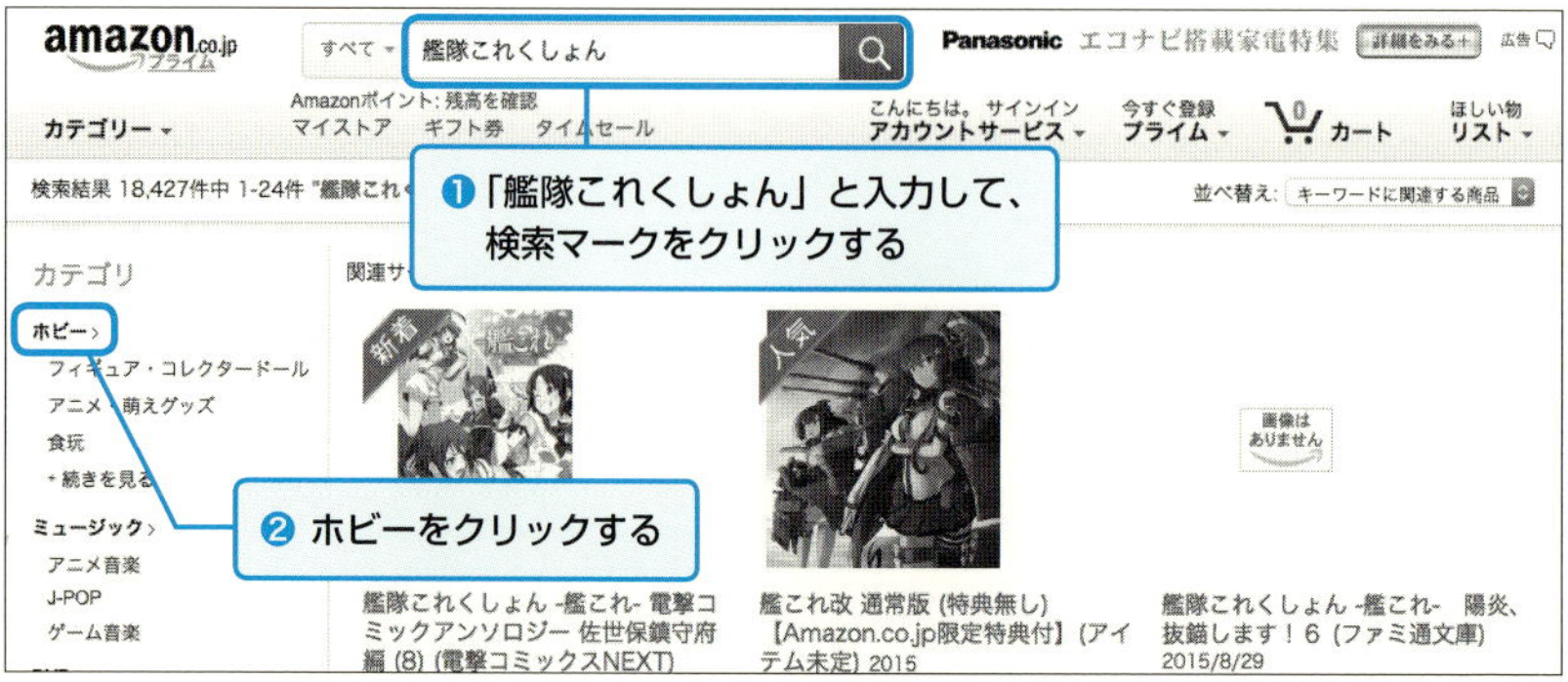

❶「艦隊これくしょん」と入力して、検索マークをクリックする
❷ ホビーをクリックする

STEP 2 絞り込みと並べ替えをする。

ホビーの商品一覧ページが表示されたら、左サイドバーを下にスクロールして「価格」で絞り込みます。Amazon の場合、2,000 円以下で売られている商品だと仕入れのときに別途送料がかかることがあるので、価格差を取りにくくなってしまいます。

❸「5,000 − 10,000円」をクリックする
価格
0-1500円 (3,180)
1500-5000円 (2,237)
5000-10000円 (4,552)
10000-30000円 (1,329)

STEP 3 ランキング順に並べ替える。

5,000 ～ 1 万円の商品が抽出されたら、売れる商品をリサーチしないと意味がないので、右上の「並べ替え」から「おすすめ順」を選びます。これで、ランキング順に並べ替えることができました。しかしこの状態では、定価以下の商品も混ざっているので、プレミアム価格の商品だけに絞り込みます。

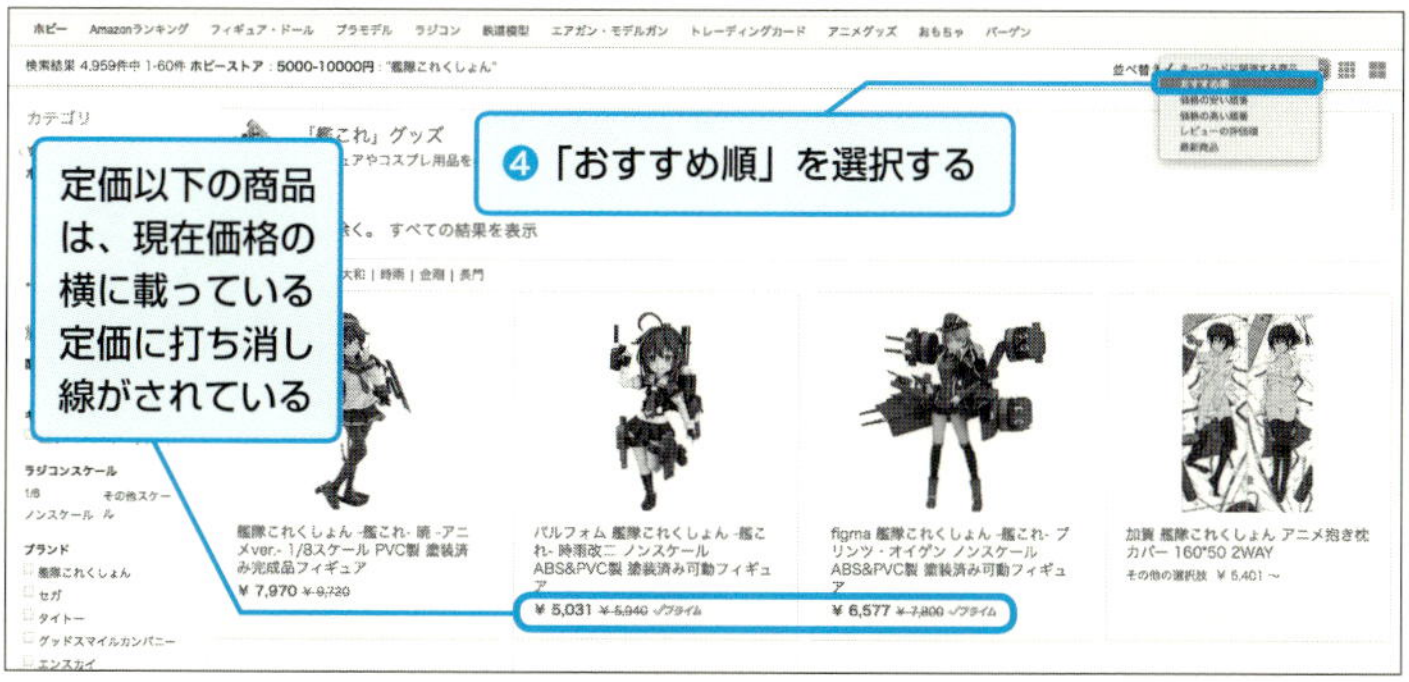
❹「おすすめ順」を選択する
定価以下の商品は、現在価格の横に載っている定価に打ち消し線がされている

STEP 4 プレミアム価格の商品だけを抽出する。

定価以下の商品を除いてプレミアム価格の商品だけを抽出するために、URL の最後に「魔法のコード」を入力して「Enter」ボタンを押します。

これで、「定価超えをしている濃い商品リスト」が完成します。

ㄟくしょん%2Cp_36%3A401088011&qid=1438463258&__mk_ja_JP=カタカナ&sort=featured-rank&pct-off=-0
検索結果 1,917件中 1-24件 ホビーストア : 5000-10000円 : 最大0% OFF : "艦隊これくしょん"
❺ URLの最後に「&pct-off=-0」と挿入し、「Enter」ボタンを押す

02 プレミアム商品の仕入れ方

さて、プレミアム商品のリストができあがりました。では、そのプレミアム商品を安く仕入れるにはどうしたらいいの？　どこで安い商品を見つけるの？　と、次なる疑問がわいてくると思います。

解決策はとても簡単で、商品名をGoogleで検索するだけで、そのプレミアム商品を売っているネットショップが検索できてしまいます。それを上から順番に地道に調べていくだけです。

1 プレミアム商品は「プライムマーク」に注意する

ここでも、ちょっとしたエッセンスがあります。それは、「**〝プライムマーク〟がない商品を検索すればAmazonとFBAライバルが出品していない**」ので、モノレートのグラフの波の回数が少なくても高回転で売ることができます。はじめは、そのような商品だけをねらってもいいでしょう。

この中から、プライムマークのついていない「艦隊これくしょん-艦これ-ロングタペストリー雲龍改」という商品をリサーチしてみましょう。

まずは、モノレートのランキングのグラフをチェックします（次頁）。波の回数は多くないですが、出品者の2人が自己発送出品者なので、ライバルはいないものとして問題なく仕入れることができます。このように回転が遅く見える商品をライバルはあまり仕入れたがらないので、FBA出品者が急激に増えることはほぼありません」。

● プライムマークのない商品をねらう

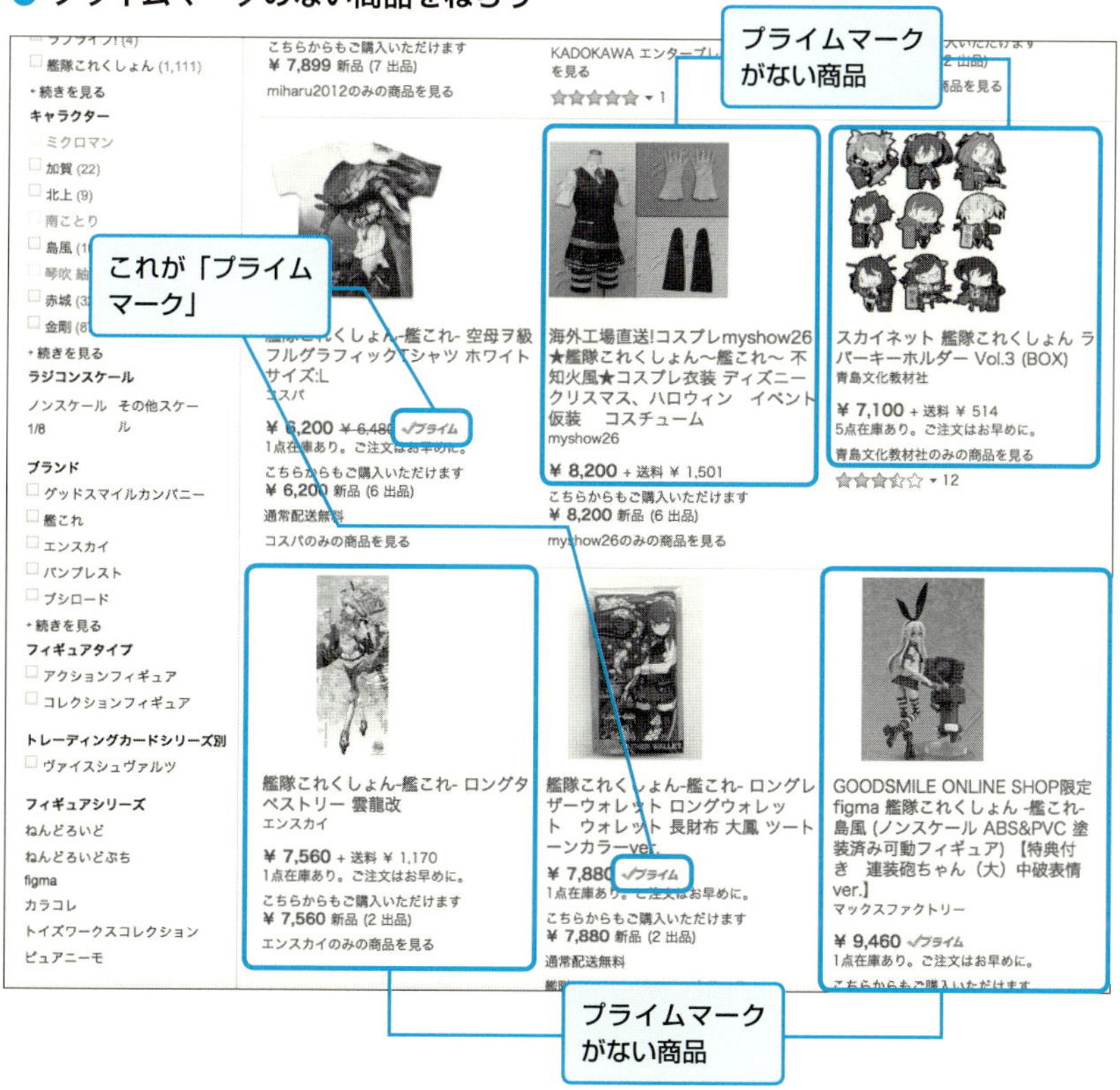

● 商品を決めたらまずはモノレートでグラフをチェックする

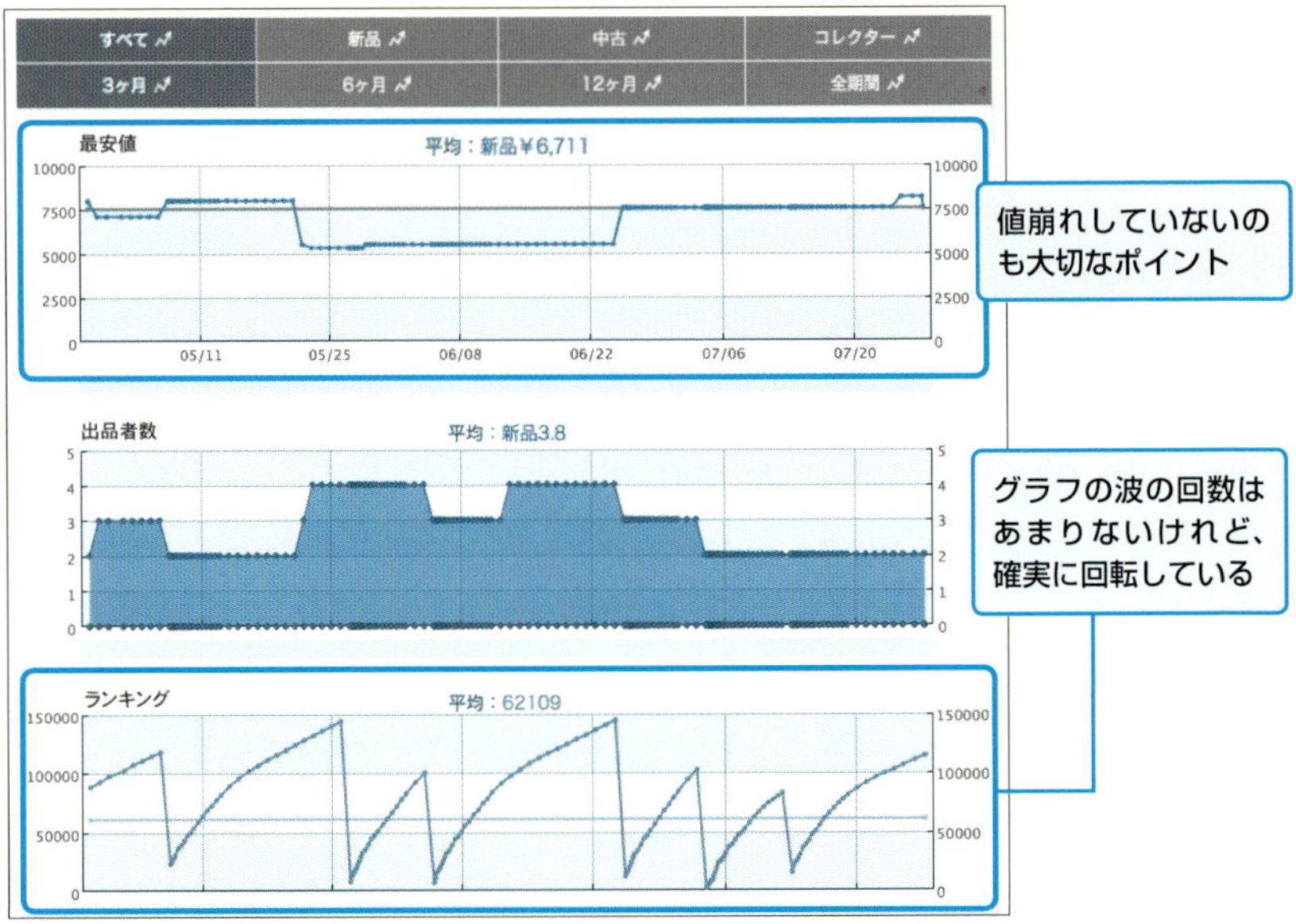

● 出品者一覧も必ずチェックする

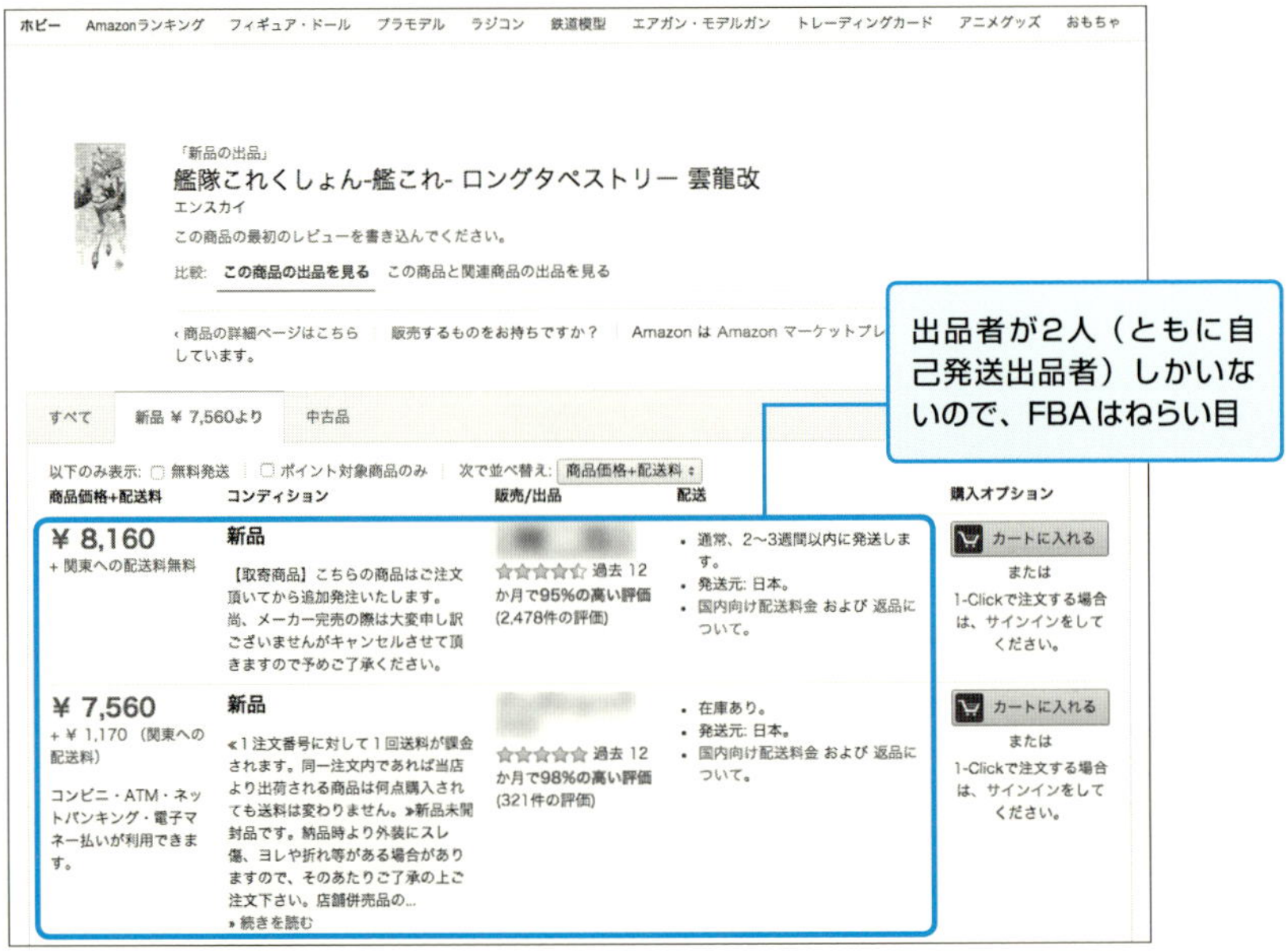

2 プレミアム商品をGoogleで検索するだけ

では、「艦隊これくしょん-艦これ-ロングタペストリー 雲龍改」をGoogleで検索してみましょう。下図のような検索結果が表示されますが、上からネットショップを見ていくのではなく、直感的にわかりやすいGoogleショッピング検索を見てみましょう。

Googleショッピング検索を使う

Googleショッピング検索で検索してみると、次頁下図のように、5230円で売られていました。Amazonよりもかなり安く売られているので、仕入れられそうです。ここで慌てて買わずに、まず「新品」であることと「送料」を確認します。

この例では、販売元は有名なネットショップなので、偽物を扱っている心配がないのと、送料無料と書いてあるので、安心して仕入れることができます。念のた

● Googleで検索した結果

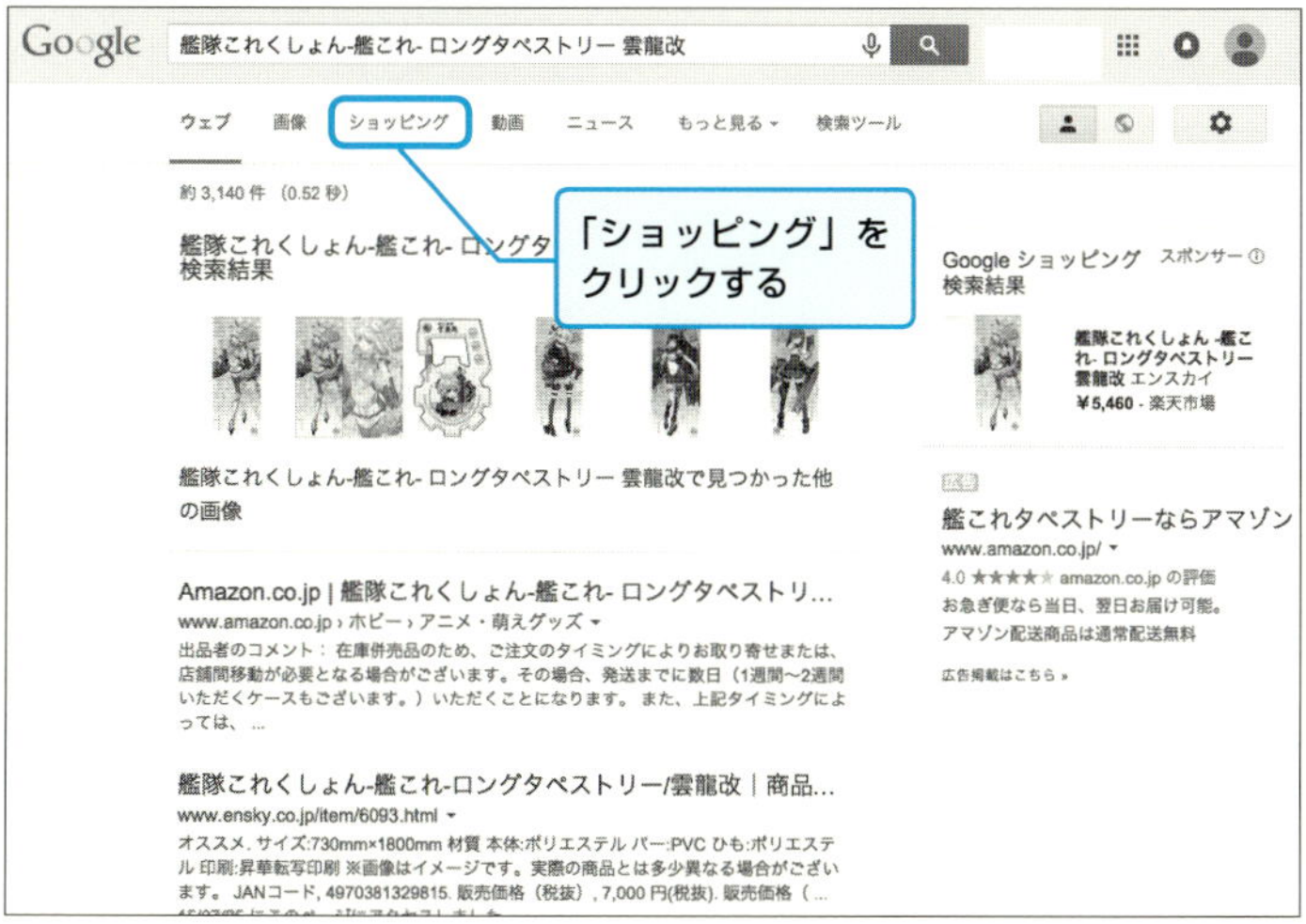

め、もっと安い価格で売っているショップがないか、**Google**検索で出てきたほかのお店も調べます。

ちなみに、**Google**ショッピングに検索結果が出てこない場合には、**Google**検索を使いましょう。

3 利益が出るか「FBA料金シミュレーター」で確認する

最後に、利益（粗利益）が出るか計算します。モノレートの「FBA料金」をクリックして「**FBA料金シミュレーター**」へ飛ぶか、「**Amazonセラーのアプリ**」で手数料の計算をします。検索枠に商品名を入れて「検索」をクリックします。では、詳しい手順を次頁で「**STEP**」に分けて解説します。

利益の計算をして、利益が出るなら「お疲れ様でした」と言いたいところですが、ネット仕入れはこれで終わりではありません。ある意味ここからがスタートです。せっかく艦隊これくしょんのロングタペストリーの仕入れに成功

● Googleショッピングで検索した結果

したのですから、このリサーチを生かしてください。同じような商品はかなりの確率でせどれるはずです。その方法は次節で詳しくお話しします。

STEP 1 「FBA料金シミュレーター」で利益の計算をする。

amazon services seller central
FBA料金シミュレーター
❶商品検索枠に商品名もしくはJANコード（本の場合にはISBNコード）を入力する
❷「検索」をクリックする
Amazon.jpで商品を検索
艦隊これくしょん-艦これ- ロングタペストリー 雲龍改
検索

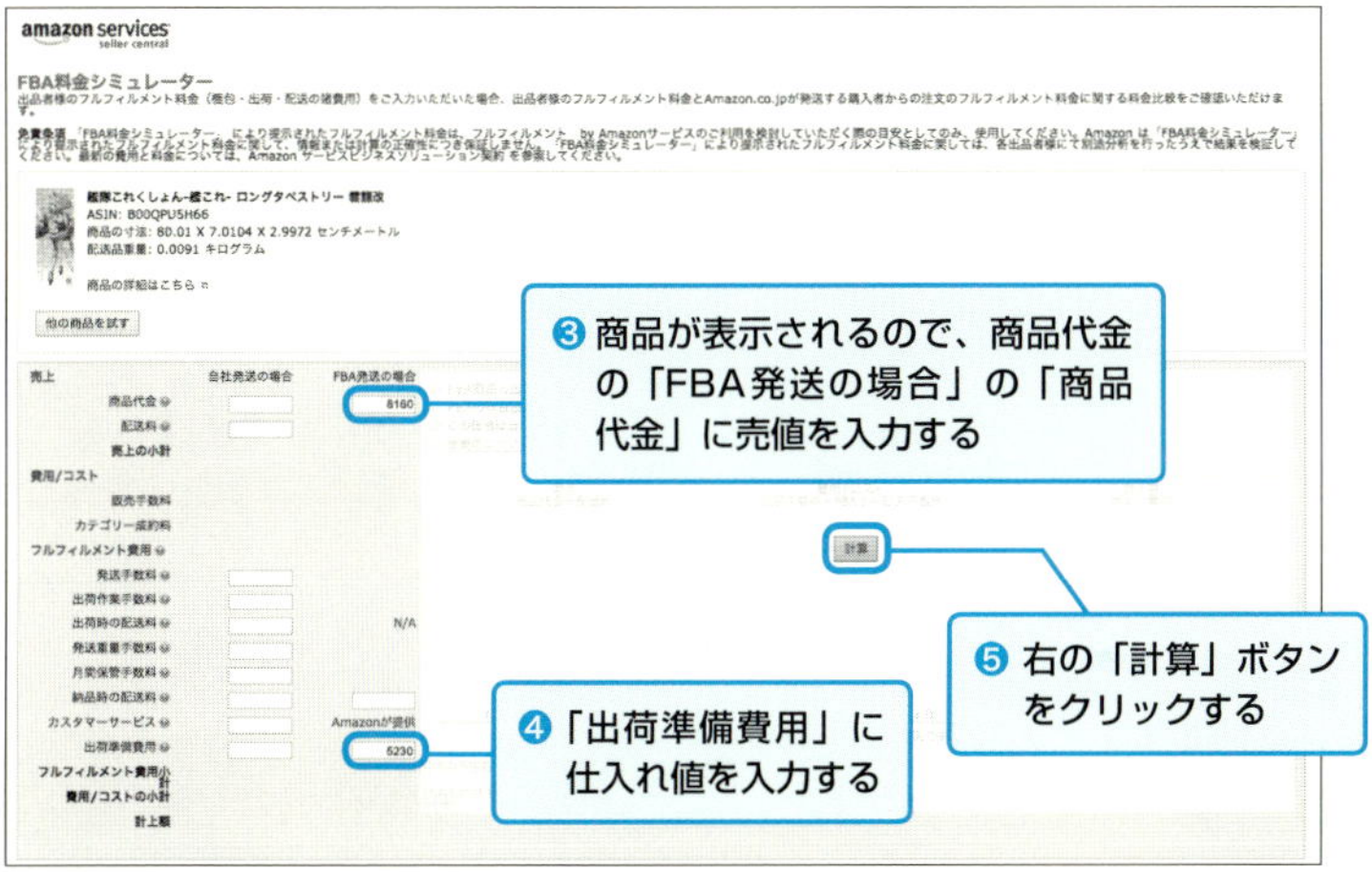
amazon services seller central
FBA料金シミュレーター
❸商品が表示されるので、商品代金の「FBA発送の場合」の「商品代金」に売値を入力する
❹「出荷準備費用」に仕入れ値を入力する
❺右の「計算」ボタンをクリックする

STEP 2 粗利益が表示される。

1番下の緑色の数字が粗利益になります。この商品の場合は、粗利益が1,586円出るので仕入れましょう。

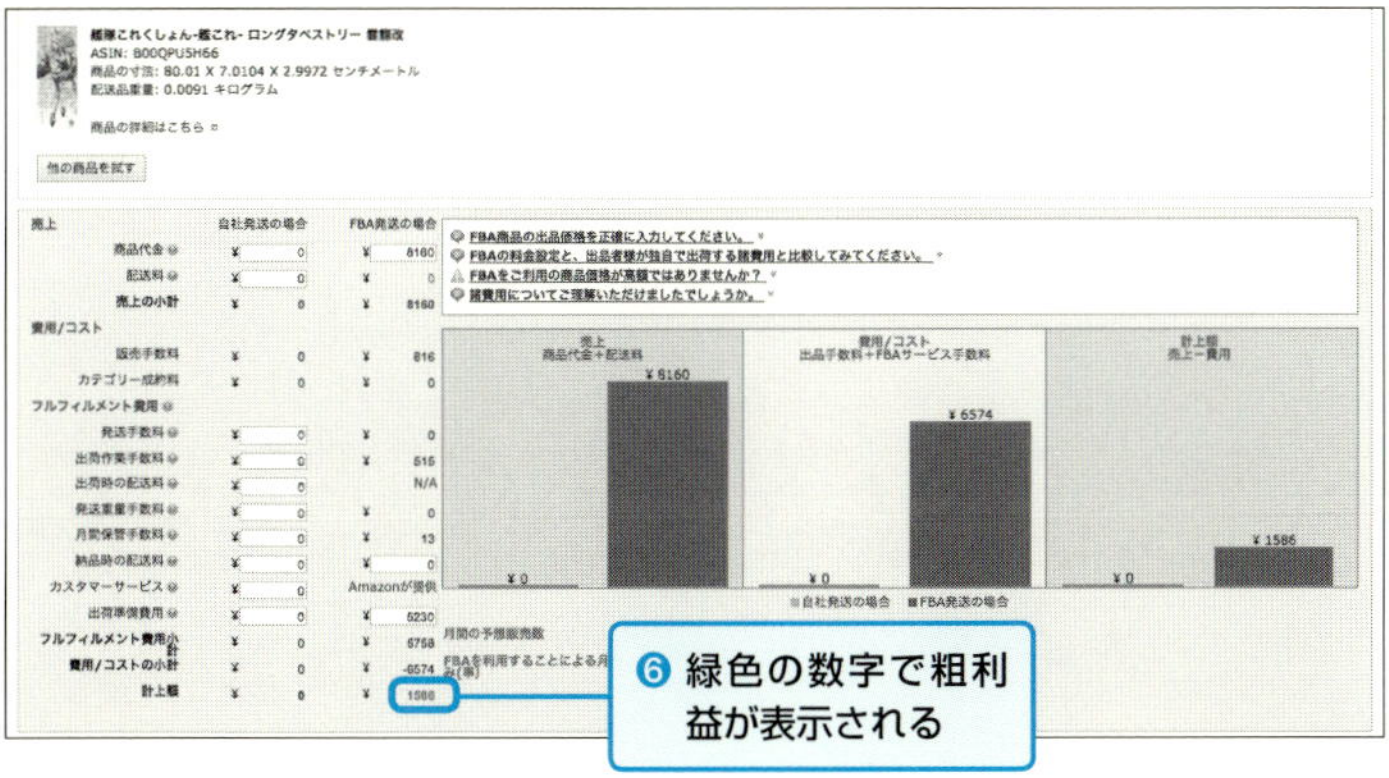
❻緑色の数字で粗利益が表示される

03 類似商品の仕入れ方

1 類似商品の探し方 ❶ Amazonで検索する

では、Amazonのトップページから「艦隊これくしょん　ロングタペストリー」を検索してみましょう。すると同じような商品が14件出てきました。

この中から、先ほどと価格帯の近い商品を選びます。右上に載っている「島風」というキャラクターのロングタペストリーをリサーチしてみましょう。

モノレート⇓Googleショッピングの順番で確認する

いつもどおり、まずはモノレートをチェックしてみます。８０００円の価格帯でも販売履歴があり、最安値は自己発送出品者の８１６０円で２名、ＦＢＡ１名が８４８０円で販売していました。ＦＢＡライバルが１名いますが、「パッケージの状態がよくない」とのコメントがあったので、この1名はライバルにはカウントしません。よって、この商品は仕入れ対象になる可能性があります。

その次は**Google**ショッピングで検索をしてみます。

Googleショッピング検索で「艦隊これくしょん　ロングタペストリー　島風」を検索したところ、次頁下図のような検索結果が出たので、商品名をクリックしてショップを見てみましょう。

確認してみると先ほどと同じお店で販売されていました。仕入れ値も5140円と先ほどより90円安いので大丈夫ですね。ほかのお店もチェックしましたが、今回もこのお店が最安値でした。ちなみに、**Google**検索で最安値の商品がたくさん出てくることもあるので、**Google**ショッピング検索とバランスよく使ってください。

● Amazonで類似商品を探してみる

❶「艦隊これくしょん　ロングタペストリー」と入力して検索する

❷ この商品をリサーチしてみる

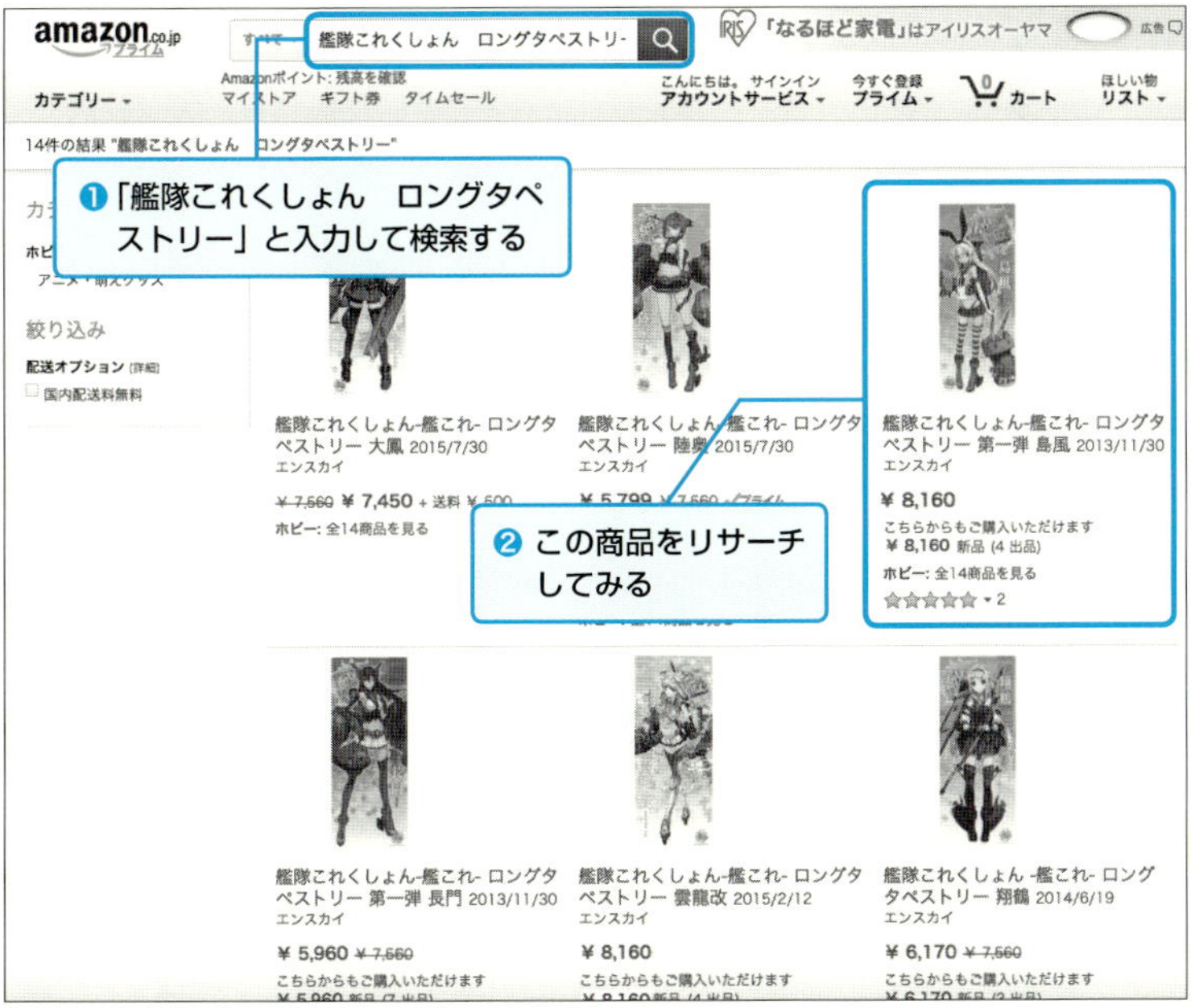

2 類似商品の探し方② 同じお店で検索する

先ほどは、Amazonから検索しましたが、商品を仕入れようとしたお店で売られている類似品は、だいたい同じ値段で販売されています。ということは、はじめからこのお店で商品名を検索してみても探せていました。このように、仕入れはいろいろな角度からできるので、常に、ここからは見つけられるかなという視点を持ちながら検索してみてください。

3 類似商品の探し方③ 「この商品を買った人はこんな商品も買っています」

2度目の「仕入れお疲れ様でした」と言い

● Googleショッピングで仕入れ先を探す

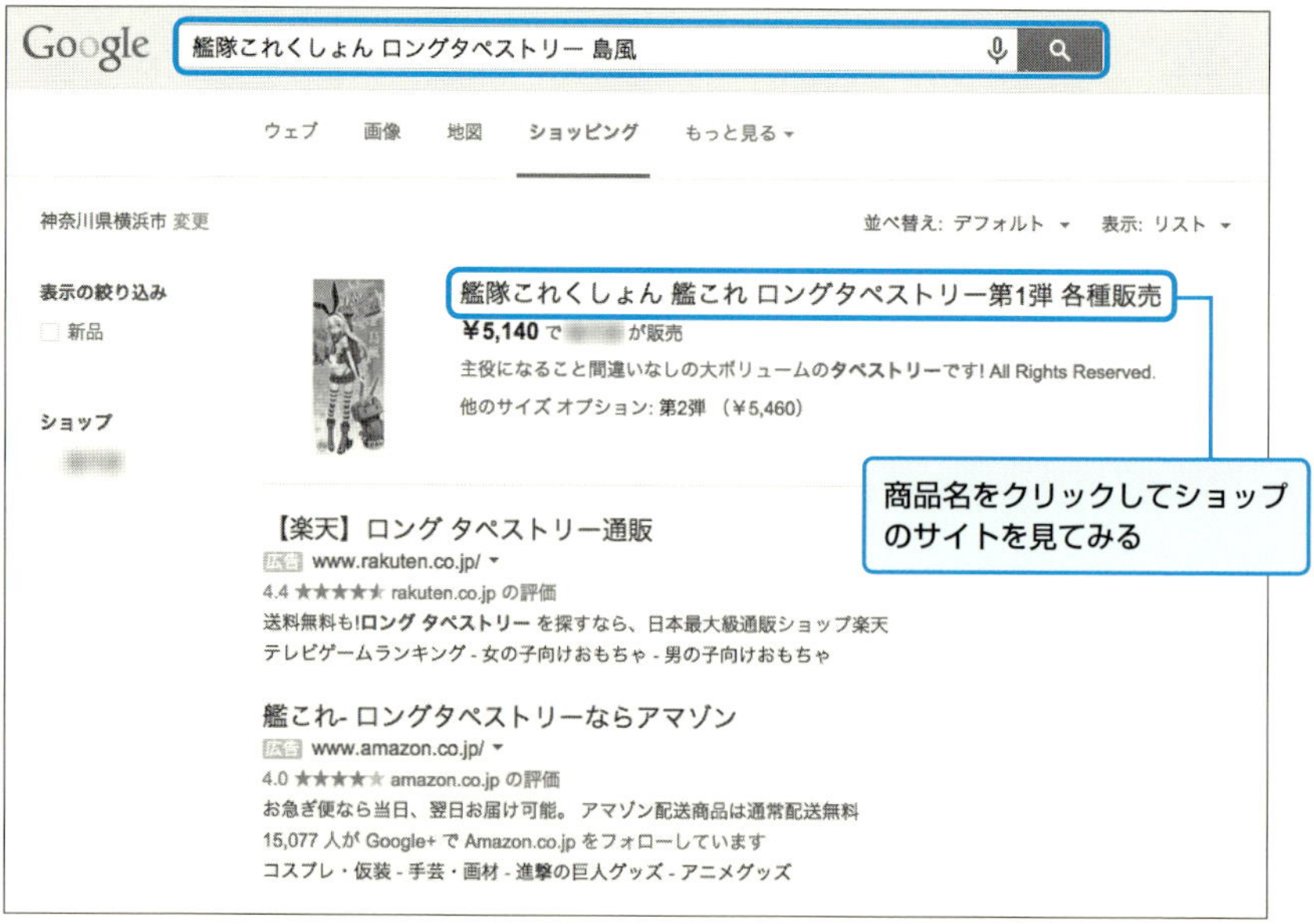

たいところですが、まだリサーチは続きます。

Amazonの商品ページの下には、「この商品を買った人はこんな商品も買っています」や「この商品を見た後に買っているのは？」という項目があります。ここに表示される商品は、プレミアム商品です。ここにも、プレミアム商品を見たあとや買ったあとに買っている商品は、プレミアム商品と同じようなプレミアム商品が眠っている可能性があるので、しっかりリサーチしてみましょう。

ちなみに、「この商品を買った人はこんな商品も買っています」の1番左の商品が**figma**シリーズにしては、高めの価格だなと感じたのでモノレートでリサーチしてみたら、やはり定価超えしていました。FBA最安値は7800円前後で、モノレートのグラフもとても激しい波が出ています。仕入れ対象商品としてピッタリな条件です。となれば、先ほどと同じくネットショップで安く売っていないかリサーチしていきます。

● Amazonの「この商品を買った人はこんな商品も買っています」「この商品を見た後に買っているのは？」から探す

figmaシリーズとしては割高だと感じたので、この商品をリサーチしてみた

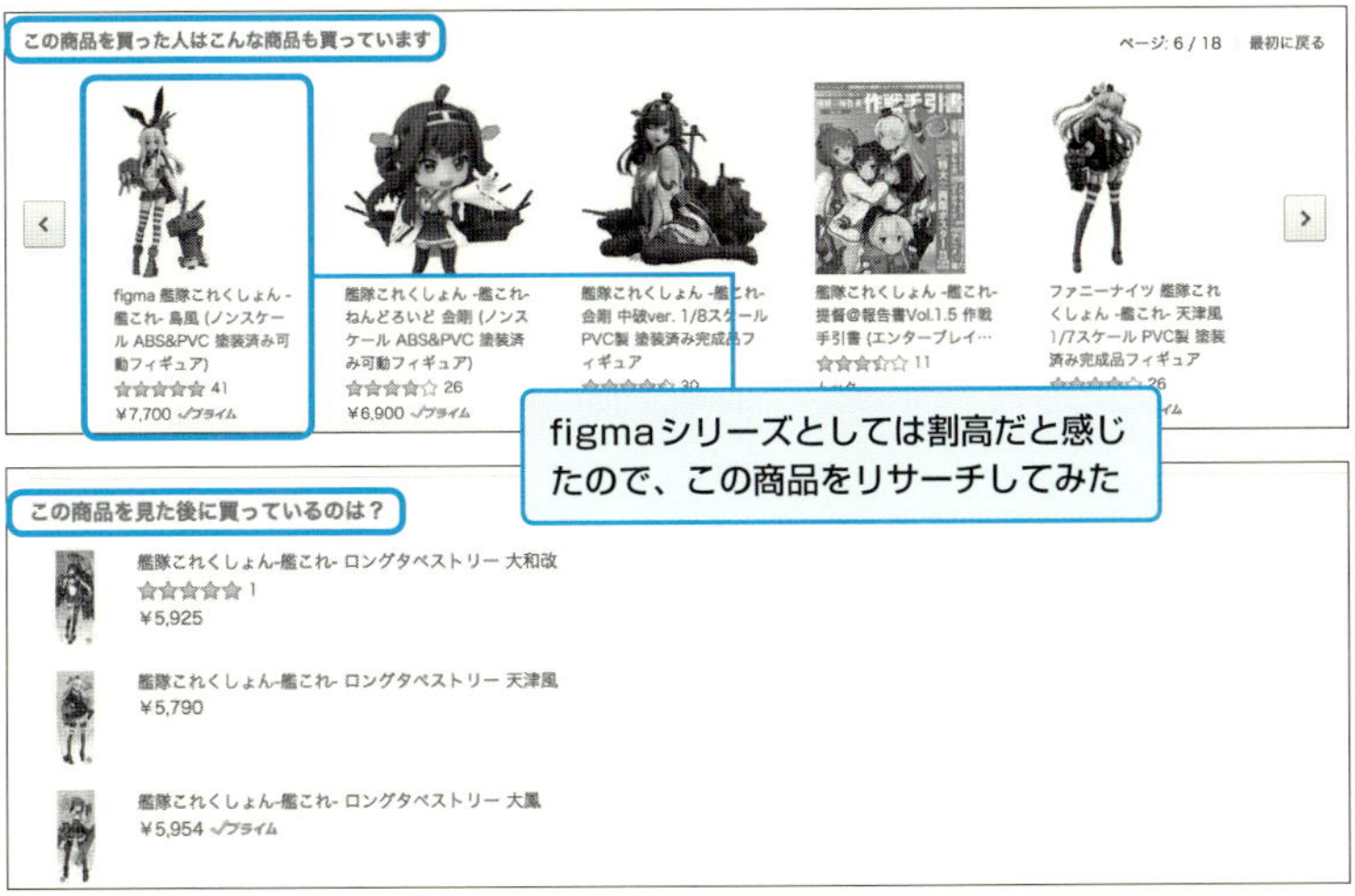

4 横断検索する❶ 「リトルウェブ」の使い方

商品の仕入れ先を、**Google**ショッピングで検索するリサーチ方法もいいのですが、「**横断検索**」を使う方法もあります。横断検索とは、いろいろなサイトの検索を一括でしてくれるサーチエンジンのことです。

せどらーの間で1番有名なのが「**リトルウェブ**」(**http://www.ritlweb.com**) というサイトです。では、使い方を見ていきます。

まず左サイドバーの中から「ショッピング」をクリックします。次に検索枠に商品名を入力して「同時検索」をクリックします。検索結果が出てくるので、各サイトに行って**Amazon**より安い値段で売られていないか調べていきます。

「リトルウェブ」はオークションサイトも一括検索できるので、活用してみてください。「ショ

●「リトルウェブ」でショッピングサイト＋オークションサイトを検索する

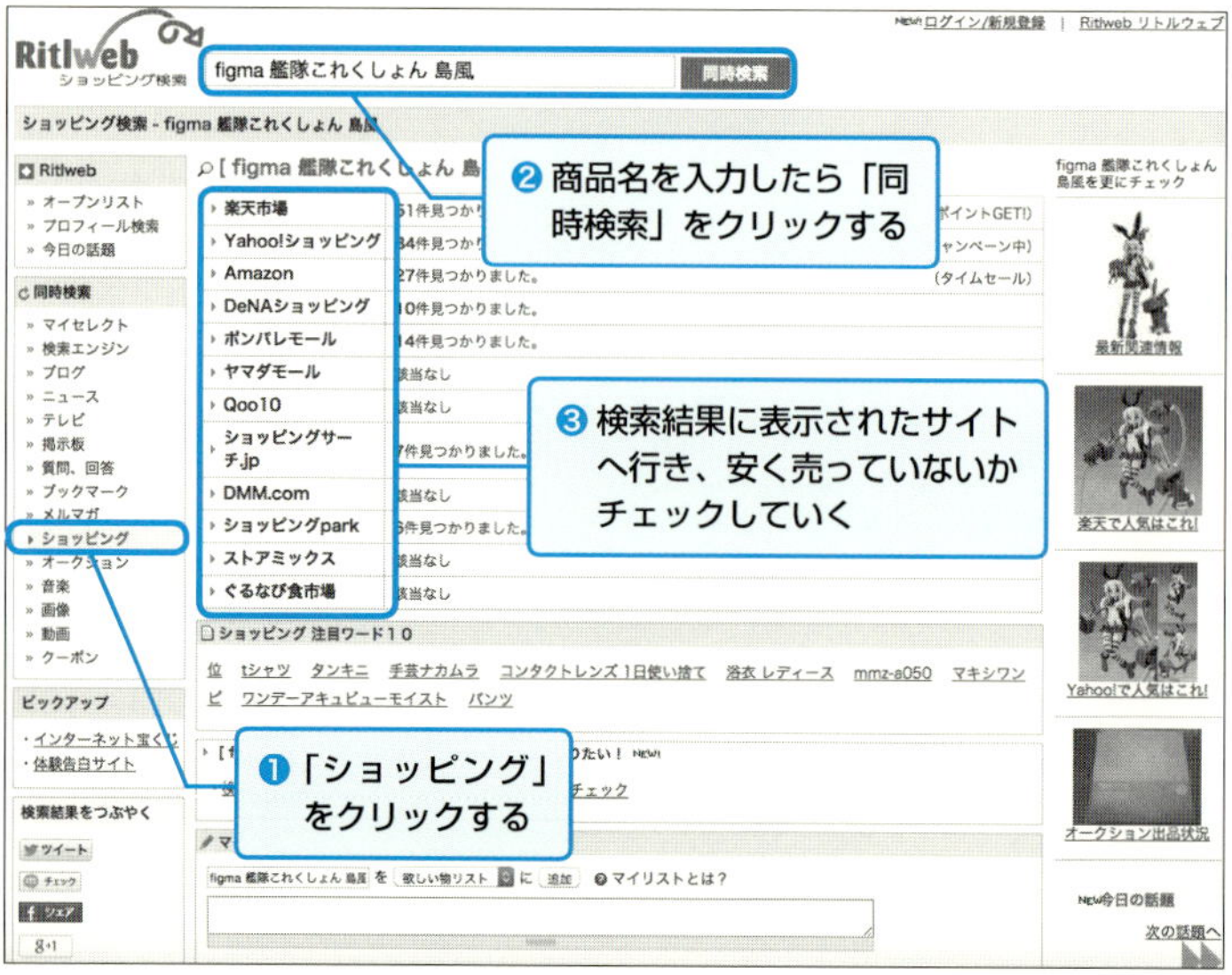
Ritlweb
ショッピング検索
figma 艦隊これくしょん 島風
同時検索
❷ 商品名を入力したら「同時検索」をクリックする
楽天市場
Yahoo!ショッピング
Amazon
DeNAショッピング
ポンパレモール
ヤマダモール
Qoo10
ショッピングサーチ.jp
DMM.com
ショッピングpark
ストアミックス
ぐるなび食市場
❸ 検索結果に表示されたサイトへ行き、安く売っていないかチェックしていく
❶「ショッピング」をクリックする

ッピング」の下にある「オークション」をクリックして検索していくだけです。

5 横断検索する② 「イェイズ」の使い方

ほかにもショッピングサイトやオークションサイトを横断検索するサイトとして、「**イェイズ**」（**http://4131.dip.jp/yays_shop/**）があります。では、使い方を紹介します。

検索枠に商品名やＪＡＮコードを入力して、下にある「検索対象サイト」を選んで、「検索」ボタンをクリックします。イェイズの検索結果は、商品の画像つきで検索結果が出てくるので、商品選別がとてもしやすいです。もっと効率化できる検索方法はないかな？　と常にアンテナをはりながらネット仕入れをしていってください。

プレ値の商品が見つかれば、商品リサーチは無限に広がる

このように艦隊これくしょんの**figma**がプレ値になる可能性があることがわかれば、また**Amazon**のトップページで「艦隊これくしょん　**figma**」と検索して、プレミアム商品を抽出して……と、無限ループのようにリサーチをすることができます。

以上が、ネット仕入れの基本中の基本のリサーチ方法なので、しっかりと慣れていってください。はじめは効率が悪く感じるかもしれませんが、やればやるほどせどりやすいキーワードが自分の中で蓄積されていくので、どんどん短時間で稼げるようになっていくはずです。

04 Google Chromeの拡張機能で電脳せどりが加速する

Google Chromeの拡張機能を使うと、驚くほど簡単に仕入れ商品を見つけることができるようになります。**Google Chrome**は、拡張機能だけが素晴らしいわけではなく、検索スピードも圧倒的に早いので、せどらーには必須のブラウザーです。必ずインストールしておいてください。ちなみに拡張機能というのは、わかりやすくいうと面倒くさい作業をボタンひとつで解決してくれるツールのようなものです。

本来は商品を探すとき、自分で商品名をコピペして検索しますが、拡張機能を使えば**Amazon**の商品ページを開くだけで、ほかのショップやオークションにおける価格を自動的に教えてくれます。拡張機能は何個でも追加できますが、多ければいいというものでもありません。たくさん入れすぎると見にくくなってしまったり、動きが重くなってしまったりするので、入れすぎには気をつけてください。

数ある拡張機能の中でも、この2つを入れておけば大丈夫

では、私がいろいろと使ってきた中で、最も厳選された2つの拡張機能をお話しします。

❶ **クローバーサーチB**

ひとつ目は、「クローバーサーチB」です。Amazonの商品ページを表示すると各ネットショップの最安値を下図のような感じで拾ってきてくれます。

❷ **自動価格比較／ショッピング検索 (Auto Price Checker)**

2つ目は、「自動価格比較／ショッピング検索 (Auto Price Checker)」です。こちらは、ネットショップだけでなく、オークションも含めて同一商品を最安値から10件、仕入れから拾ってきてくれます。個人的には、仕入れの拡張機能として、こちらのほうが価格差のある商品を見つけてきてくれているように

● クローバーサーチB

価格比較リストが追加される

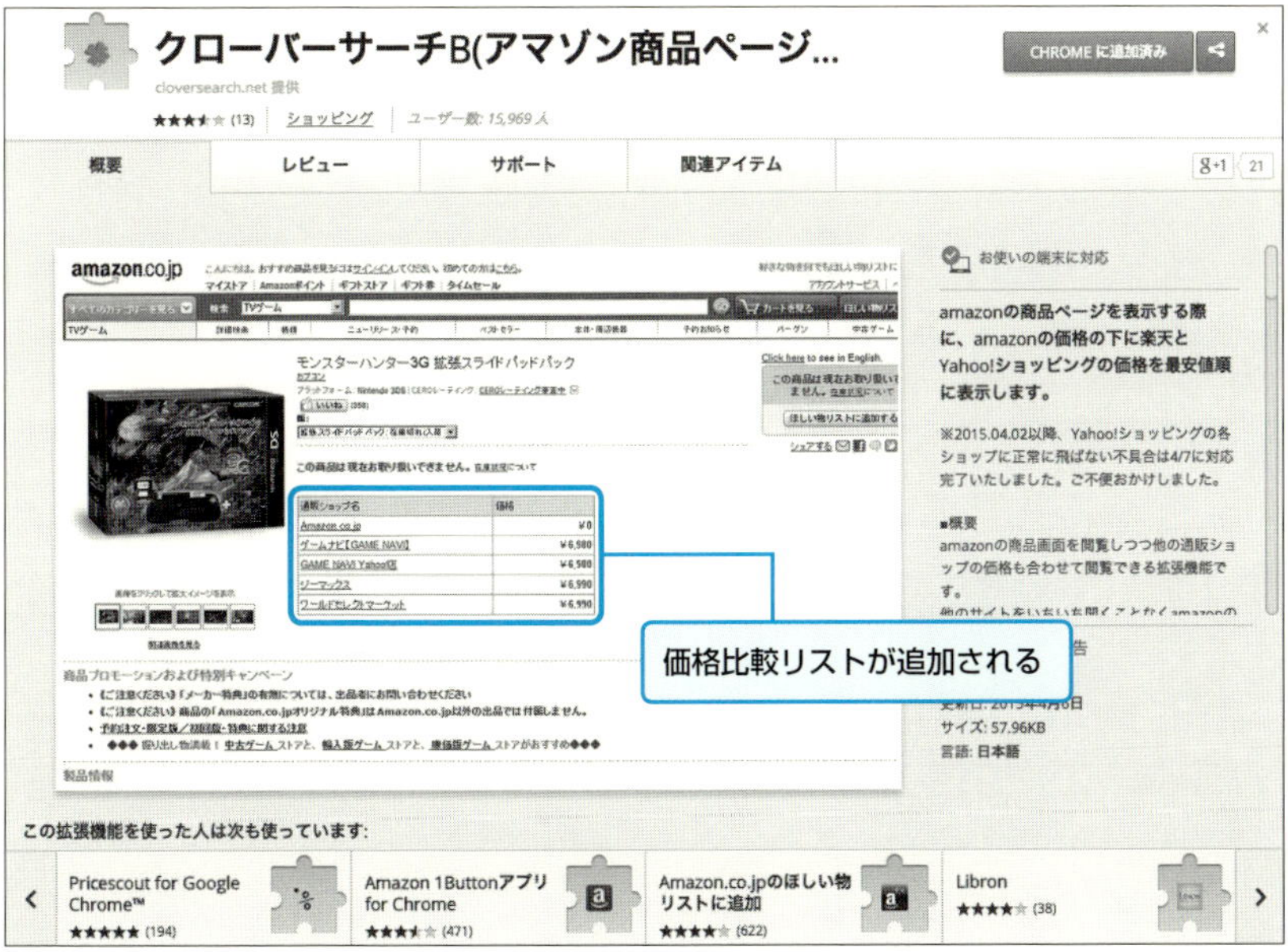

感じています。

拡張機能は、まずはこの2つだけ入れておけば大丈夫です。

では、さっそく仕入れを開始しましょう。

仕入れする商品は何でもいいですが、今回はICレコーダーをリサーチしてみましょう。家電製品などは、商品名に型番が表記されているので、正確にほかのネットショップから拡張機能が商品を拾ってきやすいです。

では、詳しい手順を次頁で「**STEP**」に分けて解説します。

● **自動価格比較／ショッピング検索（Auto Price Checker）**

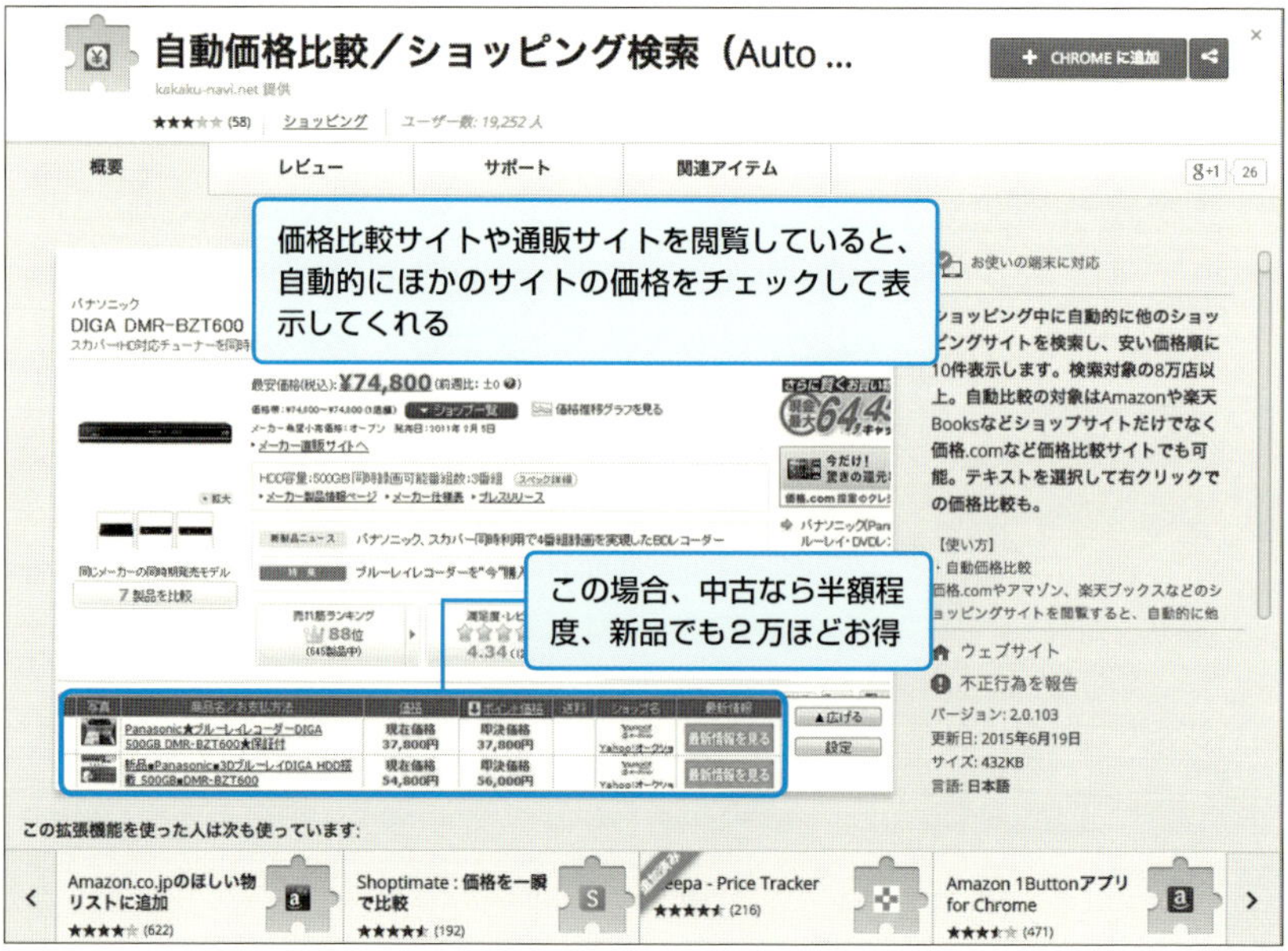

STEP 1 Amazonで調べたい商品を入力する。

Amazonのトップページの検索枠に「ICレコーダー」と入力して、検索マークをクリックします。左サイドバーにある「ボイスレコーダー」をクリックして、絞り込みをしていきます。

❶「ICレコーダー」と入力して検索する

❷「ボイスレコーダー」をクリックする

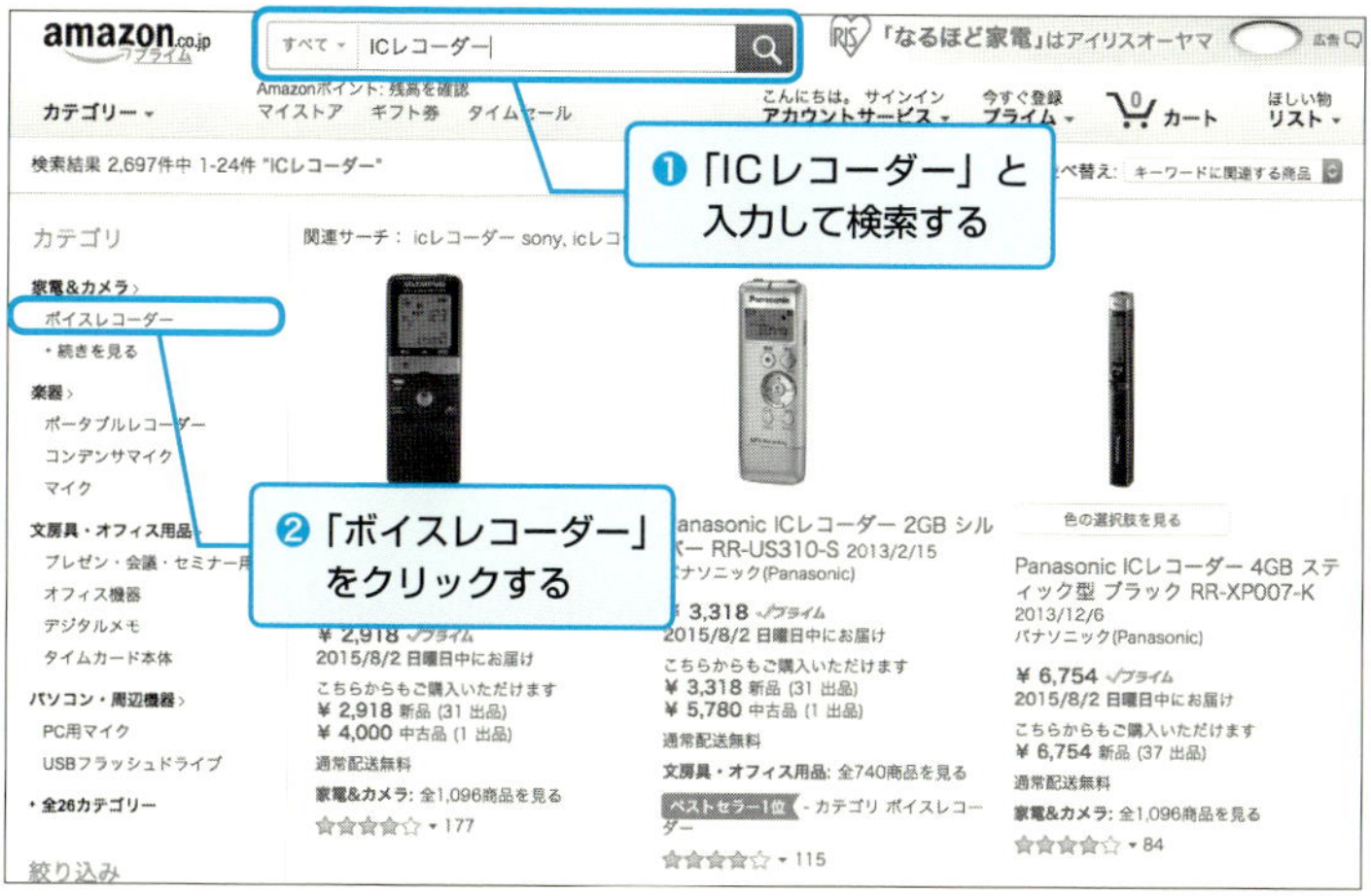

STEP 2 さらに絞り込むために価格帯を設定する。

価格差がある商品を探すために、左サイドバーの「10,000円-50,000円」を選択します。この価格帯は商品によって違います。あまり安い商品だと価格差が出ないので、少し高めの価格帯を選択します。

❸ 10,000-50,000円をクリックする

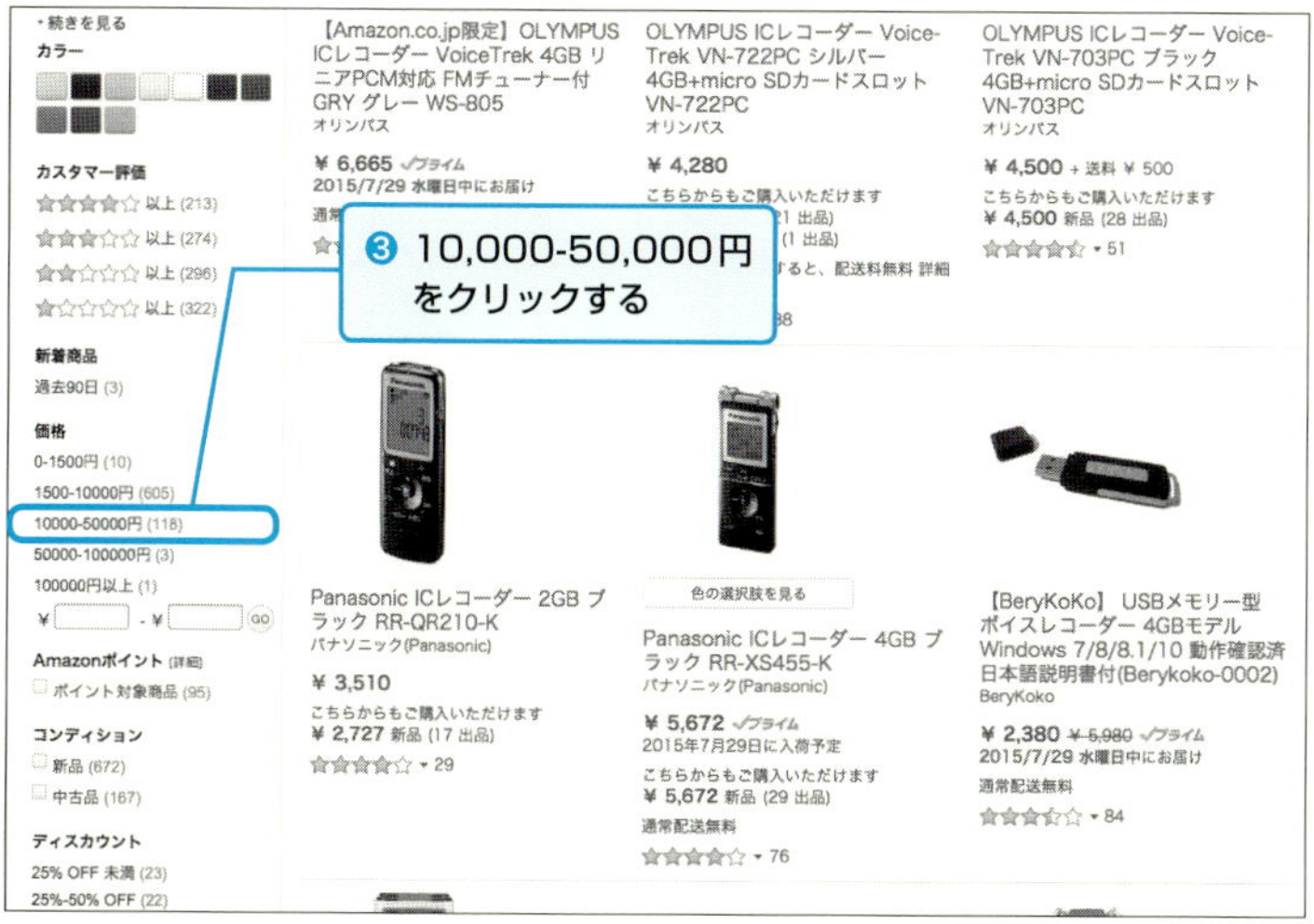

STEP 3 **表示された画面で、おすすめ順（ランキング順）を選択する。**

あとは上から順番に商品をクリックして商品ページに飛んだら、画面下部に表示されるほかのサイトの価格を確認していくだけです。先ほどのように、プレミアム価格の商品だけを検索しなくてもいいの？　と思うかもしれませんが、定価以下の商品でも価格差がある商品はたくさんあります。さらに、定価以下の商品はツールでは抽出されないので、ライバルが増えにくい傾向があるためお勧めでもあります。

各商品を見ていくときはスピード勝負です。拡張機能の読み込みは時間が数秒かかるので、「Windows マーク＋クリック」（Mac は、「command+ クリック」）の別タブを開けるショートカットキーで 10 個くらい一気に商品をクリックしましょう。それから 1 個ずつ Amazon の商品ページを見ていくほうが効率的です。

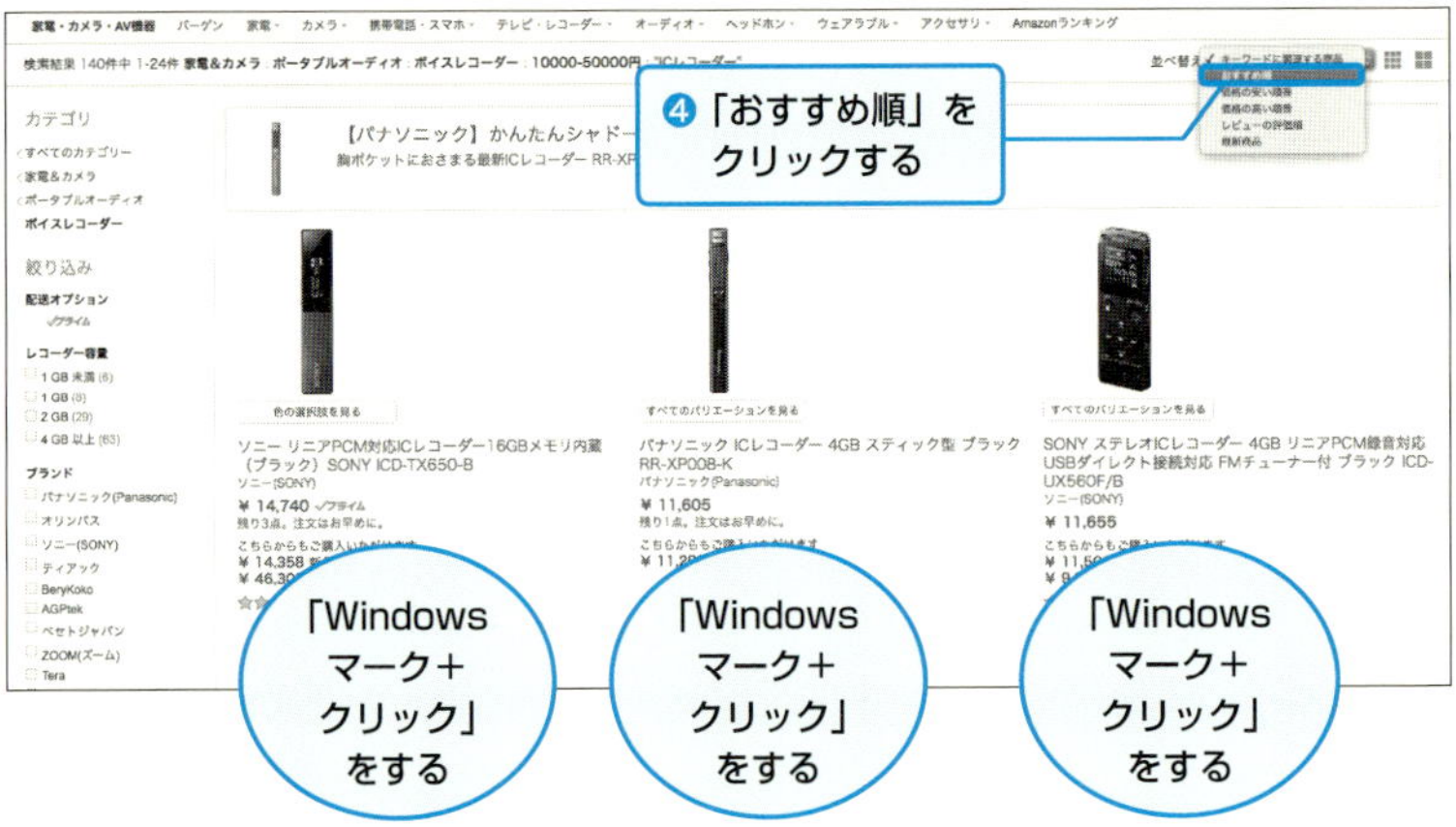

このように見ていくだけで、必ず価格差のある商品に出会うことができます。下部に表示された部分を確認すると、ヤフーショッピングのショップでまったく同じ商品が税込、送料込で売られていました。商品名をクリックして、そのショップをチェックします。

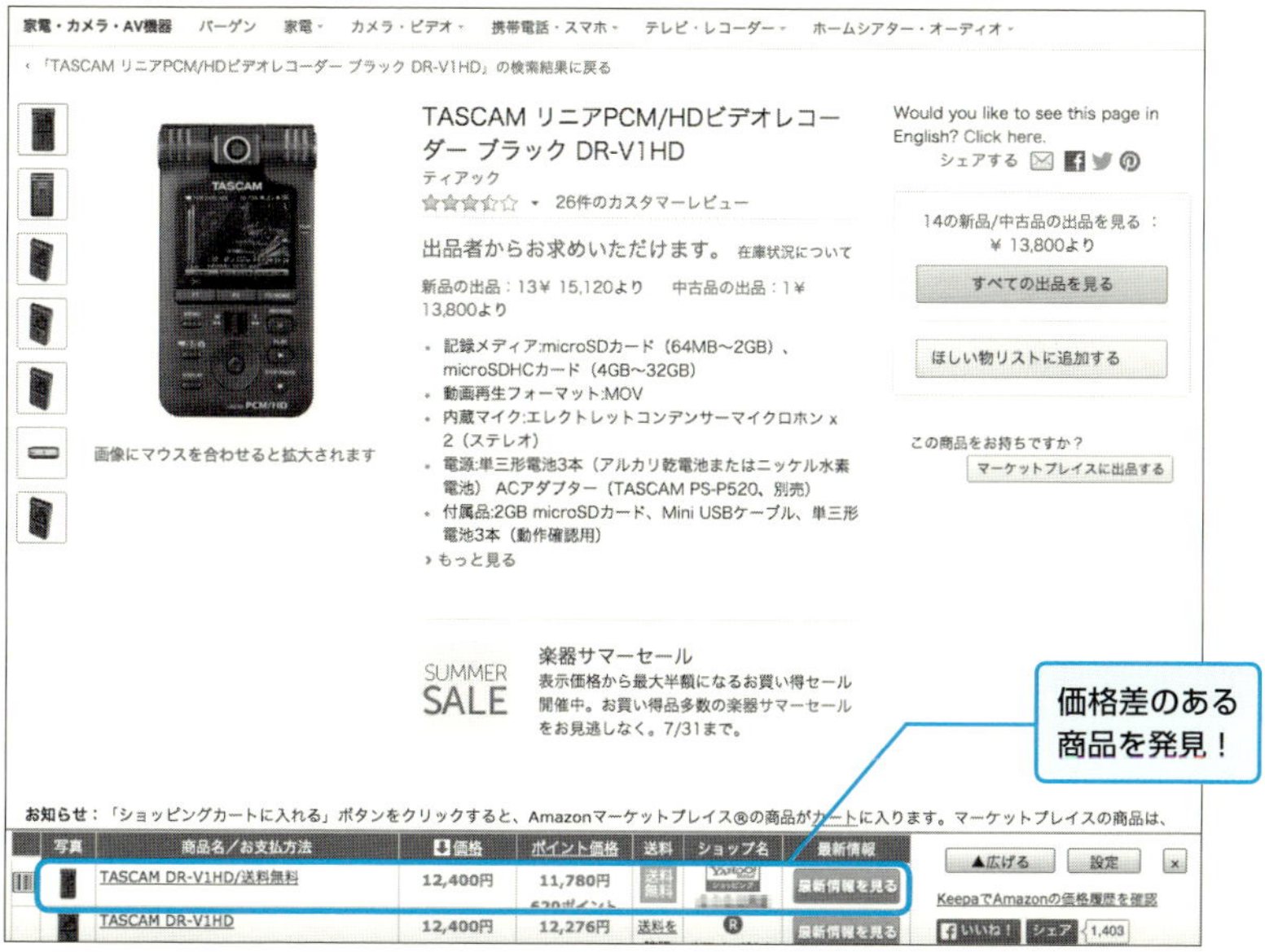

STEP 4 モノレートで売れ行きを確認する。

新品の売値はずっと 1 万 3,000 円くらいでしたが、3 万 2,000 円になっても問題なく売れています。

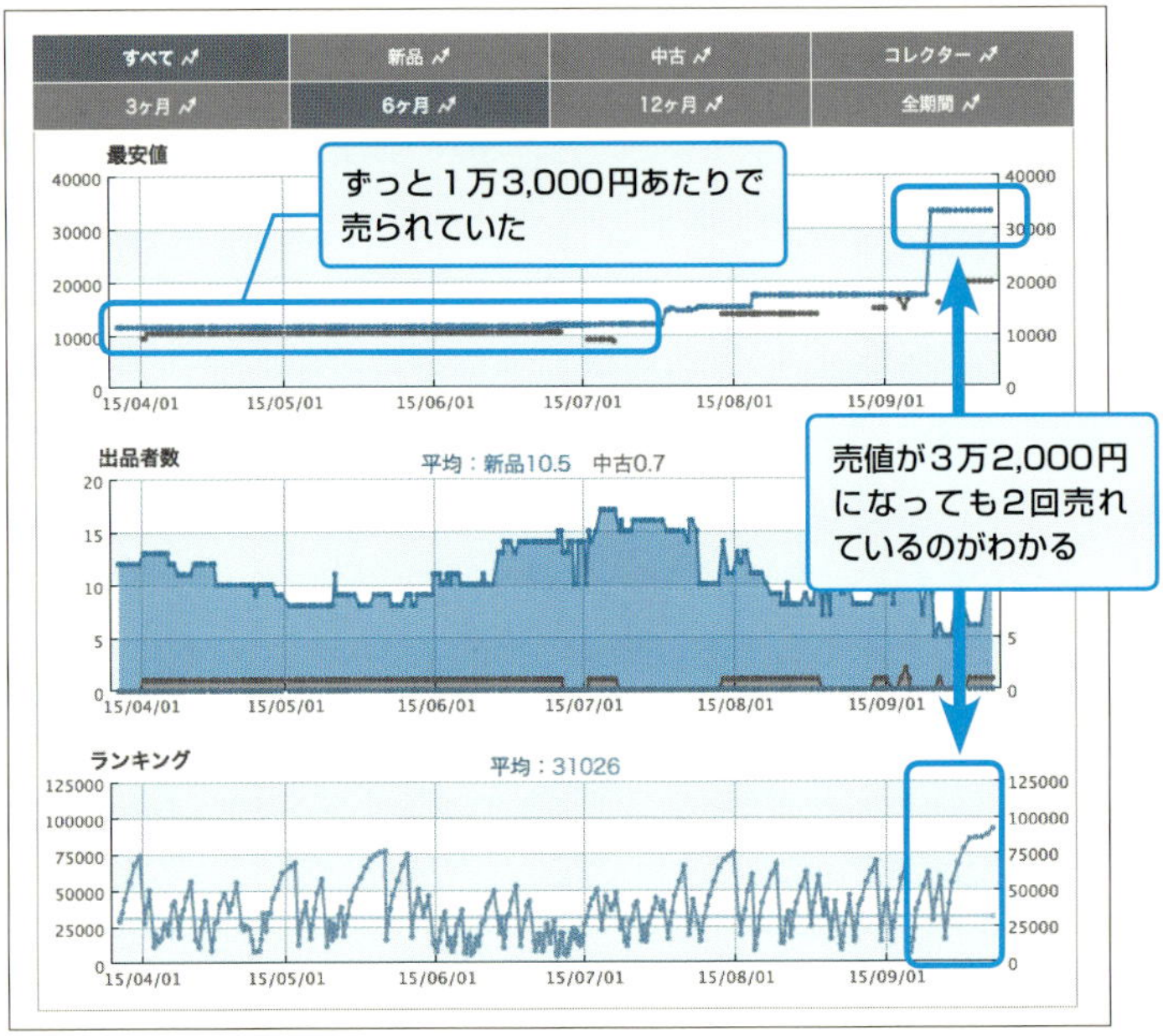

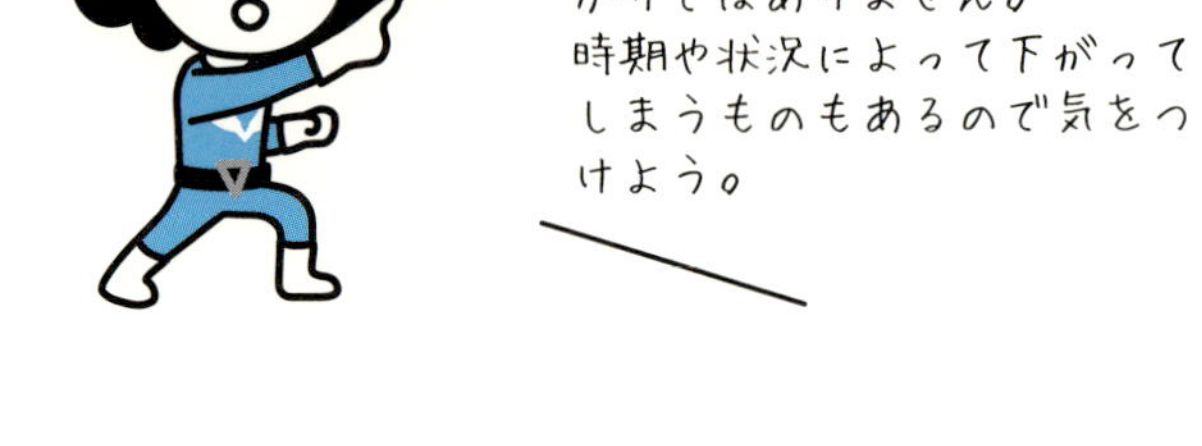
値段が高くなっても売れているということは、プレ値か！
ただし、プレ値だからといって価格が上がり続けるものばかりではありません。
時期や状況によって下がってしまうものもあるので気をつけよう。

ここで終わりにしない

　ひとつの商品が無事に仕入れられたからと、ここで終わらないようにしてください。せっかく、仕入れができたお店です。先ほどの「キーワードせどり」と同様、ほかの商品もせどれる可能性があります。

　ただ、全商品を検索していくと莫大な時間がかかってしまいます。だいたいどこのネットショップにも、実際の店舗と同様、**「特価ワゴンセールみたいなコーナーがあるので、そこだけでもチェックする」**ようにしてください。あとは、そのお店が**「メルマガを発行していたら登録」**しておきましょう。セールをするときは必ず教えてくれるので、1時間くらいで数万円の利益を出すことができるかもしれません。

STEP 5 **FBAの最安値で勝負する。**

ちなみにFBAの最安値は、1万5,120円ではなく1万5,800円だったので、2,419円の利益が出ました。

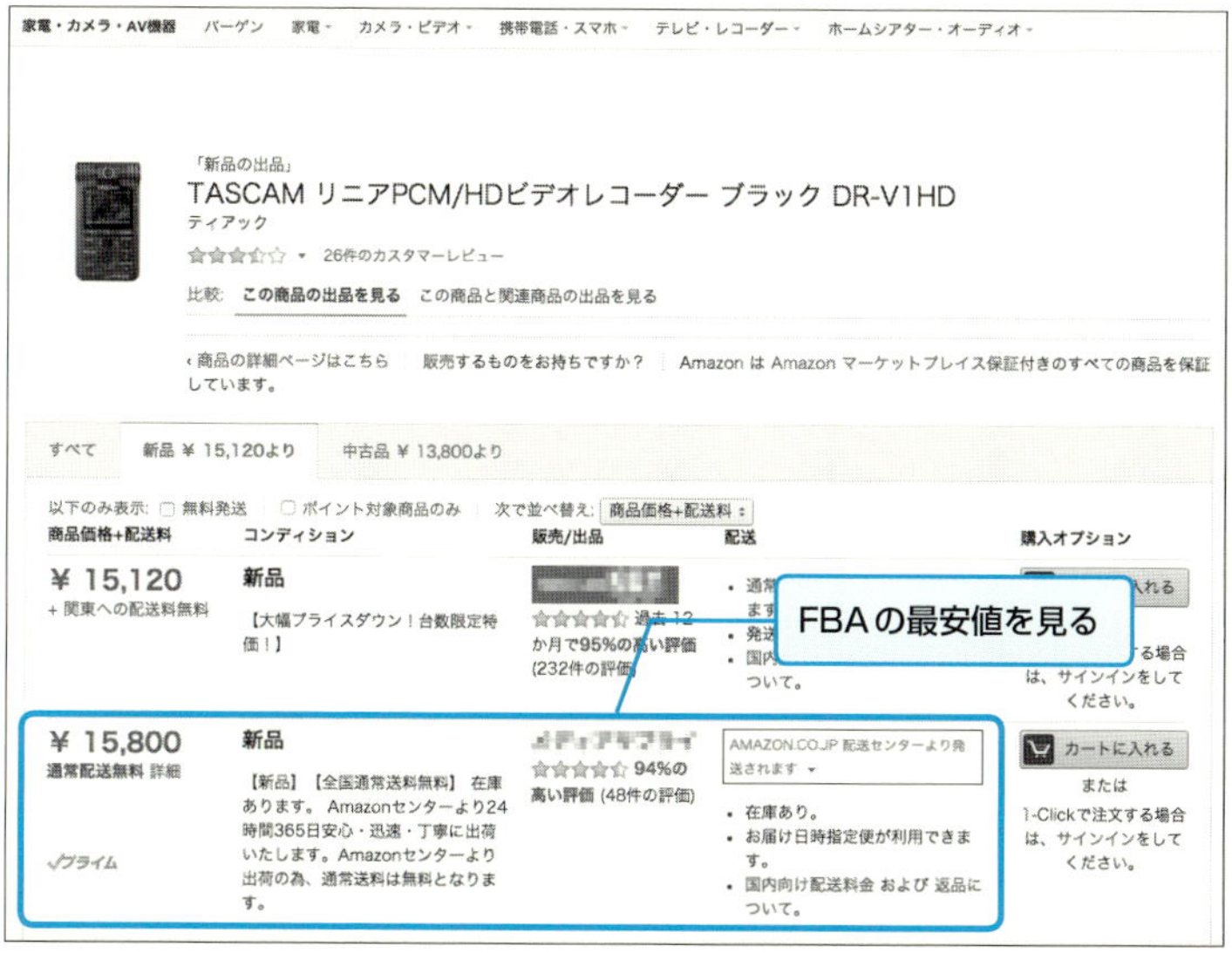

05 めざせ「ヤフオク!せどり」の達人 新品編

1 自分でワゴンセールをつくる方法

ネットオークションは、リサイクルショップせどりのように相場を気にせずに値づけしている出品者がとても多くいます。特に個人出品者は「部屋をきれいにしたい」とか「断捨離」だとか、儲けることが目的ではないこともよくあるので、捨て値で出品している場合もよくあります。ネット上のフリーマーケットのような感じで、とても楽しくネット仕入れができます。

オークションとひと口にいってもさまざまありますが、やはり1番お勧めなのは「**圧倒的に利用者数が多い〝ヤフオク!〟**」です。1位のヤフオク!の月間利用者数がパソコン1250万人、スマホ1580万人に対して、2位の楽天オークションの利用者数はパソコン290万人、スマホ520万人と利用者数の差が3倍以上開いているからです。ヤフオク!だけでも簡単にお給料以上は稼ぐことができるので、まずはヤフオク!のみで稼ぐことをお勧めします。

では、早速実践していきましょう。先ほどの「**プレミアム商品のキーワードをリサーチ⇒Googleで検索**」して稼ぐ手法のように、ヤフオク！の検索枠にキーワードを入れて検索していくだけでも稼げます。この手法は、これまでとまったく同じやり方なので、ぜひ試してみていただきたいのですが、せっかく値づけが甘い個人出品者がたくさんいるヤフオク！なので、そのあたりをねらう手法をお話しします。

ヤフオク！は、「**検索のしかた次第で検索結果をワゴンセールコーナーにすることができます**」。夢のような話ですが、それが本当にできてしまいます。

「検索条件」の「タイトルと商品説明」がカギ！

ポイントはヤフオク！の通常の検索ではなく、「**＋条件指定**」を使います（**STEP 1**）。

ここで、まず注目してほしいのが「タイトルと商品説明」です。ここにチェックを入れます。これで、タイトルだけではなく、商品説明文も検索対象に入りました。ほとんどの人は、タイトルからしかキーワードを拾ってこないので、これだけで1歩リードです。せどりは、「**安く仕入れて高く売る**」だけです。ということは、個人出品者が安く出品するときに、あえてタイトルには載せないで商品説明文に使いそうな言葉をイメージして検索します。たとえば、「購入後、一切使わずにずっと自宅保管していましたので新品の状態です。定価より格安でお譲りさせていただきます。」このような文章がよく見られます。

キーワードとして「**使わずに**」「**自宅保管**」「**格安**」「**お譲り**」がピックアップできますね。これらのキーワードを使って検索すると、自分だけのヤフオク！ワゴンセール会場ができあがります。今回は、「格安」のキーワードを使って検索してみましょう。

ほかの条件も設定していきましょう。「業者」は値づけが高めなので、出品者は「個人」を選択。商品の状態は、出品の手間がかからない「新品」を選びます。リアルタイムで仕入れている雰囲気を伝えるために、今回は購入方法を「即決」価格でせどってみます（STEP 2）。この「即決」を設定すると、検索結果が激減してしまうので、初心者のうちは、購入方法は「すべて」にしておいてもかまいません。出品者は競りで値段が吊り上がっていくことを期待しているので、「即決」の設定はあまり使いたがらないからです。

そして、検索結果の左サイドバーから「コンピュータ」を選び、さらに「周辺機器」を選択して上から順番にリサーチをしていきます（STEP 3）。すると価格差のあるハードディスクを見つけました。235頁中央の図の商品は、モノレートの波の回数は少なかったのですが、FBAライバルがいなかったので1カ月ほどで売れました。

STEP 1 条件指定を表示する。

STEP 2 詳細な条件指定をする。

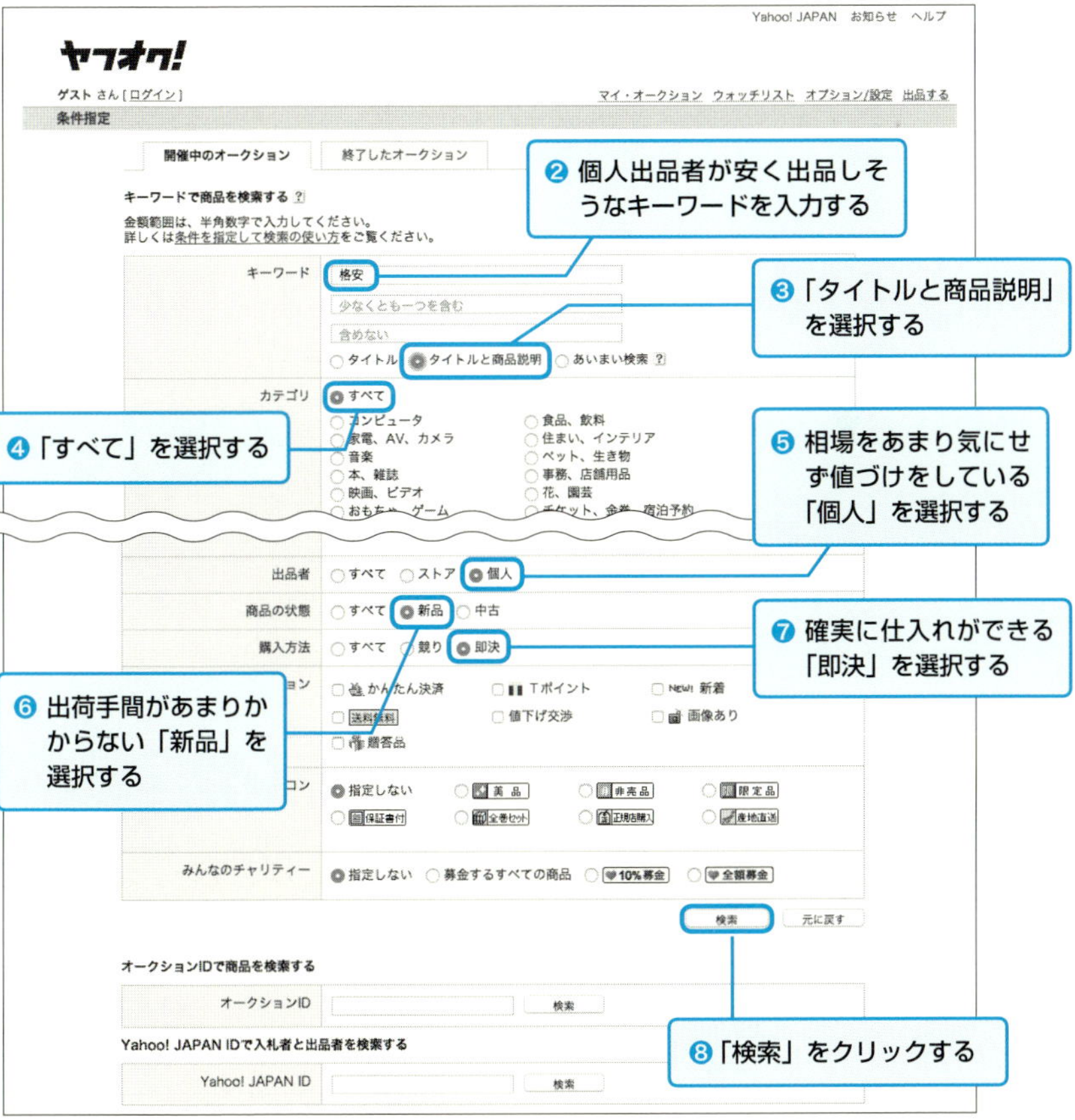
ヤフオク!
❷ 個人出品者が安く出品しそうなキーワードを入力する
❸「タイトルと商品説明」を選択する
❹「すべて」を選択する
❺ 相場をあまり気にせず値づけをしている「個人」を選択する
❻ 出荷手間があまりかからない「新品」を選択する
❼ 確実に仕入れができる「即決」を選択する
❽「検索」をクリックする

STEP 3 カテゴリーを絞り込む。

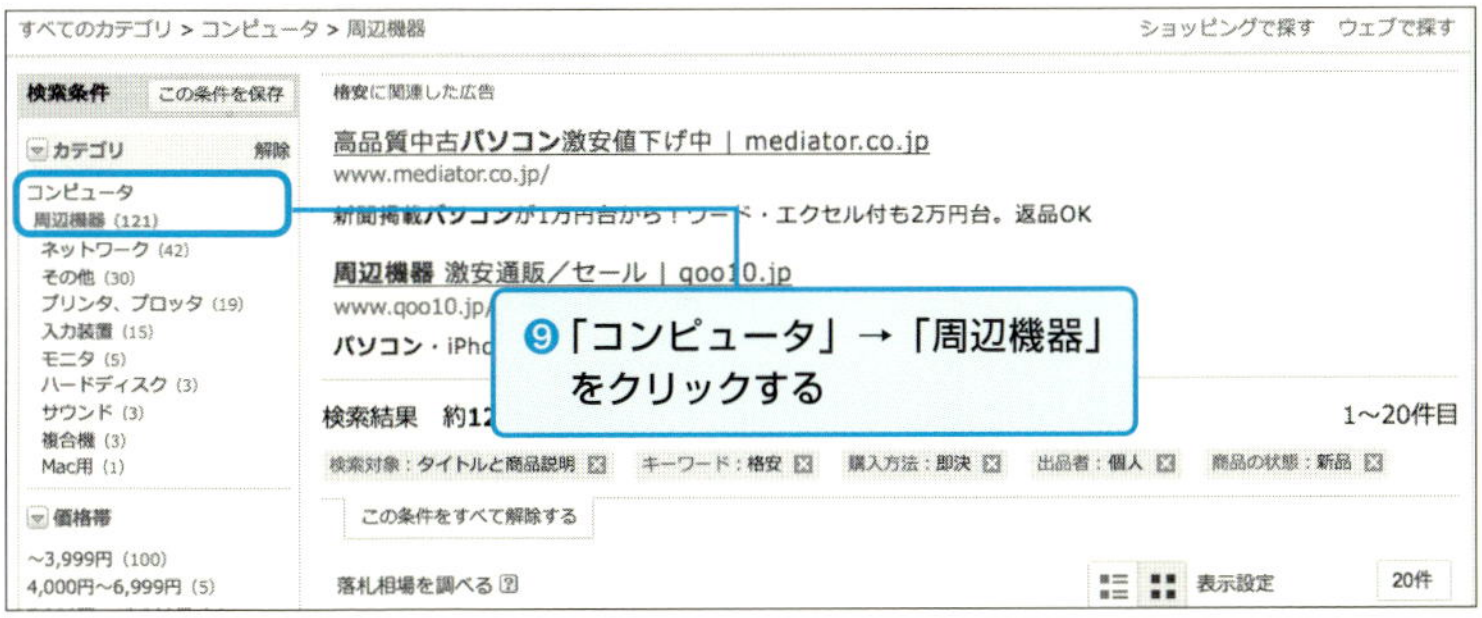
❾「コンピュータ」→「周辺機器」をクリックする

2 ヤフオク！で検索するときのコツ

ヤフオク！を検索していくときのコツは、大きく次の2点です。

❶ 写真が素人っぽい
❷ 評価数が多すぎない

❶ 写真が素人っぽい

「**商品写真がうまく撮れていないものは必ずチェック**」します。次頁の図のように商品パッケージに部屋の蛍光灯が映り込んでいたりして、商品写真としての完成度は高くありませんでした。このような出品者は、個人で出品している可能性が高いです。

❷ 評価数が多すぎない

評価数も300弱なので、やはり個人レベルと認識できます。ちなみに、1000以上の評価数を持っているプロレベルの出品者でも落札できることは多々あるので、業者だからといってスルーしないようにしてください。

一概に素人っぽいというのもなかなか難しい。
まずは、商品写真と評価でジャッジせよ！

キーワードのバリエーション

商品説明に今回検索した「**格安**」というキーワード以外に、条件指定で検索するときに使えそうなキーワードがほかにないかもチェックします。「**新品未開封**」というキーワードも拾えます。実際、「**未開封**」というキーワードもせどれる商品がよく見つかるので覚えておいてください。

● ヤフオク！で「格安」のキーワードによる参考仕入れ例

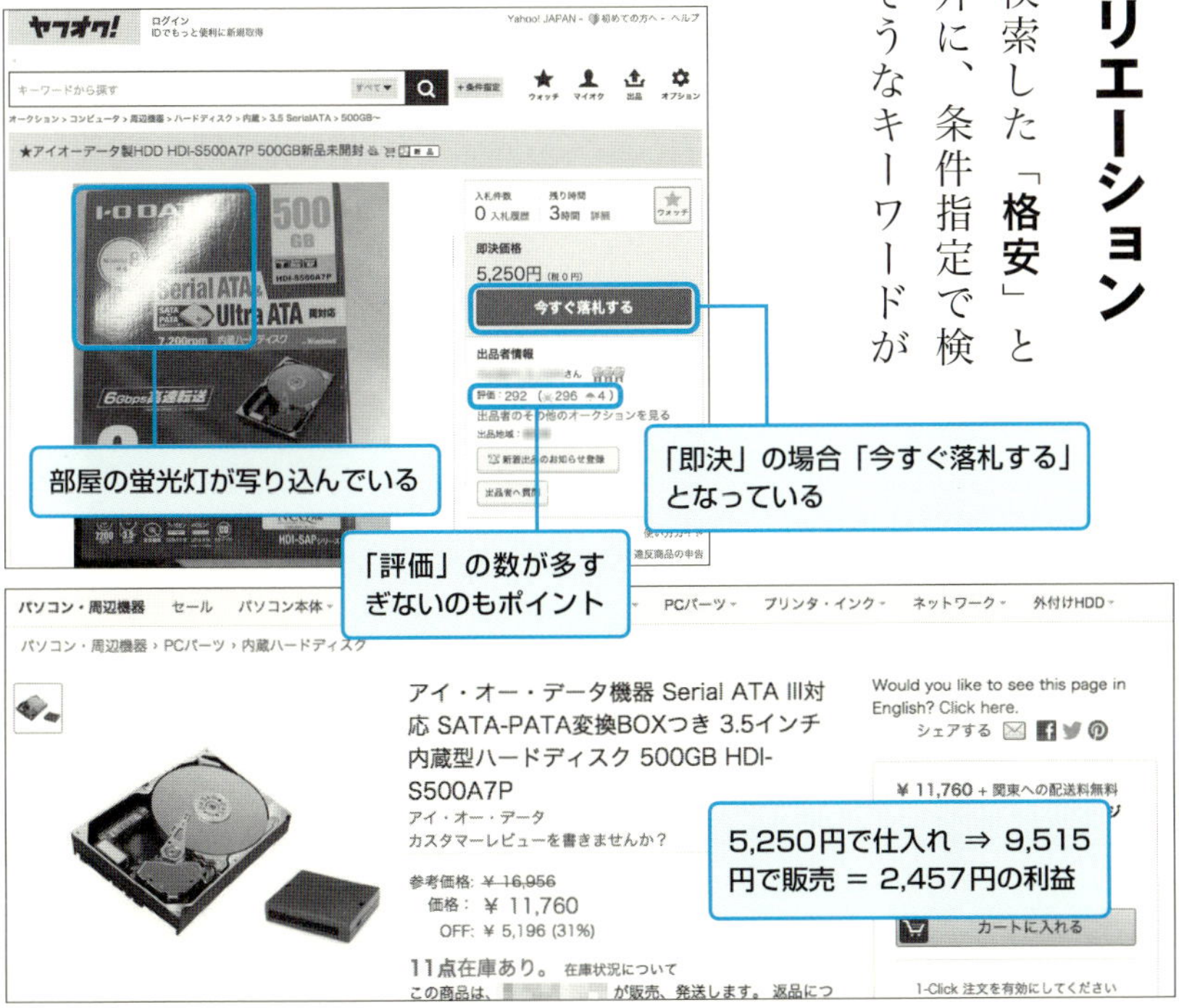
★アイオーデータ製HDD HDI-S500A7P 500GB新品未開封
即決価格
5,250円
今すぐ落札する
部屋の蛍光灯が写り込んでいる
「即決」の場合「今すぐ落札する」となっている
「評価」の数が多すぎないのもポイント
アイ・オー・データ機器 Serial ATA III対応 SATA-PATA変換BOXつき 3.5インチ内蔵型ハードディスク 500GB HDI-S500A7P
参考価格: ¥ 16,956
価格: ¥ 11,760
OFF: ¥ 5,196 (31%)
5,250円で仕入れ ⇒ 9,515円で販売 ＝ 2,457円の利益

● 「新品未開封」もせどれるキーワード

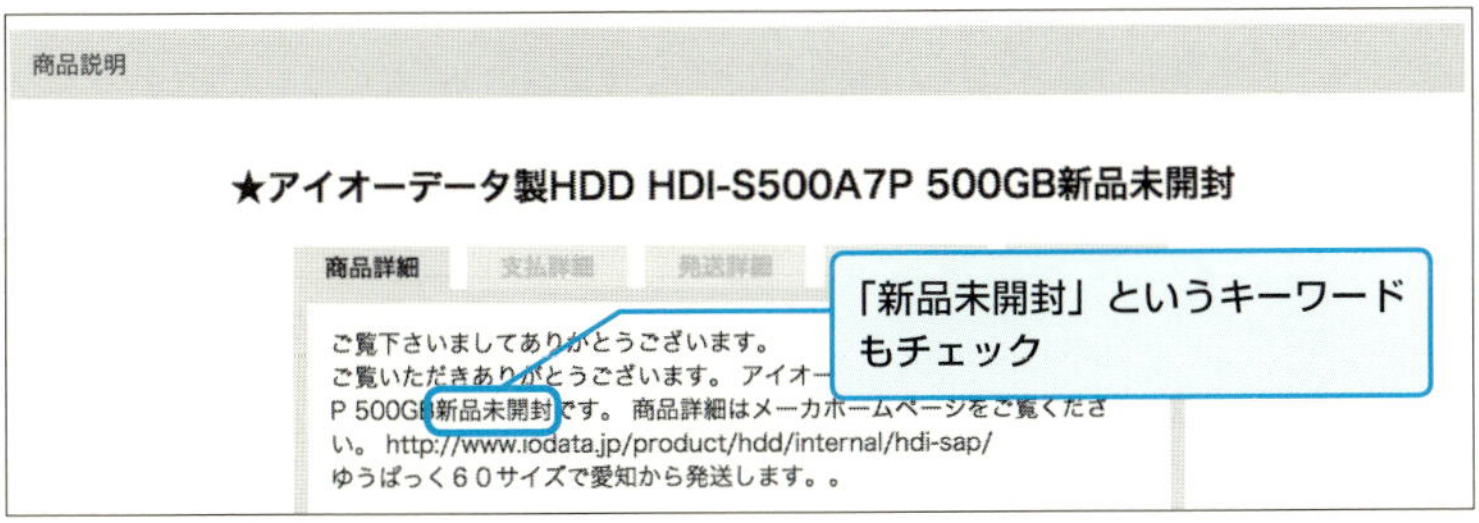
商品説明
★アイオーデータ製HDD HDI-S500A7P 500GB新品未開封
商品詳細
ご覧下さいましてありがとうございます。
ご覧いただきありがとうございます。アイオー
P 500GB新品未開封です。商品詳細はメーカホームページをご覧ください。http://www.iodata.jp/product/hdd/internal/hdi-sap/
ゆうぱっく６０サイズで愛知から発送します。。
「新品未開封」というキーワードもチェック

06 めざせ「ヤフオク！せどり」の達人

中古品編

1 中古品をせどる場合の注意点

次はヤフオク！で中古品をせどってみましょう。「**中古品をせどる場合に気をつけるのは、商品の状態と付属品**」です。商品の状態は、説明と写真を見ればある程度わかりますが、付属品がそろっていなければ出品する商品としては致命的です。ですから、出品者が付属品についてそろっているときに明記しそうなキーワードを検索枠に入れて検索します。付属品の欠品がない場合、「**付属品完備**」「**付属品はすべてそろっています**」というように書かれています。今回は、「**完備**」というキーワードを使って検索してみましょう。先ほどと同じく条件指定で、タイトルと商品説明にチェ

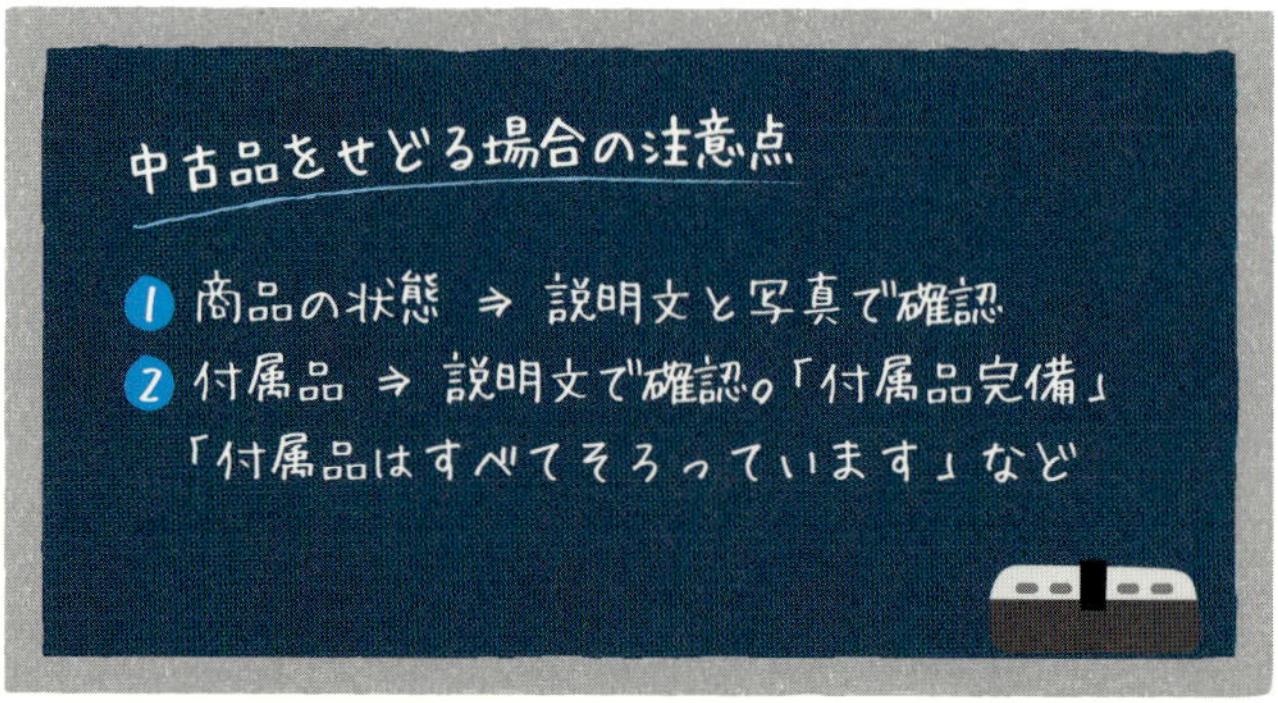
中古品をせどる場合の注意点
1 商品の状態 ⇒ 説明文と写真で確認
2 付属品 ⇒ 説明文で確認。「付属品完備」
「付属品はすべてそろっています」など

ックを入れて検索します。あとは、出てきた検索結果の中から仕入れたいジャンルの商品をねらっていくだけです。リサーチしていくと、カメラで差額がある商品を見つけることができました。

2 中古品は値づけに注意する。最安値はあくまでも目安

下図のカメラを出品したときの最安値は、自己発送で1万1450円＋送料499円の価格で、高い評価が11件中45％の店でした。正直、1万円以上もする高額商品をそんな評価の低い店から買いたくないですよね。ですから最安値ではない私の店から売れたのです。

モノレートでも確認しましたが、中古品の出品者数はずっと増減があるにも関わらず、相場最安値がずっとこの出品者の価格と同じだったので、この出品者の商品はずっと売れていないということが判断できます。

「**中古品の最安値は、コンディションやお店の評価が著しく悪い場合がよくあるので、最安値はあくまで目安にしかすぎない**」ということを意識してください。

● ヤフオク！で中古品の参考仕入れ例

ヤフオク!
ログイン
IDでもっと便利に新規取得
Yahoo! JAPAN - 初めての方へ - ヘルプ
キーワードから探す
すべて
+条件指定
ウォッチ
マイオク
出品
オプション
オークション > 家電、AV、カメラ > カメラ、光学機器 > デジタルカメラ > コンパクトデジタルカメラ > ニコン
Nikon COOLPIX S6500 オレンジ 光学12倍 新品同様6 送料無料
入札件数
0 入札履歴
残り時間
2日 詳細
ウォッチ
即決価格
8,880円 (税0円)
今すぐ落札する
出品者情報
評価：
Nikon
COOLPIX
8,880円で仕入れ ⇒
1万3,500円で販売
＝ 3,088円の利益
状態 ：中古
個数 ：1
返品 ：返品可
入札者評価制限 ：あり
違反商品の申告

07 めざせ「ヤフオク!せどり」の達人

応用編

1 落札は「Bid Machine」に任せて、どんどん入札しよう!

ヤフオク!はオークションなので、先ほどのように即決価格でせどることもありますが、大半は競りで落札します。ただ、忙しい現代に生きる私たちが落札時間を気にして何度もパソコンやスマホをチェックするのは不可能です。そのために、自分がいなくても設定だけすれば自動で落札してくれる「Bid《ビッド》 Machine《マシーン》」(http://lafl.jp/bidmachine/)というツールがあります。Windowsのみの対応ですが、無料で使えるのでありがたすぎます。

ヤフオク!は、最高額が入札されるたびにオークションが自動延長されていくシステムと、オークション終了時に最高額を入札している人が落札できる権利を得る2つの落札パターンがあります。**Bid Machine**は、このどちらのオークションにも対応しています。使い方は、**Bid Machine**のサイトに丁寧な説明動画があるので、参考にしてください。

2 「feedly」（RSSリーダー）に登録すると仕入れが楽になる！

せどりをするときにとても便利なツールをもうひとつご紹介します。

それは、「feedly」（https://feedly.com）というRSSリーダーになります。RSSとは、サイトの情報が新しくなったときにお知らせをしてくれるツールです。

これをせどりでどのように活用するかというと、自分が仕入れたい商品が現在出品されていなかった場合、設定をしておくと、出品されるとお知らせが届くようになります。

では、設定を見ていきましょう。

たとえばカシオの **XD-N4800BK** という電子辞書が、Amazonで2万7800円で売られていたので、2万円以下で落札したいとします。

● ヤフオク！自動入札ソフト「Bid Machine」のサイト

「ヤフオク！」内検索の条件指定のページで、キーワードに「**XD-N4800BK**」、現在価格の上限を「**20000**」と入力して検索します（**STEP 1**）。すると次頁上図のように、「以下の条件に一致する商品は見つかりませんでした。」と表示されます。つまり、現在「**XD-N4800BK**」はヤフオク！で2万円以下では売られていないということです。新たに商品が出品されてこのページが更新されたら、自動的にお知らせをもらうようにRSSリーダーに登録します（**STEP 2**）。

Google Chromeだと次頁下図のようなページが表示されるので、右クリックしてアドレスをコピーします。

ほかのブラウザーの場合、このようなソースコードの画面は表示されませんが、コピーする場所は同じです。

STEP 1 ヤフオク！で商品の型番と落札金額の上限を入れて検索する。

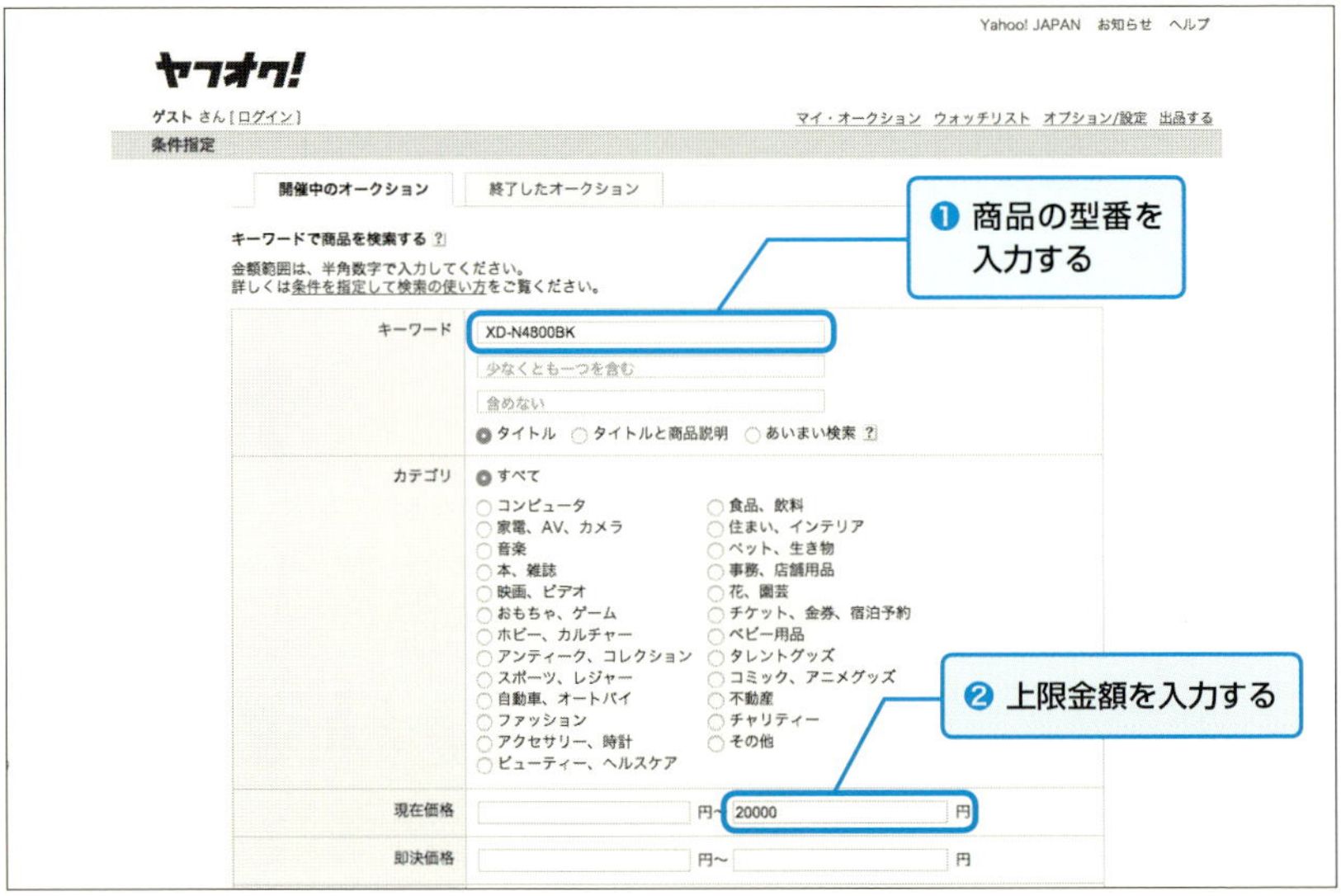

STEP 2 RSSのボタンを押して、ソースコードをコピーする。

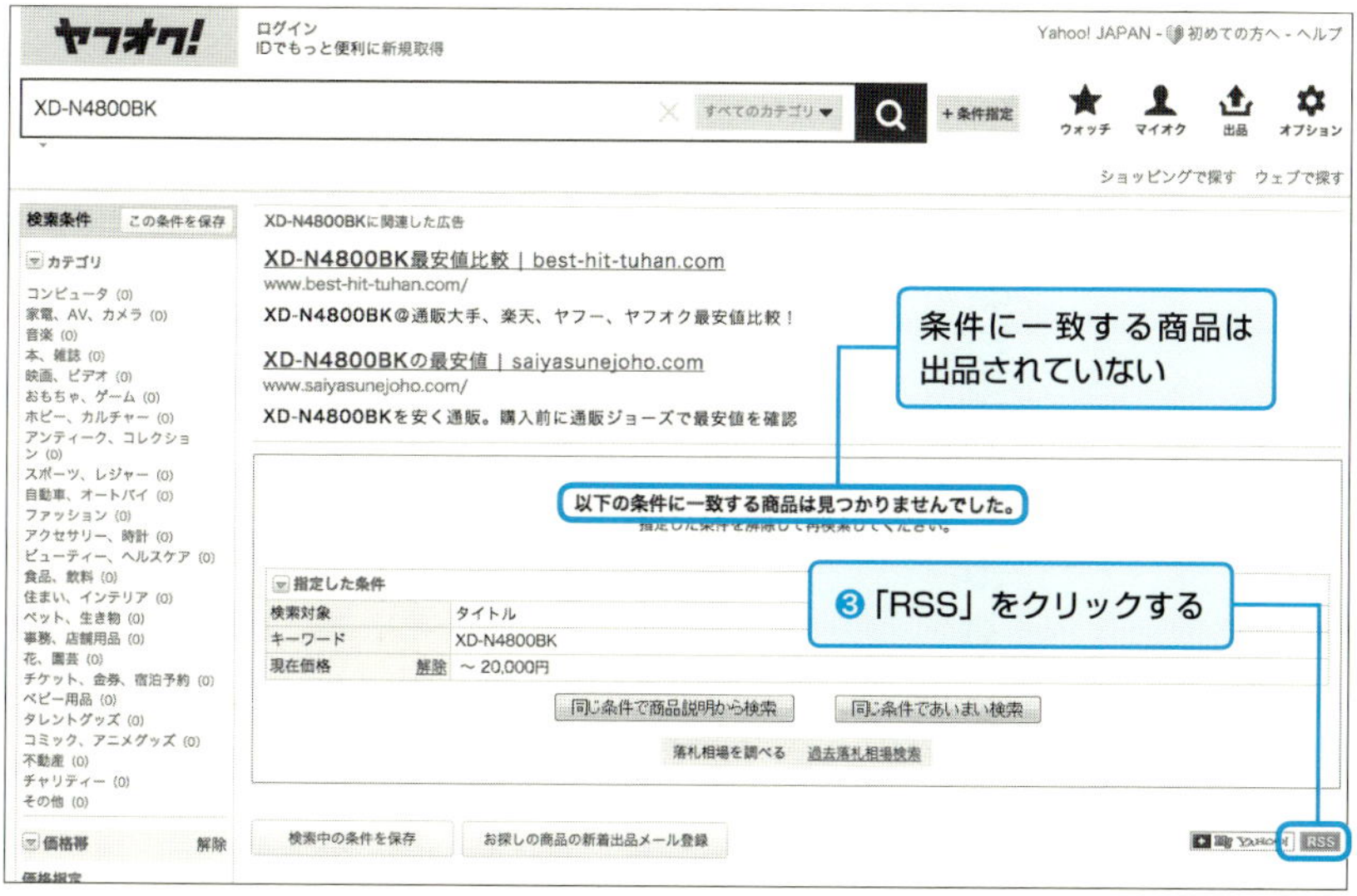

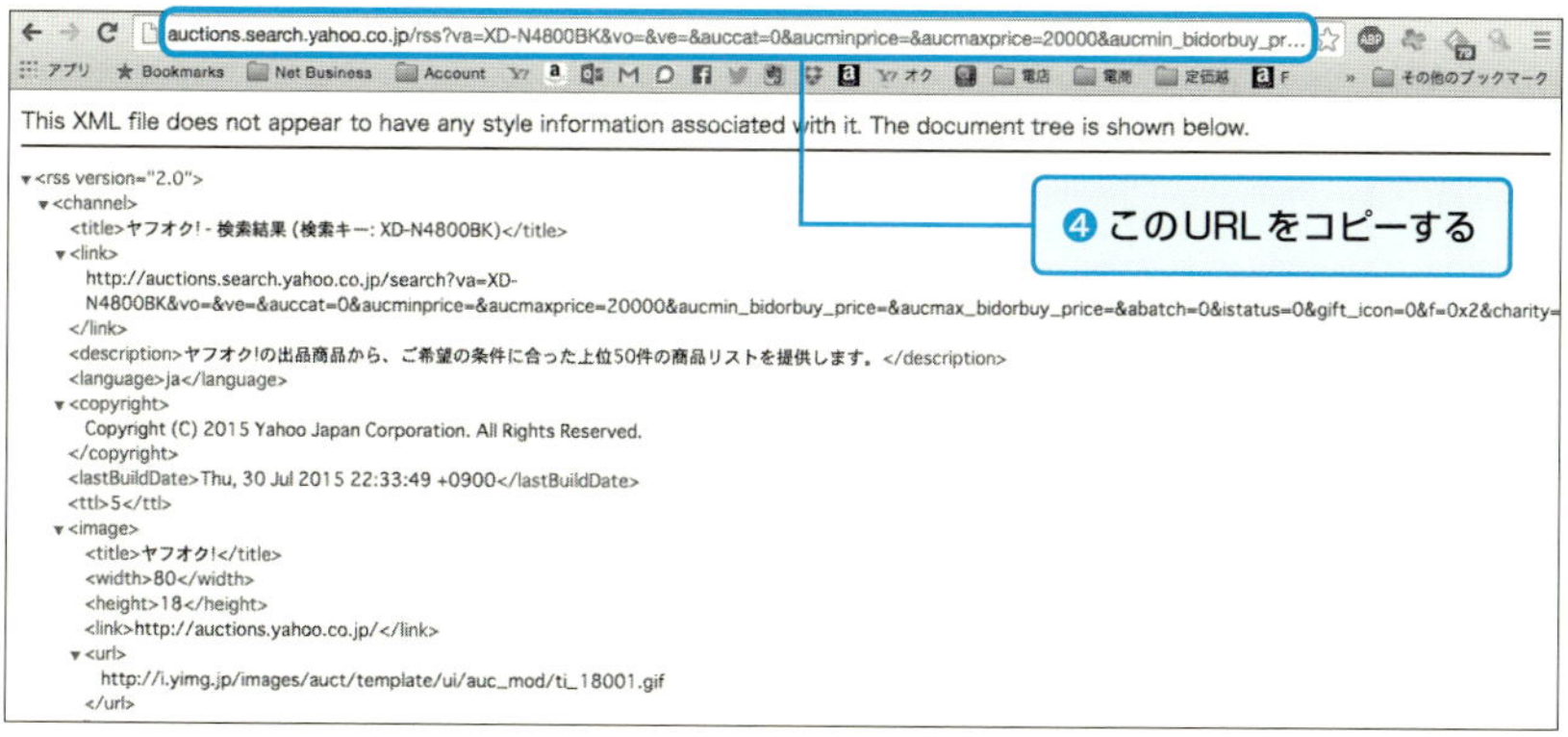

STEP 3 「feedly」に登録する。

feedlyのトップページの右上にある「Login」ボタンをクリックして、Googleアカウント、もしくはFacebookアカウントでログインしましょう。

feedly
Login
Your work newsfeed
A single place for all the news, knowledge, and ideas you rely on to think, learn, and keep ahead.
Get started
❺「Login」ボタンをクリックする

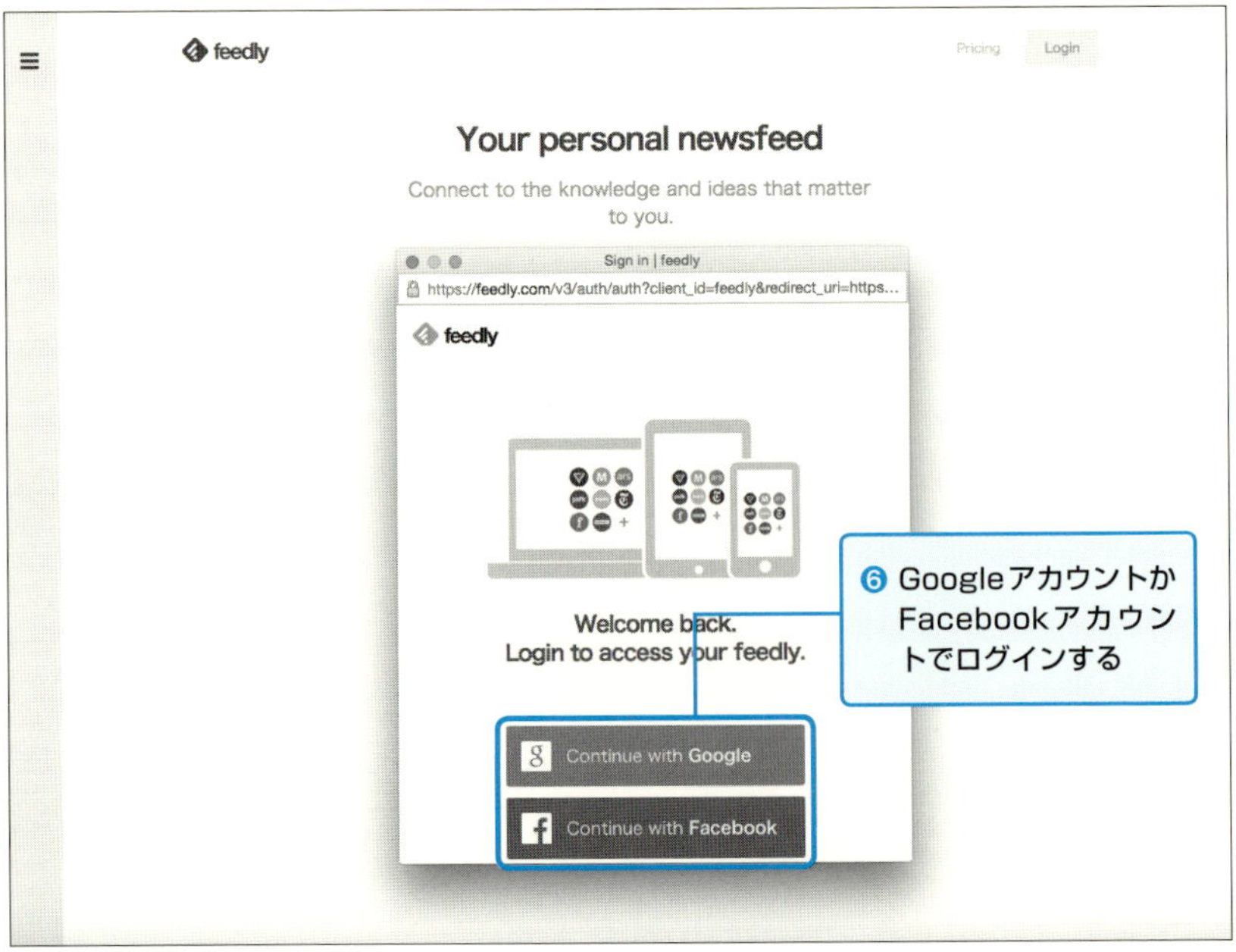

feedly
Pricing
Login
Your personal newsfeed
Connect to the knowledge and ideas that matter to you.
Sign in | feedly
https://feedly.com/v3/auth/auth?client_id=feedly&redirect_uri=https...
Welcome back.
Login to access your feedly.
Continue with Google
Continue with Facebook
❻GoogleアカウントかFacebookアカウントでログインする

ログインしたら、先ほどコピーしたアドレスを検索枠に貼りつけて「Enter」（return）キーを押します。

❼ コピーしたURLを貼りつけたら「Enter」（return）キーを押す

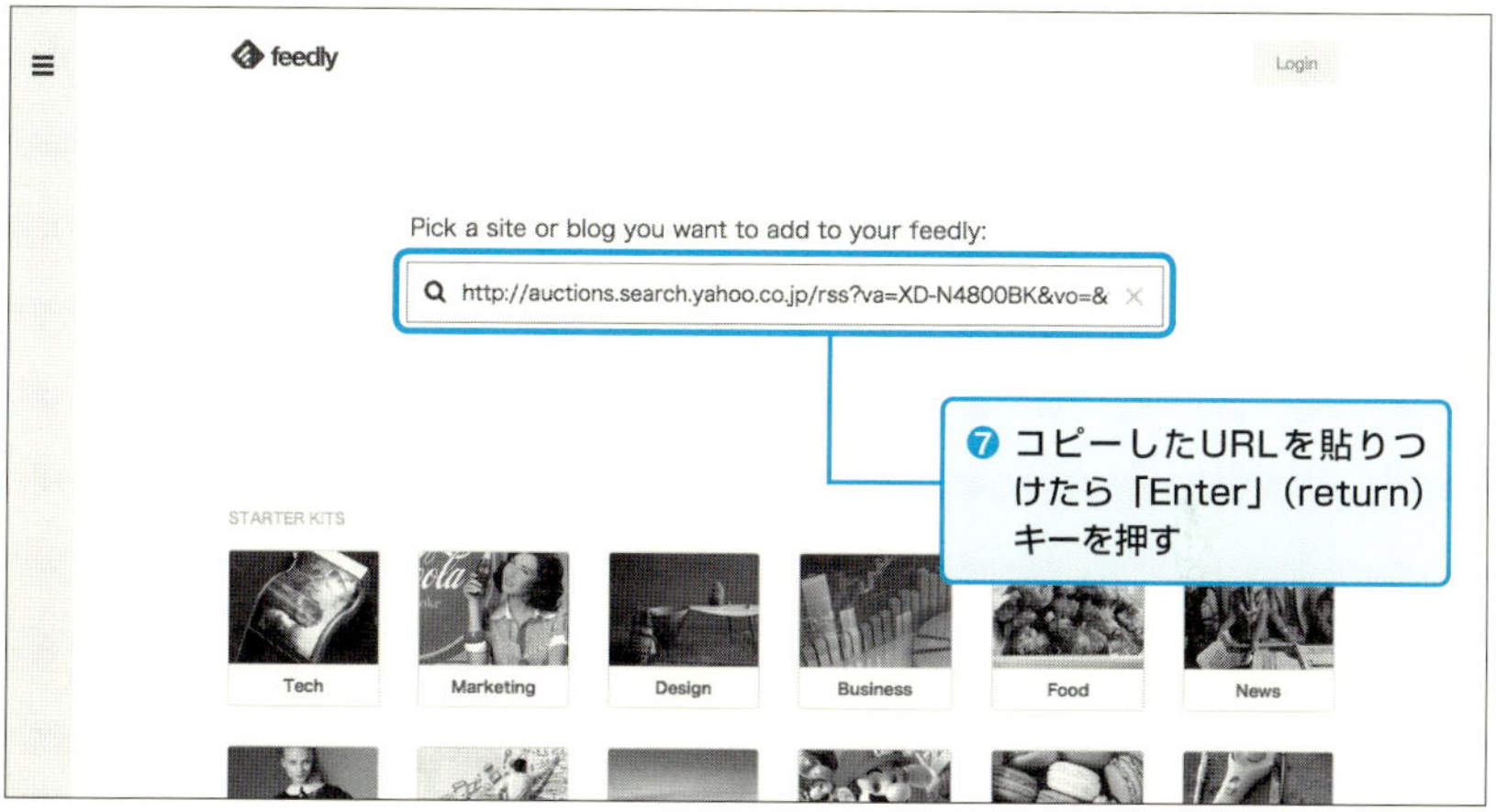

次のページで「＋」マークをクリックして、先ほどヤフオク！で検索した設定を追加します。

❽ 「＋」マークをクリックする

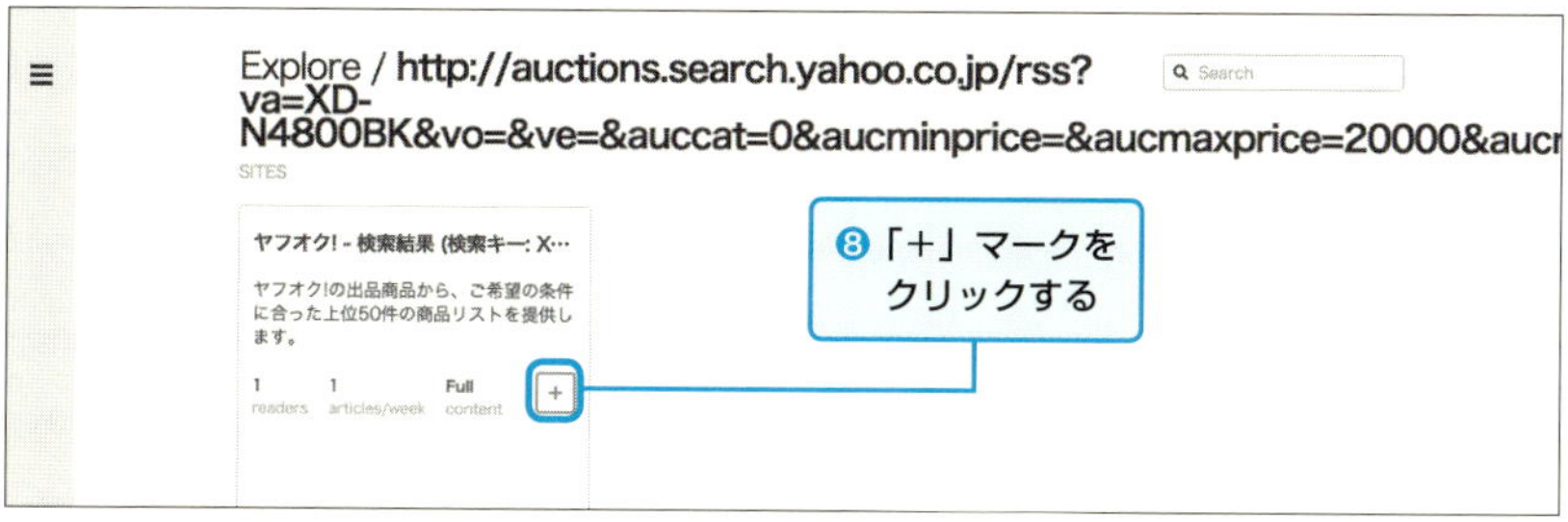

ページの左サイドバーがポップアップしてくるので、下部にある緑の「Add」ボタンをクリックして登録完了です。

❾ 「Add」をクリックして、更新情報として追加

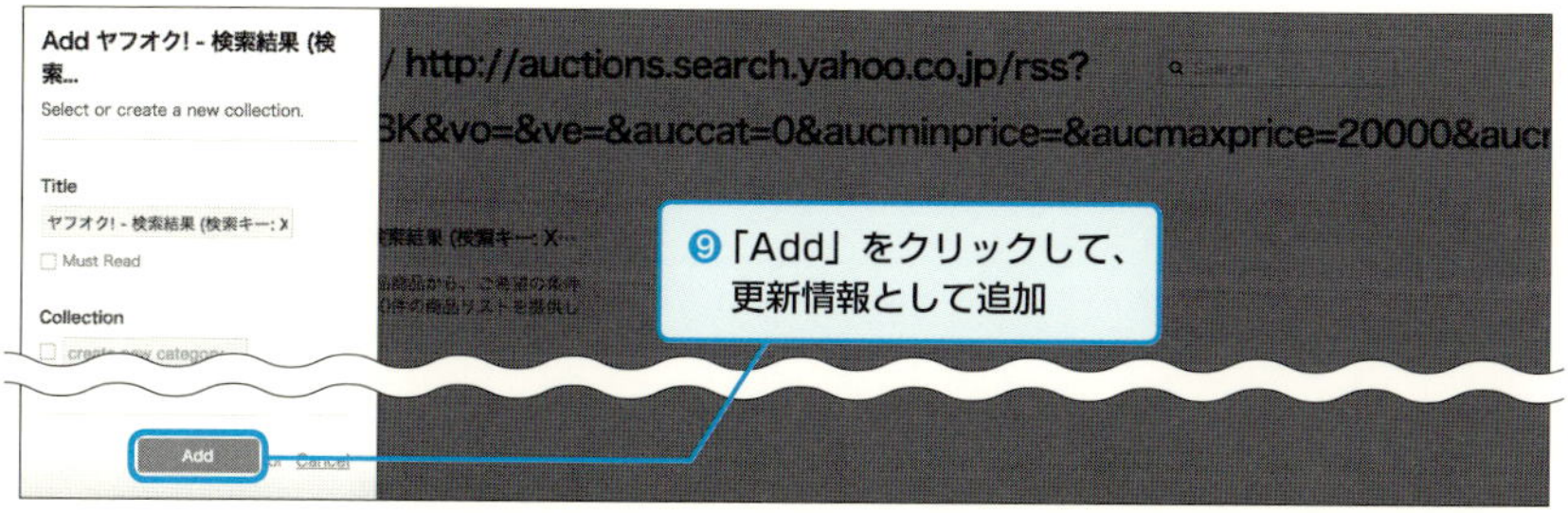

STEP 4 Google Chrome の拡張機能で「Feedly Notifier」を追加する。

Google Chrome の「設定」→「拡張機能」から 1 番下の「他の拡張機能を見る」をクリックして「Chrome ウェブストア」で「Feedly Notifier」の右にある「+ CHROME に追加」ボタンをクリックします。「新しい拡張機能」の追加の確認のポップアップ画面が出るので、「追加」をクリックします。

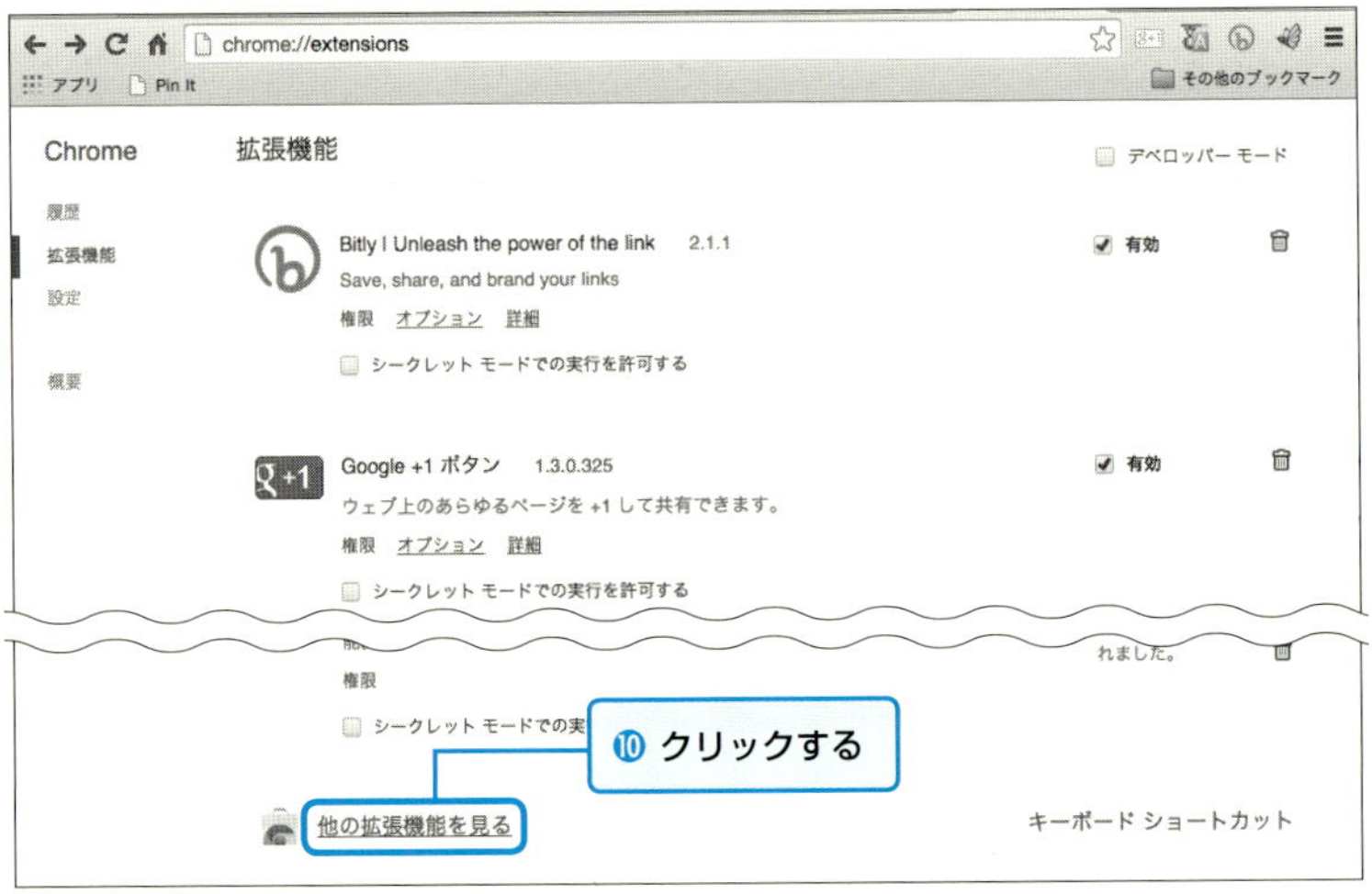

「feedly」を使うと格段に仕入れの時間が短縮される

これでブラウザーのアドレスバーの右すみにfeedlyのアイコンが表示されるようになります。「**XD-N4800BK**」が2万円以下でヤフオク！に出品されると、このアイコンの右下に更新情報数の数字が表示されます。ちなみに下図は、私のフィードリーの新着情報です。このように毎日、新着出品情報が届くようになりますよ。

● feedly のアイコン

feedlyのアイコン。79通の新着情報が来ている

08

ネット仕入れ豆知識

1 ネット仕入れで海賊版や模造品、酷似商品をつかまないコツ

ネットショップやオークションでは、偽物や商品画像、コメントとまったく違う商品が届いたりする場合があります。それを見破るためのポイントは次の3点です。

❶ 出品者は日本人か？
❷ お店の評価はどうか？
❸ 商品写真は自分で撮ったものか？

❶ 出品者は日本人か？

ひとつ目は、出品者が日本人かどうかです。外国人が運営している場合、模造品であったり、

難ありの商品が届く確率が高いのでお勧めはできません。並行輸入品や台湾国内正規品、韓国国内正規品といって、日本国内正規品のパッケージに酷似した商品を取り扱っている場合もあります。

❷お店の評価はどうか？

2つ目は、お店の評価数です。評価数が100以下であったり、悪い評価が10件（評価が1000を越している場合には1％）以上ついていればちょっと怪しいので注意しましょう。

❸商品写真は自分で撮ったものか？

商品写真をちゃんと自分で撮らずに、明らかにネットから拾ってきた画像を載せて「未使用品」などと出品している場合は、かなり怪しいです。先ほど、ヤフオク！で**S6500**のカメラを仕入れましたが（237頁参照）、ああいう画像は、本来危険なことが多いです。ただ私が仕入れた出品者は、評価数が5000件以上と問題なくベテラン出品者だったので、信頼できると判断しました。あとは経験を積んでいけば、出品画面のつくりや雰囲気から、だいたい判断できるようになっていきます。

仕入れたときに、微妙な商品だと判断できればまだいいほうで、「**本当に怖いのは、気づかずに海賊版の商品や模造品を出品してしまった場合**」です。これをやってしまうと一発で**Amazon**からアカウントを削除されてしまいます。アカウントが削除されてしまった場合は、そのアカウントが再開されることは2度とないので、仕入れた商品の検品は注意深くしてください。

2 ポイント倍取りでおいしくせどろう

ポイント倍額キャンペーンを利用してスマホアプリ経由で仕入れる

店舗せどりと同様ネット仕入れでも重要になってくるのが、各ショッピングサイトでのポイントです。普通に買うとどこのサイトもだいたい1%ですが、楽天やヤフーショッピング、楽天オークションやヤフオク！などのスマホアプリ経由で購入するとポイント倍額キャンペーンなどをよくやっています。アプリ内に下図のようなキャンペーンページがあるので、例でいえば「詳細&エントリー」ボタンをクリックしてエントリーしていくだけです。

またヤフーショッピングなら、月額380円（税抜）でヤフープレミアム会員になると、ヤフーショッピングのポイントがずっと5倍なので、クレジットカードの1～2%のポイントを足すと7%分安く仕入れられることになります。

● ポイントキャンペーンを利用する

「ハピタス」で買えばポイントを現金化できる

また、スマホアプリで右記のようなキャンペーンをやっていない場合には、**「ハピタス」（http://hapitas.jp/）**というポイントを貯めて現金やギフト券に交換できるポイントサイトを使いましょう。こちらのサイトを経由して各ショッピングサイトで仕入れると、購入金額の1～2％ポイントが溜まり、現金やAmazonギフト券に交換できます。

これらのポイントサイトをうまく使って、少しでも経費を浮かしていくと本当に楽になります。物販は仕入れをたくさんするので、意外とバカにならない金額になりますよ。専業になると、少なくとも1カ月で100万円は仕入れをするので、1年で少なくとも30万円以上ポイントが溜まることになります。

● ハピタス経由で仕入れると現金やAmazonギフト券に交換できる

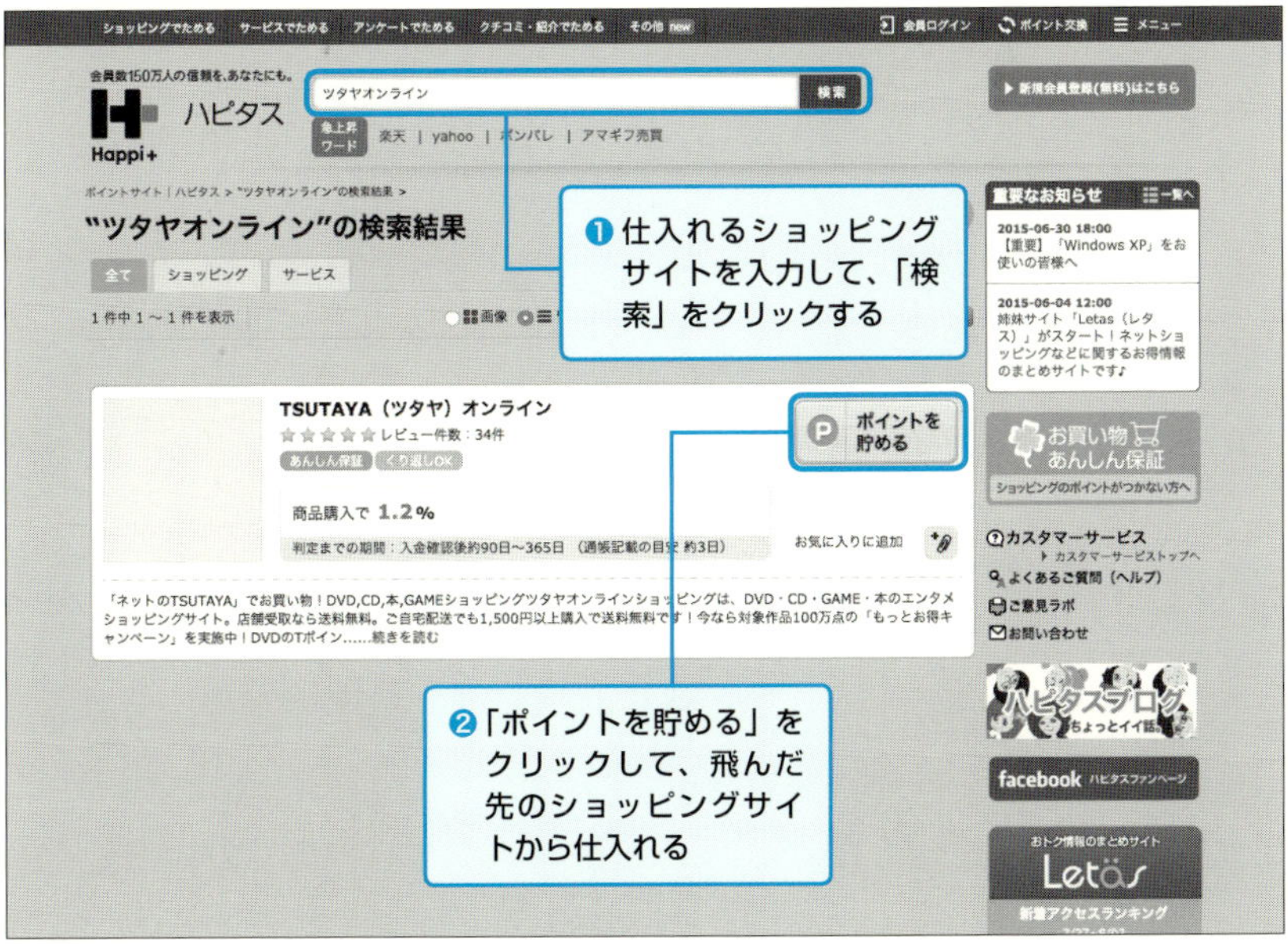
ハピタス
Happi+
ツタヤオンライン
検索
"ツタヤオンライン"の検索結果
TSUTAYA（ツタヤ）オンライン
商品購入で 1.2％
ポイントを貯める
❶仕入れるショッピングサイトを入力して、「検索」をクリックする
❷「ポイントを貯める」をクリックして、飛んだ先のショッピングサイトから仕入れる

3 Google Chromeの便利な拡張機能を入れてサクサクせどる

電脳仕入れをしていくうえで、便利なGoogle Chromeの拡張機能をもう3個紹介します。

「ショッピングリサーチャー」なら、せどりに必要な機能がすべてついている

まずひとつ目は、「ショッピングリサーチャー」という拡張機能です。**Amazon**の商品ページに、モノレート、各ショッピングサイト、オークションサイト、手数料計算、ライバル一覧、**PRICE CHECK**などのページにジャンプできるボタンが表示されます。ランキンググラフと各ネットショップの価格比較が表示される機能も追加されました。電脳仕入れをしなくても、せどらーなら誰しも入れておきたい拡張機能です。

「Keepa-Price Tracker」なら、Amazonがいつくらで出品しているかがわかる

2つ目は「**Keepa-Price Tracker**」という拡張機能です。「**Amazonの商品ページに、いついくらでAmazon.co.jpが出品していたかを表示してくれます**」。**Amazon.co.jp**が出品してくるかこないか予測を立てられるので、ものすごく仕入れ戦略を立てやすくなります。

● ショッピングリサーチャー

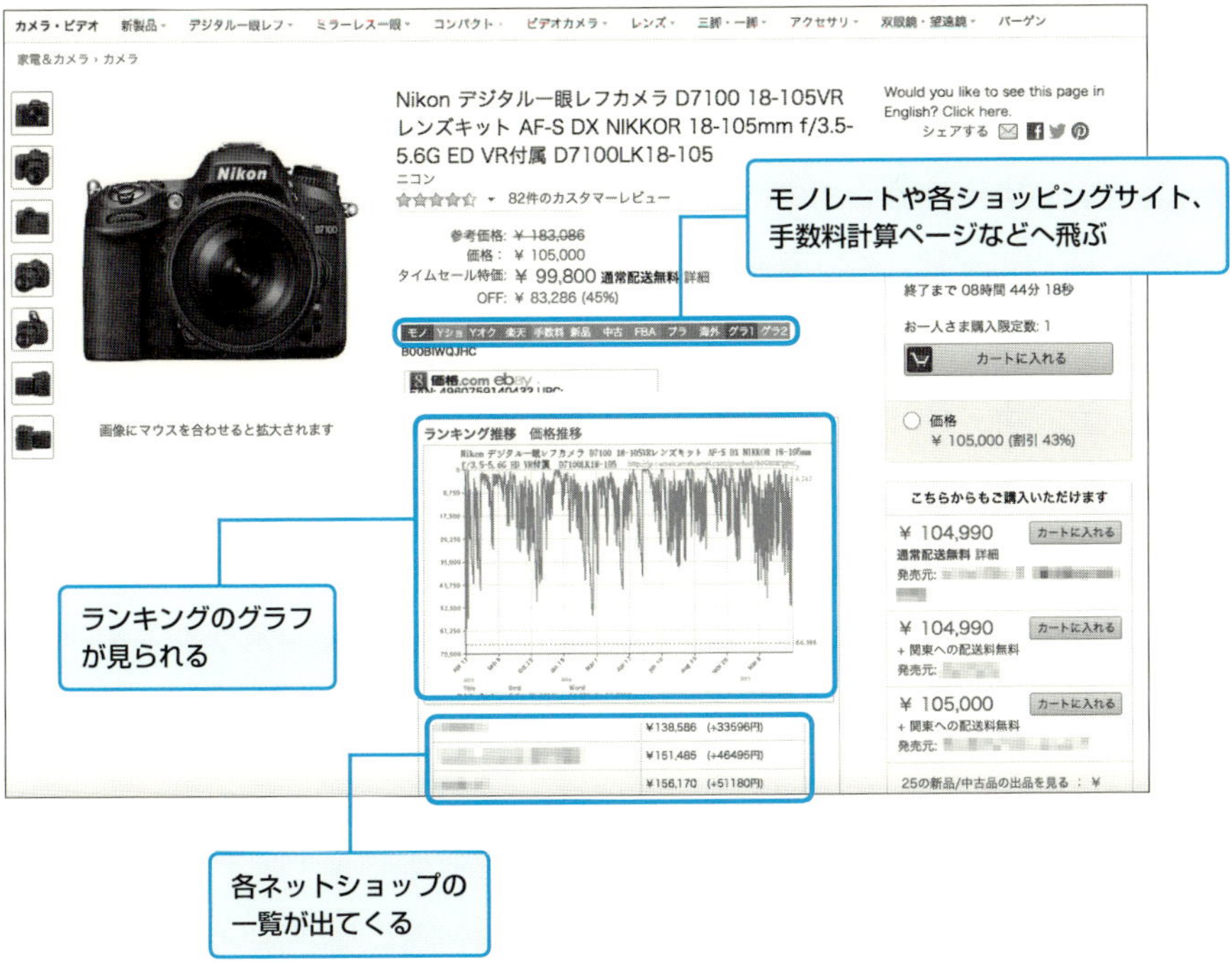

下図のグレー（実際にはオレンジ）の線が**Amazon.co.jp**、紺（実際には紫）の線が新品、黒の線（実際も黒）が中古の相場推移を表しています。

また水色（実際には緑）の線はランキングを表しています。

Amazon.co.jpが在庫切れから出品状態になったとき、知らせてくれる機能もあるので、プレ値商品を**Amazon**が安値で出品してきたときは、**Amazon**が出品してきたものを仕入れてしまえば、利益を確定させることができます。

● Keepa-Price Tracker

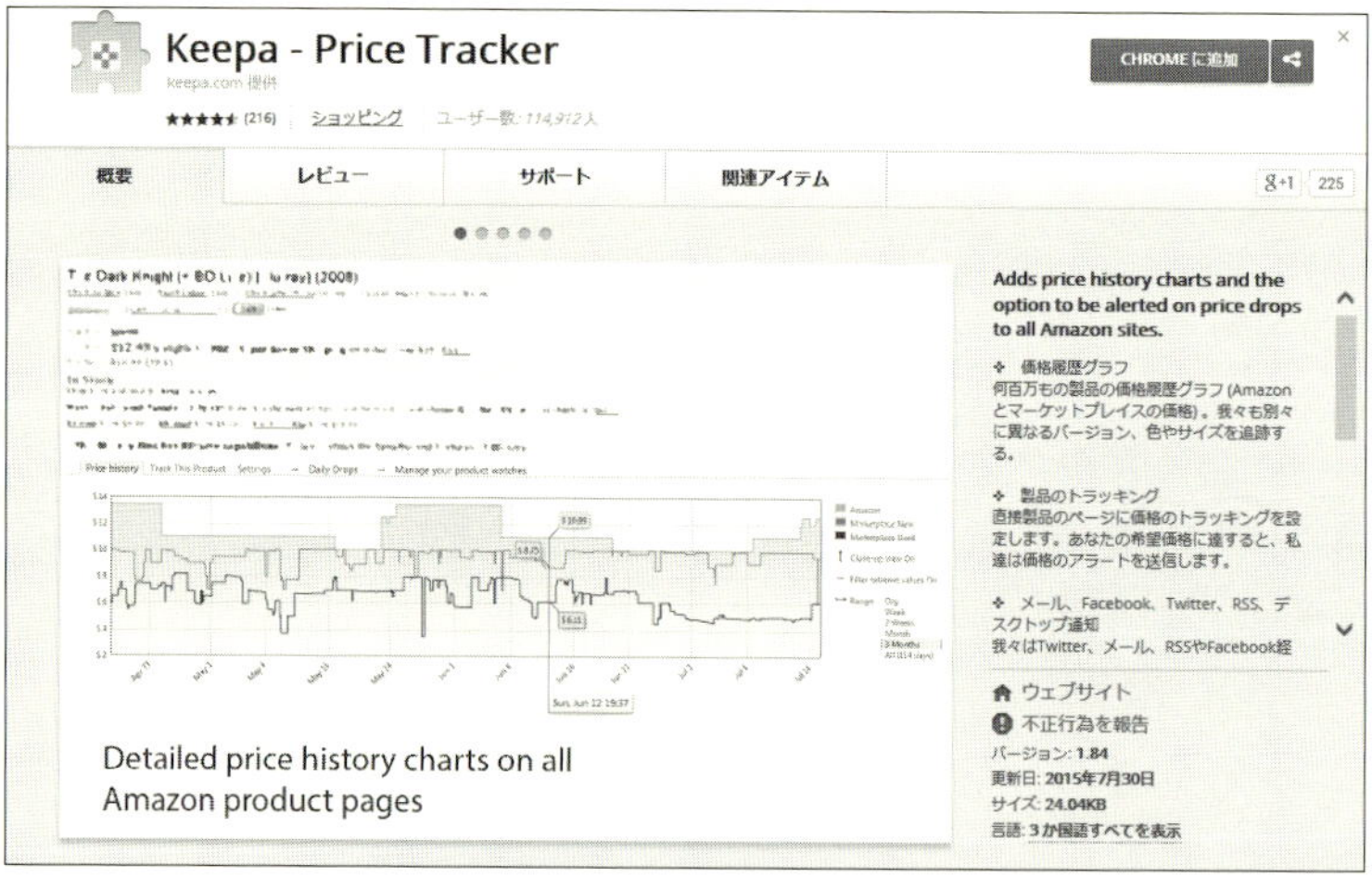

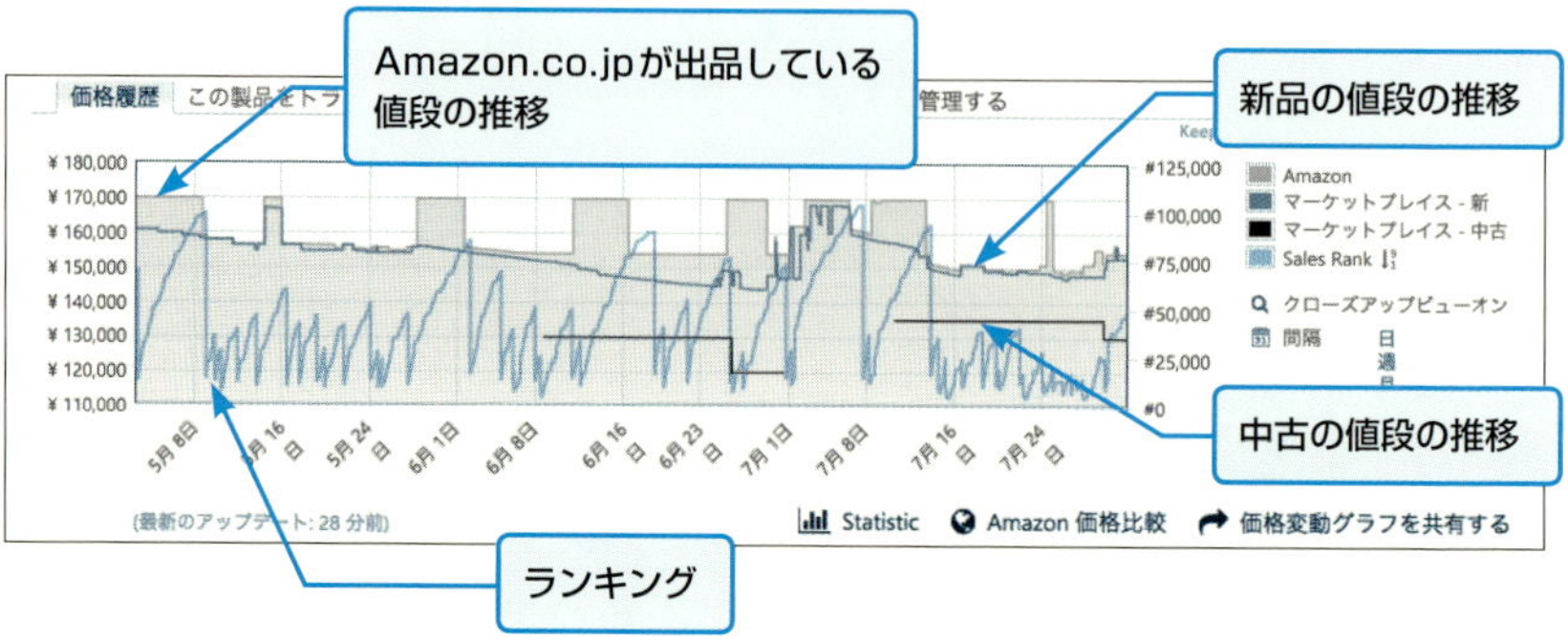

[Simple = Select + Search] なら、商品名を選択して右クリックでモノレートへ飛べる

最後は、「Simple = Select + Search」という拡張機能です。「商品名を右クリックでなぞれば、ワンクリックでモノレートの検索結果ページへ飛べます」。

Amazonの商品ページからは、先ほどのショッピングリサーチャーの拡張機能のボタン一発で飛べますが、ヤフオク！などのページからモノレートに飛ぼうとすると、いちいち商品名をコピペする手間が必要になってきます。これがかなりの手間になるので、とてもストレスです。それを解消できるので、とても便利な拡張機能です。

この拡張機能は、設定が必要になります。Google Chromeに機能を追加したあと、下図のページが出てきます。基本的に、Simple = Select + Searchでは、モノレートだけ使えれば十分なので、ほかの検索サ

● Simple = Select + Search

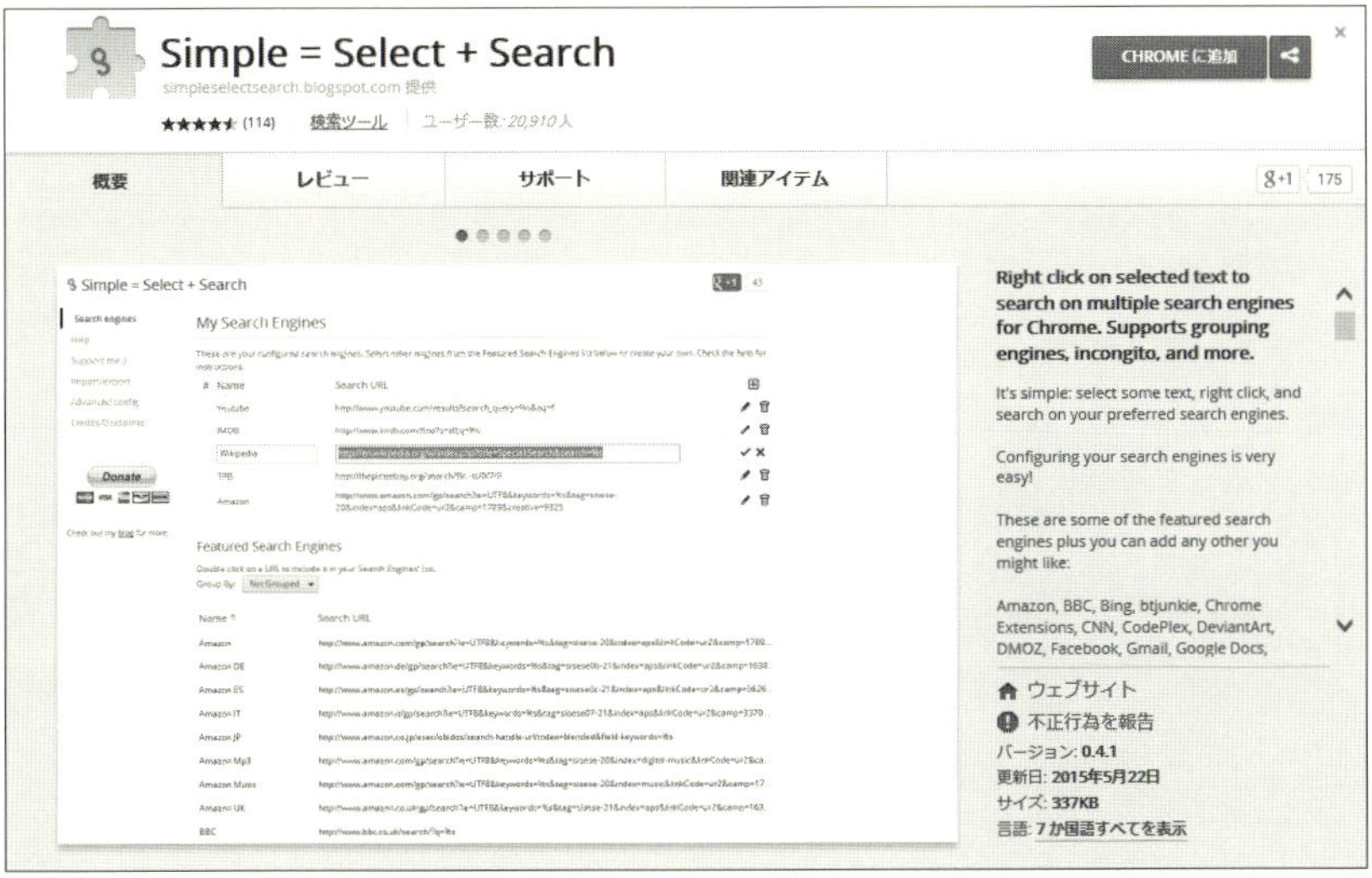

イトの設定はすべて「－」ボタンをクリックして削除します（**STEP 1**）。全部消えたら「＋」ボタンを押してモノレートを設定する枠をつくります。

「**Name**」に「**Monorate**」と入力して、「**Search URL**」に「**http://mnrate.com/past.php?i=All&kwd=%s**」と入力して完了です（**STEP 2**）。

実際の使い方は、ショッピングサイトなどで商品名の文字をなぞって右クリックしたら、「**Search '商品名' on Monorate**」をクリック（**STEP 3**）すれば一発でモノレートの検索結果に飛ぶことができます。

4 これで授業は終わりです

3、4、5、6時限目を通して宇宙一簡単な仕入れ方法はすべて伝授しました。いかがでしたでしょうか？

STEP 1 使わない検索エンジンをすべて削除する。

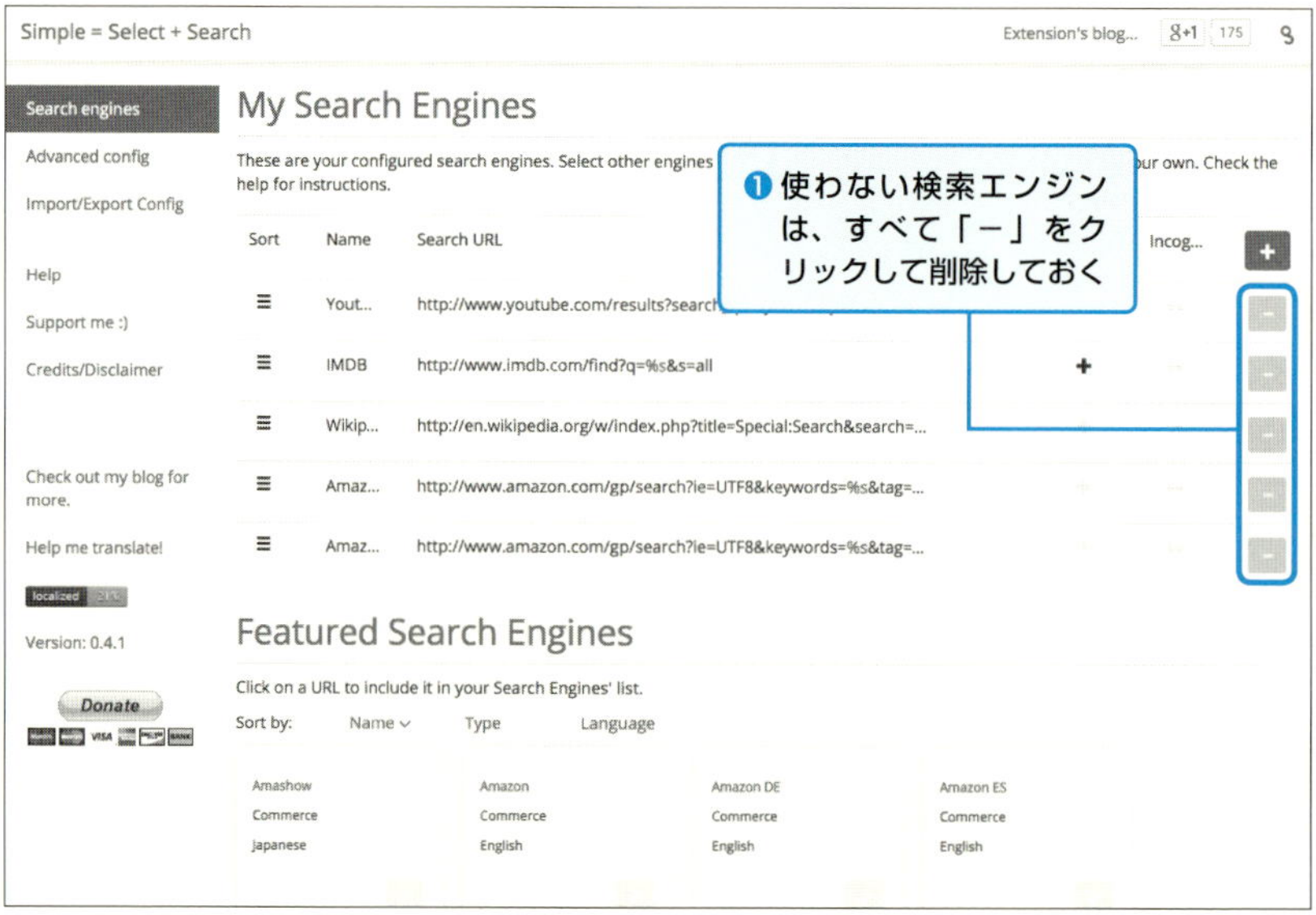

STEP 2 モノレートを追加する。

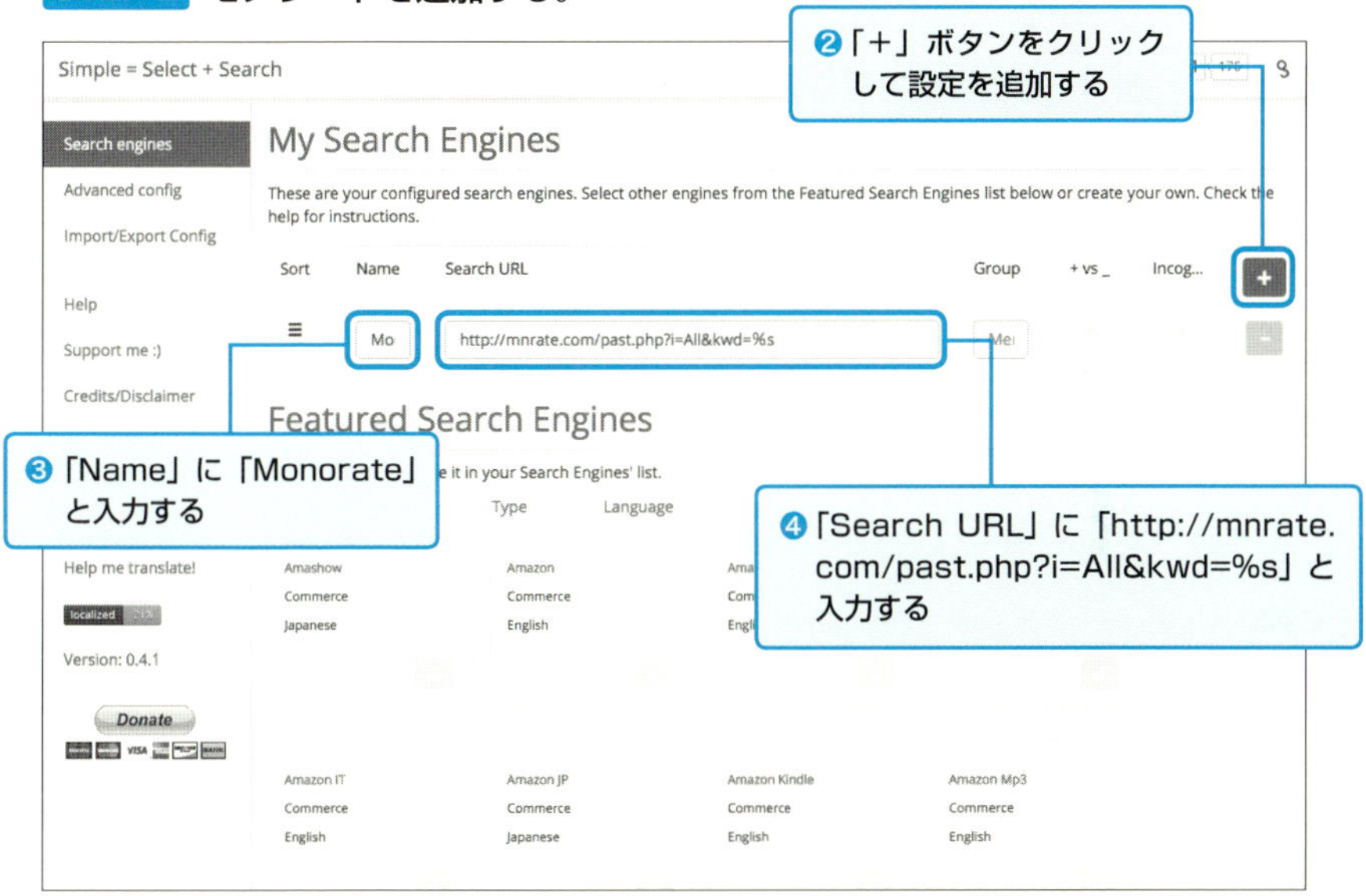

STEP 3 ショッピングサイトからモノレートに飛ぶ。

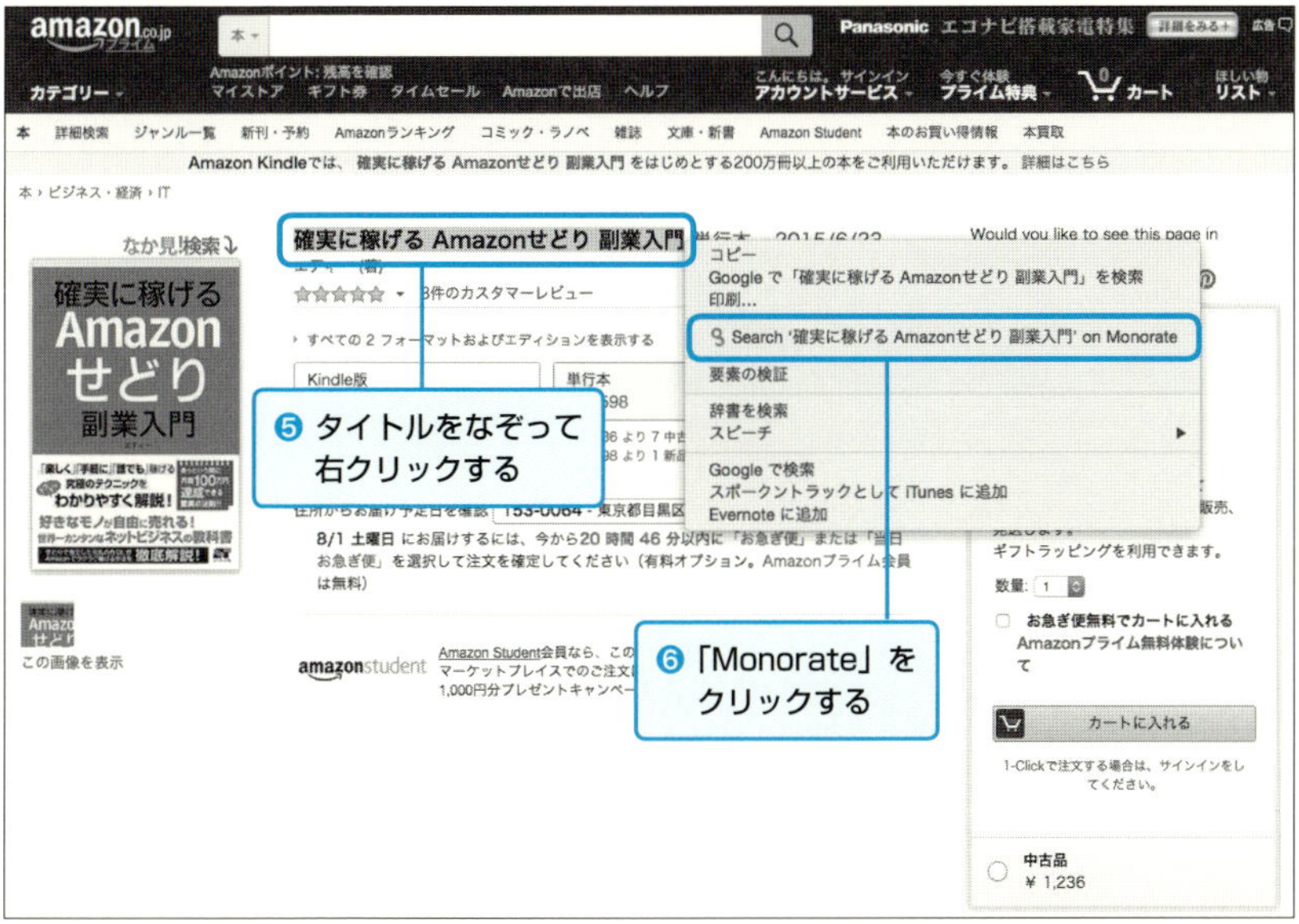

せどりってこんなに簡単なんだ！　これなら絶対稼げる！　と思ってもらえたら、とてもうれしいです。もしそう思えたなら、まずは一歩踏み出してみてください。はじめは少ししか仕入れができない人でも、２、３カ月もすれば1日で10万円以上仕入れられるようになります。人生が変わりはじめるのを感じる日はそう遠くないはずです。そんな日をイメージしながら仕入れを楽しんでくださいね。

これで、せどりで稼ぐための授業は終わりになりますが、２つだけ「課外授業」を用意しています。それは「**利益**」と「**トラブル対策**」のお話です。

せどりにかぎらずビジネスをはじめたら、「**本当の利益をしっかり認識して、自分のビジネスがどういう状況にあるのかちゃんと把握できるように**」なってください。また、どんなビジネスをはじめても必ずトラブルは起きます。その際、「**いかに慌てずに真摯にトラブル対応できるかが、その先の自分のビジネスを大きく変える**」ということを覚えておいてください。

課外授業まで読んではじめて、一人前のせどらーになるためのスタートラインに立てます。

最後まで読んで、つまづいたらまた3時限目、もしくは1時限目から何度でも読み直してください。そして、カバーに記載してあるメールアドレス宛に感想を送ってください。

課外授業

知っておきたい「せどりのお金の話」と困ったときの「トラブル対応」のしかた

課外授業では、せどりで稼いだお金をしっかり守っていくというお話をします。
稼いだお金を守れるようになってこそ、ビジネスや副業としての「せどり」が成り立つのです。

01 正しい利益計算と商品管理のしかたを覚えよう

いよいよ、課外授業の時間になりました。ここでは、せどりについてのお金の基礎知識を身につけてもらいます。「**仕入れのテクニック**」といった儲けることが「**攻め**」なら、「**お金の管理や節税**」は「**防御**」です。この防御を疎かにしてしまう人が多いのですが、防御の知識がゼロのままでせどりをしていくのは、ゴールキーパーがいないメンバーでサッカーの試合に挑むようなものです。これはかなりリスキーな話ですよね。

ここからは、せっかく儲けたお金をしっかりと守っていきましょう。

1 意外と知らない!? 正しい「利益計算」のしかた

私もせどりをはじめるまではまったく知らなかったのが、物販の利益計算方法です。それまで、どうやってTシャツ屋さんをやっていたのか、自分でも不思議です。

❶ 粗利の求め方をマスターしよう！

物販の利益計算方法は、あなたがあたりまえのように考えているやり方とちょっと違うかもしれないので、しっかり理解してください。

一般的には、次の式で計算すると思っていませんか？

粗利 ＝ 売上金額 − 仕入れ金額（原価→仕入れ金額）

実際は、次の計算式で計算します。

粗利 ＝ 売上金額 −（先月末の在庫仕入れ額 ＋ 今月の仕入れ額 − 今月末の在庫仕入れ額）（原価→括弧内）

❷ 原価計算をマスターしよう！

特にこのカッコの部分の（先月末の在庫仕入れ額 ＋ 今月の仕入れ額 − 今月末の在庫仕入れ額）がわかりにくいですよね。ここが、よく耳にする「原価」と呼ばれているものです。では、わかりやすい図（下図）にしてみましょう。

簡単にいうと、**「先月末の時点で残っている在庫を仕入れたときの仕入れ総額」**に**「今月仕入れた在庫の仕入れ総額」**を足して、**「今月末の時点で残っている在庫を仕入れたときの仕入れ総額」**を引くと**「原価」**を求めることができます。

この**「売上金額から原価を引くと、粗利」**が計算できます。

ただし、ここで注意が必要です。せどりの場合は、さらに**「Amazonの手数料」**が入るので、粗利の計算は次のようになります。

> **粗利 ＝ 売上金額 − （先月末の在庫仕入れ額 ＋ 今月の仕入れ額 − 今月末の在庫仕入れ額） − Amazon手数料**

③ 営業利益をマスターしよう！

ここまでで粗利を計算することができました。

粗利は商品を仕入れた金額とAmazonの手数料まで差し引いて計算していますが、実はそれ以外にも**「Amazonへの配送料」「梱包**

● 原価の考え方

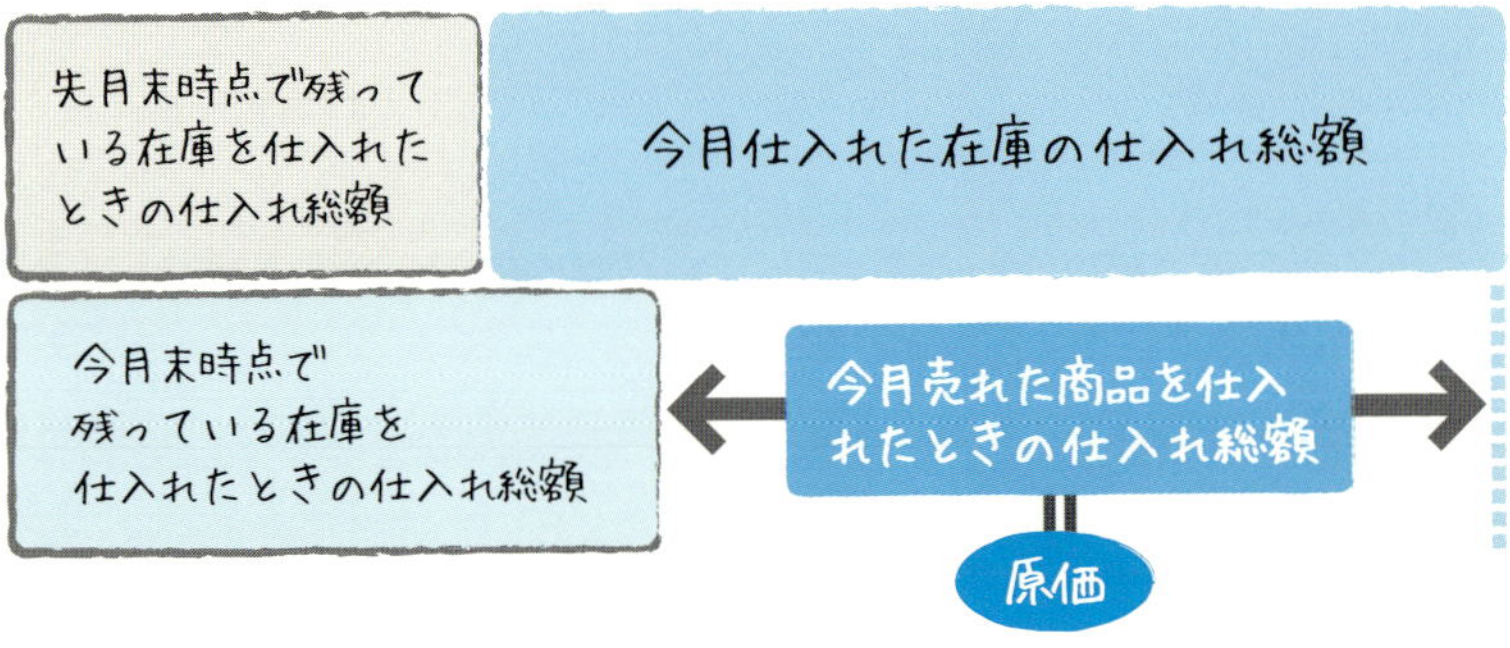

費」「**仕入れのための交通費**」といった経費がかかっています。

本当の儲けを計算するためには、粗利からさらにこういった諸経費を引かなくてはなりません。

そして、これらの諸経費を引いたものが「**営業利益**」となります。「**営業利益こそが、せどりで実質的に儲かった金額**」になります。

さらにここからさまざまな税金が引かれて、最後に手元に残るお金を「**純利益**」といいます。

以上がせどりの正確な利益計算の方法になります。

2 利益率は25％以上を目指す

利益の計算ができたら、利益率を計算します。利益率は次の計算式で求められます。

利益率 ＝ 営業利益 ÷ 売上 × 100（％）

では、どれくらいの利益率があればいいのかというと、「**営業利益を売上で割ったときに0・25以上の数字**」になっていれば、ひとまず合格です。要するに25％以上の営業利益率ということです。ただ、ここの利益率は人によって目標の設定が違うので、一概に答えはありません。あくまでも目安として考えてください。

3 正しい利益計算も「せど管理」でらくらく計算！

毎月末の在庫額がきちんとわかっていないと、正しい利益計算ができません。**Amazon** のセラーセントラルでは、自分が出品している商品の仕入れ金額を管理するフォーマットが用意されていないので、商品を登録する際に、自分でSKUに仕入れ情報を入力しておきます。

お勧めの入力方法は、「**SKUの1番最後に半角でハイフン〝-〟と仕入れ価格（数字のみ）を入れる**」ことです。

この入力方法で商品登録をしておけば、本書の購入特典としてダウンロードできる「**せど管理**」の **Excel** シートで自動計算できるようになっています。

せど管理の使い方

では、最短最速で正しいせどりの利益を導き出すために、「せど管理」の使い方を説明していきます。**Amazon** から2つのファイルをダウンロードして、あとは3カ所入力するだけです。

「せど管理」で自動計算するため、商品登録のときにSKUの頭に仕入れ日の西暦8桁と末尾にハイフン「**-**」と仕入れ値を半角で入力してください。仕入れ日を入力することで、商品が売れるまでの販売日数が、仕入れ値を入力することで利益額がわかるしくみになっています。

SKUの登録情報がこの2つだけだと、同一のSKUがつくられてしまう可能性があるので、そうならないように次のように入力しましょう。

仕入れ日 - 登録する順番の番号 - 仕入先のイニシャル - 仕入れ値
20151003-01-ya-5400
※ せど管理で使用するのは「仕入れ日」と「仕入れ値」になります。

「せど管理」は、**Excel 2013** 以降のバージョン対応になります。それ以前のバージョンで使用すると、一部動作しなかったり、表示が乱れることがあります。
また、せど管理は1年間ごとの集計になっているので、使用する前に来年度以降用のせど管理をマスターとしてコピーしておきましょう。

◉ 読者特典「せど管理」ダウンロードサイト
http://www.sedori-biz.jp/book001/

「**感覚的にせどりをするのでなく、数字を把握して行動することで効率的に稼いでいける**」ようになります。「規模が大きくなってから管理をしよう」ではなく、小さな規模のときから管理をするからこそ、かぎられた資金で戦略を明確に立てることができ、規模を大きくしていけるのです。
では、詳しい手順を次頁以降で「**STEP**」に分けて解説します。

STEP 1 「月次トランザクションレポート」(売上レポート)をダウンロードする。

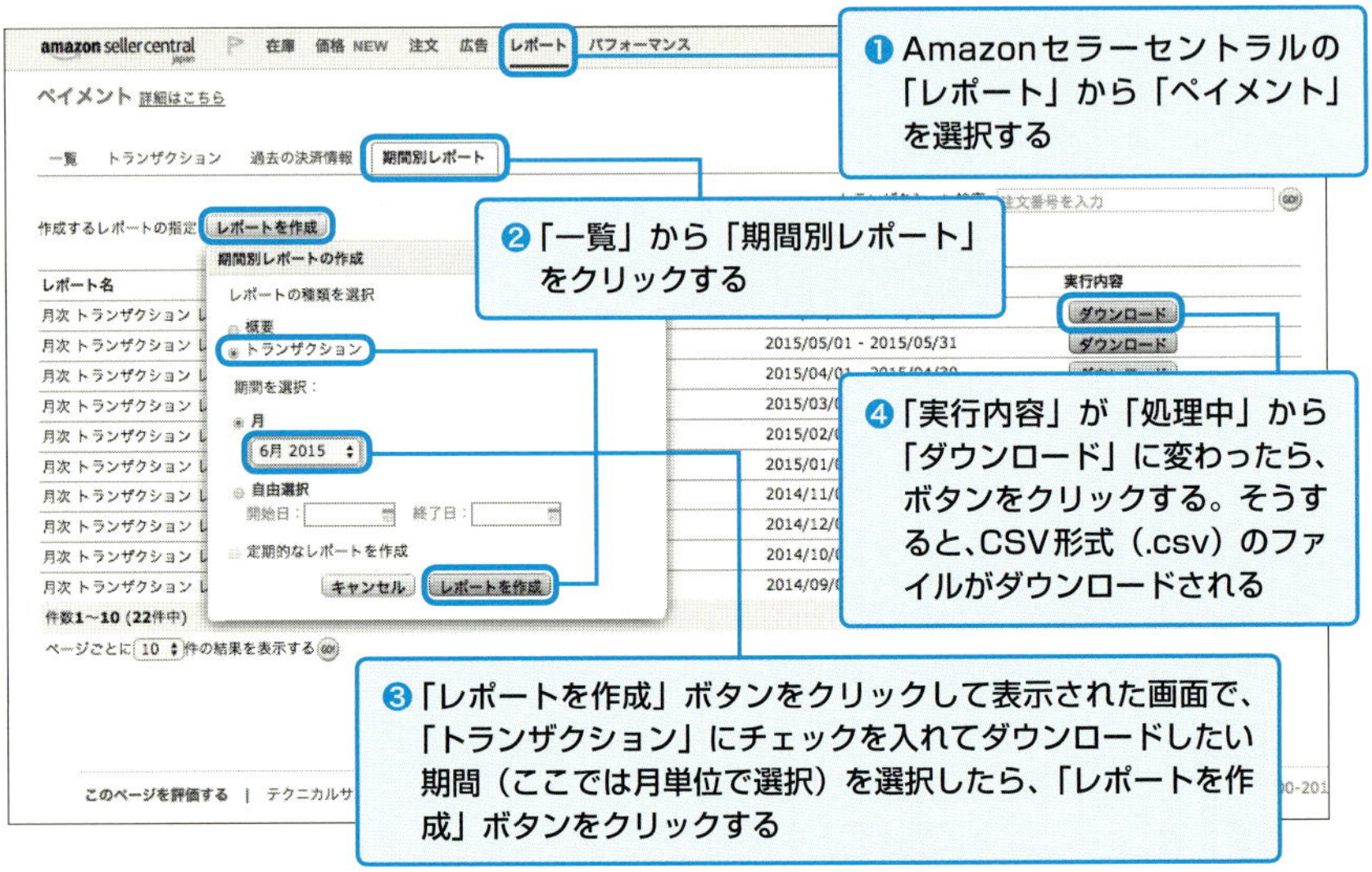

❶ Amazonセラーセントラルの「レポート」から「ペイメント」を選択する

❷「一覧」から「期間別レポート」をクリックする

❸「レポートを作成」ボタンをクリックして表示された画面で、「トランザクション」にチェックを入れてダウンロードしたい期間（ここでは月単位で選択）を選択したら、「レポートを作成」ボタンをクリックする

❹「実行内容」が「処理中」から「ダウンロード」に変わったら、ボタンをクリックする。そうすると、CSV形式（.csv）のファイルがダウンロードされる

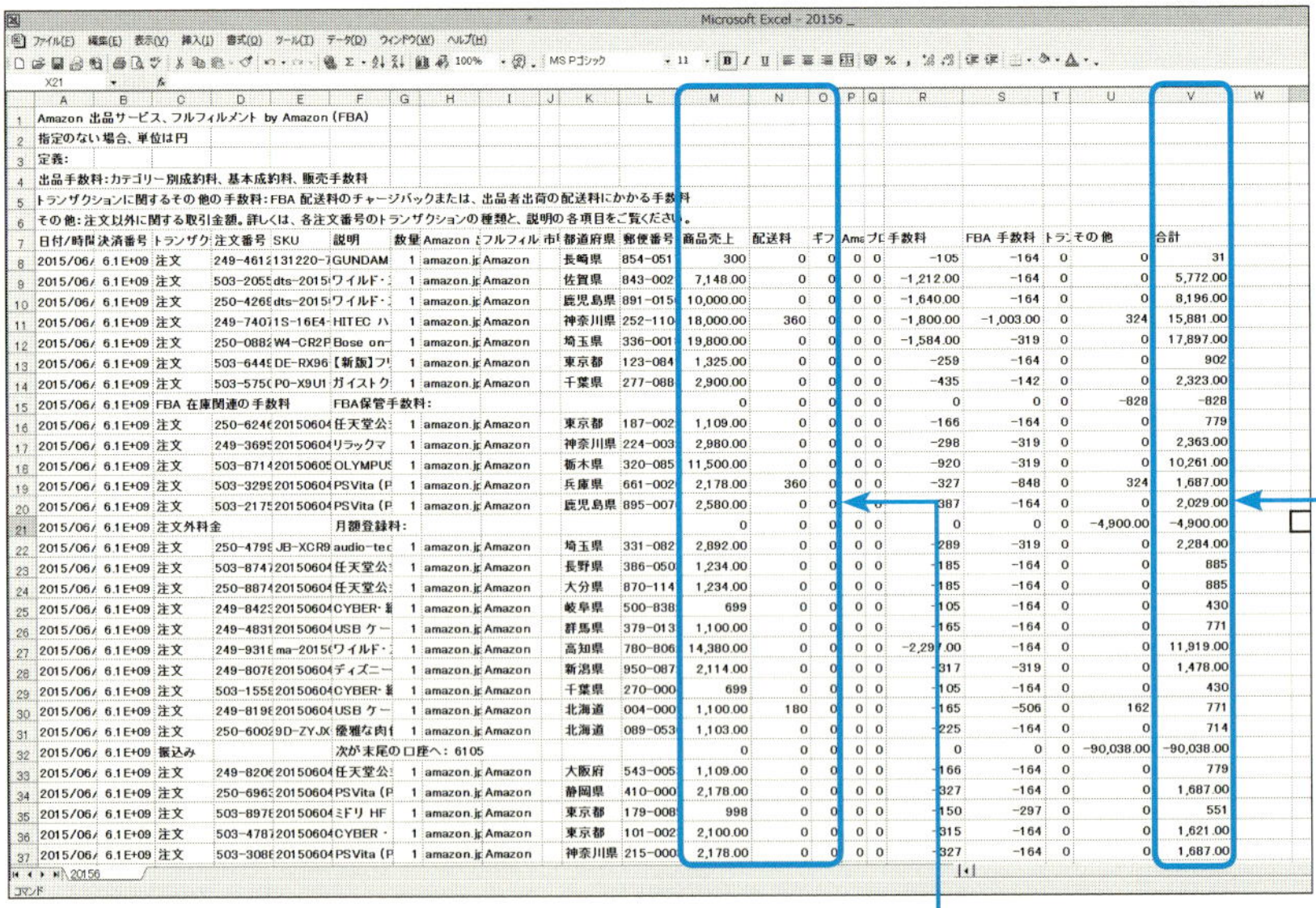

❺ ダウンロードされたCSVファイルをExcelで開く。M列からO列の商品売上をすべて足すとその月の売上になる。V列の数字が各商品の振込額になるので、E列のSKUの末尾にある仕入れ値を引くと、1つひとつの商品の粗利額がわかるしくみになっている

STEP 2 「月次トランザクションレポート」（売上レポート）を「せど管理」に貼りつける。

STEP 1 でダウンロードした「月次トランザクションレポート」（CSV ファイル）の A 列の 8 行目を起点にデータを下にすべてコピーします。それを、「せど管理」の該当する月のシートの A 列の 6 行目に貼りつけます（❻）。

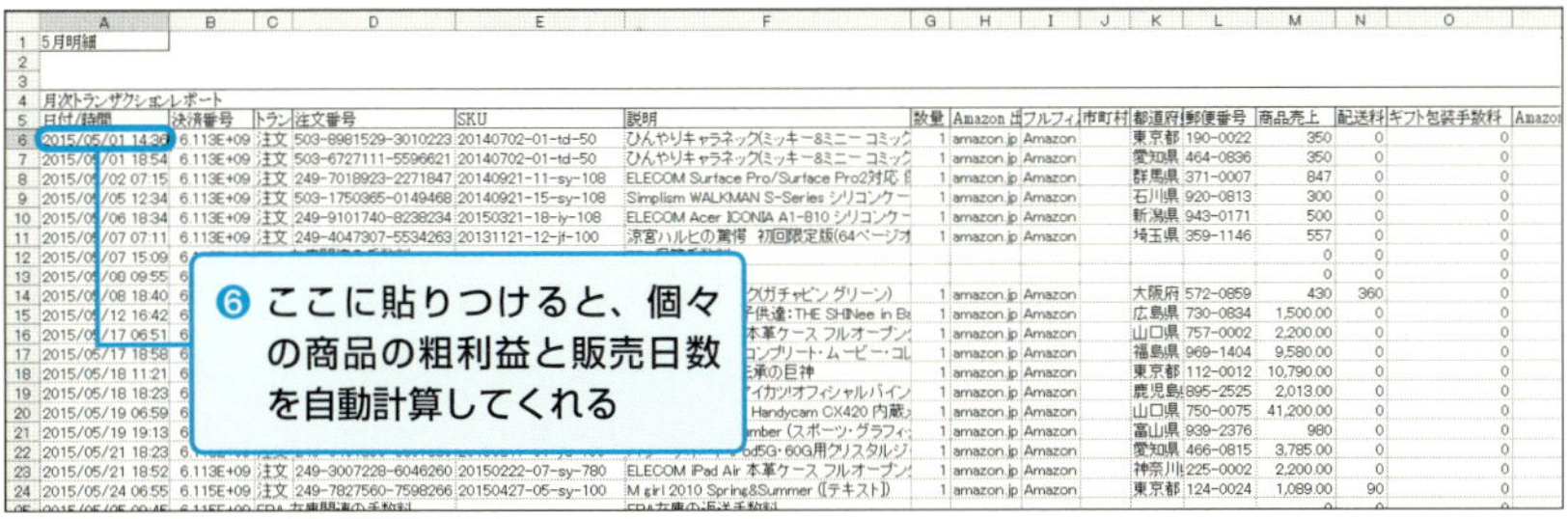
❻ ここに貼りつけると、個々の商品の粗利益と販売日数を自動計算してくれる

シートを右に見ていくと、X 列に各商品の粗利益、Y 列に販売日数が自動計算されています。もし、SKU が正しく入力されていなければ W 列で SKU を訂正します。訂正する場合には、複雑なことは考えずに、「仕入れ日の西暦 8 桁」「ハイフン（ - ）」「仕入れ値」（20150412-980）を半角で入力すれば、X 列と Y 列を自動計算してくれます。

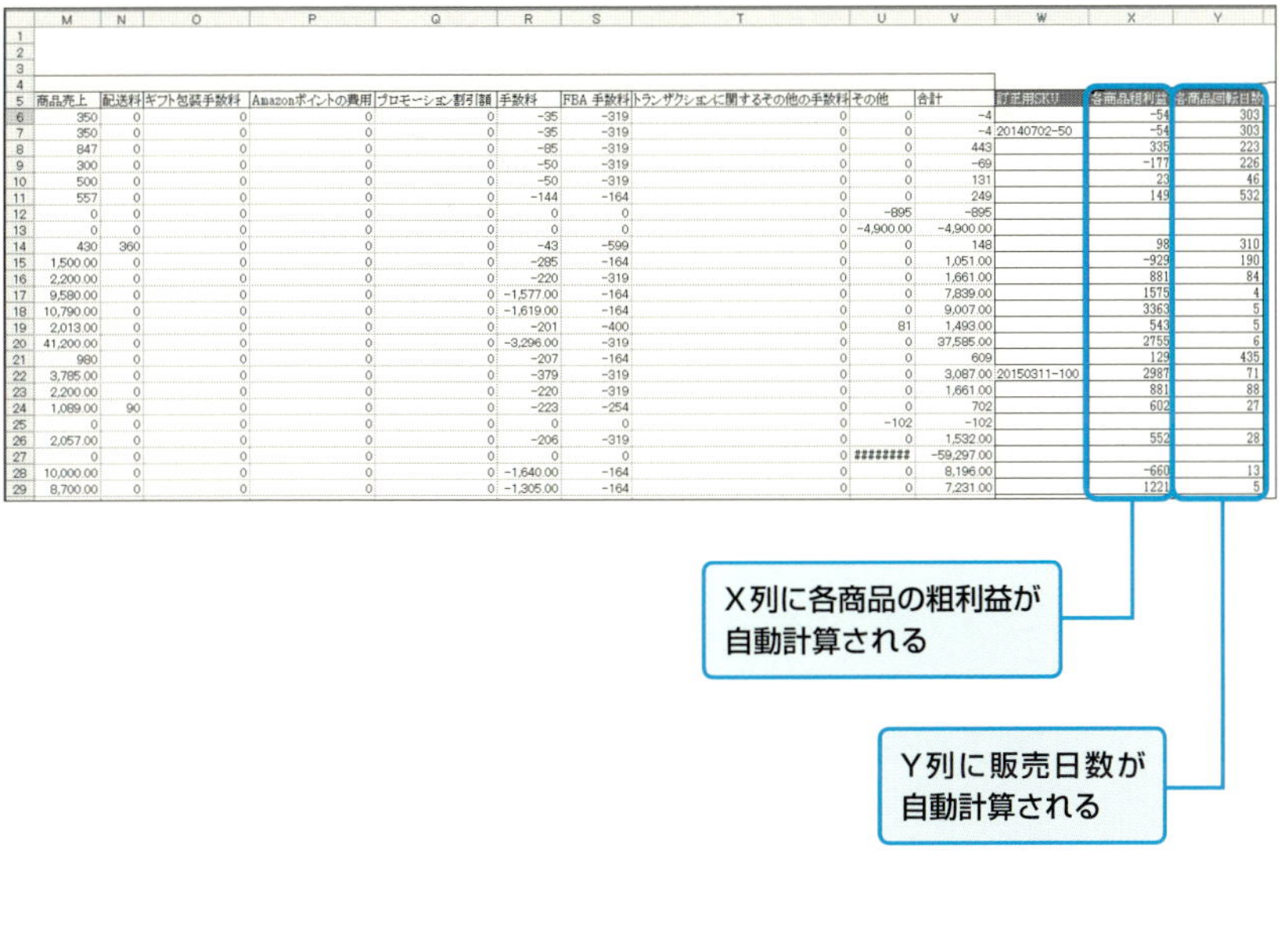
X列に各商品の粗利益が自動計算される
Y列に販売日数が自動計算される

STEP 3 Amazon セラーセントルから、月次の在庫状況をダウンロードする。

❼ Amazon セラーセントラルの「レポート」から「フルフィルメント」を選択する

❽ 表示された一覧から「在庫スナップショット月次」をクリックする

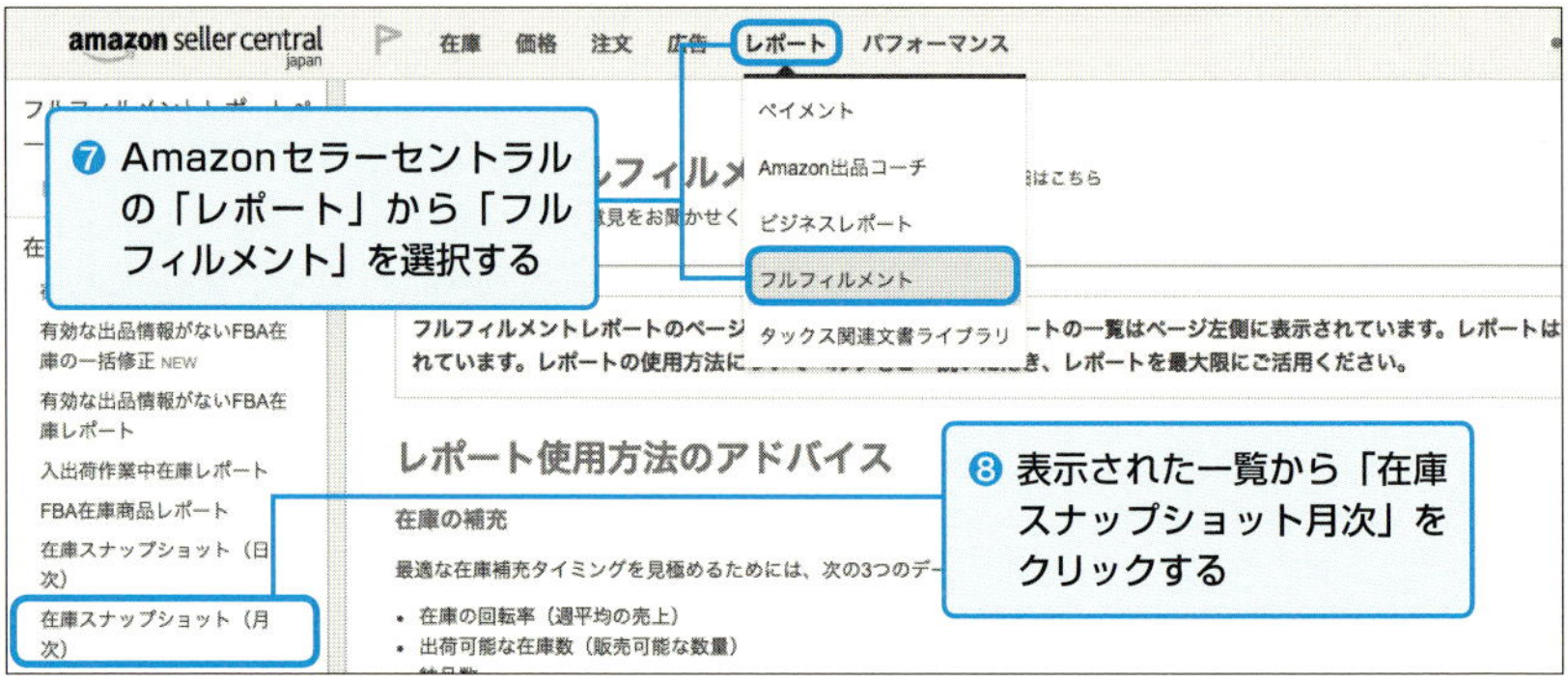

STEP 4 先月末の在庫状況をテキストファイルでダウンロードする。

❾「ダウンロード」タブをクリックする

❿「期間」のプルダウンメニューから「先月」を選択して、「ダウンロードのリクエスト」をクリックする

⓫ 右下の「レポートのステータス」が「処理中」から「ダウンロード」に変わったら、ボタンをクリックする。そうすると、テキスト形式（.txt）のファイルがダウンロードされる

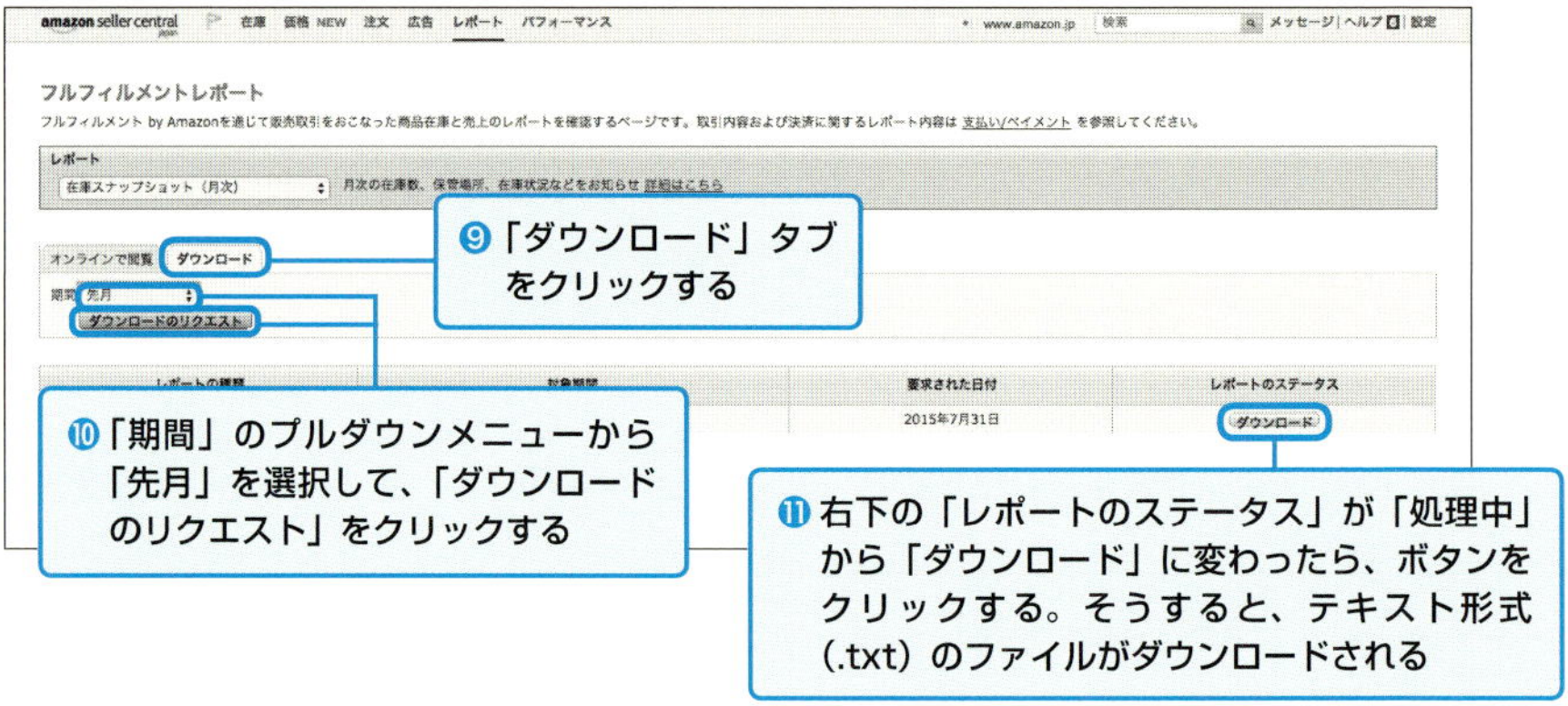

STEP 5 「在庫スナップショット（月次）」（月末在庫レポート）を「せど管理」に貼りつける。

STEP 4 でダウンロードしたテキストファイルを全文コピーして、「せど管理」の該当する月のシートの AA 列の 6 行目に貼りつけます（⓬）。すると次のような表になります。

⓬ ここに貼りつける

AK 列：月末時に売れ残っている各商品の在庫額が算出される。SKU が正しく入力されていない場合は、AJ 列にハイフン「 - 」と仕入れ値を半角で入力すれば、AK 列に正しい在庫額を自動計算してくれる

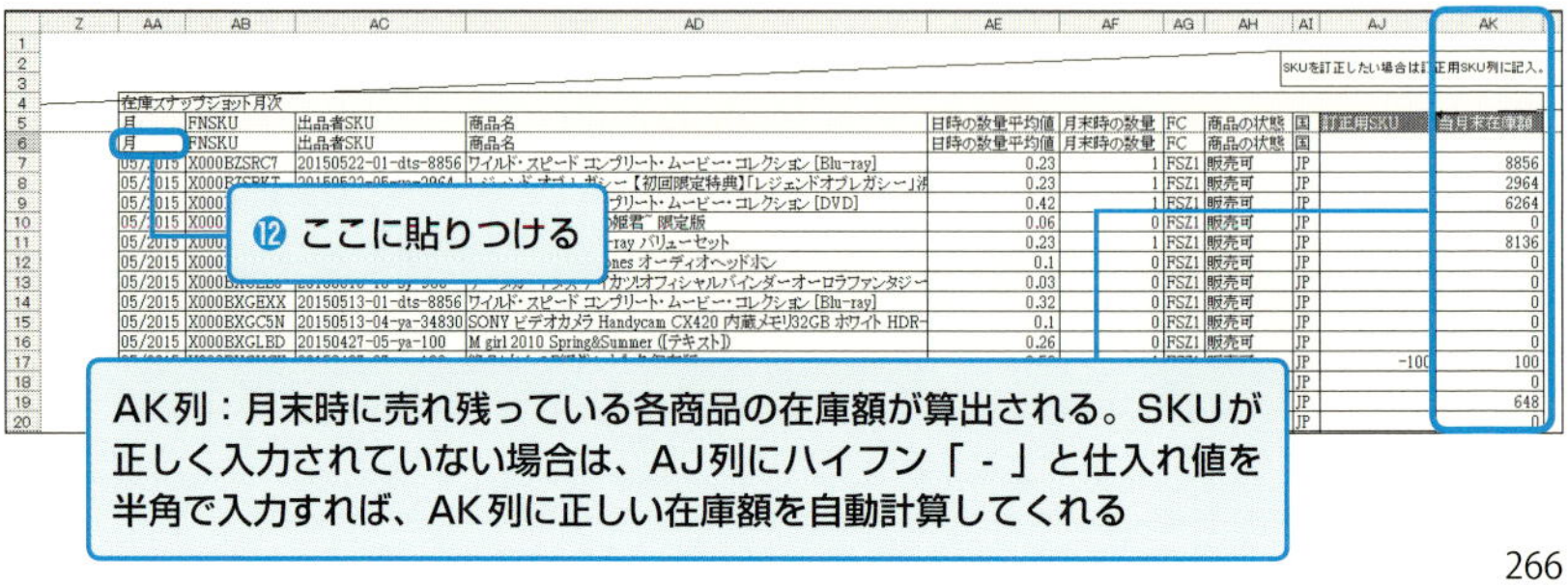

STEP 6 自己発送商品で月末時在庫がある場合の処理をする。

自己発送で出品中の商品も、月末時に棚卸しをします。FBA倉庫に送っていない商品はすべて「月末在庫がある自己発送商品」に入力します。この表も、SKUの末尾、ハイフン「-」仕入れ金額から自動で計算してくれます。

月末時在庫がある自己発送商品

ASIN	商品名	SKU	個数	メモ	在庫額
B00008B5DV	オーディオテクニカレコードクリーナー	20150411-02-gb-100	3		300

STEP 7 「当月仕入れ金額」を入力する。

ここでは、その月に仕入れた商品の金額をレシートごとにすべて入力していきます。また、この表を見ることで、自分が得意な分野が明確にわかるようになるので、そこを重点的に攻めるようにしましょう。

SKUを訂正したい場合は訂正用SKU列に記入。

当月仕入金額入力

日付	仕入先	金額	メモ
5月1日	Tザラス	700	池袋店、ワゴンが美味しかった
5月7日	Y電機	2,980	新宿店、PC周辺の棚
5月10日	Yカメラ	5,680	新宿店、おもちゃが棚からとれた
5月17日	Sマップ	4,320	横浜店 フィギュア2個
5月22日	Dホーテ	3,890	渋谷店 ワゴンセールが熱かった
5月29日	Tレコード	5,820	渋谷店 新譜を2枚とワゴンセール

合計金額(仕入先別)

仕入先	仕入金額
Y電機	2,980
Bカメラ	
Sマップ	4,320
Yカメラ	5,680
Tザラス	700
Dホーテ	3,890
Kホーム	
Tレコード	5,820
Eオン	
その他	

⑬ AT列は日付をプルダウンメニューから選択する

⑭ AU列は仕入れ先をプルダウンメニューから選択する

⑮ AV列には購入金額を入力する

各仕入れ先ごとに、その月の合計金額が自動集計される

仕入れ先のリストは、「リスト」のsheetをクリックすればカスタマイズできます。B列の2～11行目に記入すれば、各月のシートに自動で反映されます。C列の経費も同じようにカスタマイズできます。

SEQ	仕入先	経費
1	Y電機	交通費
2	Bカメラ	配送代
3	Sマップ	備品
4	Yカメラ	消耗品
5	Tザラス	接待・交際費
6	Dホーテ	セミナー代
7	Kホーム	事務所家賃
8	Tレコード	光熱費
9	Eオン	通信費
10	その他	その他

◆リストの仕入先、経費を10個以上登録する場合
1. 上記リストに追加したい項目を追加
2. 対象月の記入箇所を選択
3. メニューバーの「データ」⇒「データの入力規則」⇒「設定」⇒「元の値」で選択範囲を変更。
※EXCEL 2013の場合は以下の通り

お店の数を10個以上増やすことも可能

STEP 8 「経費」を入力する。

あらゆる経費を入力していきます。経費は使いすぎてしまう前に、必要最低限のもの以外は使わないように心がけましょう。配送代は、FBAパートナーキャリアを使っている場合、月次トランザクションレポートで引かれているので、ここではFBAパートナーキャリア以外を使った際の配送代だけ入力します。

経費

日付	経費	金額	メモ
5月2日	交通費	2,000	ICカードチャージ
5月8日	備品	2,980	事務所ポミ箱
5月10日	セミナー代	5,000	新宿でせどりセミナー
5月14日	消耗品	324	ガムテープ
5月25日	光熱費	3,400	電気代
5月25日	通信費	4,800	スマホ代
5月31日	事務所家賃	15,000	家の5分の1を事務所として使

合計金額(経費別)

経費	金額
交通費	2,000
配送代	
備品	2,980
消耗品	324
接待・交際費	
セミナー代	5,000
事務所家賃	15,000
光熱費	3,400
通信費	4,800
その他	

⑯ BA列は日付をプルダウンメニューから選択する

⑰ BB列は経費項目をプルダウンメニューから選択する

⑱ BC列に金額を入力する

各経費項目ごとに、その月の合計金額が自動集計される

STEP 9 「サマリ」で経営状況を分析する。

「サマリ」sheetを見ると、ここまで入力した項目が自動計算されています。

せどり管理

	売上	返金	Amazon手数料	入金額	当月仕入額	先月末在庫	当月末在庫	粗利益	当月経費	営業利益	平均回転日数
1月	187,594	0	-47,802	139,792	48,548	88,562	78,564	81,246	33,204	48,042	27
2月	243,562	-1,569	-52,301	189,692	89,781	78,564	71,056	92,403	33,259	59,144	23
3月	156,254	0	-31,568	124,686	67,981	71,056	65,246	50,895	21,255	29,640	31
4月	145,678	-2,978	-32,763	109,937	42,510	65,246	53,002	55,183	23,004	32,179	32
5月	126,876	0	-26,425	100,451	23,390	53,002	40,617	64,676	33,504	31,172	29
6月	0	0	0	0	0	40,617	0	-40,617	0	-40,617	
7月	0	0	0	0	0	0	0	0	0	0	
8月	0	0	0	0	0	0	0	0	0	0	
9月	0	0									
10月	0	0									
11月	0	0									
12月	0	0									
合計	859,964	-4,547									

SEQ	仕入先	合計
1	ヤマダ電機	58,962
2	ビックカメラ	45,215
3	ソフマップ	21,582
4	ジョーシン	47,265
5	ベスト電機	23,210
6	コーナン	14,800
7	カインズホーム	8,978
8	トイザらス	21,580
9	ドン・キホーテ	18,980
10	その他	11,638

各仕入れ先ごとに、合計金額が自動集計される

売上：送料などを含んだ総売上。金額が大きくなればなるほど、利益も増える傾向があります。

返金：お客様が商品を返金した総額。気づいていない返品商品にも気づくことができます。

Amazon手数料：商品を販売したときの手数料、月間登録料、在庫保管料の総額。売上の約2割ほどがAmazonの手数料になります。

入金額：Amazonの手数料を引いたあとに振り込まれる金額。

当月仕入額：該当する月に仕入れた商品の総額。売上を伸ばしたければ、前の月よりも多く仕入れをしましょう。

先月末在庫：先月末に在庫として所有していた商品の仕入れ値の総額。先月の仕入れ額に対して、先月末在庫の総額が直近3カ月と比べて明らかに多ければ、商品の価格を下げ、回転率を上げて資金回収をしましょう。

当月末在庫：該当する月に在庫として所有していた商品の仕入れ値の総額。当月の仕入値に対して、多いか少ないかをチェックします。各当月の仕入れ額に対して、各当月末の総額が直近3カ月と比べて明らかに多ければ、商品の価格を下げ、回転率を上げて資金回収をします。

粗利益：経費を引く前の商品取引のみの利益額。この数字を最大限上げることで、実質的な儲けが増えます。

当月経費：経営を行っていくうえで、利益をつくるために直接かかる費用。この数字を下げることで、実質的な儲けが増えます。ただし、必要な投資はけちらないことです。

営業利益：せどりの実質的な儲け。サラリーマンでいうところの給料にあたります。ここから税金が引かれます。

平均回転日数：商品が売れるまでにかかる平均の期間。30日以内であれば良好です。

おまけ あなたはどのくらいの時間、せどりをしていますか？

自分がせどりに使っている時間を、きちんと把握しましょう。「せど管理」のＢＨ列で日付、ＢＩ列で作業項目、ＢＪ、ＢＬ列で開始時間、ＢＭ、ＢＯ列で終了時間を選択すれば、各作業項目ごとに作業時間を自動計算してくれます。できるかぎりすべての時間が短いのが理想です。どうすれば短くしていけるか戦略を練っていくことも大切です。出品時間に関しては、人に頼みやすい項目なので極力、お金を払ってでも短くしましょう。

ここまでが、利益管理をするときにしなければいけない作業になります。毎月の売上が１００万円以上になると、この作業だけで数時間もかかってしまいます。そうなるとかなり面倒なので、今ダウンロードした月末在庫ファイルと売上ファイルをコピペさえすれば一瞬で自動計算してくれる本書購入特典の**「せど管理」**を活用してくださいね。

● せどりタイムで戦略を練る

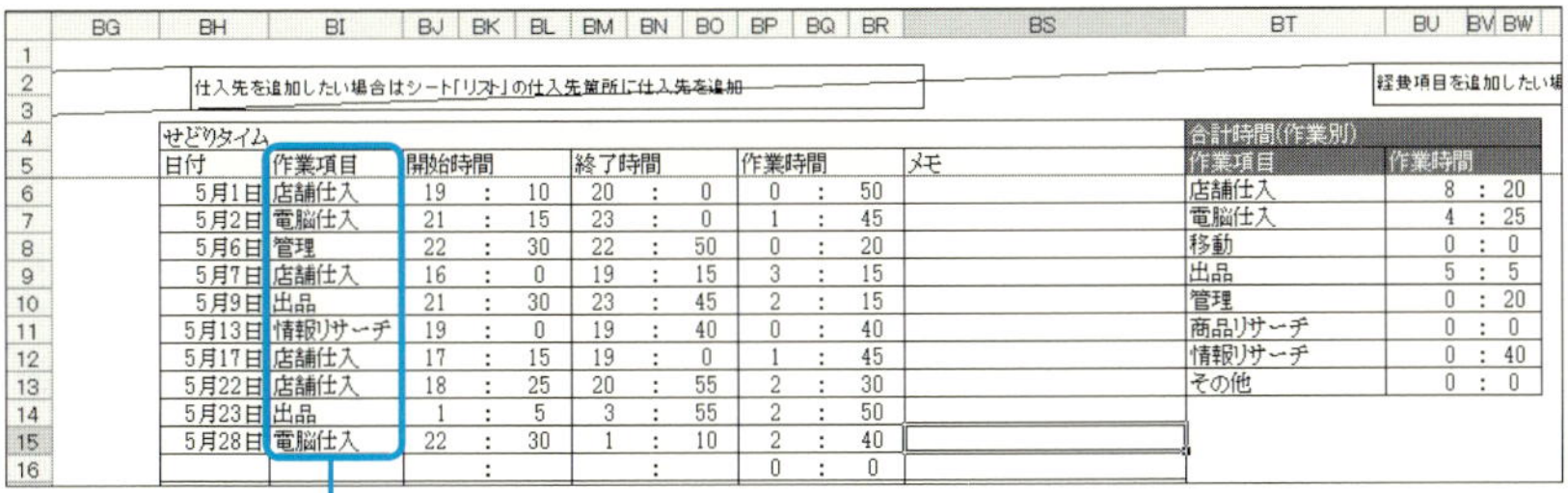

仕入先を追加したい場合はシート「リスト」の仕入先箇所に仕入先を追加

経費項目を追加したい場

せどりタイム

日付	作業項目	開始時間	終了時間	作業時間	メモ
5月1日	店舗仕入	19 : 10	20 : 0	0 : 50	
5月2日	電脳仕入	21 : 15	23 : 0	1 : 45	
5月6日	管理	22 : 30	22 : 50	0 : 20	
5月7日	店舗仕入	16 : 0	19 : 15	3 : 15	
5月9日	出品	21 : 30	23 : 45	2 : 15	
5月13日	情報リサーチ	19 : 0	19 : 40	0 : 40	
5月17日	店舗仕入	17 : 15	19 : 0	1 : 45	
5月22日	店舗仕入	18 : 25	20 : 55	2 : 30	
5月23日	出品	1 : 5	3 : 55	2 : 50	
5月28日	電脳仕入	22 : 30	1 : 10	2 : 40	
		:	:	0 : 0	

合計時間(作業別)

作業項目	作業時間
店舗仕入	8 : 20
電脳仕入	4 : 25
移動	0 : 0
出品	5 : 5
管理	0 : 20
商品リサーチ	0 : 0
情報リサーチ	0 : 40
その他	0 : 0

店舗仕入：店舗せどりにかかった時間を入力します。
電脳仕入：電脳せどりにかかった時間を入力します。
移動：店舗せどりで移動するときの時間を入力します。食事時間もここに入れておきましょう。
出品：出品、納品作業にかかった時間を入力します。仕入れ時間の半分以上になると、時間をかけすぎです。人に頼むことを検討しましょう。
管理：価格改定などで、セラーセントラルを見ている時間を入力します。
商品リサーチ：プレ値、限定商品などを調べる時間を入力します。
情報リサーチ：せどらーのブログやメルマガを読む時間を入力します。

4 Excelも必要ないAmazonを快適に管理する「amanage」

先ほどのExcelもかなり便利なのですが、さらにAmazonビジネスのすべてを快適に管理するために、Amazonセラーセントラルと連携させて「出品」「価格改定」「利益管理」を一括できるツール「amanage《アマネージ》」（https://amanage.jp）を現在開発中です。

「出品」「価格改定」「利益管理」、この3つの管理を「amanage」で最短最速ですませて、Amazon出品サービスの管理に奪われてしまう時間とエネルギーを仕入れに回すようにしてください。毎月数時間、取引点数が多ければ数十時間くらいの時間が浮きます。その時間を仕入れに回すことで、確実に売上が伸びるはずです。

ツールの使い勝手も、iPhoneのように直感的に操作できるように、かぎりなくシンプルになっています。せどりをしていると、いくらくらい儲かっているのかわからずに、何となく不安なまま仕入れを続ける人がたくさんいます。**「仕入れに行かないと不安になる気持ちが重なって、管理に多くの時間を奪われるくらいなら、少しでも多く仕入れに行こうと気持ちが急かされるから」**です。何を隠そう、以前の私もそうでした。

しかし、リアルタイムの利益額、財務状況が把握できていない精神状況というのは、予想以上にストレスになります。いくら儲かっているか常に現状把握ができていれば、「今月はすでに十分儲かっているからいつもとは違うお店に行って新規開拓をしてみよう」といった、自分なりに新しい戦略プランを立てることができるのです。不安なままダラダラと仕入れ生活を続けているせどらーは多いはずです。

あなたが今、せどりをはじめて月商30万円以上を達成しているなら、「俺のことだ」「私のことね」と、うなずいて読んでもらえたと思います。せっかく稼いでいるのに、ストレスを抱えてしまうのは悲しいですよね。ぜひ「**amanage**」を使って、爽快な気分でせどりをしてください。

「**amanage**」は有料プランもありますが、基本的に無料で使えるようになっています。

「**amanage**」のサイトから新規登録していただければ、リリース予定日など最新情報をいち早くお届けします。

● **Amazonビジネスのすべてを快適に管理できる「amanage」**

02

せどりトラブル解決法

楽しくせどりをしていたのに、トラブルが起こるとものすごくショックですよね。ただ、それはあなただけではありません。私もそうですし、ほかの先輩せどらーたちもみんなが乗り越えてきたことです。はじめは混乱してしまうかもしれませんが、慣れると何でもないことです。最後にそんなトラブルに対しての解決方法をお話ししておきます。

1 3以下の悪い評価がついたときの対応のしかた

まずは悪い評価の内容がAmazonに責任があるのか、私たち出品者に責任があるのかで対応方法が変わってくるので、そこを判断します。

Amazonに評価の削除依頼をする

「パッケージの破損や発送遅延などであれば、Amazonの責任になるので評価を消してもらえ

る可能性が高くなります」。評価に「箱の角が潰れていた」などと記載されていた場合はAmazonの配送中に起こってしまったと考えられます。また、「**商品の機能について評価が記載されている場合も評価を消すことができます**」。テクニカルサポートから、評価の削除依頼をしましょう。

では、詳しい手順を「STEP」に分けて解説します。

STEP 1 評価の削除依頼をしたい注文を探す。

セラーセントラルトップ画面の下部「サポートを受ける」をクリックすると右から出てくるスライド画面下部「お問い合わせ」をクリックします。

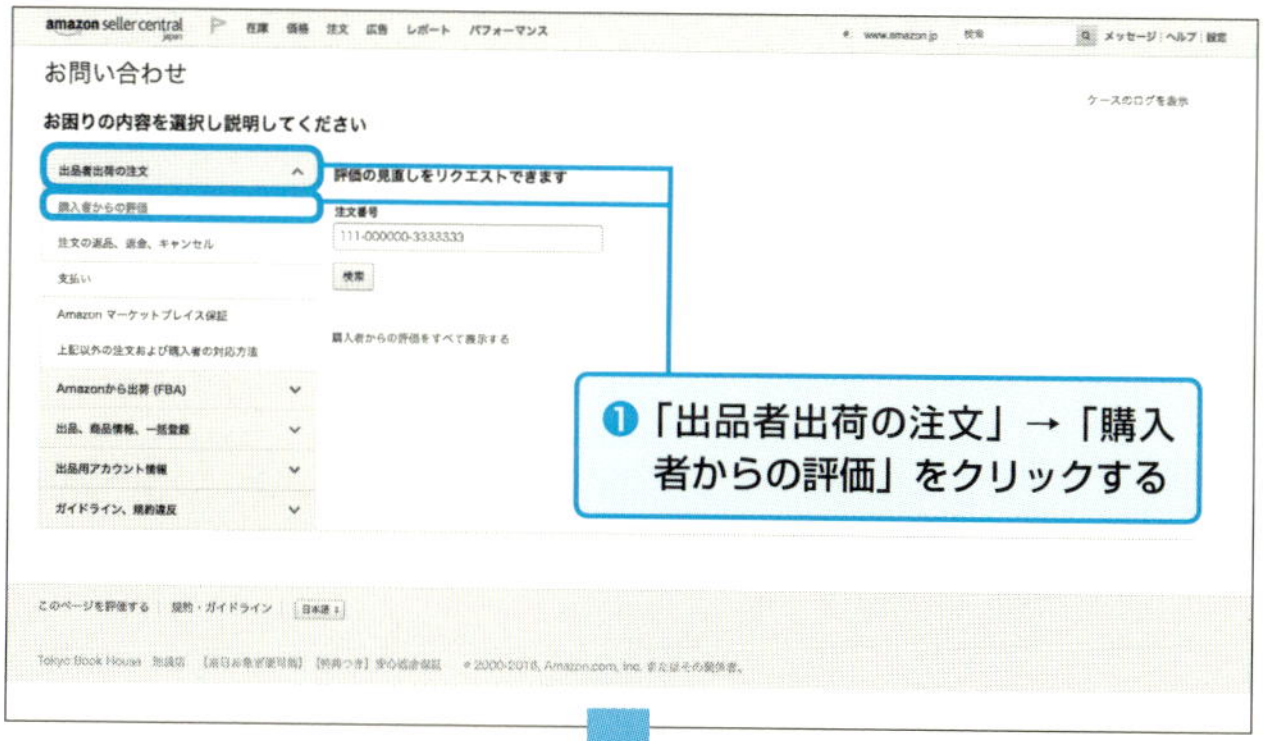
お問い合わせ
お困りの内容を選択し説明してください
出品者出荷の注文
購入者からの評価
評価の見直しをリクエストできます
❶「出品者出荷の注文」→「購入者からの評価」をクリックする

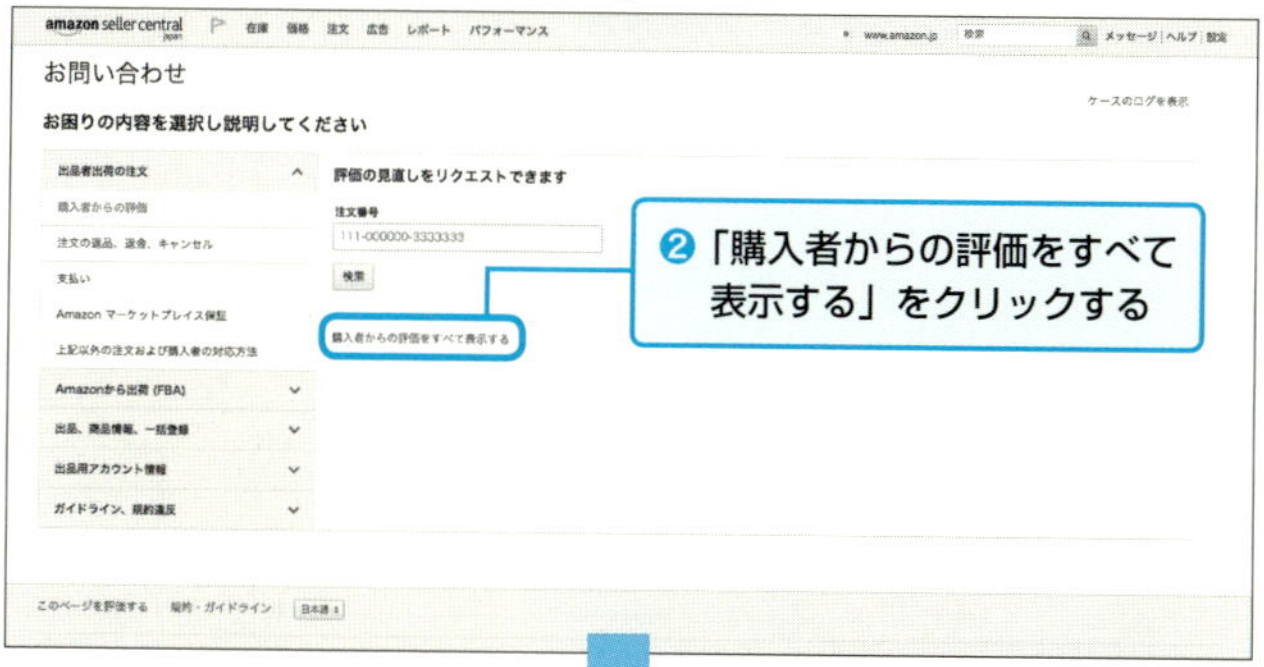
お問い合わせ
お困りの内容を選択し説明してください
評価の見直しをリクエストできます
❷「購入者からの評価をすべて表示する」をクリックする

新しい画面（タブ）が開く

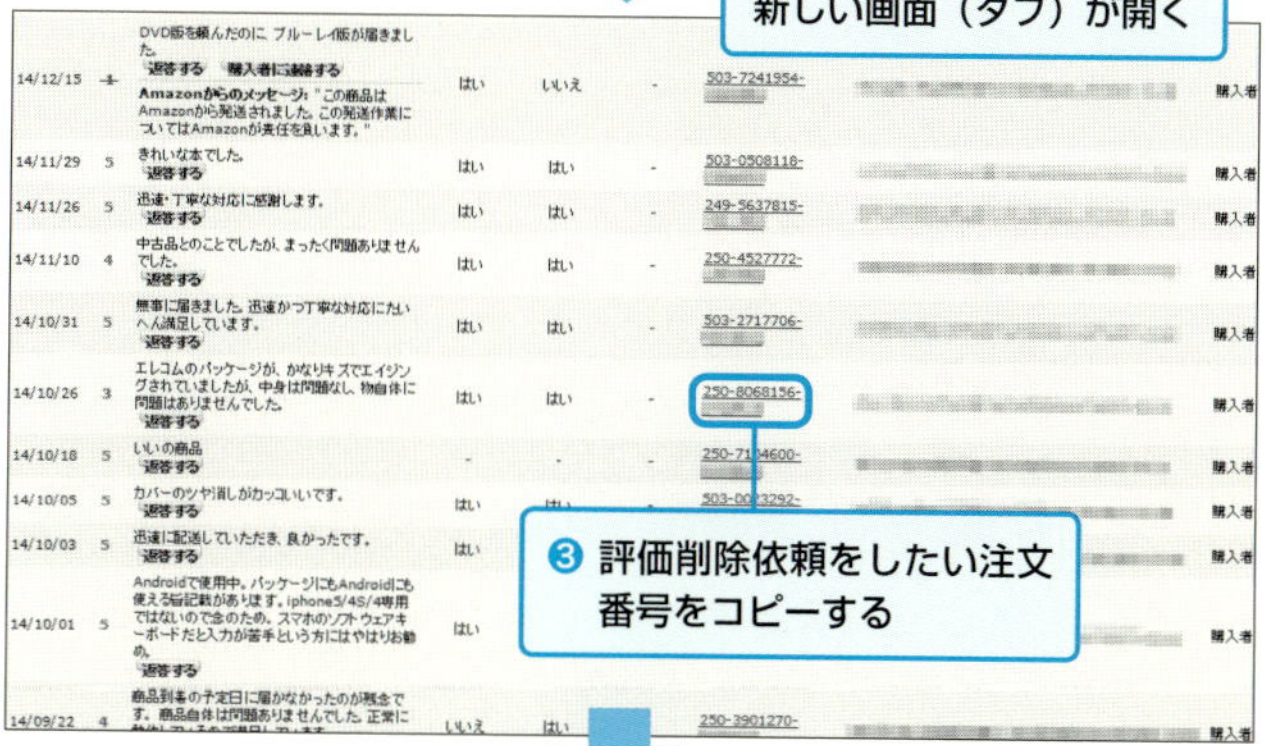
❸ 評価削除依頼をしたい注文番号をコピーする

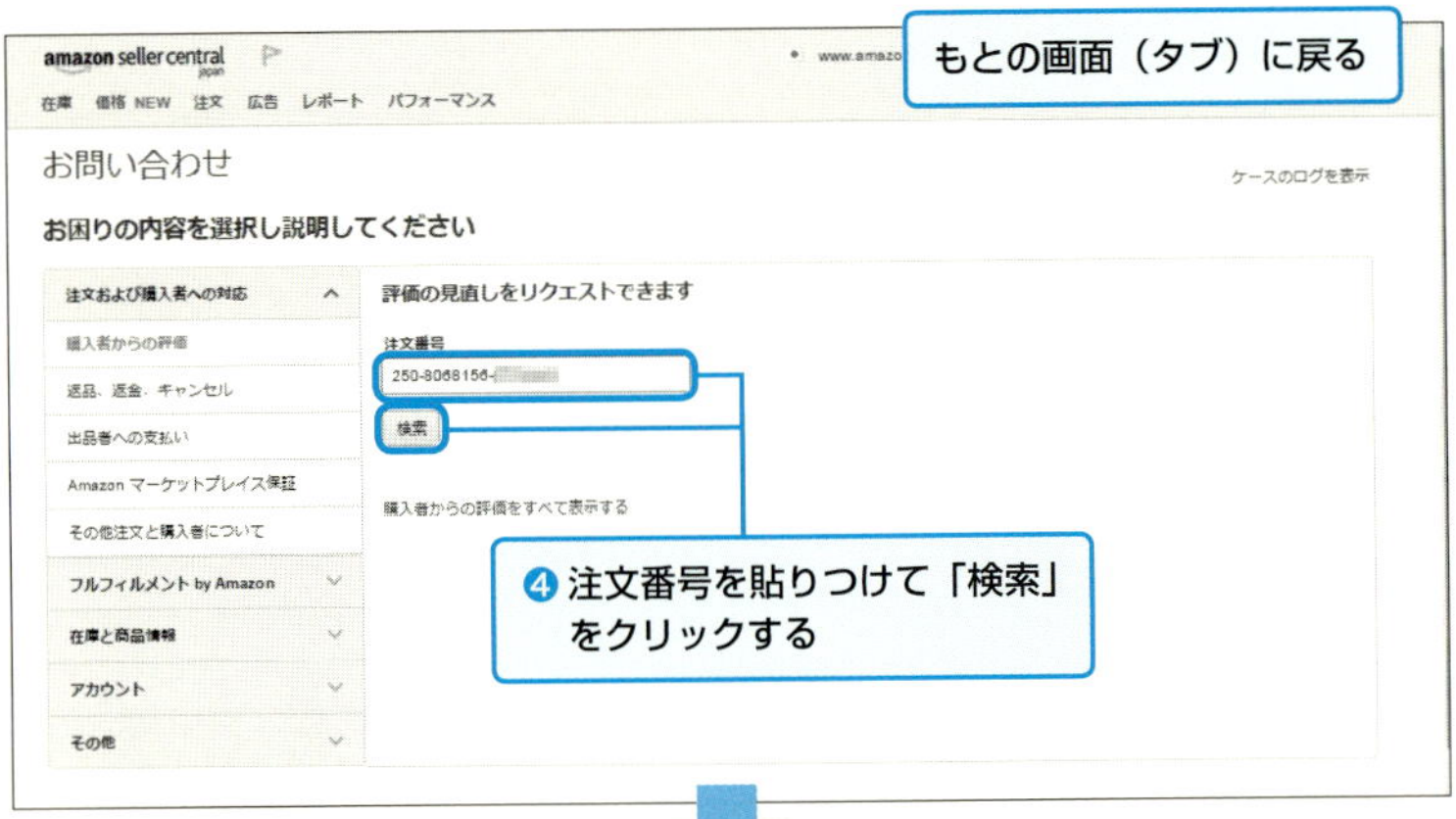

もとの画面（タブ）に戻る

❹注文番号を貼りつけて「検索」をクリックする

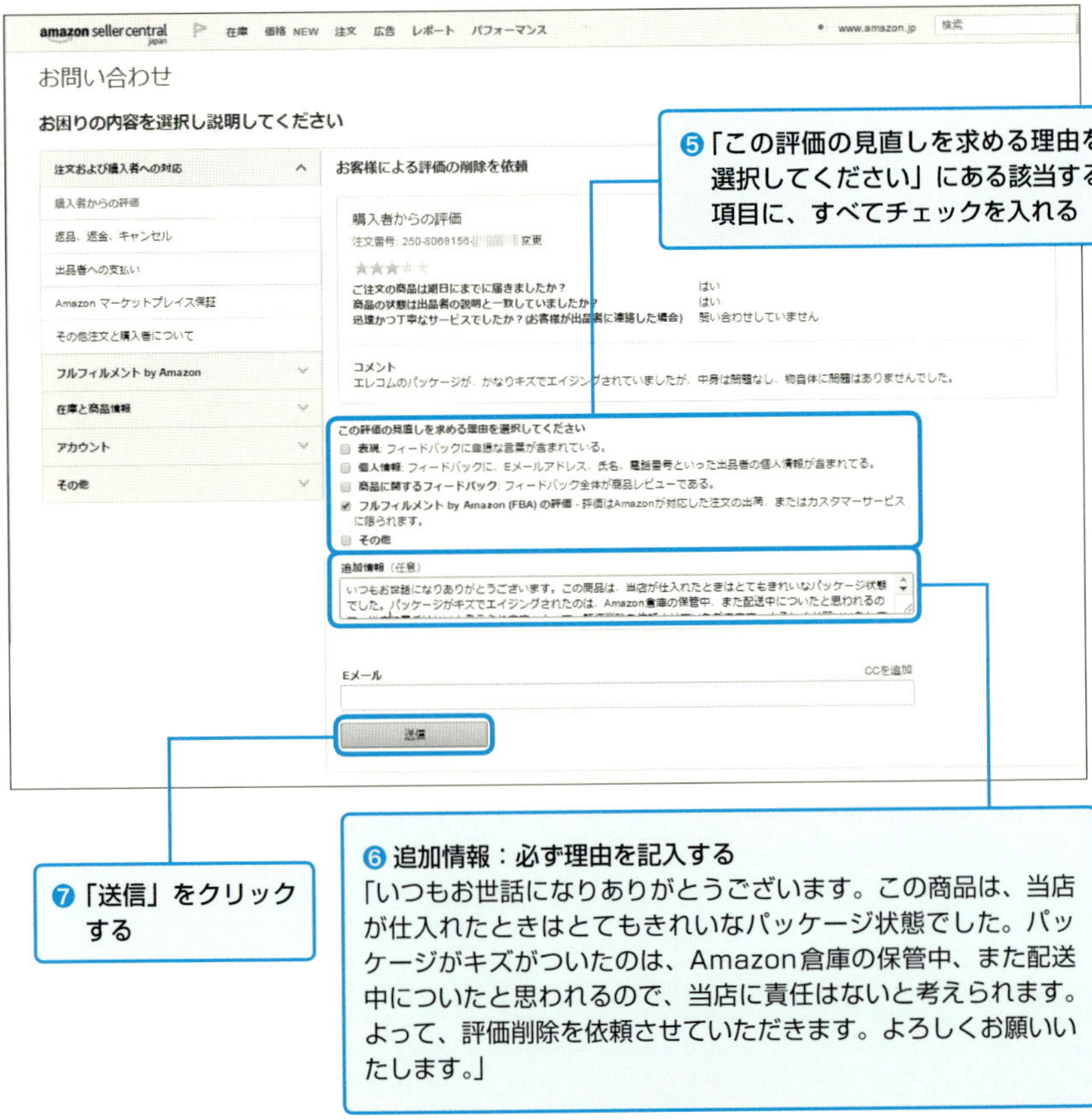

❺「この評価の見直しを求める理由を選択してください」にある該当する項目に、すべてチェックを入れる

❻追加情報：必ず理由を記入する
「いつもお世話になりありがとうございます。この商品は、当店が仕入れたときはとてもきれいなパッケージ状態でした。パッケージがキズがついたのは、Amazon倉庫の保管中、また配送中についたと思われるので、当店に責任はないと考えられます。よって、評価削除を依頼させていただきます。よろしくお願いいたします。」

❼「送信」をクリックする

Amazonは大企業なので、どうしてもスタッフによって対応が違うことがあります。そういった意味では、評価が削除されるかされないかは運によっても変わってしまいます。「**1度目の削除依頼が却下されても、次は電話をするなど、ちゃんと説明したり説得しているうちに消してもらえる場合もあるので、根気よく評価削除依頼をしましょう**」。

お客様に評価の削除依頼をする

出店者として責任があった場合（新品と中古を違うコンディションで出品してしまったなど）は、**Amazon**が評価を削除してくれることはありません。その場合、直接お客様に評価を消してもらうしかありません。ちょっとドキドキしますが、「**お客様とのやり取りはビジネスの勉強になるので、スキルアップのつもりで挑んでください**」。大切なのは、お客様の言うことはすべて誠意を持って受け入れるということです。めちゃくちゃ怒っていたお客様が、電話でひたすら「そうですよね。おっしゃるとおりです」と誠意を持って聞き入れているうちに、「お前いいヤツだな」なんて言われて評価を消してもらえることはよく聞きます。

お客様に連絡するステップは、**Amazon**メッセージ⇓電話⇓手紙の順序になります。まずは、お店の評価欄に悪いクレームが載ってしまいます。このクレームに対してコメントをせずに放置していると「対応が悪い店だな。ほかのお店から商品を買おう」と思われてしまいます。ですから、まずはここのコメントに返信できっちりと謝罪文を載せるようにします。

では、詳しい手順を次頁で「**STEP**」に分けて解説します。

STEP 1 クレームにコメントを返す。

セラーセントラルのトップページの左サイドバーにある「パフォーマンス」の「評価」から行います。

❶「評価」をクリックする

❷ 悪い評価のコメントの「返答する」をクリックする

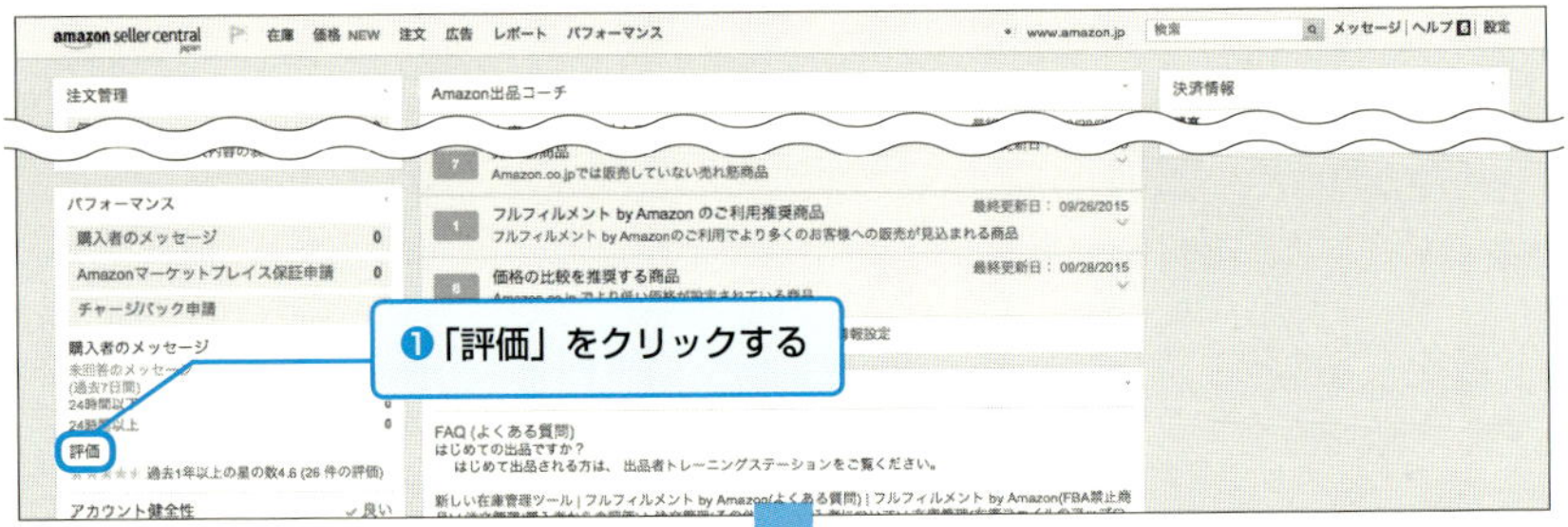

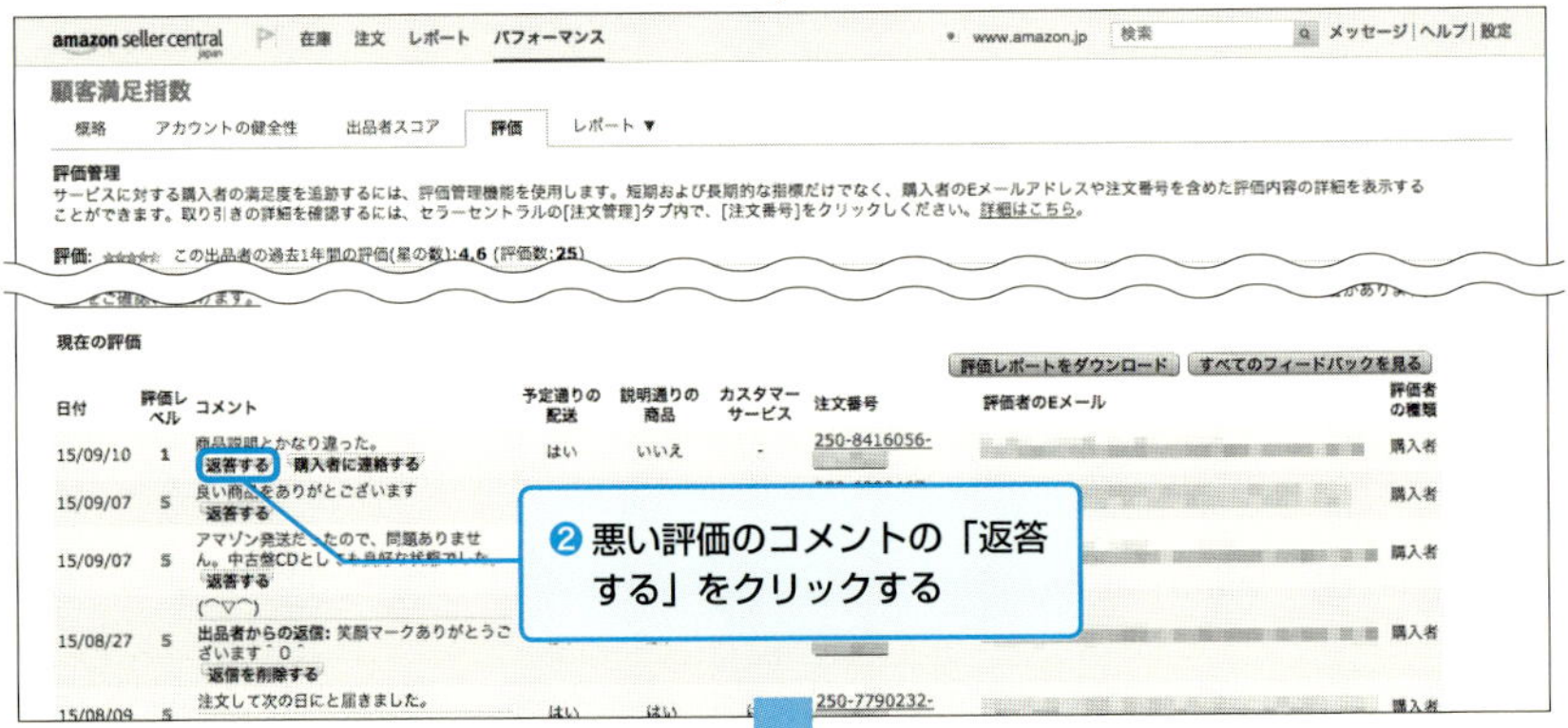

「評価に返信する」ページの「返信を入力」にお詫び文を入力して「送信」をクリックします。これで、これから買うお客様に「クレームにしっかりと対応しているお店だ！」という印象を与えることができます。

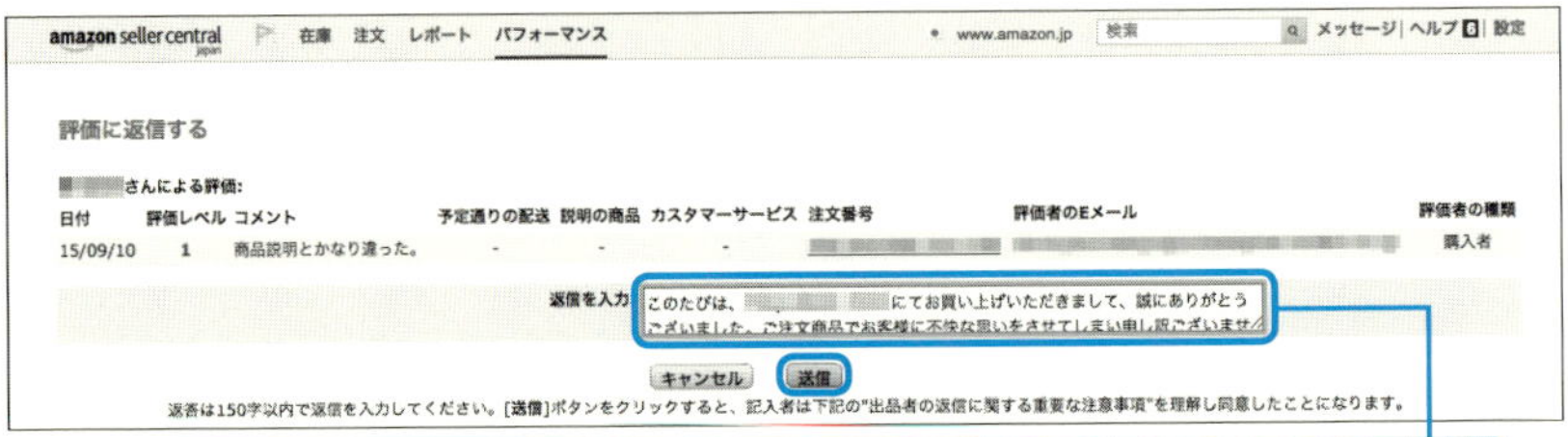

❸ 返信を入力：このたびは、（店名）にてお買い上げいただきまして、誠にありがとうございました。ご注文商品でお客様に不快な思いをさせてしまい申し訳ございませんでした。ご返金とお詫び金の支払いをさせていただきたく思いますので、メールでご連絡くださいませ。よろしくお願い申しあげます。

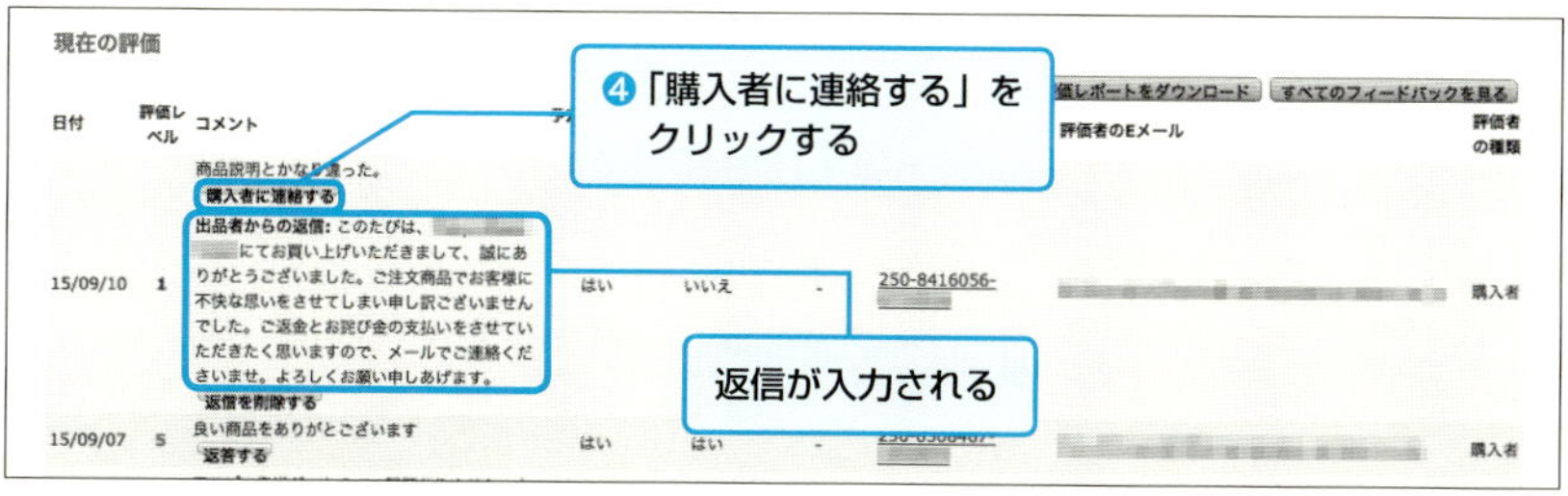
現在の評価
❹「購入者に連絡する」をクリックする
評価レポートをダウンロード
すべてのフィードバックを見る
日付
評価レベル
コメント
評価者のEメール
評価者の種類
商品説明とかなり違った。
購入者に連絡する
出品者からの返信：このたびは、にてお買い上げいただきまして、誠にありがとうございました。ご注文商品でお客様に不快な思いをさせてしまい申し訳ございませんでした。ご返金とお詫び金の支払いをさせていただきたく思いますので、メールでご連絡くださいませ。よろしくお願い申しあげます。
返信を削除する
15/09/10
1
はい
いいえ
250-8416056-
購入者
返信が入力される
15/09/07
5
良い商品をありがとございます
返答する
はい
はい
購入者

STEP 2 お客様に連絡をする。

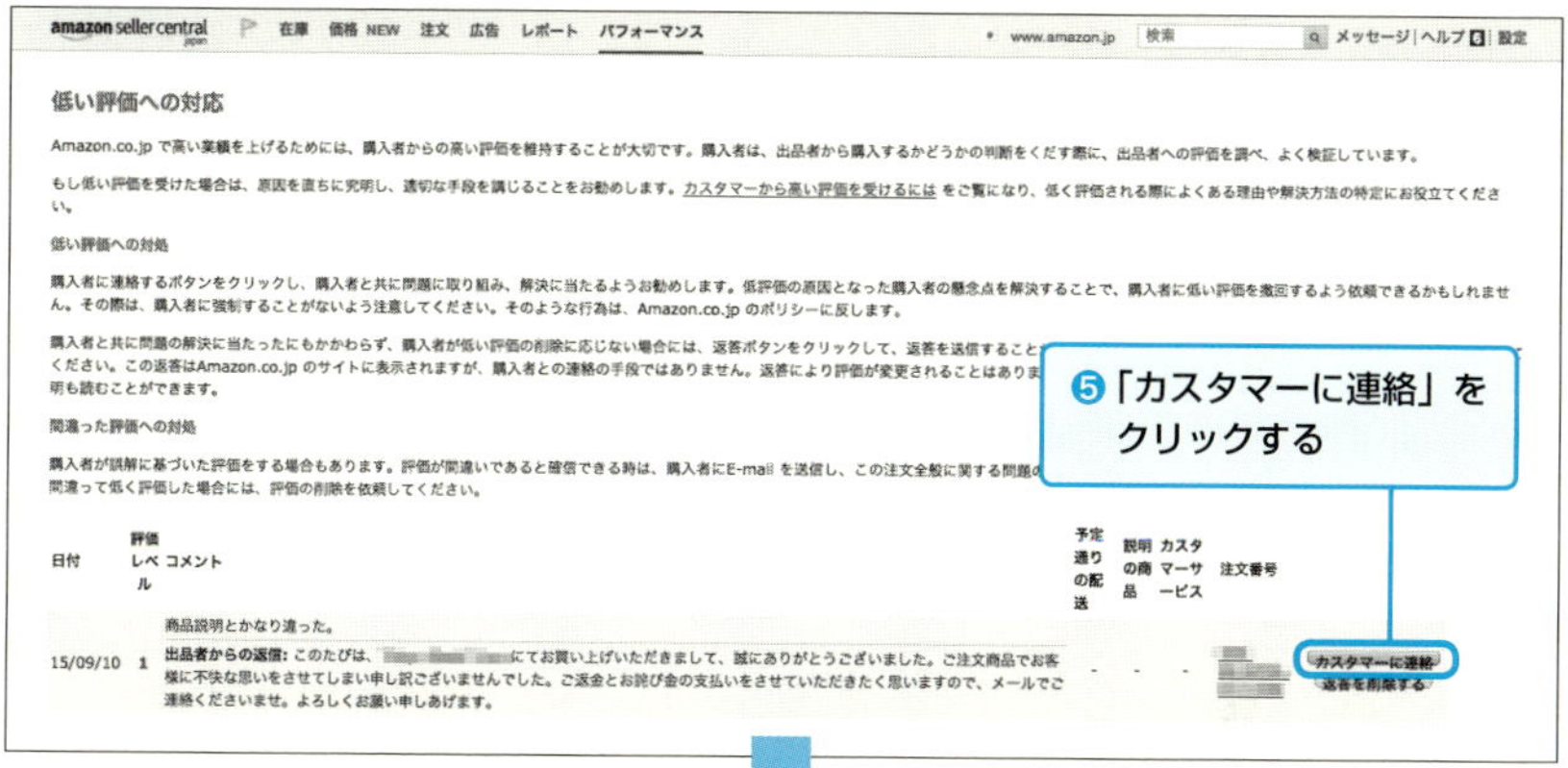
amazon seller central
在庫 価格 NEW 注文 広告 レポート パフォーマンス
www.amazon.jp
メッセージ | ヘルプ | 設定
低い評価への対応
Amazon.co.jp で高い業績を上げるためには、購入者からの高い評価を維持することが大切です。購入者は、出品者から購入するかどうかの判断をくだす際に、出品者への評価を調べ、よく検証しています。
もし低い評価を受けた場合は、原因を直ちに究明し、適切な手段を講じることをお勧めします。カスタマーから高い評価を受けるには をご覧になり、低く評価される際によくある理由や解決方法の特定にお役立てください。
低い評価への対処
購入者に連絡するボタンをクリックし、購入者と共に問題に取り組み、解決に当たるようお勧めします。低評価の原因となった購入者の懸念点を解決することで、購入者に低い評価を撤回するよう依頼できるかもしれません。その際は、購入者に強制することがないよう注意してください。そのような行為は、Amazon.co.jp のポリシーに反します。
間違った評価への対処
❺「カスタマーに連絡」をクリックする
日付
評価レベル
コメント
予定通りの配送
説明の商品
カスタマーサービス
注文番号
商品説明とかなり違った。
15/09/10
1
出品者からの返信：このたびは、にてお買い上げいただきまして、誠にありがとうございました。ご注文商品でお客様に不快な思いをさせてしまい申し訳ございませんでした。ご返金とお詫び金の支払いをさせていただきたく思いますので、メールでご連絡くださいませ。よろしくお願い申しあげます。
カスタマーに連絡
返答を削除する

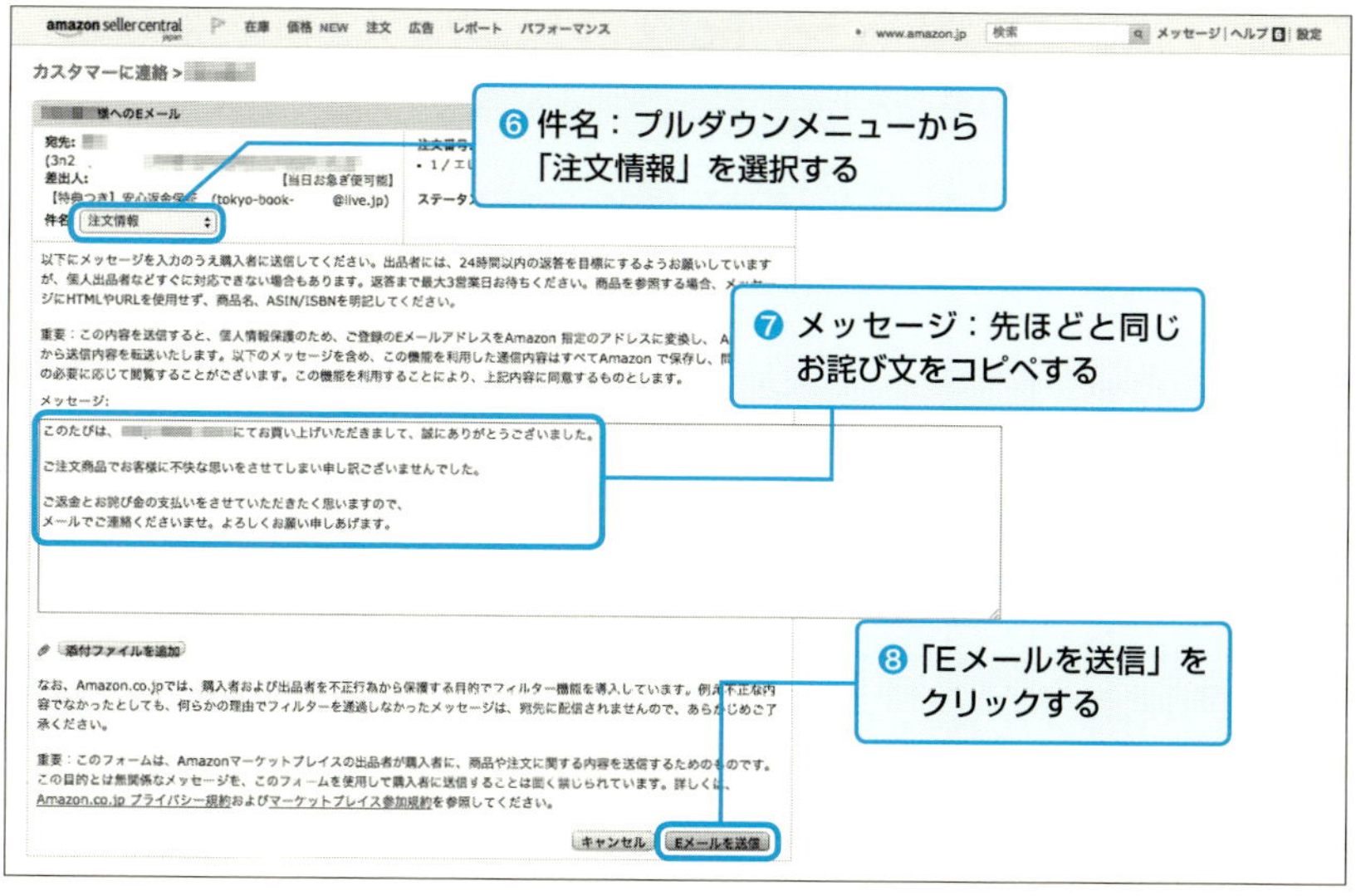
amazon seller central
在庫 価格 NEW 注文 広告 レポート パフォーマンス
www.amazon.jp
メッセージ | ヘルプ | 設定
カスタマーに連絡 >
様へのEメール
発送先：
差出人：
【当日お急ぎ便可能】
件名
注文情報
❻件名：プルダウンメニューから「注文情報」を選択する
以下にメッセージを入力のうえ購入者に送信してください。出品者には、24時間以内の返答を目標にするようお願いしています
❼メッセージ：先ほどと同じお詫び文をコピペする
メッセージ：
このたびは、にてお買い上げいただきまして、誠にありがとうございました。
ご注文商品でお客様に不快な思いをさせてしまい申し訳ございませんでした。
ご返金とお詫び金の支払いをさせていただきたく思いますので、
メールでご連絡くださいませ。よろしくお願い申しあげます。
添付ファイルを追加
❽「Eメールを送信」をクリックする
キャンセル
Eメールを送信

このメッセージを送信後、お客様から何らかの反応があれば、50%以上の確率で評価を消してもらえます。お客様から連絡があったら、「カスタマーに連絡」から先ほどと同様に「件名：注文情報」として、「メッセージ」に次頁の文章を入力して送信します。

お詫び金は、300〜500円で十分です。約束した場合は、「注文管理」の「注文番号」をクリック⇒「注文の詳細」から「返金」をクリックして必ず支払うようにします。これで連絡がなければ、お客様に電話をしてみましょう。それでも、つながらなければ、最後は先ほどの内容を手紙で書いて送付してみます。ここまでやって無理なら諦めて、良い評価を貯めるほうにエネルギーを向けていきましょう。

2 注文の保留・キャンセルへの対応のしかた

Amazonで販売していると、在庫管理画面では在庫数が0になっているにもかかわらず、売ったはずの商品がなぜか注文管理に反映されない状態が数日続くことがあります。この原因は「**購入者が支払い方法を完了していない**」場合と「**コンビニ決済で支払いが完了していない注文がある**」場合に、「**注文保留**」として起こってしまいます。**Amazon**では、注文保留期間が決まっており、「**1週間経っても購入者の支払いの意思表示がなければ、注文が自動でキャンセルされる**」ようになっています。キャンセルされた商品は、**Amazon**倉庫に戻されたあと自動的に再販されます。このトラブルの対応は、お客様が次のアクションをするまで待つしかないので、1週間はが

評価削除の依頼をするメッセージ文

わざわざ、ご連絡ありがとうございます。


お客様にとって不快な商品をお届けしてしまい改めて申し訳ございませんでした。

アマゾン経由にて後日商品代金とお詫び金を振り込ませていただきます。


また、このたびはこちらのミスで◯◯様にご迷惑をおかけしているにも関わらず、大変おこがましいことを申しあげますが、評価のほうを削除してもらえると大変ありがたく思います。

３以下の低評価が１件でも増えると売上にひびいてしまい、経営に大きな打撃が出てしまうので、ご理解いただけるととてもうれしく思います。

ただこのたびは、不快な商品を届けてしまいましたのでそんなお願いは失礼を承知で申しあげております。

何卒、よろしくお願い申しあげます。


（店名）

担当者名

削除していただける場合は、こちらの手順となります。

――――――――――――――――――――――――――――――
①「アカウントサービス」（https://www.amazon.co.jp/gp/css/homepage.html）にアクセスします。
②「注文履歴」の枠の中の「出品者の評価を確認」をクリックしてページへ飛びます。
③ Amazonにサインインします。
④ 商品の星マークの上に「送信済みの評価」と書かれています。その横に「削除」ボタンがあるので、それをクリックします。
⑤「評価を削除する理由」の選択項目がポップアップで出てきますので、「出品者が問題を解決した」にチェックを入れてから「削除」をクリックして完了です。
――――――――――――――――――――――――――――――


よろしくお願い申し上げます。

おわかりにならない点がございましたら、お気軽にお申しつけくださいませ。

まんして待ちましょう。
現時点でどの商品が保留されているか知りたい場合は、次の手順で確認することができます。

STEP 1 セラーセントラルトップページから保留されている注文を確認する。

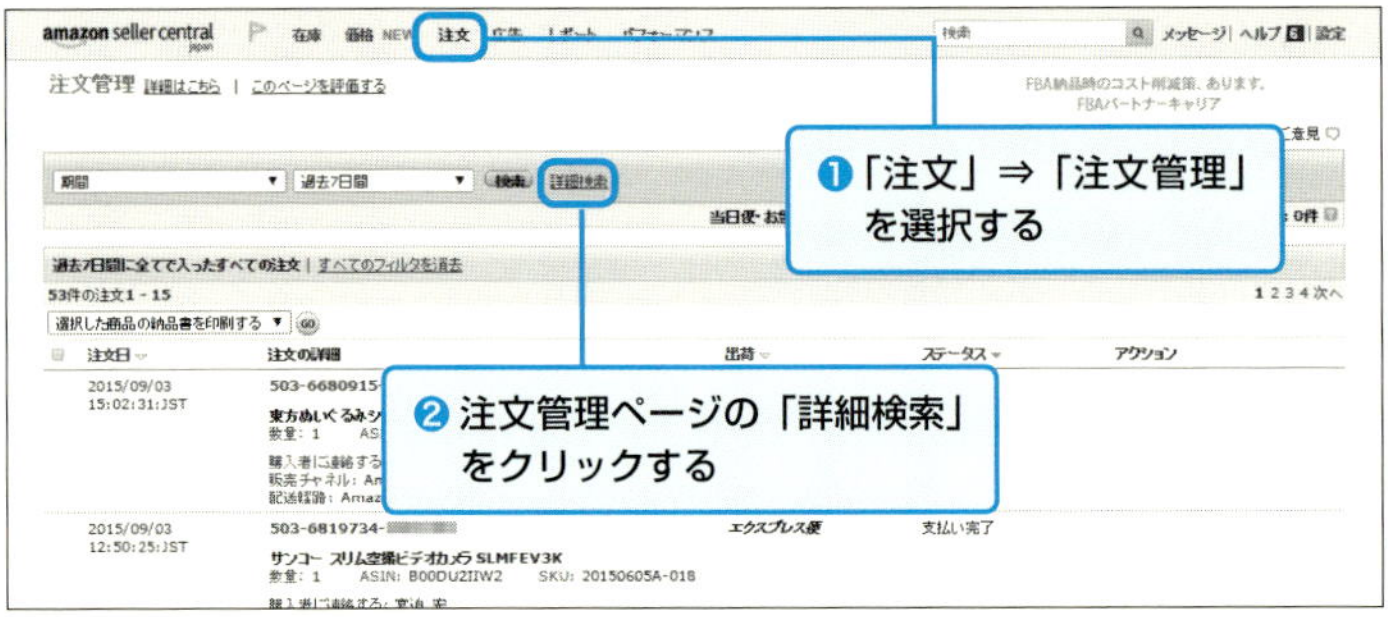

❶「注文」⇒「注文管理」を選択する
❷注文管理ページの「詳細検索」をクリックする

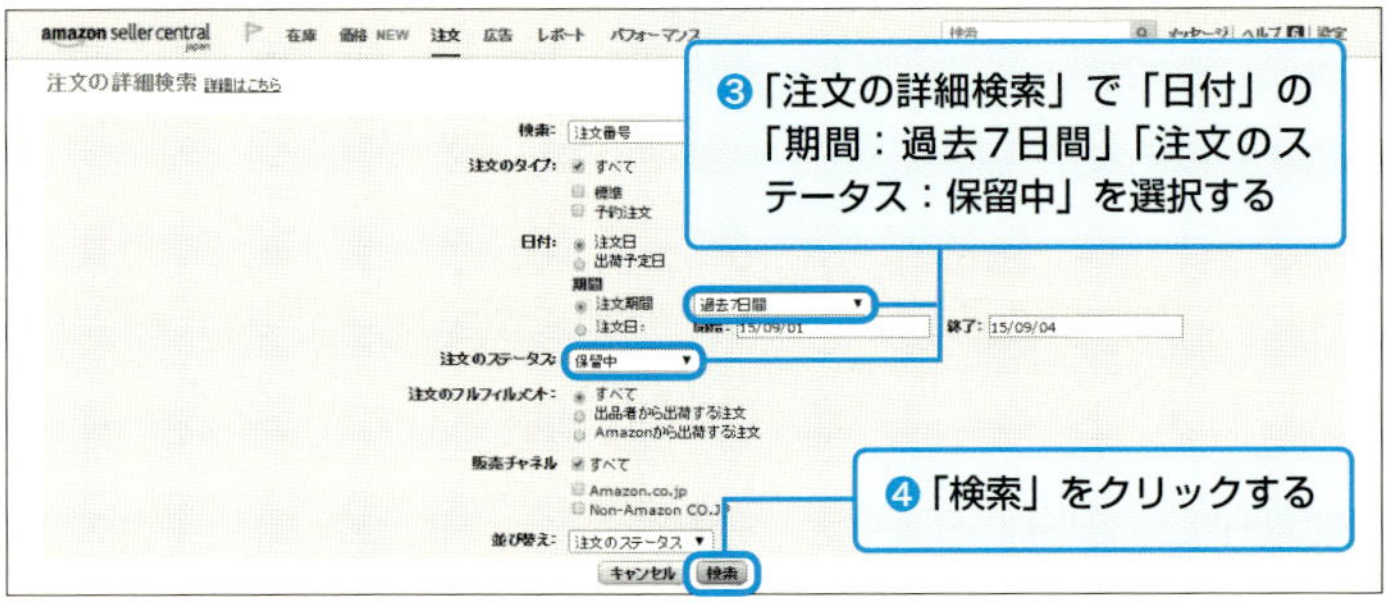

❸「注文の詳細検索」で「日付」の「期間：過去7日間」「注文のステータス：保留中」を選択する
❹「検索」をクリックする

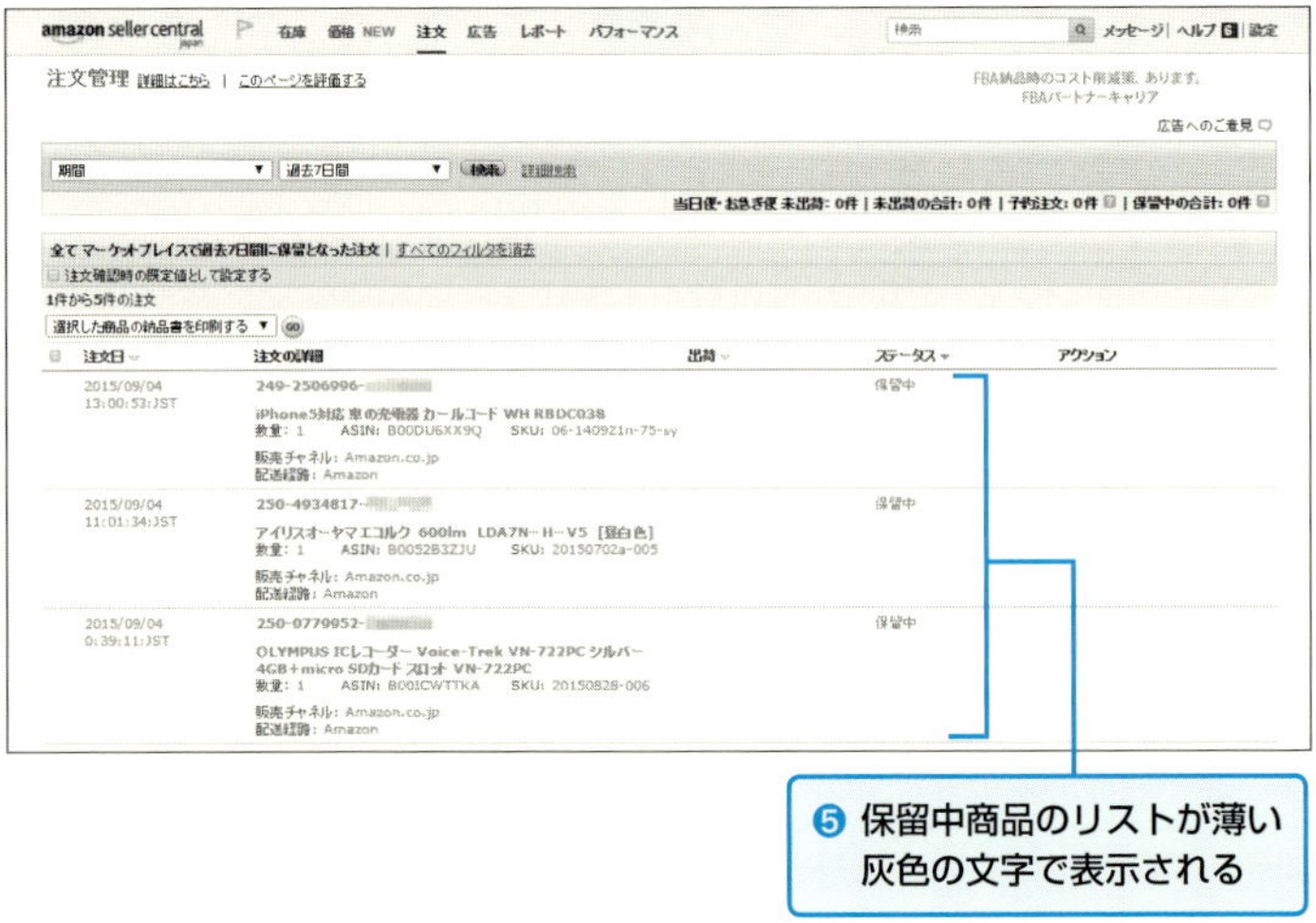

❺保留中商品のリストが薄い灰色の文字で表示される

3 返品への対応のしかた

Amazonでは、返品を積極的に受けつけているので、数百商品も売れれば何個かは必ず返品が発生します。物販をしていれば、普通の店舗でも返品は必ず起こるので、そんなに驚くことではありません。経営危機に陥る原因にはならないので、必要経費として割り切りましょう。

購入者からFBA倉庫に返品された商品は、倉庫のスタッフが検品をします。再販可能な状態であると判断されれば自動的に在庫として反映されます。商品が開梱されていたりすると再販不可在庫になるので、このような在庫は、一度出品者の手元に戻して状態を確認する必要があります。

下記の手順で返品された商品を確認したら、次頁の手順で手元に戻します。

STEP 1 セラーセントラルトップページから販売不可在庫を確認する。

セラーセントラルトップページで「在庫」⇒「FBA 在庫管理」を選択すると、「FBA 在庫」のページが表示されます。

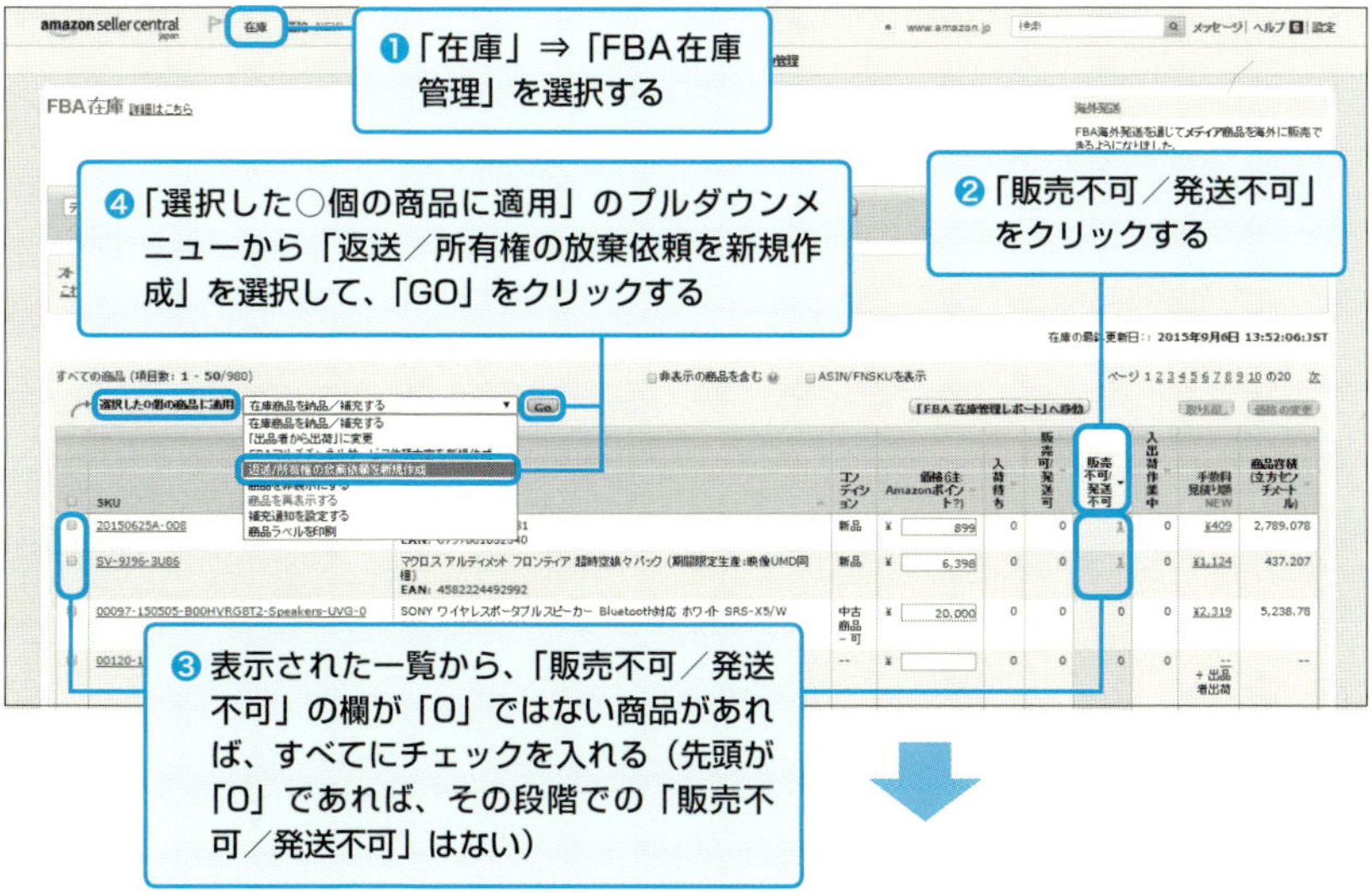
❶「在庫」⇒「FBA在庫管理」を選択する
❷「販売不可／発送不可」をクリックする
❸表示された一覧から、「販売不可／発送不可」の欄が「0」ではない商品があれば、すべてにチェックを入れる（先頭が「0」であれば、その段階での「販売不可／発送不可」はない）
❹「選択した○個の商品に適用」のプルダウンメニューから「返送／所有権の放棄依頼を新規作成」を選択して、「GO」をクリックする
FBA在庫

STEP 2 返送先を入力する。

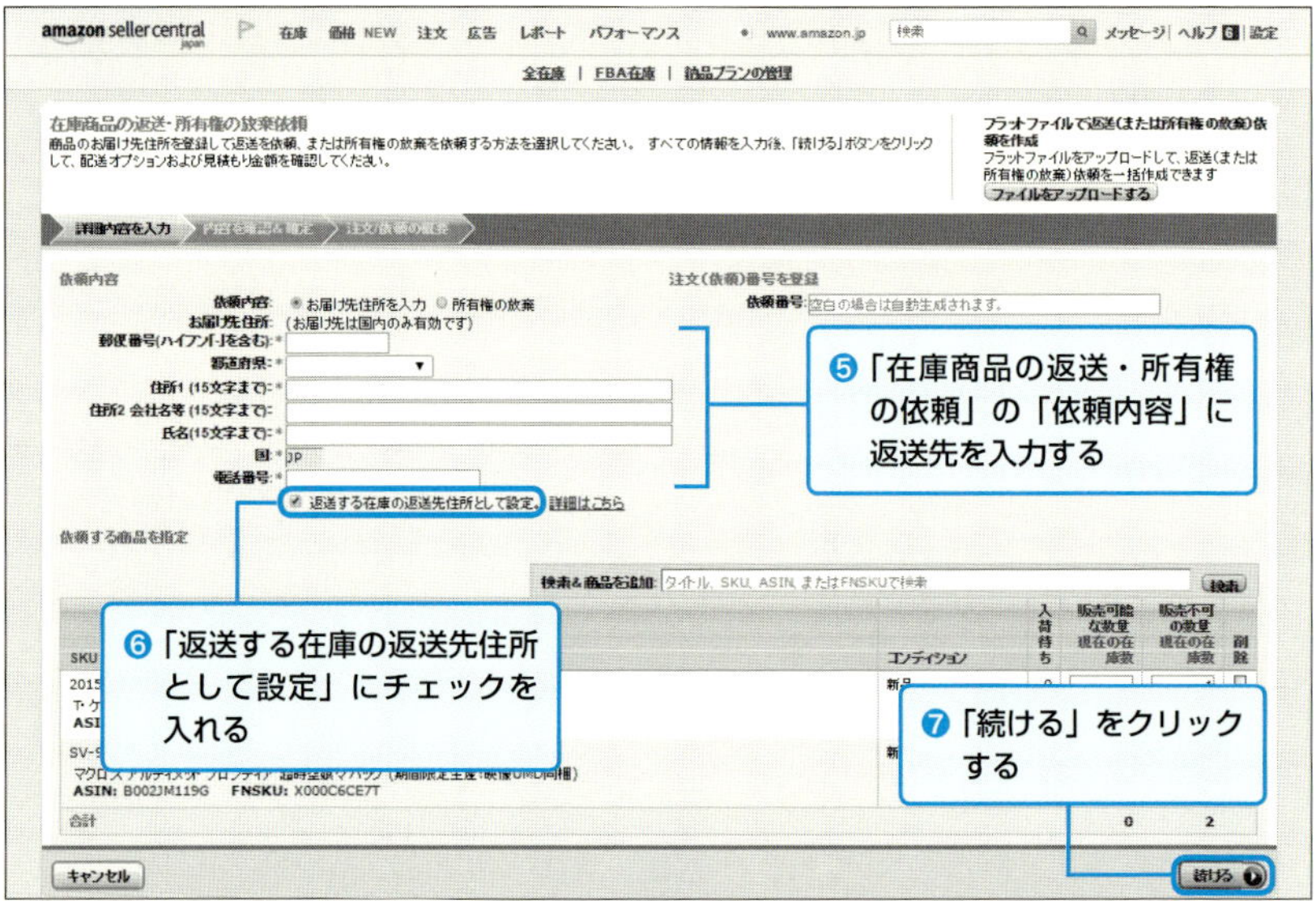

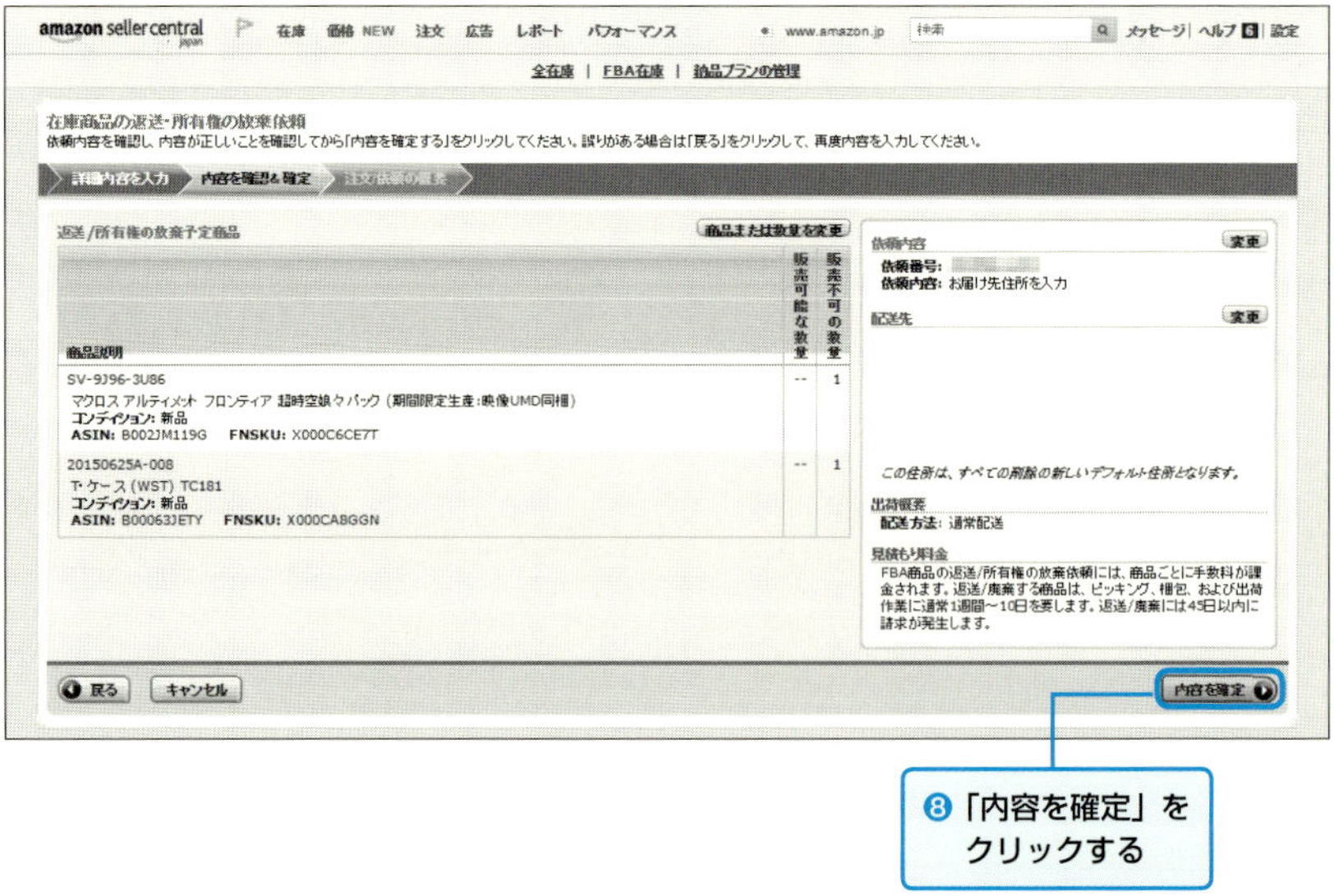

返品理由を確認して、その商品の対処を考える

返品理由を確認して、**「返送されてきた商品が使える状態であれば〝中古〟で出品」**しましょう。**「初期不良などであれば、仕入れ先に行って交換か修理をしてもらってから、再出品」**します。こうして売り切れば、仕入れ金額が丸々赤字になることはあり得ないので、安心してください。

返品理由は、セラーセントラルのトップページにある「レポート」⇒「フルフィルメント」を選択して、「商品の返品や交換：返品レポート」をクリック。「レポート期間」をリストから選んで、「レポートの生成」をクリックすれば、下のように表示されます。

● 返品レポートサンプル

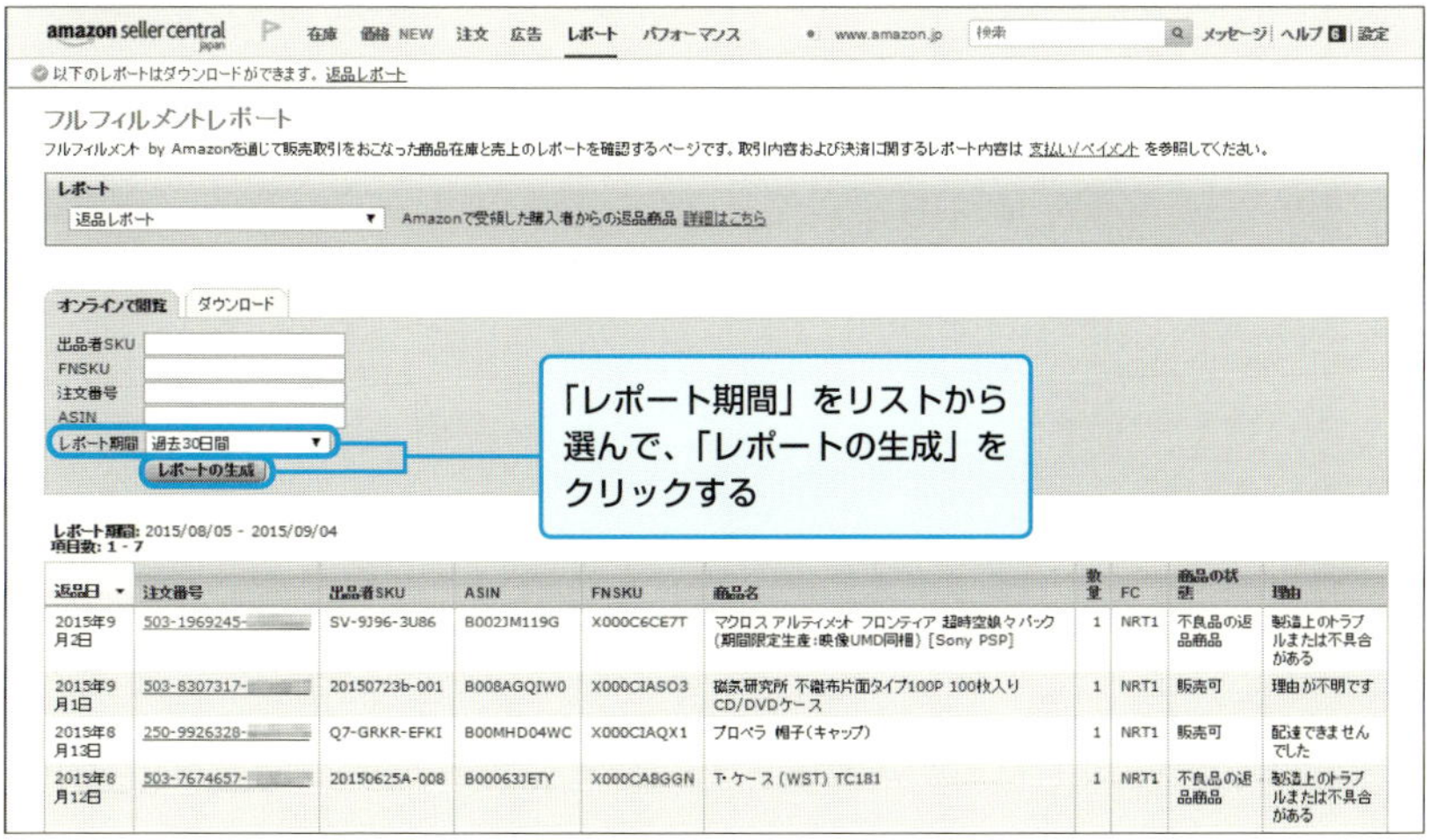

4 電話番号を公表するのが嫌な場合の対処方法

Amazonでは、特定商取引法に乗っ取り、「住所」「電話番号」「名前」を公表する義務があります。それでも、私用の携帯電話番号を載せるのはちょっと抵抗がありますよね。そういうときには、「**Smatalk**」という通話スマホアプリを使えば、無料で050からはじまる電話番号を取得できます。もちろん、こちらから発信して通話したときは料金がかかりますが、固定費がかからないのがありがたいです。また、留守番電話機能があるので、忙しくて出られないときも安心です。ぜひ、活用してみてください。

ちなみにお客様からのクレームで、電話越しに怒鳴ってくる人は今までひとりもいませんでした。「この在庫、今発注したら明日には届きますでしょうか?」というようなたわいもない問いあわせばかりです。注文率が、大幅に高まるので、できるかぎり電話対応するようにしましょう。

5 Amazon.co.jpが値下げ追従してきた場合の対処方法

Amazon.co.jpが新品を持っていない商品もしくは在庫切れになっている商品に新品で商品を出品すると、**Amazon.co.jp**が参入してくることがあります。そして値段を下げると**Amazon**がさらに安い値段で販売してきます。これに対処するのは2つの方法だけです。**Amazon**が所有する在庫数がとても多く、売り切れるまで3カ月以上かかりそうな場合はその商品で利益を出すのは諦めて、資金回収として安値でも売り切ってしまいましょう。逆に、**Amazon**の在庫数が少なければ、**Amazon**の在庫が売り切れるのを待ってから自分の売りたい価格で販売しましょう。回転が早いと、1週間以内に**Amazon**がいなくなる場合もあります。

トラブルがひとつでもあると、その都度落ち込む人がいるのですが、そんな必要はまったくありません。「**ビジネスでトラブルや失敗はあって普通です。逆に、一切トラブルがないことのほうが、かなりのトラブル**」だと思います。ですから、何か悪いことが起こってしまったときは、まず、それで正常だと認識してください。そして、そういうときこそチャンスが眠っていたりもします。私は、基本的に絶対に落ち込みません。なぜならば、目の前の小さなトラブルよりも、光輝いている大きな未来を見つめているからです。落ち込みそうになるときは、「**このトラブルで1年後もクヨクヨしているのか？**」と自分自身に問いかけます。これで、「1年後も悩む！」と回答したことは1度もありませんでした。ほとんどの悩みと思い込んでいるものは、悩むに値しないことばかりです。それであれば、あれこれ考えるのはとても時間の無駄ではないでしょうか？　悩んでいる時間があったら、前進し続けるのみです。

あとがき

これで、私が持っているノウハウはすべて出し尽くしました。「クラスターさん、こんな簡単なノウハウで稼げるんですか!?」と言われそうですが、簡単な手法だからこそ、誰でも稼げるんです。

せどりで稼いでいる人は、驚くほど普通の人ばかりです。**「王道の成功に裏技や特別な手法なんてありません」**。ただただ地道にやるべきことをやっていくだけです。ただただ泥臭い作業です。もし結果が出ないときは、何かが間違っています。この本のどこかに必ず答えが載っているので、何度も何度も読み直してください。**「間違ってもネットで検索するようなことはしない」**でください。

情報は食べ物と一緒で、多いからいいというわけではありません。取りすぎると肥満になってしまい、身動きが取れなくなってしまいます。腹八分目くらいが1番身動きが取りやすいものです。私のお話ししていることだけが正しいとか、そんなことをいうつもりはさらさらありません。ただ、答えを遠くに探し求めるのは時間とエネルギーの無駄になってしまいます。

私は31年間生きてきましたが、せどりくらい簡単に稼げるビジネスに出会ったことがありません。この先も出会うことはないと思います。今でも、周りの人に、せどりは奇跡のビジネスだと言い続けています。世の中にビジネスは、何千種類とありますが、行動しただけでほぼ間違いなく結果が出ると保証されているビジネスなんて、ほかにはないでしょう。**「そんなせどりに、私もあなたも出会ってしまったので、本当にラッキー」**だと思います。

エネルギーはあり余っているのに何をしていいのかわからず、一生せどりに出会えない人だっているんです。「**せどりは出会っただけで9割が成功**」だと思っています。「**あとの1割はあなたが成功するまで歩き続けていくということ**」です。成功したいからといって走る必要はありません。慌てずに焦らずにいきましょう。目的地の近くまで走っていって、息切れしてゴールにたどり着けなかったら元も子もありませんからね。歩いていけば、確実にゴールに着きます。

さあ、一緒に歩いていきましょう。

3年前、たまたませどりの師匠に出会い、指導していただいたお蔭で、私はせどりで大成することができました。28歳まで1度も正社員で働いたこともない、1年以上同じ職場にいたことがない。そんな落ちぶれた崖っぷちの私の人生を見事に救ってくれたのです。出版の話をいただいたとき、私が師匠にしてもらったことを多くの人に伝えられる！　お金で困っているたくさんの人を救いたい！　その一心で、普段の仕事をほぼストップし、4カ月以上かけて魂を込めて書きあげました。

本書が、あなたの人生が変わるきっかけになることを心より願っています。そして、たった一度きりのあなたの人生を精一杯輝かせてください。「**あなたが幸せになることは権利ではなく、義務なのです**」から。せどりで成功できたときは、一緒に喜びましょう。そして今度はあなたがヒーローになる番です。周りにお金で困っている人がいたら助けてあげてくださいね。それでは、いつかどこかでまたお会いできる日をとても楽しみにしています！

２０１５年初秋　クラスター長谷川

世界一《せかいいち》やさしいAmazon《アマゾン》せどりの教科書《きょうかしょ》 1年生《ねんせい》

2015年10月31日　初版第1刷発行
2016年 7 月31日　初版第4刷発行

著　者　クラスター長谷川
発行人　柳澤淳一
編集人　福田清峰
発行所　株式会社　ソーテック社
〒102-0072 東京都千代田区飯田橋 4-9-5　スギタビル 4F
電話：注文専用　03-3262-5320
FAX：　03-3262-5326
印刷所　図書印刷株式会社

本書の全部または一部を、株式会社ソーテック社および著者の承諾を得ずに無断で複写（コピー）することは、著作権法上での例外を除き禁じられています。
製本には十分注意をしておりますが、万一、乱丁・落丁などの不良品がございましたら「販売部」宛にお送りください。送料は小社負担にてお取り替えいたします。

©Cluster Hasegawa 2015, Printed in Japan
ISBN978-4-8007-2030-6